Campesinos

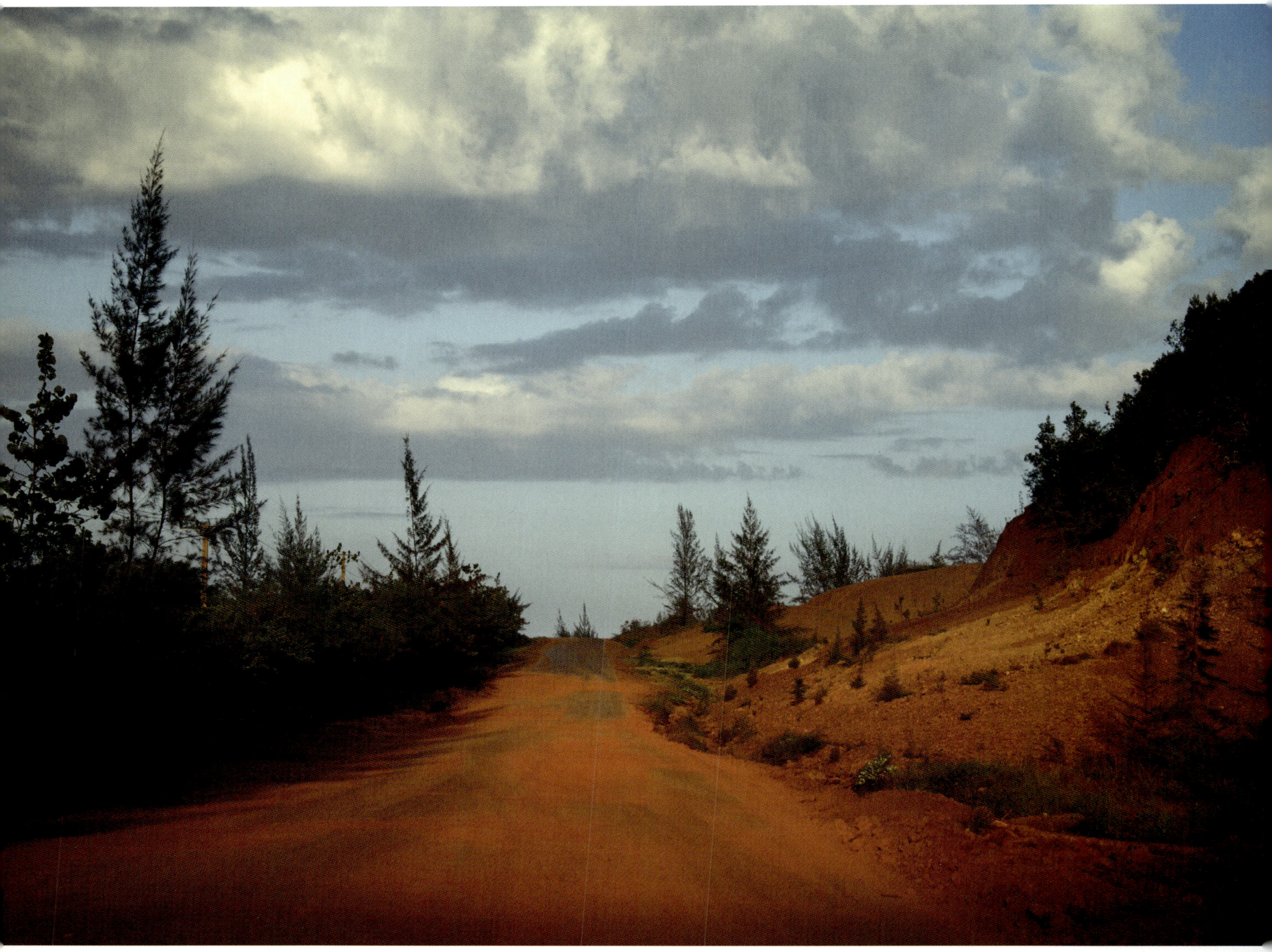

Holguin {CC}

Campesinos

Inside the Soul of Cuba
Dentro del alma de Cuba

Photographs by | Fotografías de

CHIP COOPER & JULIO LARRAMENDI

THE UNIVERSITY OF ALABAMA PRESS | TUSCALOOSA

The University of Alabama Press
Tuscaloosa, Alabama 35487-0380
uapress.ua.edu

Typeface: Adobe Garamond Pro

Manufactured in Korea
Cover photograph: Taguasco, Sancti Spiritus, by Chip Cooper
Cover design: Michele Myatt Quinn

Cataloging-in-Publication data is available from the Library of Congress.
ISBN: 978-0-8173-1950-2
E-ISBN: 978-0-8173-9120-1

For all those who helped make this book.

For the Cuban *campesinos,* who opened their doors and their hearts, who shared their experiences, their joys, their woes, their dreams, their lives, and showed us where the soul of the Cuban people reside.

A todos los que nos ayudaron a realizar este libro.

A los campesinos de Cuba, quienes nos abrieron sus puertas y corazones, compartieron sus experiencias, alegrías, tristezas, sueños y vidas, y nos mostraron dónde reside el alma del pueblo cubano.

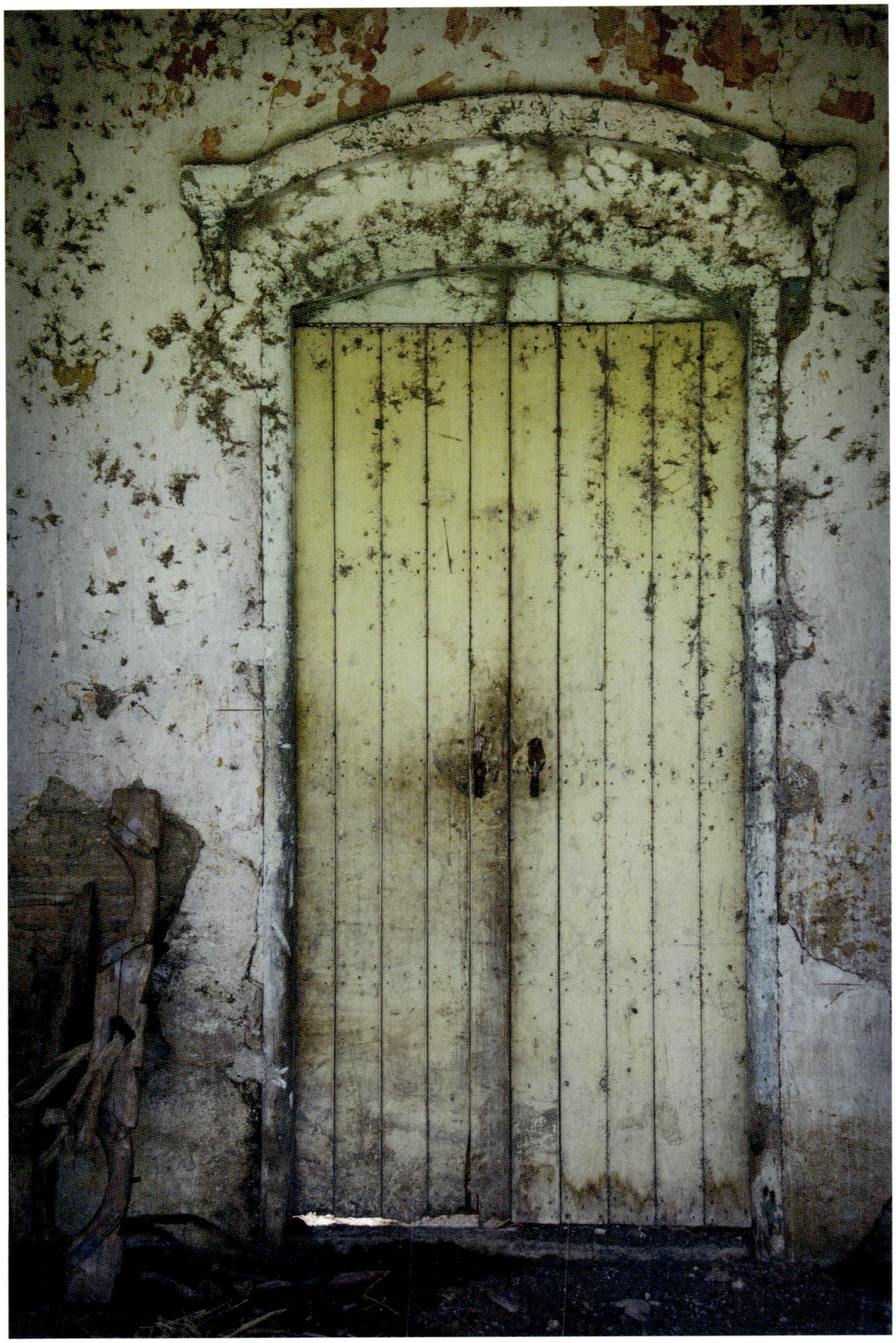

Mayabeque {JL}

CONTENTS
SUMARIO

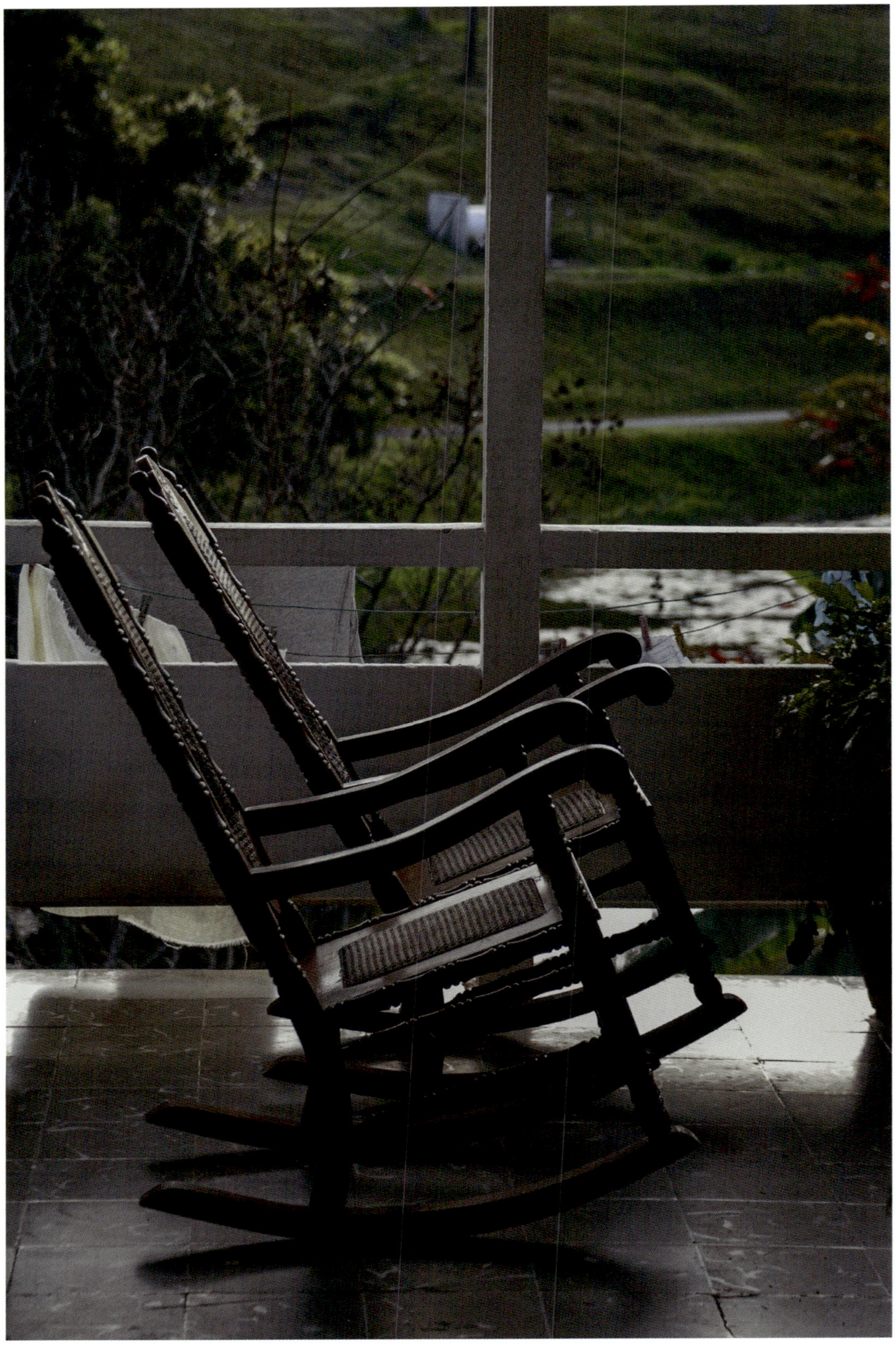

Artemisa {JL}

ACKNOWLEDGMENTS
AGRADECIMIENTOS

We would like to recognize Jorge Foyo, Pepe Vázquez, Blakely Cooper, Jacqueline Morgan, Shane Sharpe, Eusebio Leal, Mike Schnepf, Amanda McRae, Robert Stevens, Reynaldo González, Grisel Padrón, Silvana Garriga, Titi, Paco Grajales, Begué, Alejandro Hartmann, Eduardo Abreu, Miguelito, Arnoldo, Teresita, Georgina, Vanesa and Rangel, Dan Waterman, Michele Myatt Quinn, Vanessa Lynn Rusch, Karina Vázquez, and the Ministry of Culture of Cuba and Centro Nacional de Áreas Protegidas, without whom this publication would not have been possible. We extend a special thank you to Judy Bonner, whose gracious support has served as the driving force that has allowed this project to thrive.

Queremos expresar nuestro agradecimiento a Jorge Foyo, Pepe Vázquez, Blakely Cooper, Jacqueline Morgan, Shane Sharpe, Eusebio Leal, Dr. Mike Schnepf, Amanda McRae, Robert Stevens, Reynaldo González, Grisel Padrón, Silvana Garriga, Titi , Paco Grajales, Begué, Alejandro Hartmann, Eduardo Abreu, Miguelito, Arnoldo, Teresita, Georgina, Vanesa y Rangel, Dan Waterman, Michele Myatt Quinn, Vanessa Lynn Rusch, Karina Vazquez, al Ministerio de Cultura de Cuba y al Centro Nacional de Áreas Protegidas. Sin ellos, esta publicación no habría sido posible. En particular, agradecemos enormemente a Judy Bonner, cuyo generoso apoyo ha sido la fuerza motriz para la culminación de este proyecto.

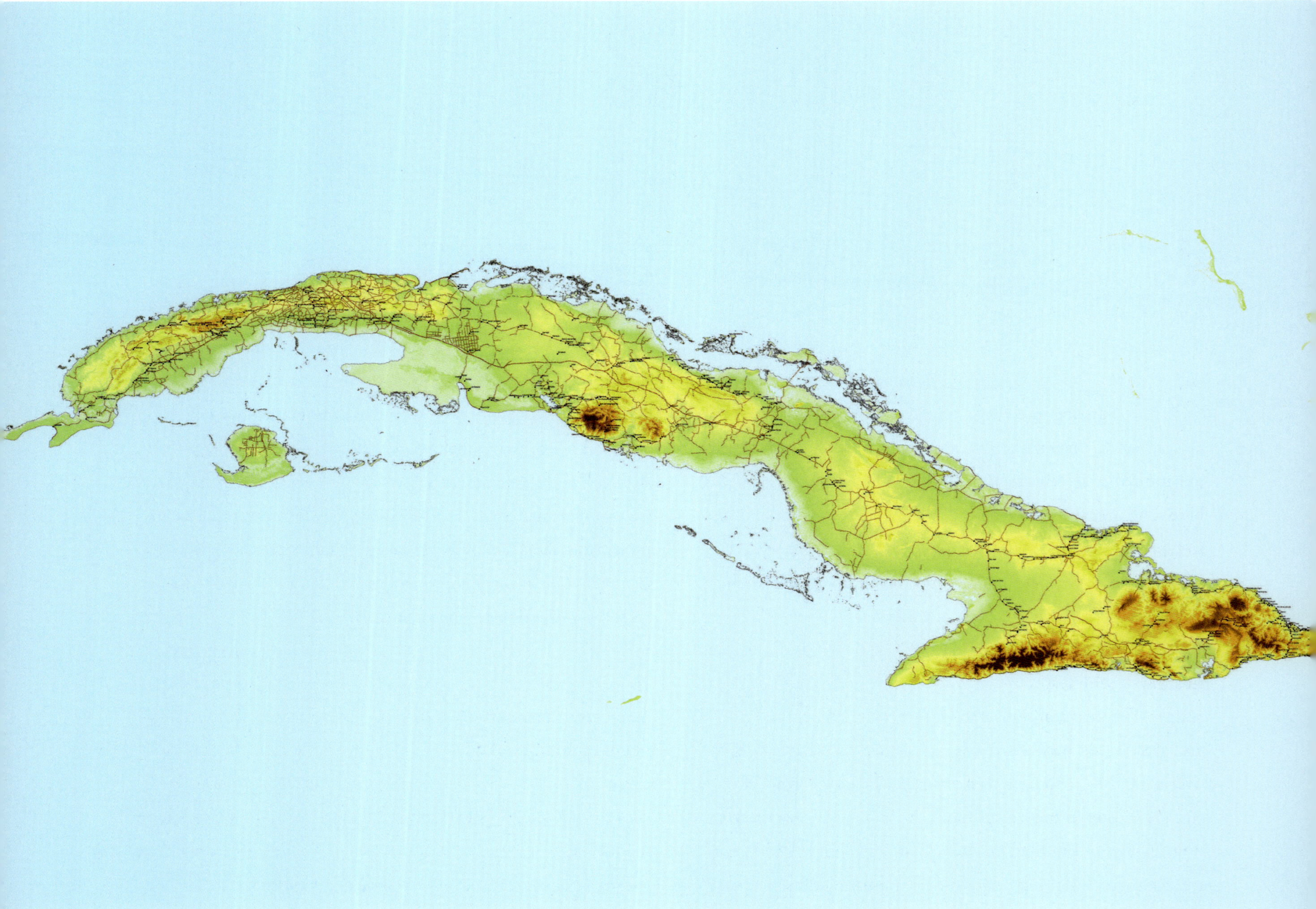

VISITORS TO PARADISE
INTRUSOS EN EL PARAÍSO

REYNALDO GONZÁLEZ

National Literature Prize | Premio Nacional de Literatura

Member of the Cuban Academy of Language | Miembro de la Academia Cubana de la Lengua

The eye bursting into the landscape and into all privacy, the camera's domain, and the photographer's avidity. He wants to capture the air and the mist, each green leaf and spellbinding blue. The closer he gets, the more he is seized by a line of houses so typical that they seem to be a part of nature themselves. The observing eye and the captivating surrounding merge peacefully.

Shining with the morning dew, hedges and rivers outline the fields. At distance, we can see the "pueblo"—let's call it in this way—with respect to all individuality. An open door with seats, coffee, news, and memories. A man arrives, hat in hand and greeting. In between words and silence, he takes a glance over a standing, and now blushing girl. Excitement with no rush. A rooster in the background, the same one from every morning, and from the same village. Images should be like this, the photographer thinks, with the light growing dim by the closeness.

The shacks at the curve on the road are the testimonies of both happy and sad days. Yesterday, a symbol of rural life; today, a memory that we recall as the foundation of a humble lineage. To the visitor's eyes, they look almost like shacks. Strange shrubs come into view, the curves of the trail leading to them, the fruit trees, and the land in the background make them stand out. A persistent dialogue with the palm trees. A floor

La mirada irrumpe en el paisaje y en la intimidad, dominios de la cámara, avidez del fotógrafo. Quiere apropiarse del aire y de la niebla, de cada hoja, sus verdes y azules ensimismados. Si se acerca es ganado por techumbres tan propias que son naturaleza en la naturaleza. Ocurre la serena conjunción de quien observa y la plenitud de un entorno que enamora.

Los setos y el río demarcan las siembras, brillantes bajo el rocío mañanero. Más allá, el pueblo—llamémosle así—, con las respetuosas distancias de la individualidad. El portal con taburetes y la taza de café, noticias, remembranzas. Alguien llega, saluda, el sombrero en las manos. Entre lo dicho y lo por decir, una ojeada a la muchacha que despunta y se sonroja. Ansiedad sin prisa. Canta un gallo de voz antigua, el mismo del despertar y del señorío tras la empalizada. Así han de ser las imágenes, piensa el fotógrafo, con esta luz amortiguada en la cercanía.

En un recodo del camino el bohío testimonia los días venturosos y los tristes. Ayer fue símbolo de la existencia rural, hoy es recuerdo al que acudimos como sustento de estirpes humildes. A la vista del extraño apenas se diferencia del matorral. Las curvas de los trillos que a él conducen, los frutales y el varentierra del fondo, le otorgan distinción. Persistente diálogo con palmeras. Brilla el piso barrido en exceso, dedicación que alivia la soledad. El bohío, centro y emanación de una trayectoria

shining for excessive sweeping, a dedication alleviating solitude. The shacks, the emanating center of a tradition solidified by renewals capable of making toys from rustic materials, solidified by an inextinguishable spirit of renewal. Anything can stir the imagination. The make of the shack is lush and earthy as the landscape; it does not require ornaments. It rises up. Someone awaits. Someone will come back. With the return, the family is mended; then, the shack's plain edges extend to reach the grandeur of a palace.

Tamed by man, the vegetation is one of a boasting beauty. By touching only, the equity of its forms can be seized. Each draft of the framework, junction of the boarding, wooden posts, and eaves show the perfect angle of its imperfection. The shack, a vigilant memory. The dimmest smile revives the past. This is the house. Here we are. Its wounds make it splendorous. We saw it growing like a tree, the one we planted. The photographer captures the resemblance between people and their homes; an uncontested wholeness. They hold hands. Sweet admiration.

The visitor walks the paths ploughed by the harshness of life. He learns the difference between sorrowful and happy moments, prosperity and misfortune, small conquests, and short steps. The hardness of the years drawn in the faces stands by all what they could not change. The photographer wants to capture their vigor, the arch of their bodies at work, the sleepless hours to bring the bread for the new ones in the family. The neighborhood comes out to the doors with celebrating noise. Live, and palpable like fruits in a basket, time is tangible.

Contesting the redundant attention paid by many artists to the form nowadays, the photographers Julio Larramendi and Chip Cooper focus on life as it is lived. Because of their generous esteem, they are also portrayed in the photographs. As we are too. These *guajiros* (peasants), in their reality and their present, bring together our ancestors. Illuminating gifts from the eyes to the mind, from the beauty of nature to the art. Exultant tribute. Images are at the level of the eyes. In its esteem, they have painted its portrait. And we, these peasants, in our past and present reality, summon the ghosts of our grandparents.

anudada con renuevos que de lo rústico hacen juguetes. Cualquier ocurrencia despierta la imaginación. La hechura del bohío, vegetal y terrosa como el paisaje, no exige adornos. Se yergue. Alguien espera. Alguien volverá. Al regreso, la familia se recompone, sus márgenes escuetos parece que se anchan hasta la grandeza del palacio.

La vegetación domeñada por el hombre ostenta una belleza irreductible. Bastan las manos para exaltar la equidad de las formas. Cada giro de la armazón, una juntura del entablado, horcones y aleros, muestran el ángulo perfecto en sus imprecisiones. El bohío, memoria celosa. Una sonrisa tenue magnifica lo vivido, lo revive. Esta es la casa. Aquí somos. Las mataduras le dan plenitud. Lo vimos levantarse como un árbol, el que sembramos. El fotógrafo descubre el parecido entre los habitantes y su albergue, integridad sin reparos. Se toman de las manos. Dulce envidia.

El intruso anda los caminos donde la vida escribió rigores familiares. Aprende la diferencia entre penas y alegrías, bonanzas y desventuras, pequeñas conquistas, pasos breves. Reafirman cuanto no pudieron cambiar, la dureza de los años dibujados en los rostros. El fotógrafo quiere robar su reciedumbre, el arco del cuerpo en el trabajo, las horas sin sueño para traer el sustento a quienes ahora son más. Llega la vecinería al portal con estruendo de fiesta. Vívido, palpable como las frutas en la canasta, el tiempo es materia asible.

Los fotógrafos Julio Larramendi y Chip Cooper no privilegian reclamos formales que redundan en nuestra época. Su interés mayor es darle el centro de atención a la vida vivida. Por la bondad de su estima, también quedan retratados. Y nosotros. Estos guajiros, en su realidad pasada y presente, convocan a los fantasmas de nuestros abuelos. Aleccionadores regalos de la vista al pensamiento, de la belleza natural a la fijeza del arte. Exultante tributo. Las imágenes quedan a la altura de los ojos.

BEING THERE
ESTAMOS ALLÍ

ROBERT STEVENS
Historian and photography editor, *Time* magazine | Historiador y editor de fotografía de la revista *Time*

Deep inside the soul of Cuba are the *campesinos*—the men and women who have always worked the countryside across the length of the island, away from cities, towns, and often villages. These people are very resilient, resourceful, and proud. They are the heart of Cuba.

Two photographers traveled to the center of this Cuba to document these extraordinary people. One photographer, Julio Larramendi, was born in Cuba and has spent his whole life there. The other photographer, Chip Cooper, visited the island for the first time more than a decade ago. The countryside reminded him of his native Alabama, and he soon discovered that Cuba was already in his blood.

These images are complex. They capture the light, sounds, smells, wind, and spirit of the campesinos' world. The images expose the grandeur, vastness, and beauty of these humble and determined people. In their texture, the images reveal every particle that gives them their strength and uniqueness.

Julio has documented the amazing hands of these men and women who have an intimate bond with the land. The powerful, dignified look of a woman holding scores of tobacco leaves, proud of her accomplishment. In Baracoa, the most extraordinary moments of ancient worship coming from African roots. In La Melba, the vastness of the countryside and the tiny details of

Muy en lo profundo del alma de Cuba se encuentran los campesinos. Los hombres y las mujeres que desde siempre han trabajado la tierra a lo largo y ancho de la isla, lejos de las ciudades, los pueblos y hasta de las pequeñas villas. Seres fuertes, hábiles y jubilosos. Ellos son el corazón de Cuba.

Dos fotógrafos viajaron hasta allí para documentar a esta extraordinaria gente. Uno de ellos, Julio Larramendi, nació y ha vivido siempre en Cuba. El otro, Chip Cooper, visitó la isla por primera vez hace poco más de una década. La semejanza entre el paisaje rural cubano y su Alabama natal le hizo sentir que ya llevaba a Cuba en su sangre.

Larramendi y Cooper nos traen imágenes que no son simples. Sus cámaras capturaron la luz, los sonidos, los olores, el viento y el espíritu del mundo de los campesinos, y nos revelan la grandeza, la inmensa fuerza y la belleza de personas humildes y determinadas. La textura de las fotografías exponen cada una de las partículas que los hacen seres únicos e intensos.

La cámara de Julio ha documentado la contundencia de las manos de los hombres y las mujeres que trabajan la tierra. Su lente ha capturado el poderoso destello que emana de la mirada digna de la mujer que carga un fardo de hojas de tabaco, orgullosa de su labor. En Baracoa, ha registrado el extraordinario momento de un rito ancestral africano. En La Melba, ha cotejado

fruitful fields carved out of this once untamed land. Through the eye of his lens, the campesinos open a window into their souls.

With an acute sense for light, colors, and mood, Chip has transposed the Cuban campesinos' identity. The subtle, loving blues. The pale greens. The earth-born ochres. He has recorded the most devastating yet nourishing storms. The day's ending light along a row of green and yellow shops. The pounding heat among the crops under billowy white clouds. The Cuban flag proudly on parade by people who firmly believe in their land. His approach depicts the intimacy of their being.

Chip and Julio have recorded the majestic geography of the land and of the people. From green tobacco fields to mountains, clouds, storms, and winding roads, from the worn hands of farmers to the joyful faces of schoolchildren, these two photographers take us on an unprecedented journey through Cuba.

These two photographers have delved into the daily lives of the campesinos in such a way that captures the most inner emotions of their work, love, friendships, family, and traditions. They record the richness of these people with love, understanding, and compassion.

When viewing these photographs, you are transported to the Cuban countryside. This is the power of great photography: knowing you are there. It takes an exceptional photographer to achieve this effect, and Chip Cooper and Julio Larramendi are exceptional photographers. And I am happy to have been able to travel to Cuba with them through their moving images.

la inmensidad del campo frente al pequeño detalle de cada surco de sembradío en esta tierra que alguna vez fue salvaje. En cada sitio, los campesinos le abrieron una ventana a la mirada de la cámara de Julio.

Con un sentido preciso de la luz, los colores y el ambiente, Chip logró transponer en sus imágenes la identidad de los campesinos. Tiernos y sutiles azules; pálidos verdes; terrosos ocres, su cámara ha grabado hasta la más devastadora, y a la vez fértil, de las tormentas. Lo últimos rayos de luz del día descienden y se van posando sobre una fila de pequeñas tiendas pintadas de verde y amarillo. Bajo nubes ondulantes, el calor atiza entre los cultivos. Allí, la bandera cubana flamea orgullosa entre un pueblo que firmemente cree en su tierra. La cámara de Chip logra retratar el *ser* de este pueblo.

Chip y Julio han capturado la majestuosa geografía de una tierra y su gente. Desde los verdes tabacales hasta las montañas, los cielos nublados, las tormentas y los ventosos caminos; desde las manos gastadas de los campesinos hasta los sonrientes rostros de los niños, estas fotografías nos invitan a un viaje sin precedentes por Cuba.

Estos dos fotógrafos "habitaron" la vida cotidiana de los campesinos de manera tal que sus cámaras se encontraron con los sentimientos y los sentidos que animan el trabajo, el amor, la familia, la amistad y las tradiciones. Estos dos fotógrafos capturaron la riqueza de este pueblo por medio de unas lentes guiadas por el entendimiento, el amor y la compasión.

Al ver estas imágenes, uno se transporta inmediatamente al interior de Cuba. Este es el poder de la buena fotografía: hacernos sentir que estamos allí. Solamente fotógrafos de una calidad excepcional pueden conseguir que sus imágenes logren este efecto. Chip Cooper y Julio Larramendi lo son. Me produce gran felicidad viajar a Cuba con ellos a través de sus conmovedoras imágenes.

Campesinos

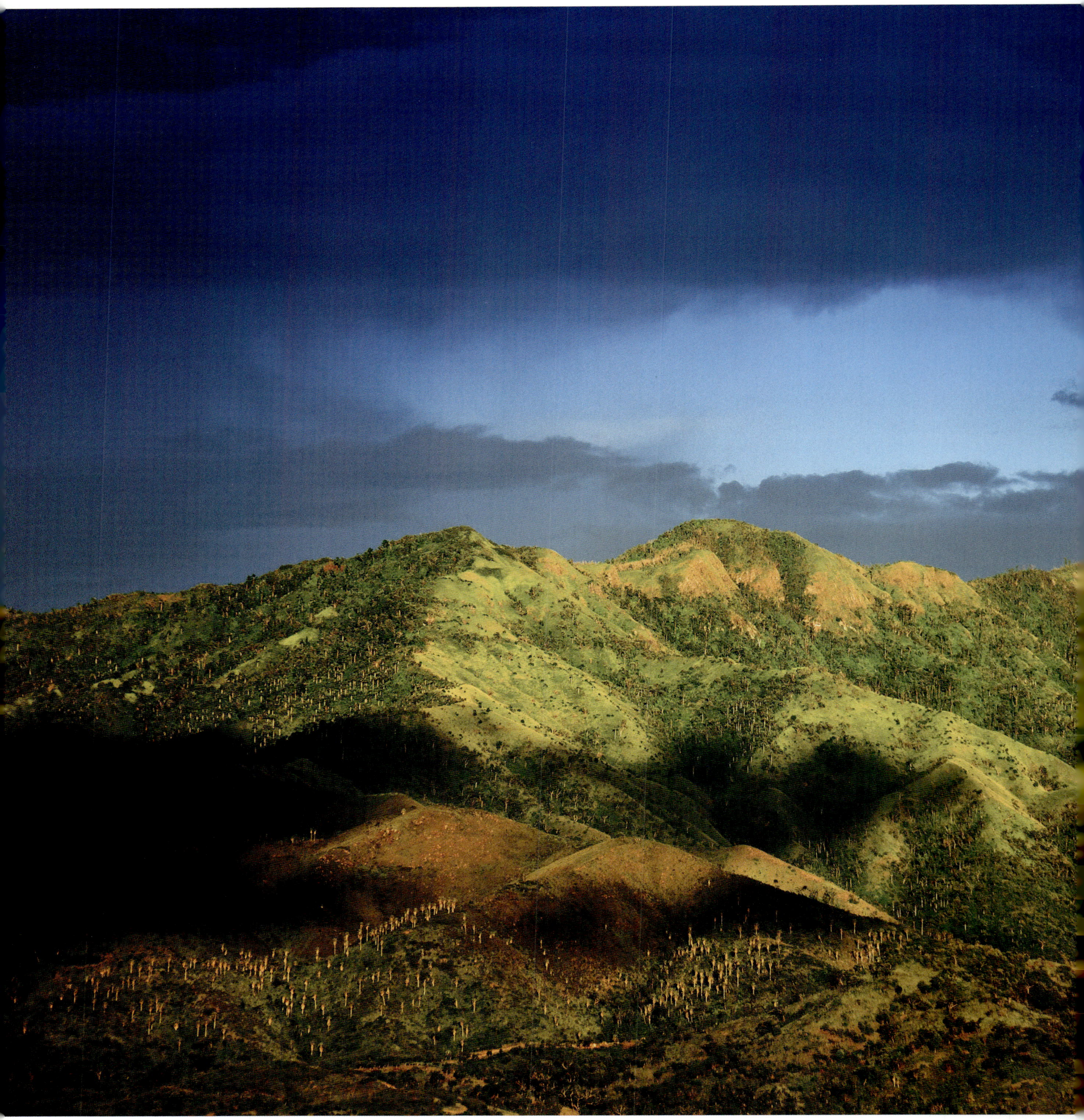

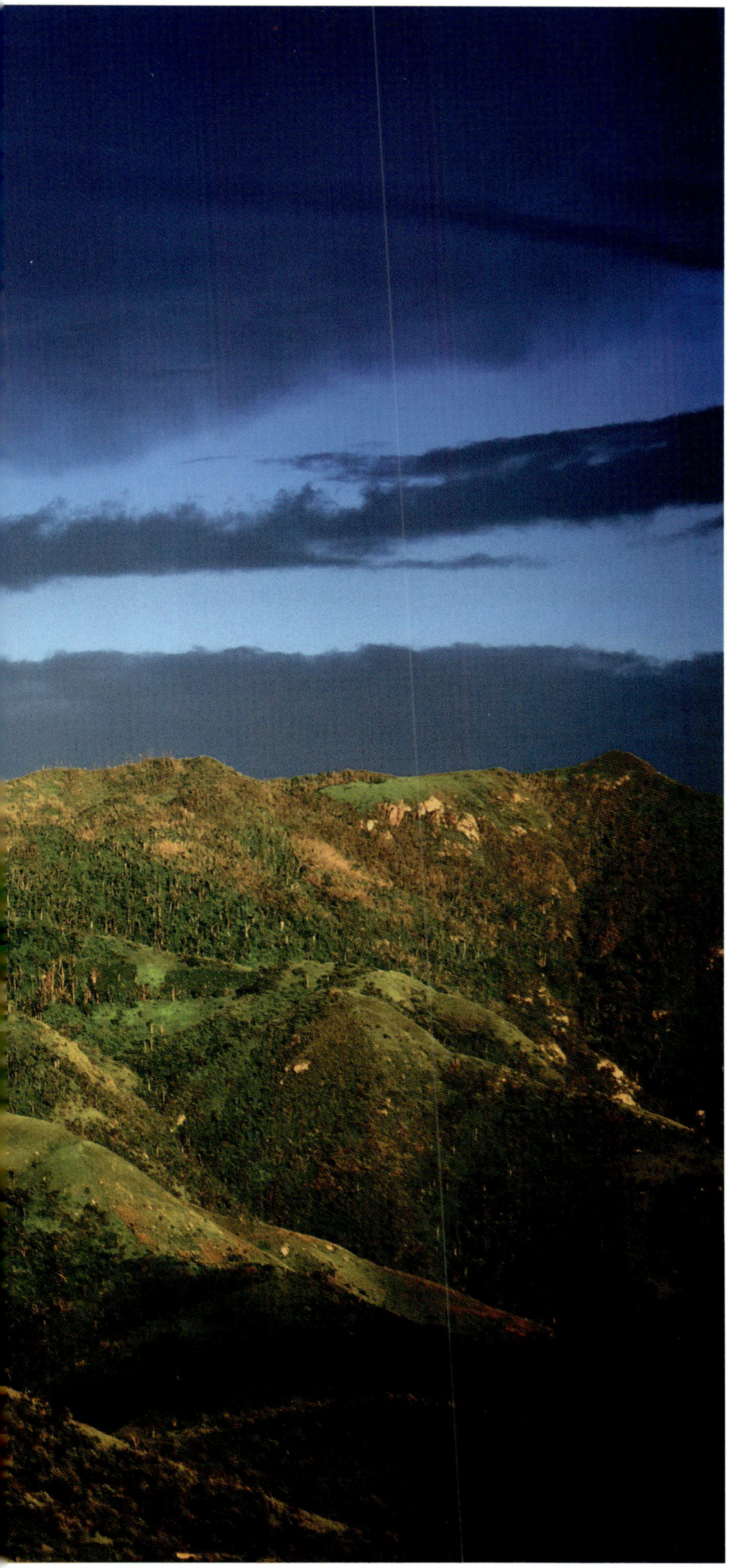

LANDSCAPES
PAISAJES

Surrounded by breathtaking scenery, *campesinos* houses and towns are built in the most picturesque places, close to fertile lands that have been reclaimed from plains and mountainsides. From the earliest native peoples to the later arrival of Europeans, settlers across the country established towns near rivers and along coastways as favorite locales. Water, which is essential for drinking, cooking, irrigating fields, and cultivating food, continues to be the dominant resource when establishing small villages along the Cuban countryside.

Rodeados de increíbles paisajes, las casas y poblados se erigen en los parajes más pintorescos, cercanos a tierras fértiles que van ganando a los llanos y a las faldas de las montañas. Desde los primeros asentamientos de los pueblos originarios hasta la llegada de los colonizadores europeos, los sitios próximos a ríos y costas fueron los preferidos para establecer las poblaciones. El agua, imprescindible para beber, cocinar, regar los sembrados y obtener alimentos, aún hoy se impone en la ubicación de pequeños caseríos campesinos.

LEFT | IZQUIERDA Sierra de los Órganos {CC}

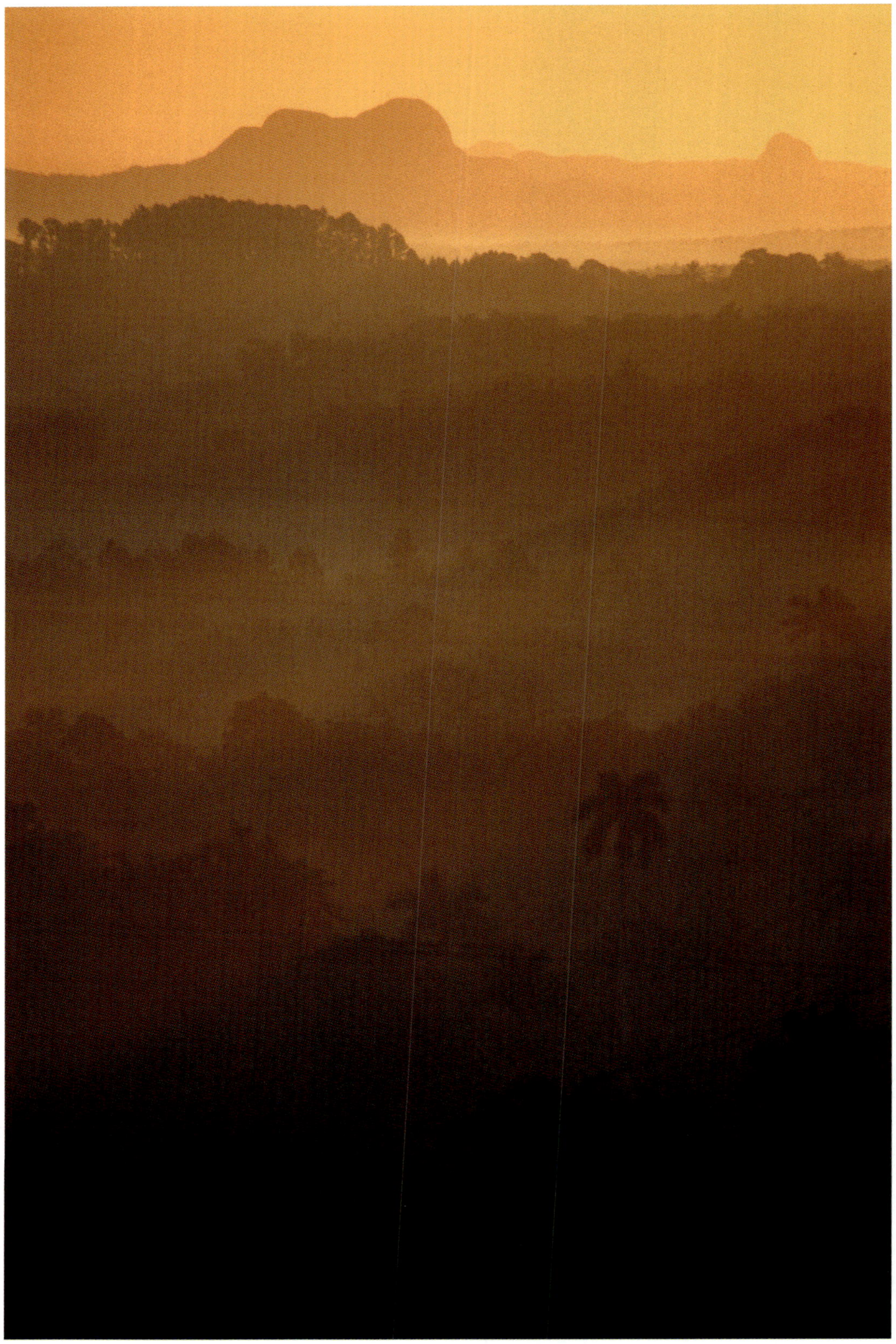

ABOVE | ARRIBA Viñales, Pinar del Río {JL}

OPPOSITE FROM TOP | PÁGINA OPUESTA DE ARRIBA A ABAJO
San Andrés, Pinar del Río {JL}
Viñales, Pinar del Río {CC}

OVERLEAF | PÁGINA SIGUIENTE Mantazas {CC}

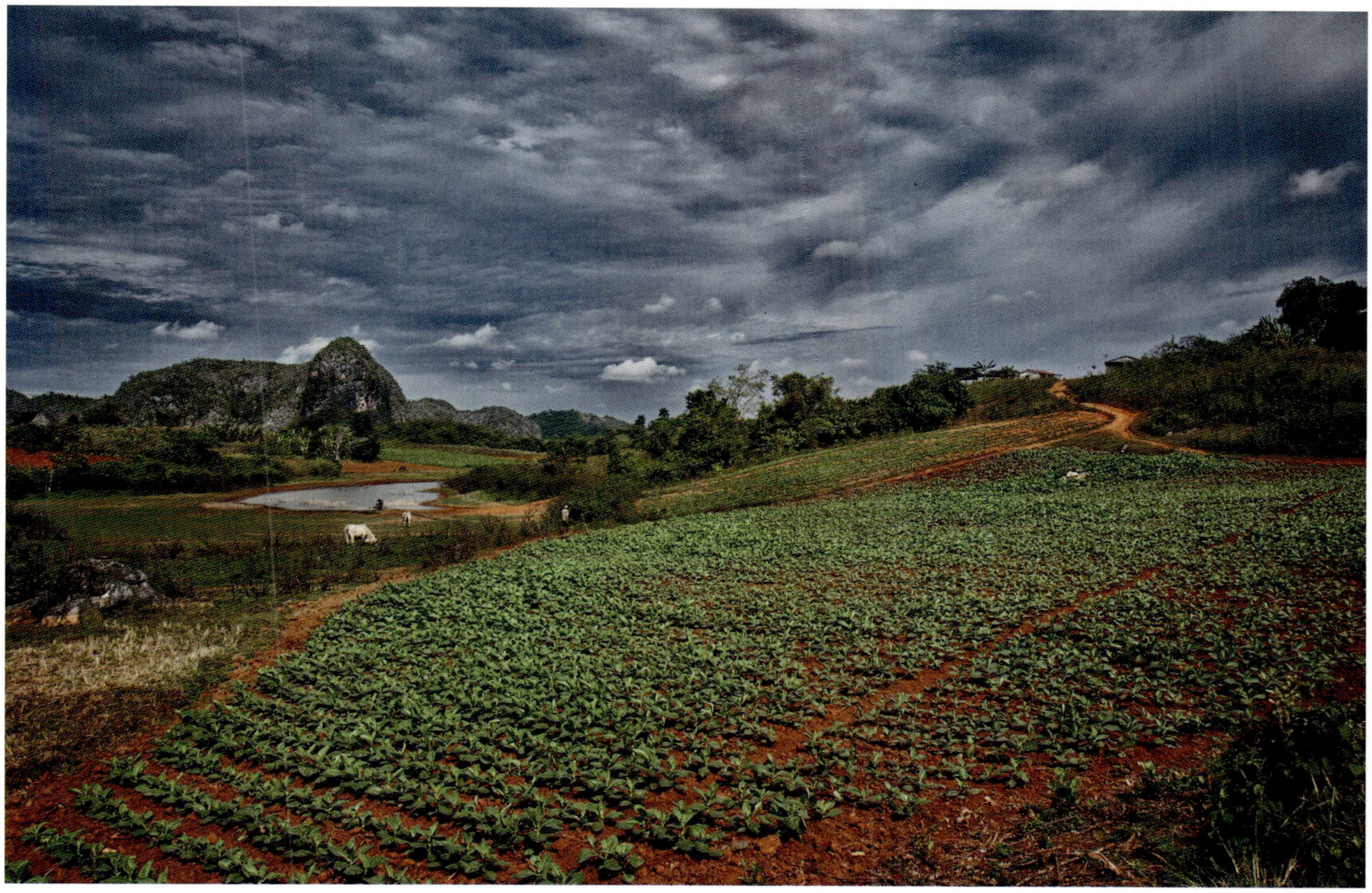

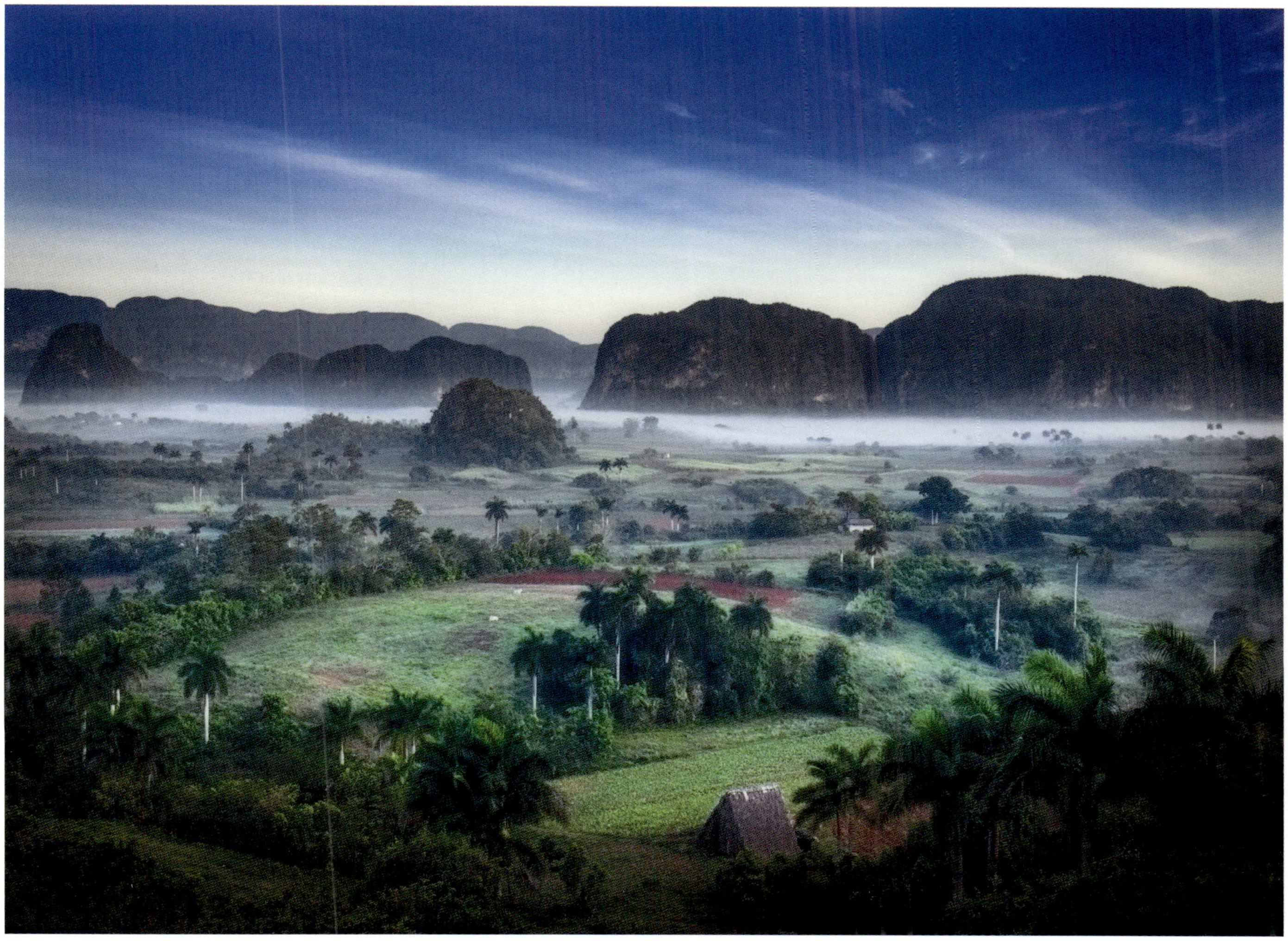

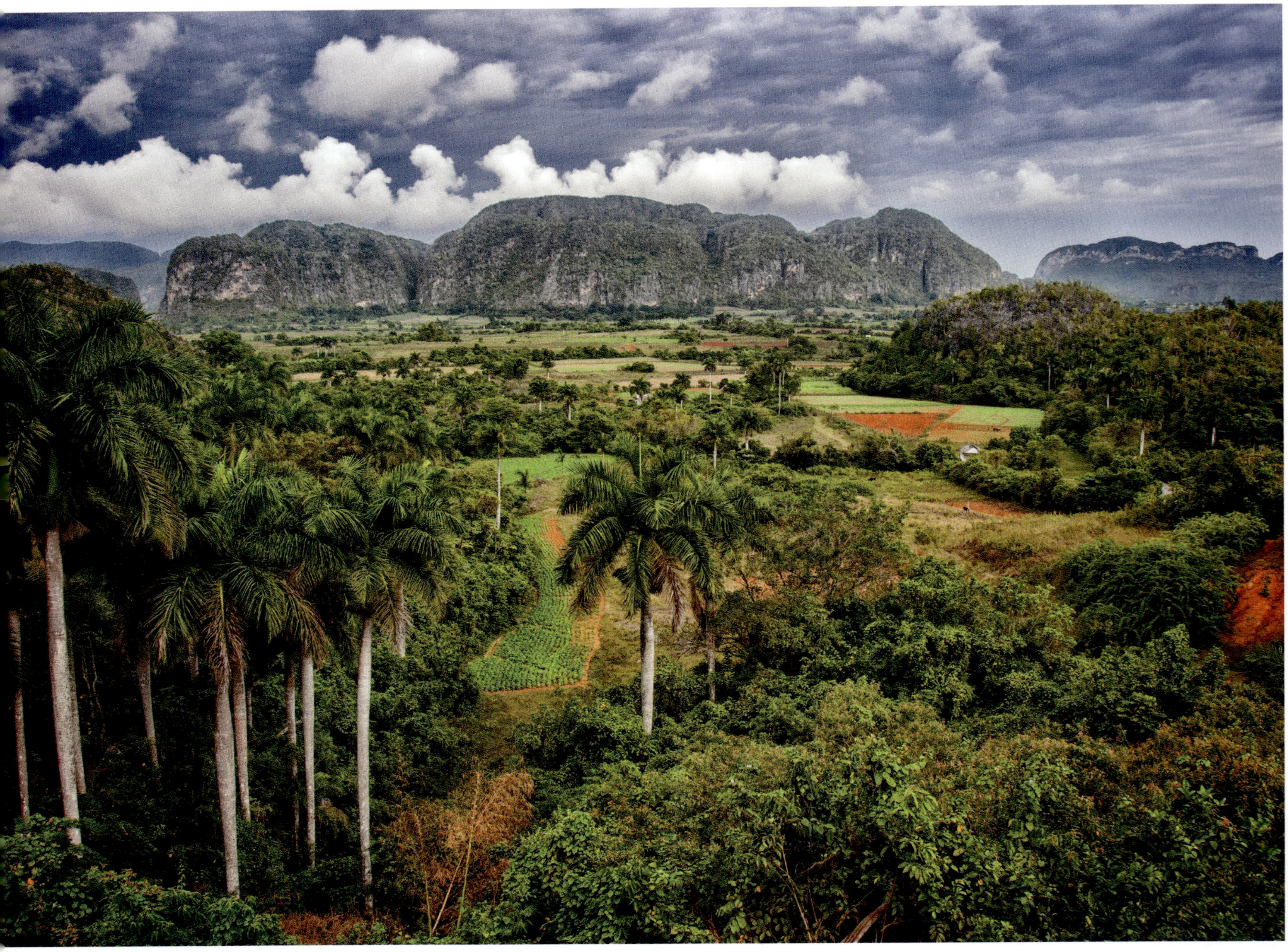

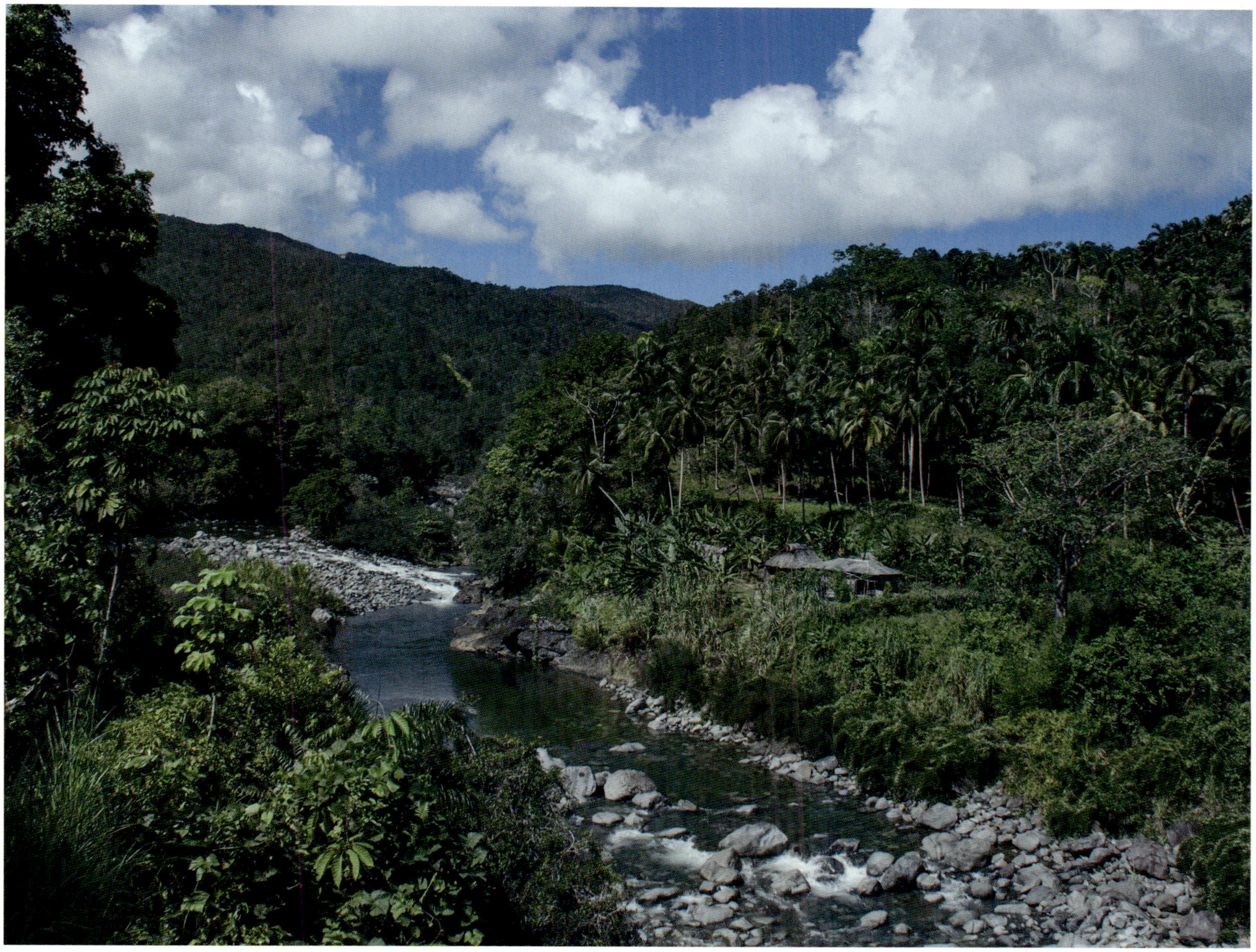

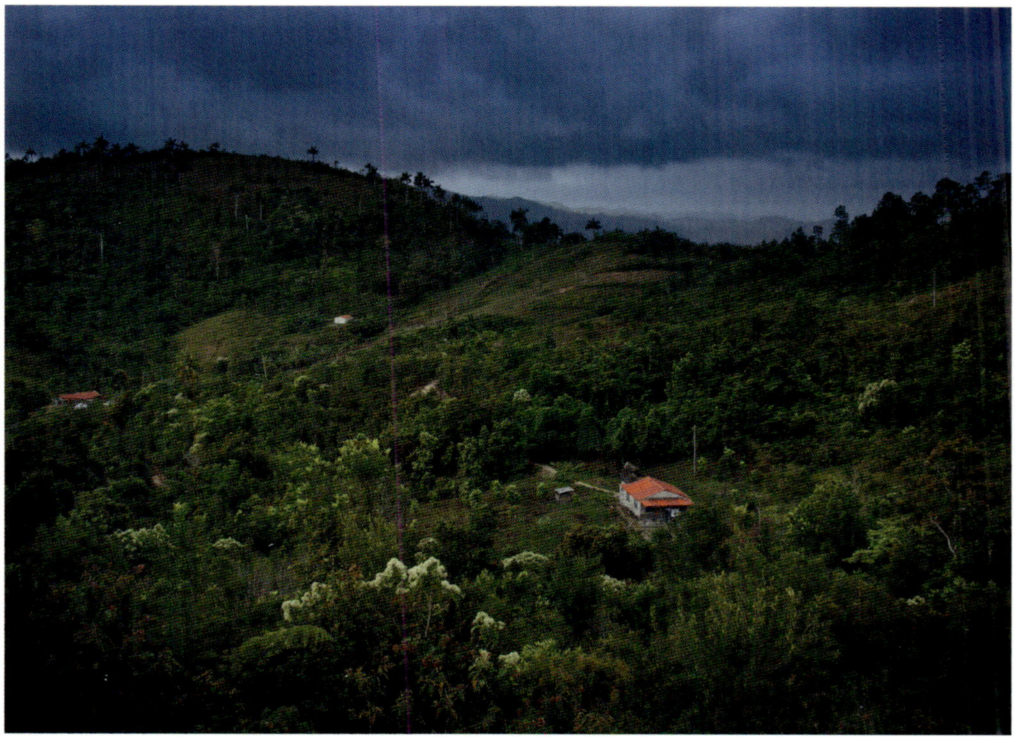

ABOVE | ARRIBA
Duaba River {JL}

LEFT | IZQUIERDA
Mil Cumbres, Pinar del Río {CC}

OPPOSITE | PÁGINA OPUESTA
Viñales, Pinar del Río {JL}

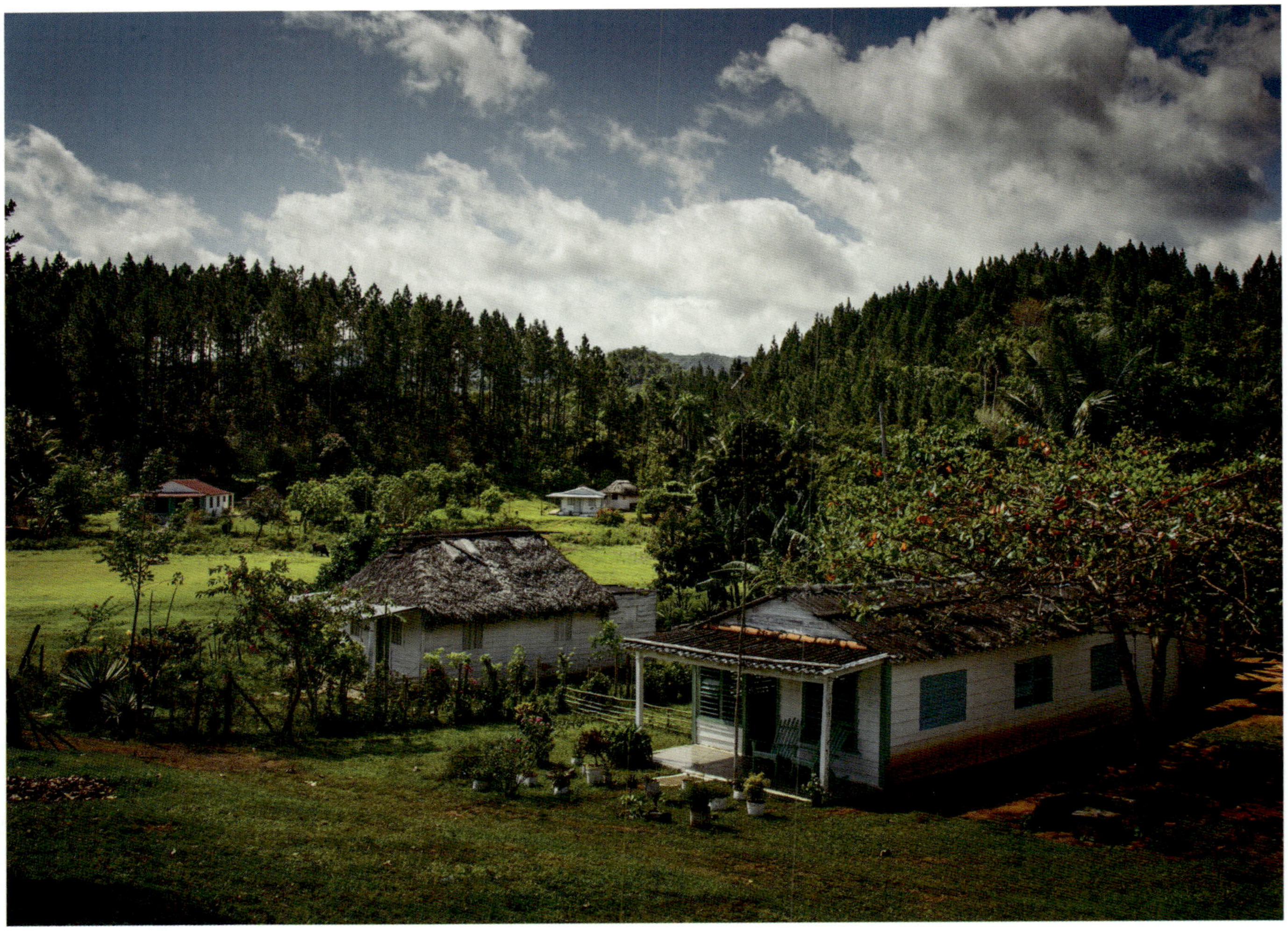

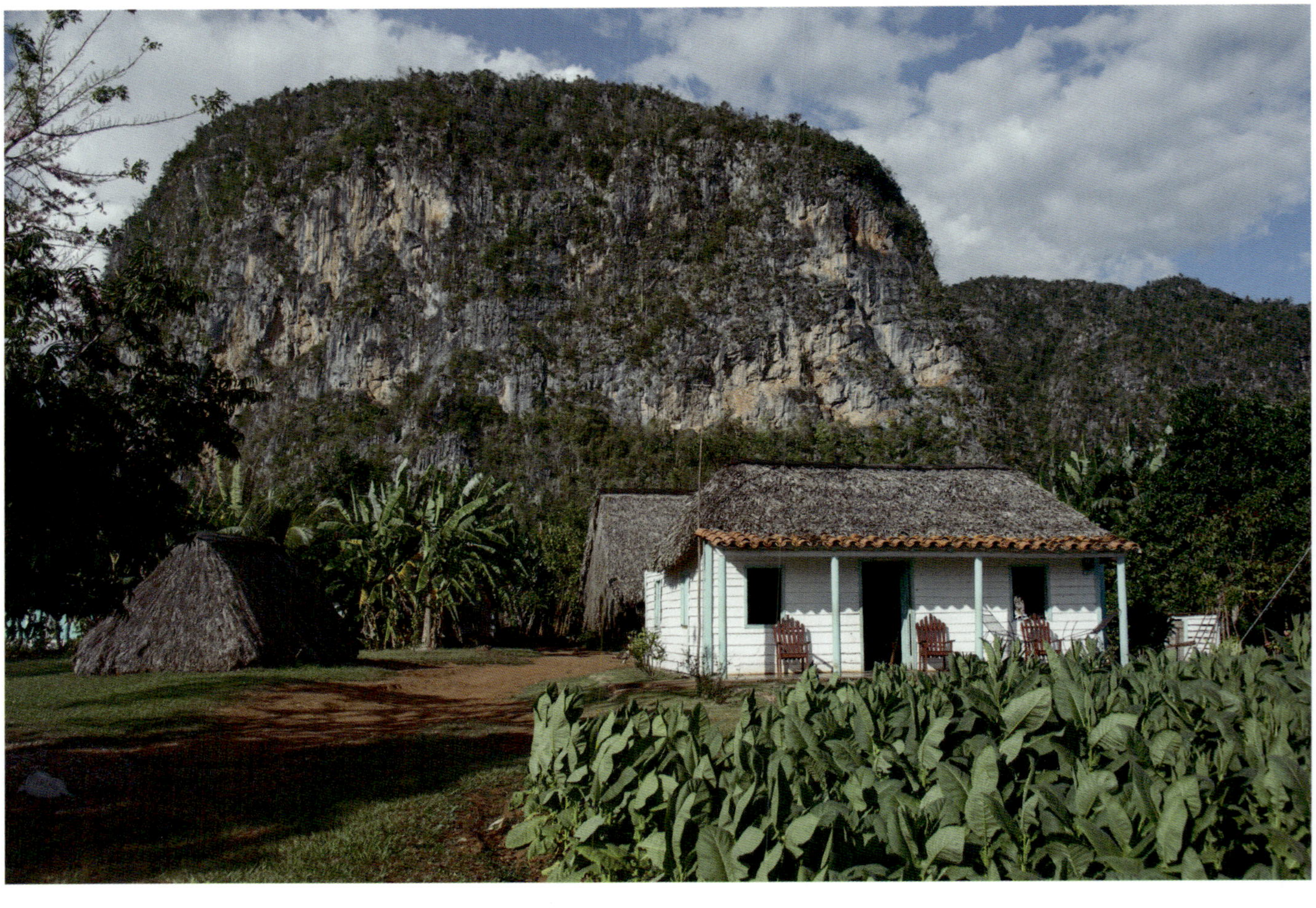

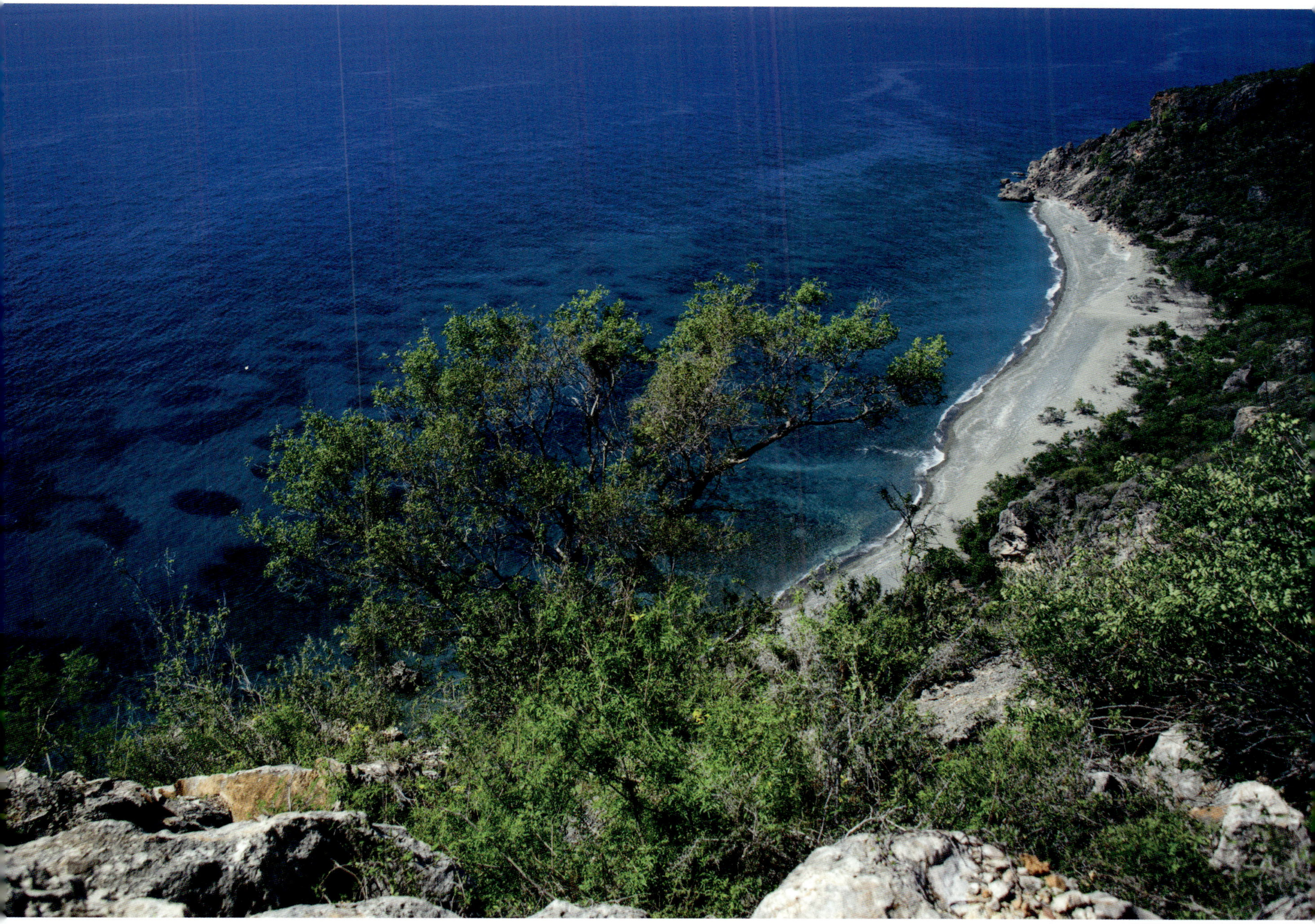

ABOVE | ARRIBA Punta de Maisí, Guantánamo {CC}

OPPOSITE FROM TOP | PÁGINA OPUESTA DE ARRIBA A ABAJO
Mil Cumbres, Pinar del Río {JL}
Viñales, Pinar del Río {JL}

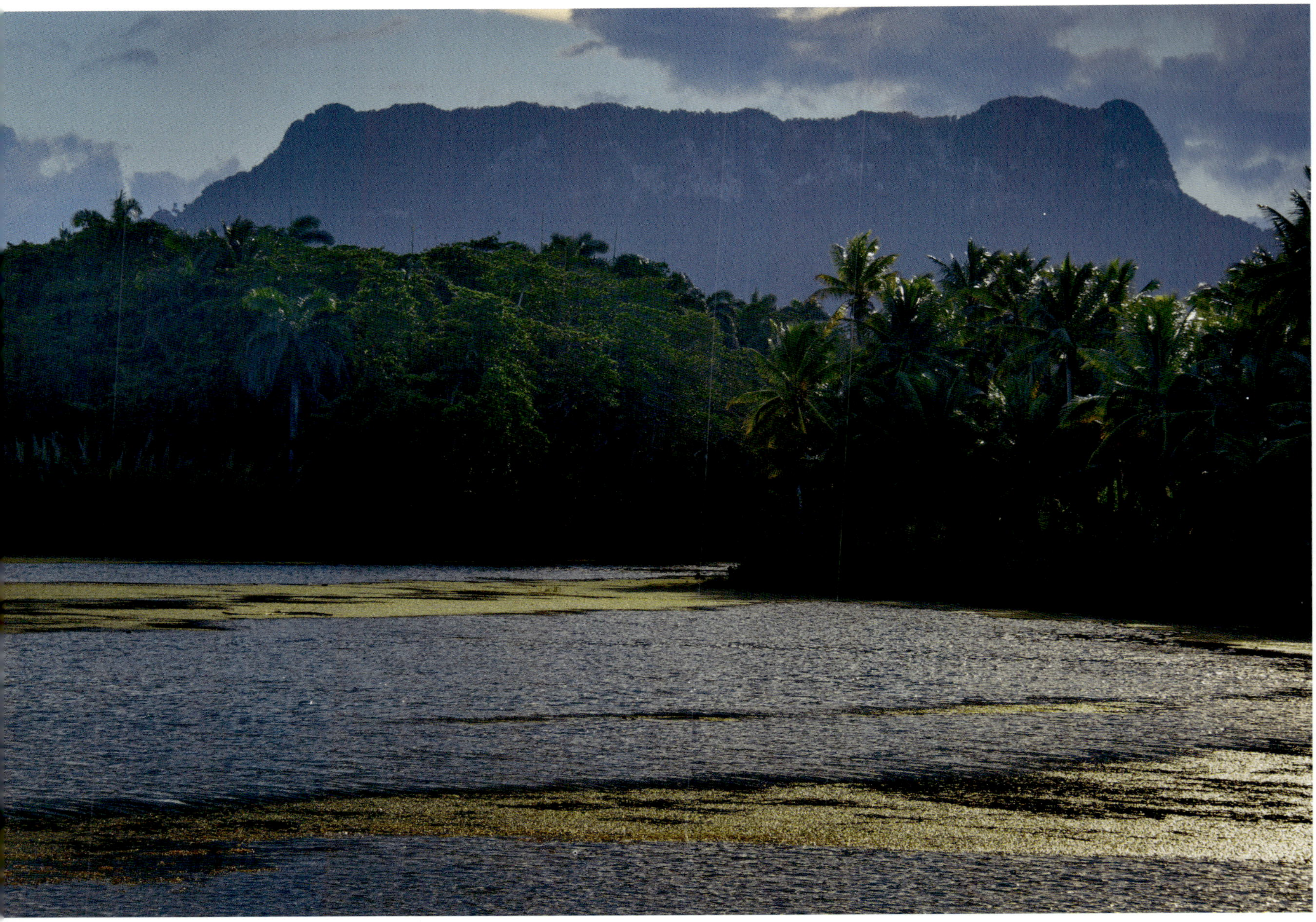

Yunque de Baracoa, Guantánamo {CC}

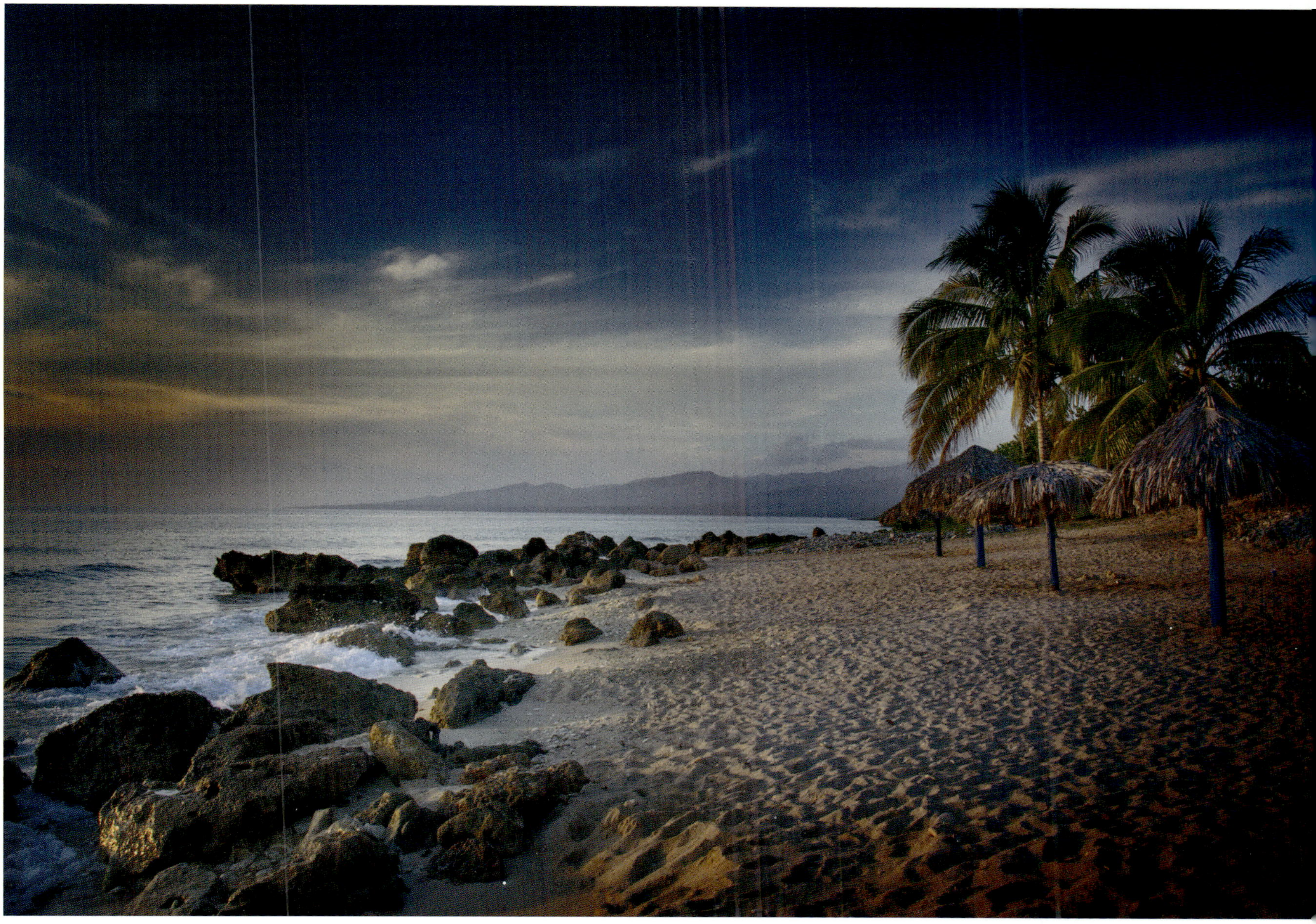

Playa Girón, Mantanzas {CC}

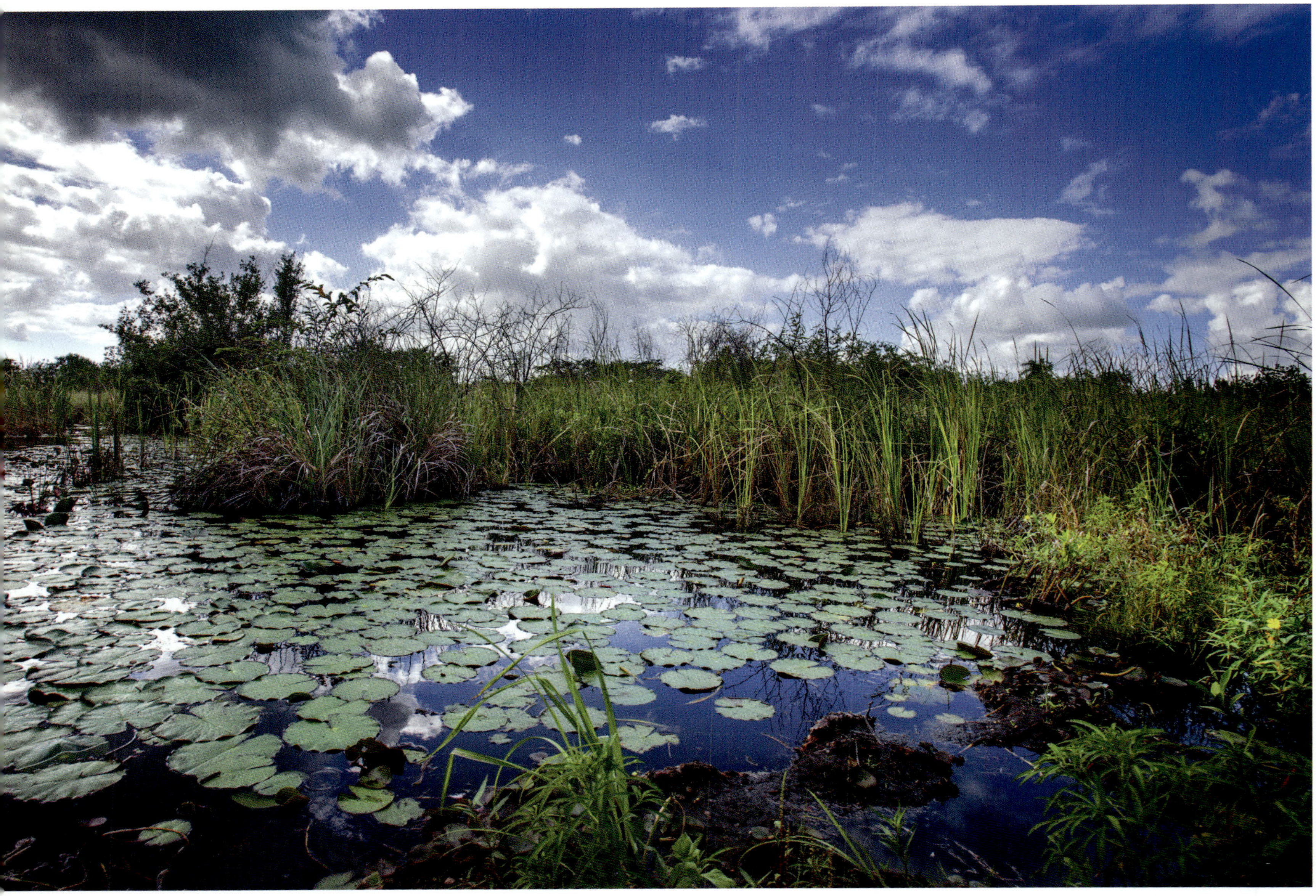

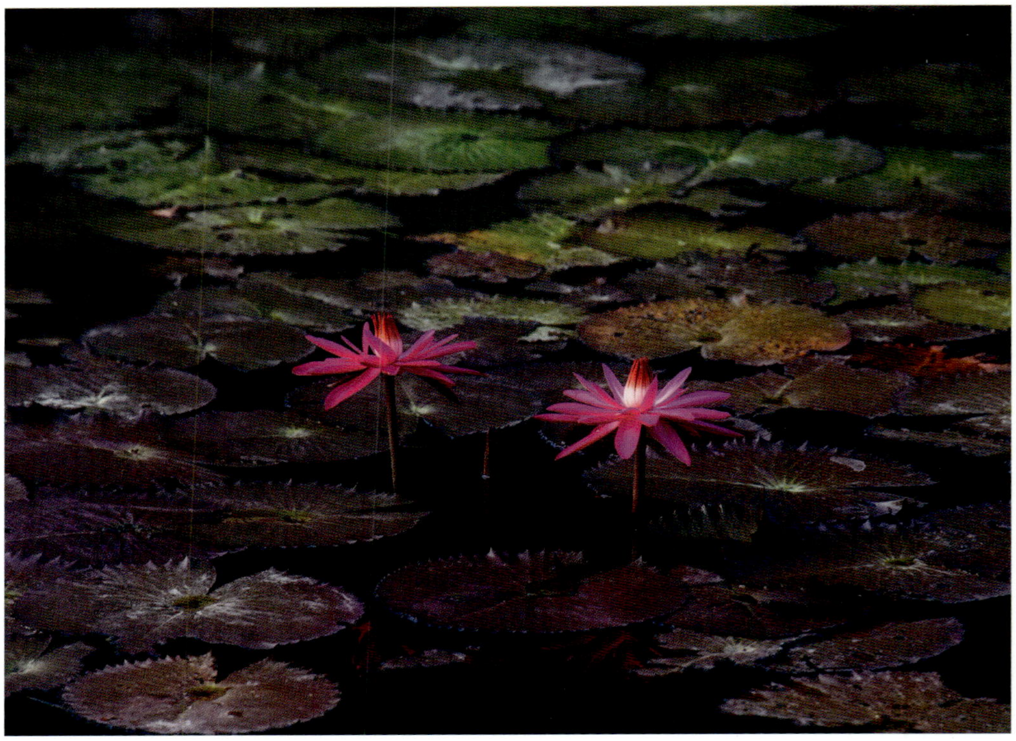

ABOVE | ARRIBA
Soplillar, Mantanzas {CC}

RIGHT | DERECHA
Las Terrazas, Artemisa {CC}

OPPOSITE | PÁGINA OPUESTA
El Nicho, Sancti Spiritus {CC}

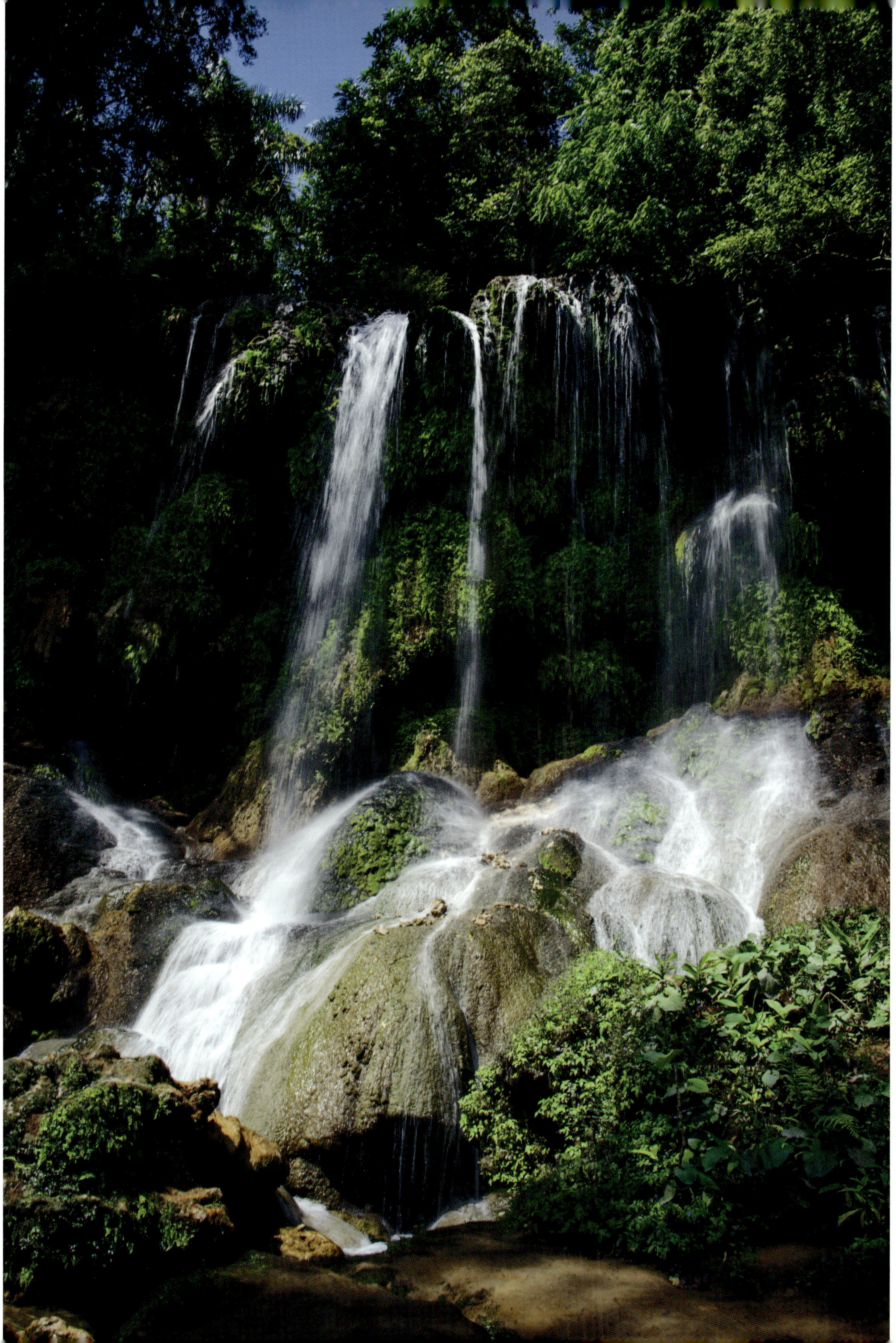

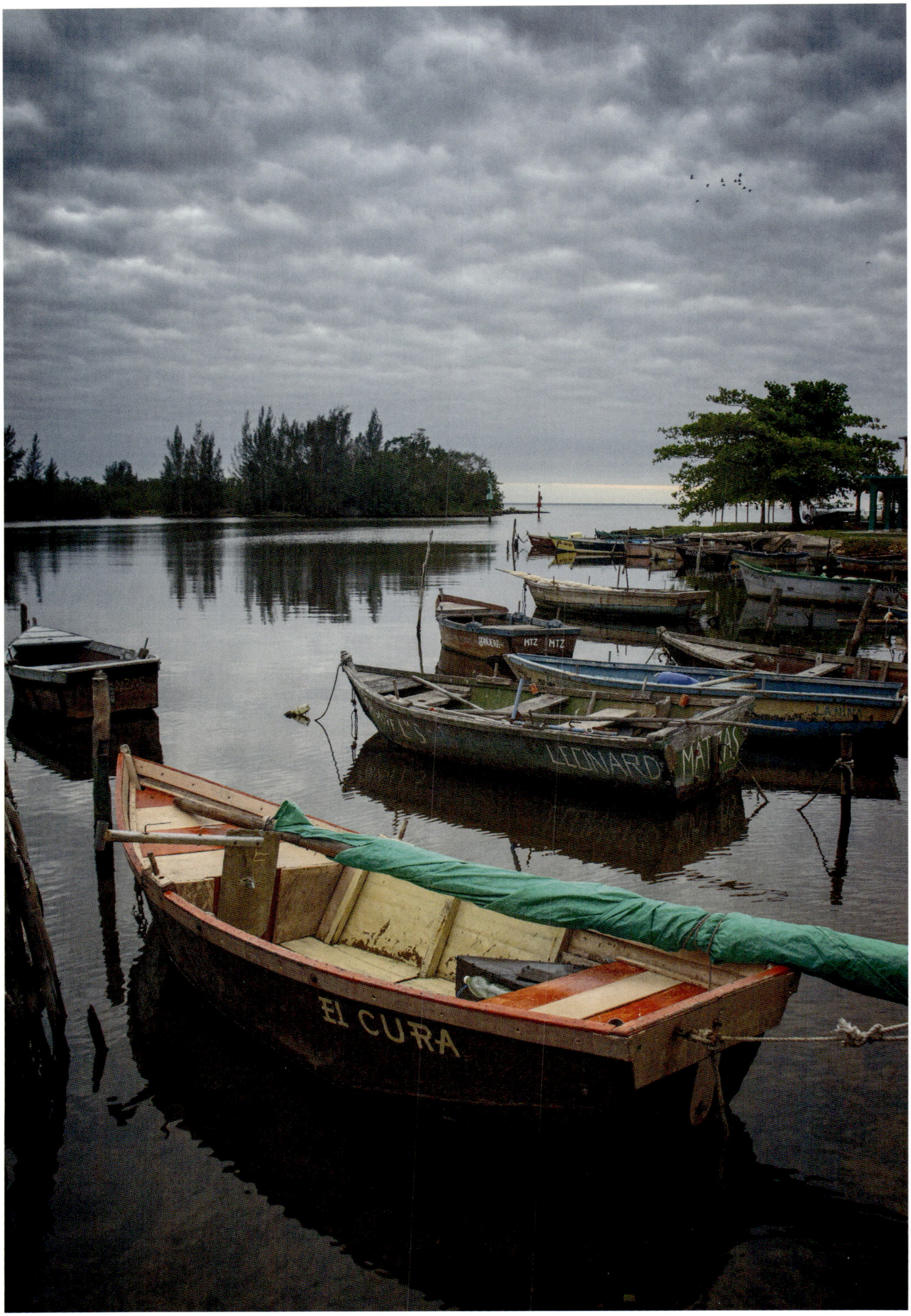
EL CURA

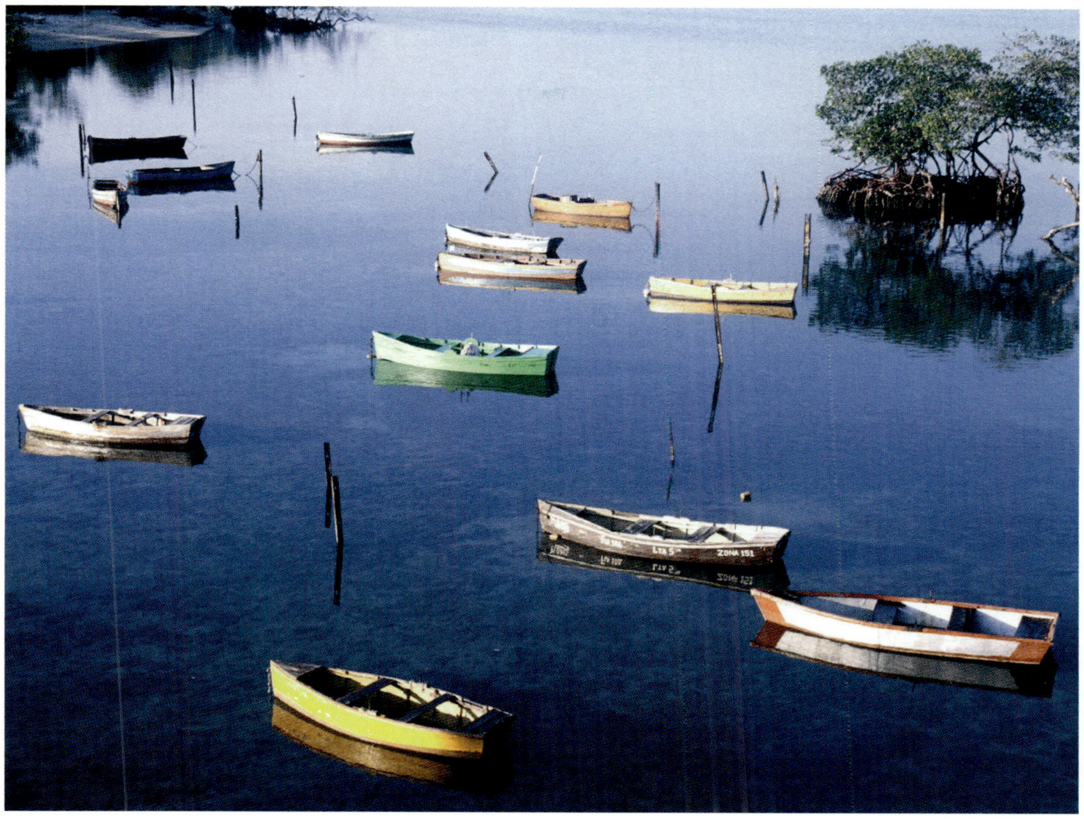

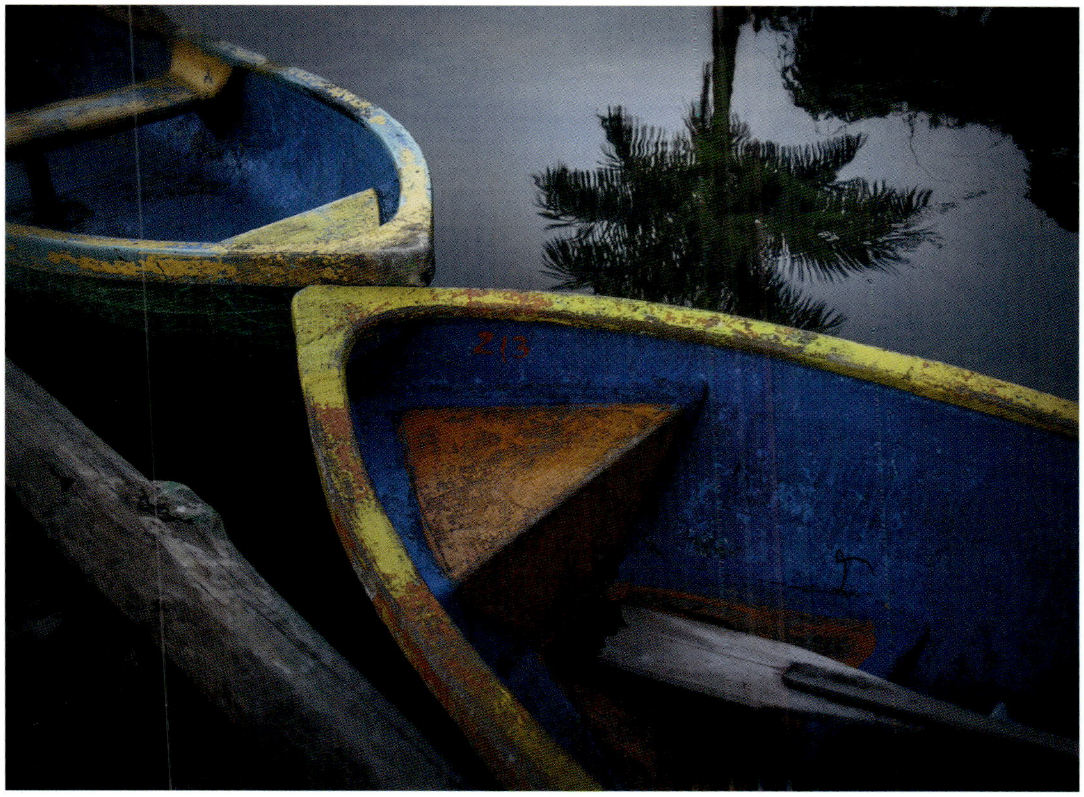

ABOVE FROM TOP | DE ARRIBA A ABAJO

Bariay, Holguín {JL}

Las Terrazas, Artemisa {CC}

OPPOSITE | PÁGINA OPUESTA   Playa Larga, Matanzas {JL}

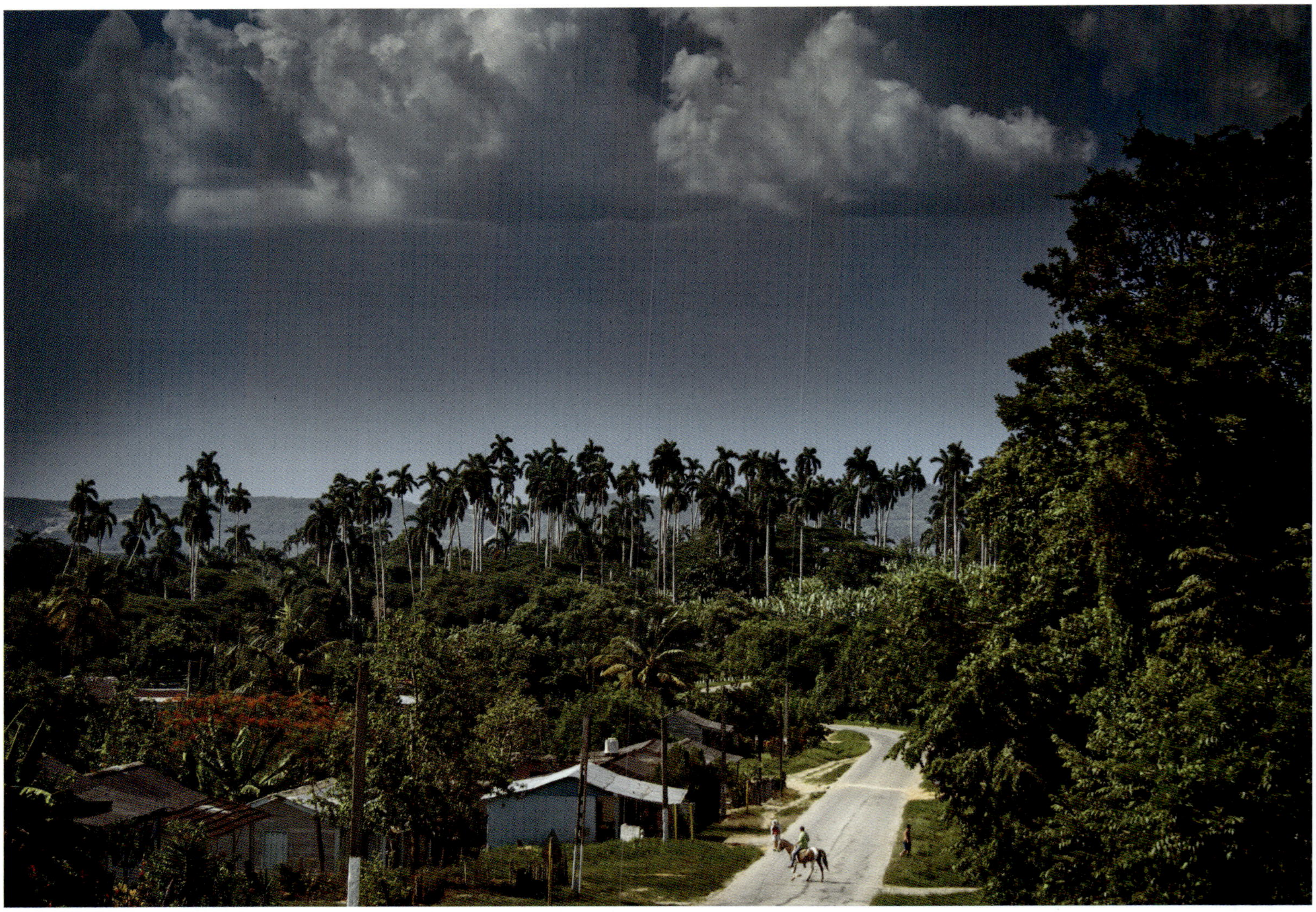

ABOVE | ARRIBA Ciego de Ávila {CC}

OPPOSITE | PÁGINA OPUESTA Las Terrazas, Artemisa {CC}

OVERLEAF | PÁGINA SIGUIENTE La Melba, Holguín {JL}

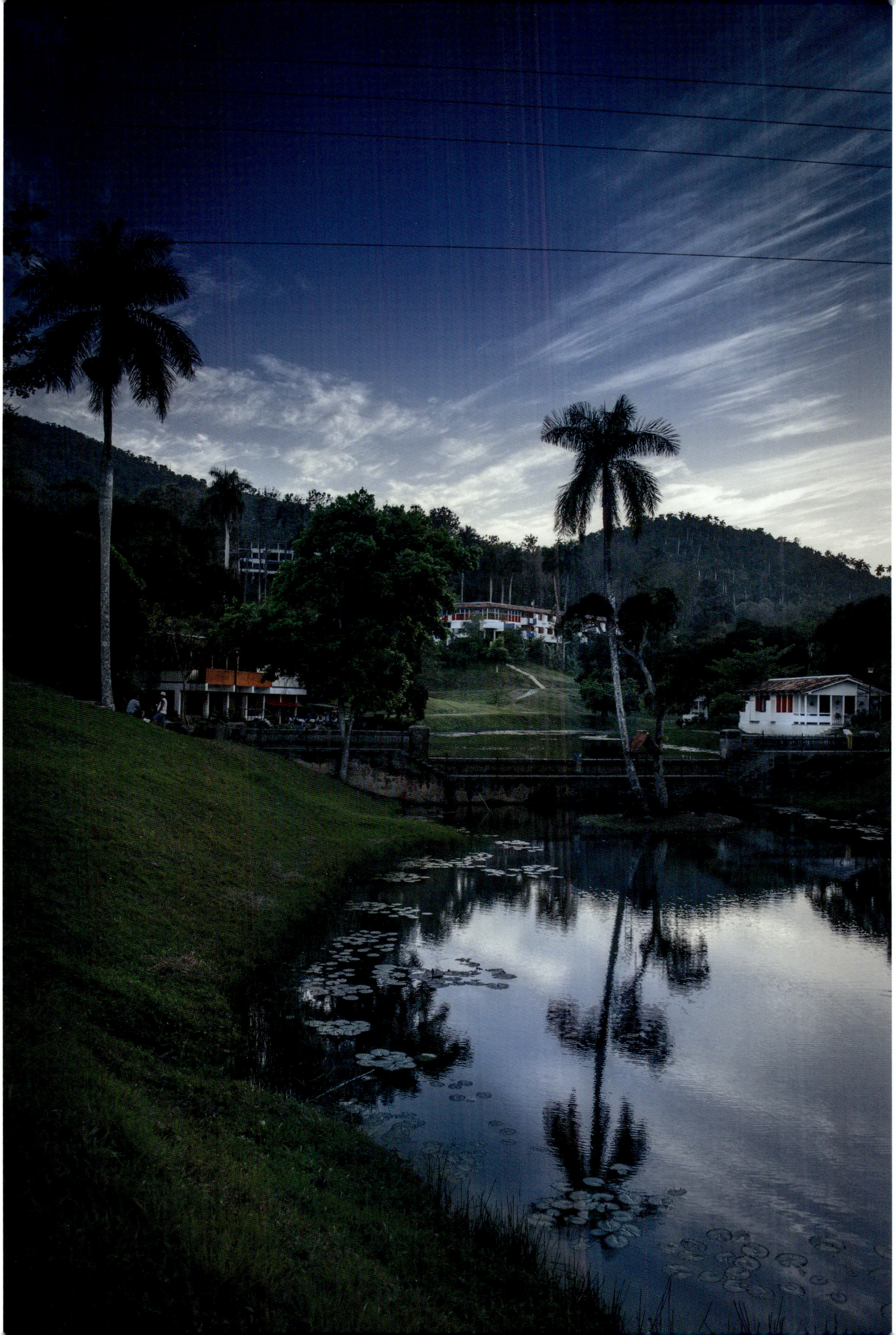

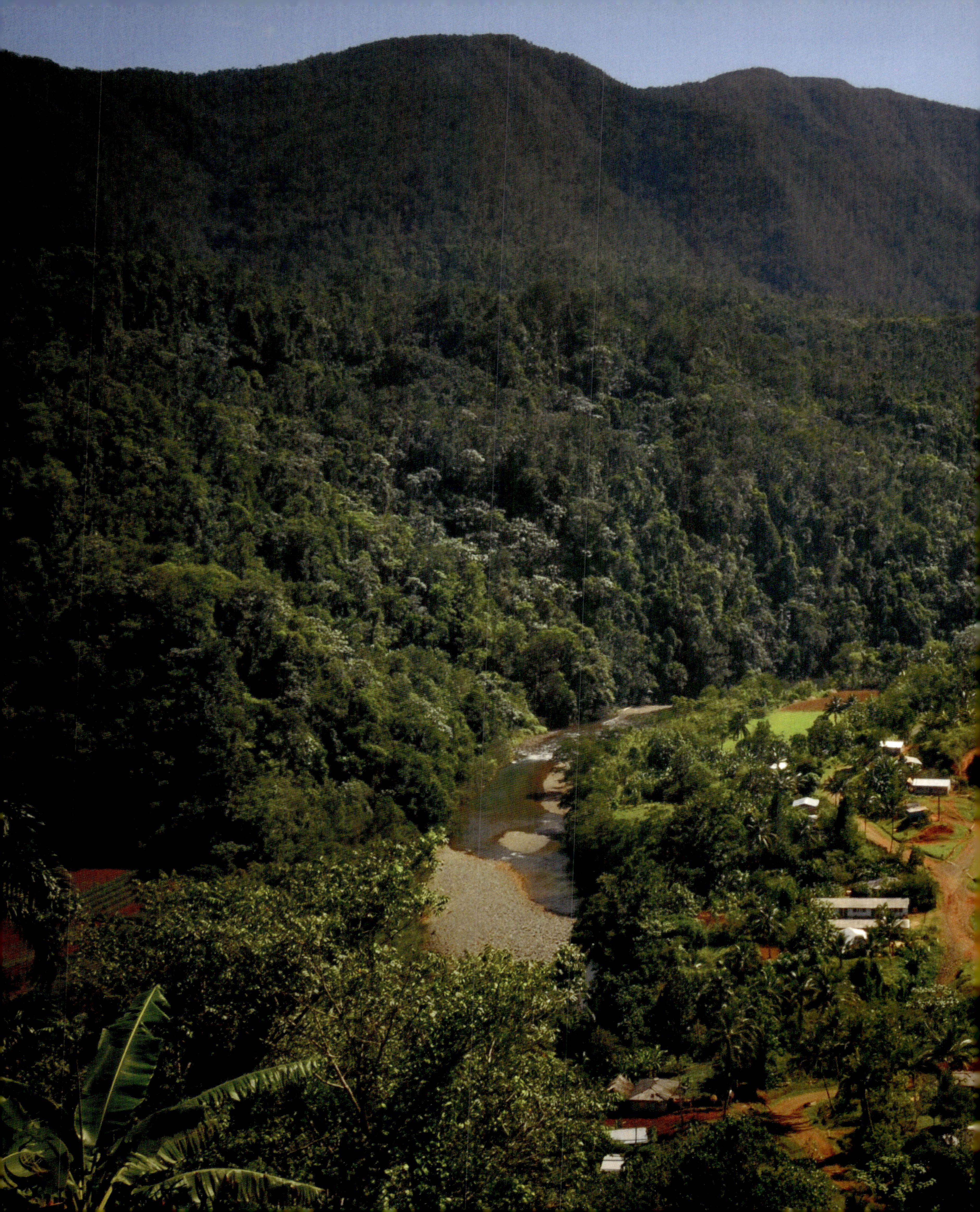

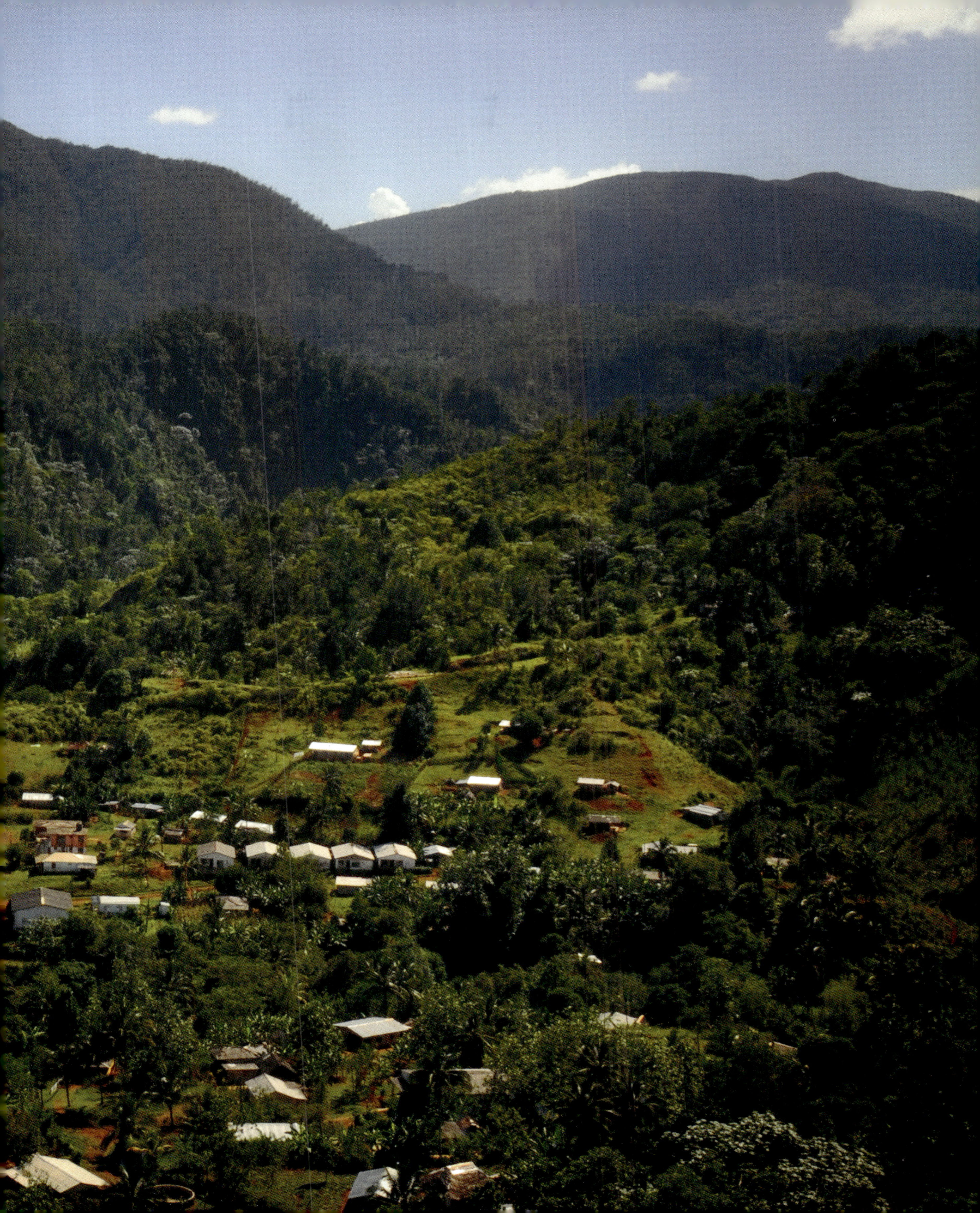

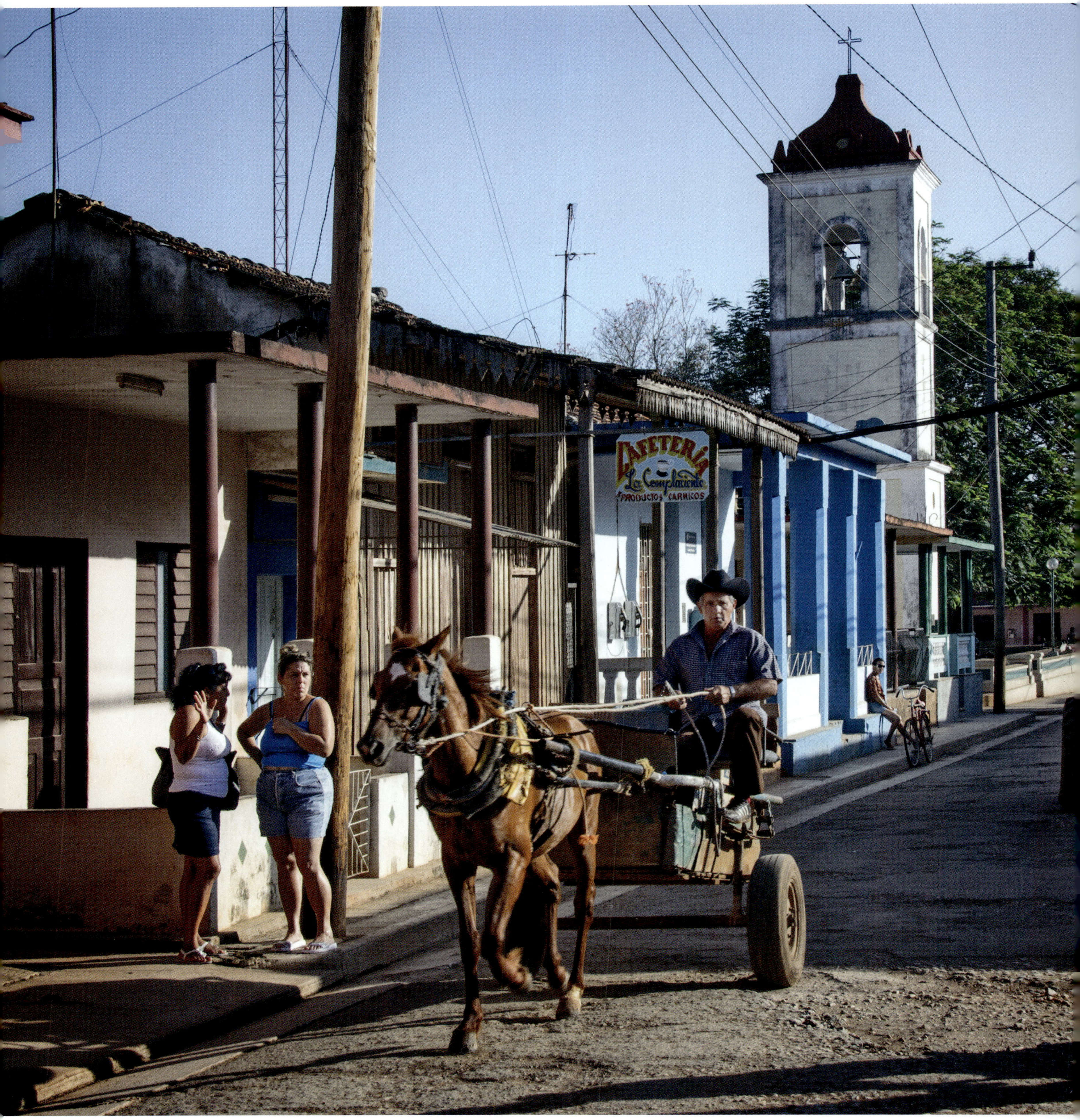
CAFETERIA
La Complaciente
PRODUCTOS CARNICOS

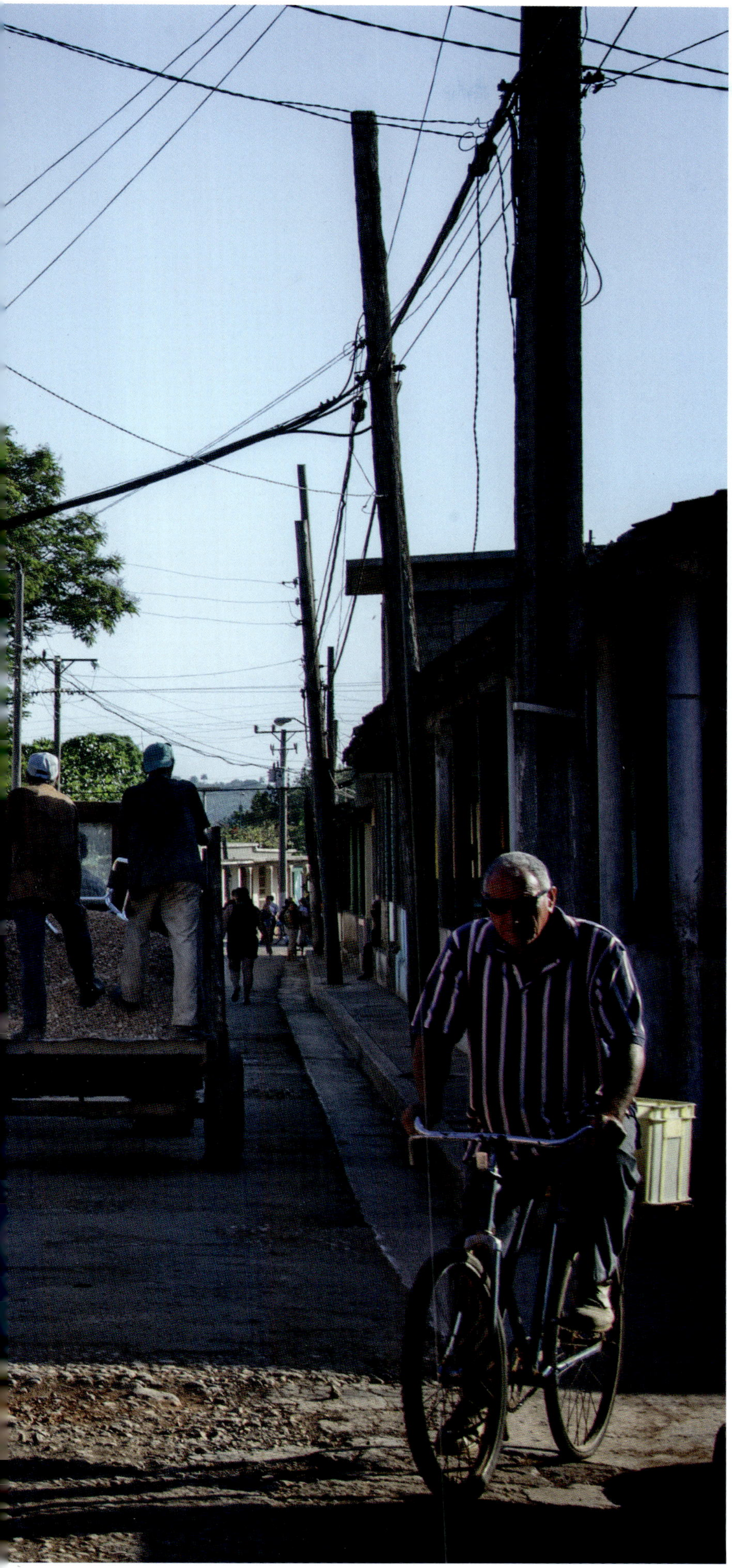

COMMUNITIES
COMUNIDADES

Although many *campesinos* prefer to live somewhat isolated, they always need a place to gather together, sell their products, and buy the goods and services they require. Within their communities, they connect with family and friends who have chosen a common lifestyle. Here, they have school for their children, primary health care services are provided, and a sanctuary for interaction and recreation can be found.

Muchos campesinos prefieren vivir algo aislados, pero siempre necesitan de un lugar para encontrarse, vender sus productos y adquirir bienes y servicios. Allí compartirán con amigos y familiares que han preferido las facilidades de la vida en común; dispondrán, también, de la escuela para sus hijos, del médico para la atención primaria y, en no pocas ocasiones, del espacio para la recreación colectiva.

LEFT / IZQUIERDA Colón, Matanzas {CC}

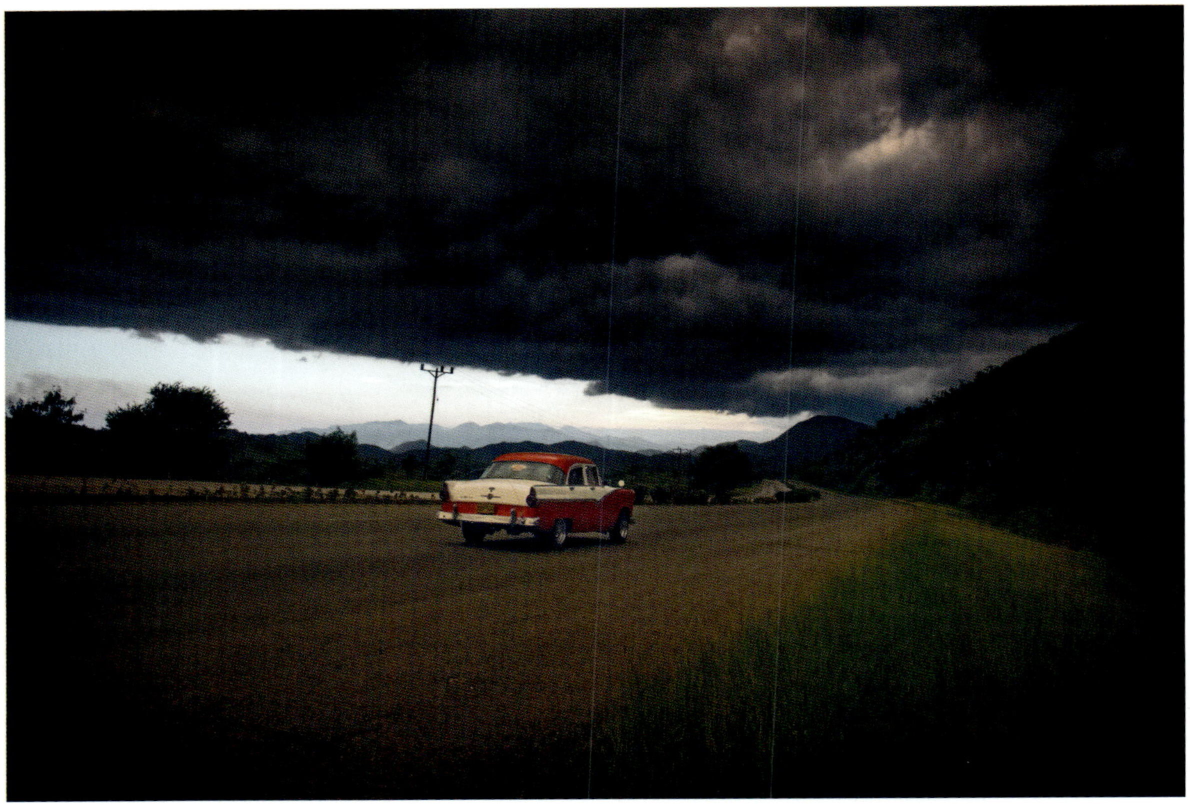

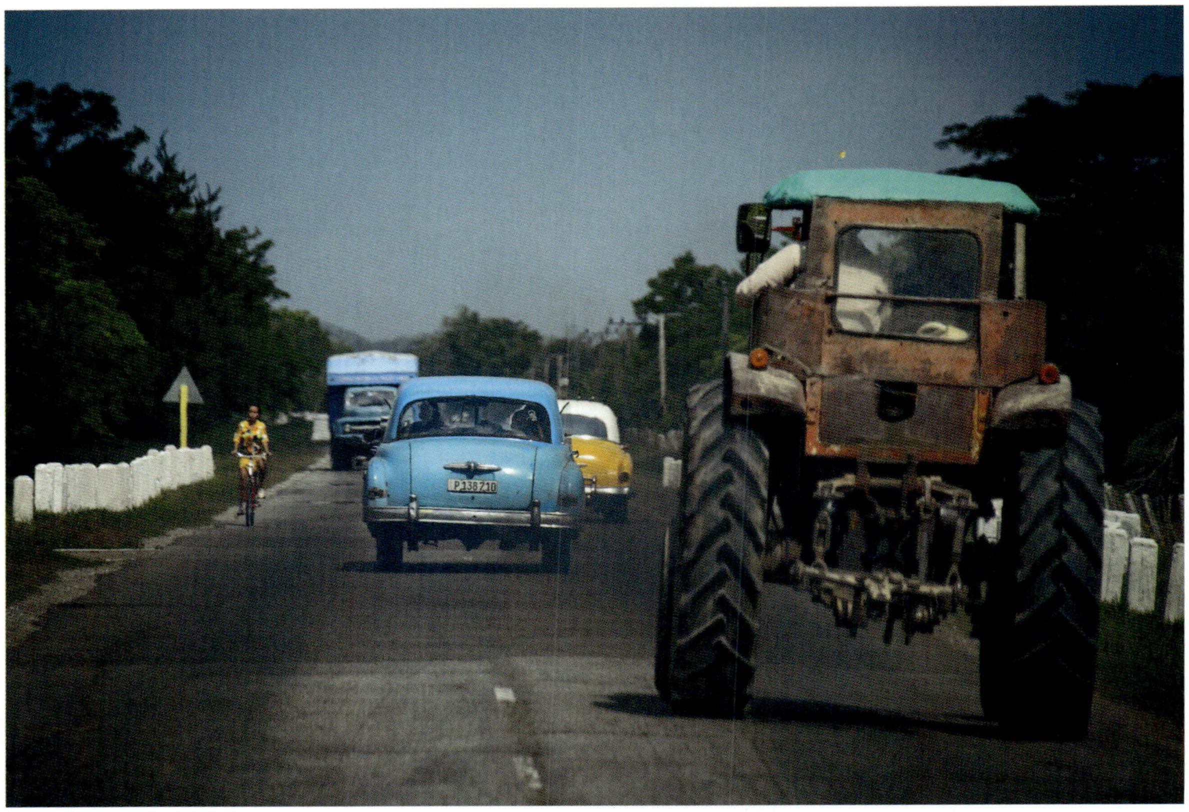

ABOVE FROM TOP | DE ARRIBA A ABAJO

Santiago de Cuba {CC}

Las Tunas {CC}

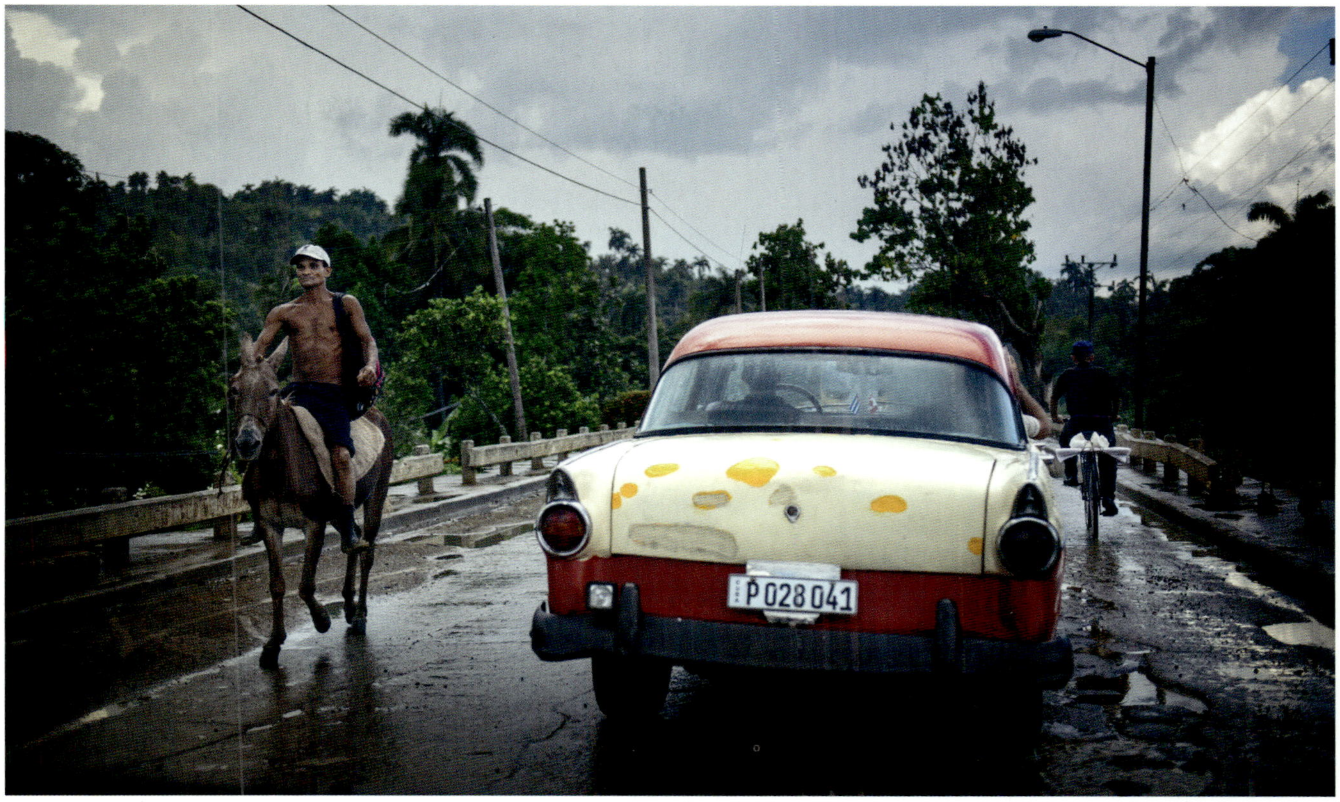

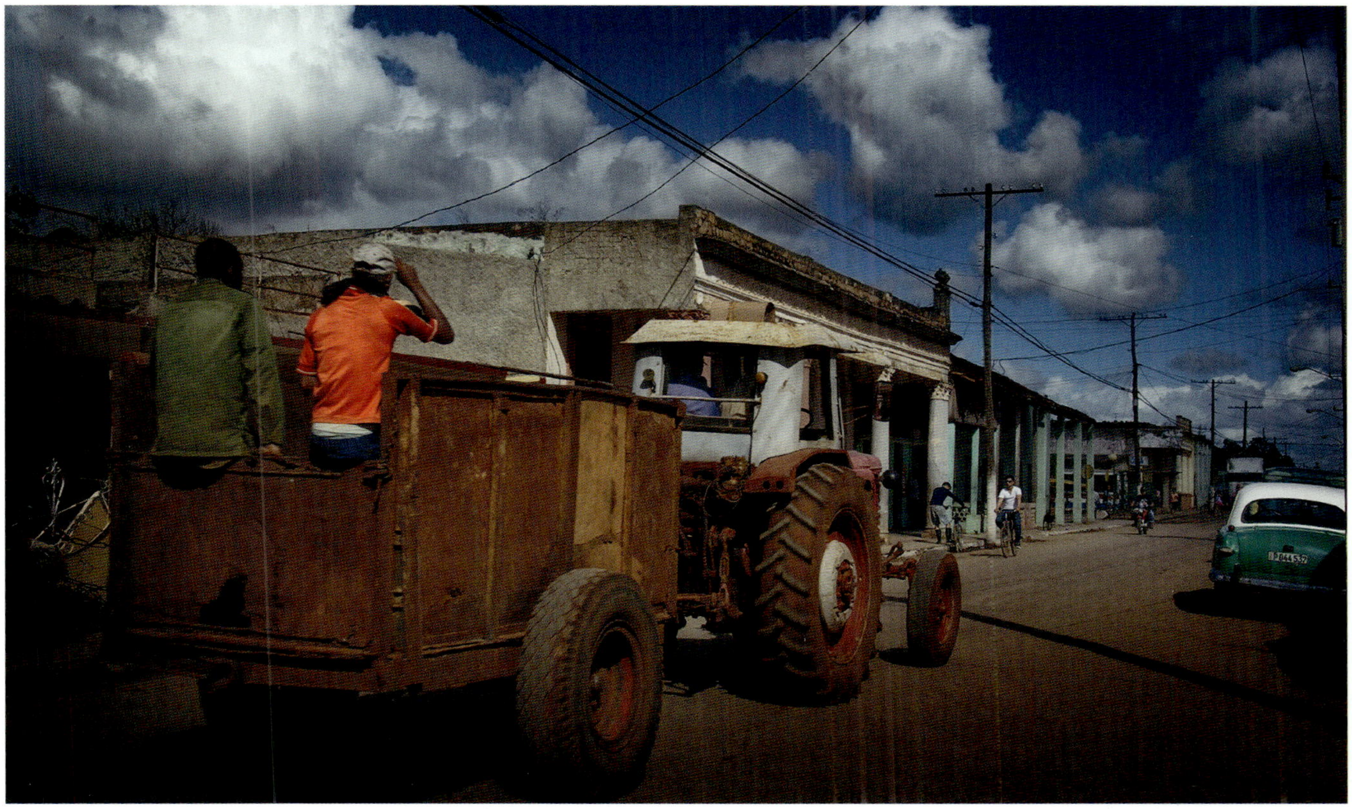

ABOVE FROM TOP | DE ARRIBA A ABAJO

Guantánamo {CC}

Agramonte, Matanzas {CC}

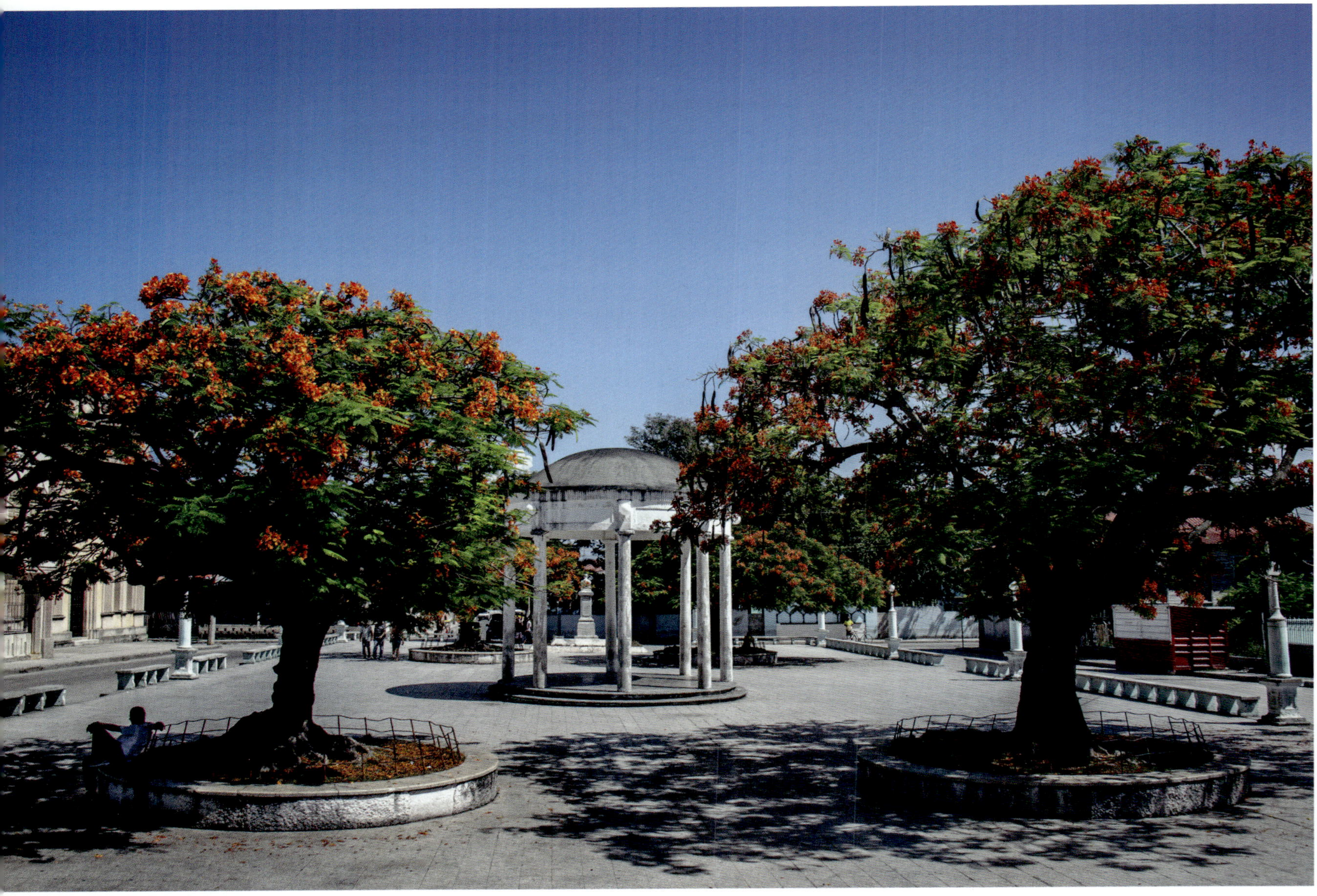

ABOVE | ARRIBA
Banes, Holguín {CC}

RIGHT | DERECHA
Banes, Holguín {CC}

OPPOSITE | PÁGINA OPUESTA
Baracoa, Guantánamo {CC}

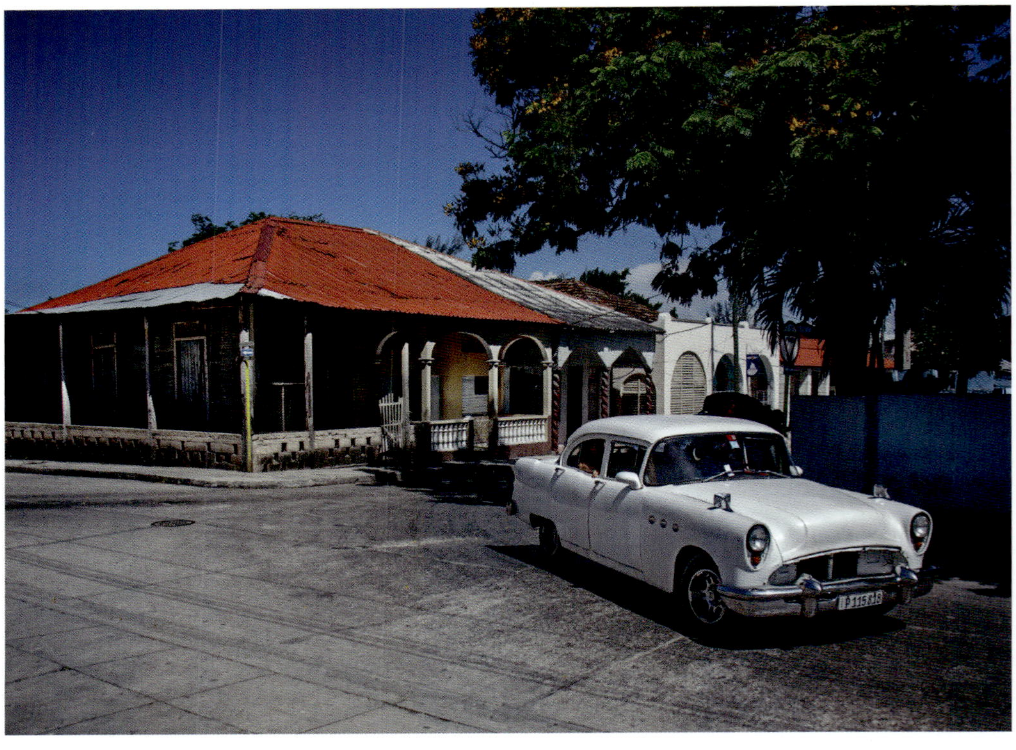

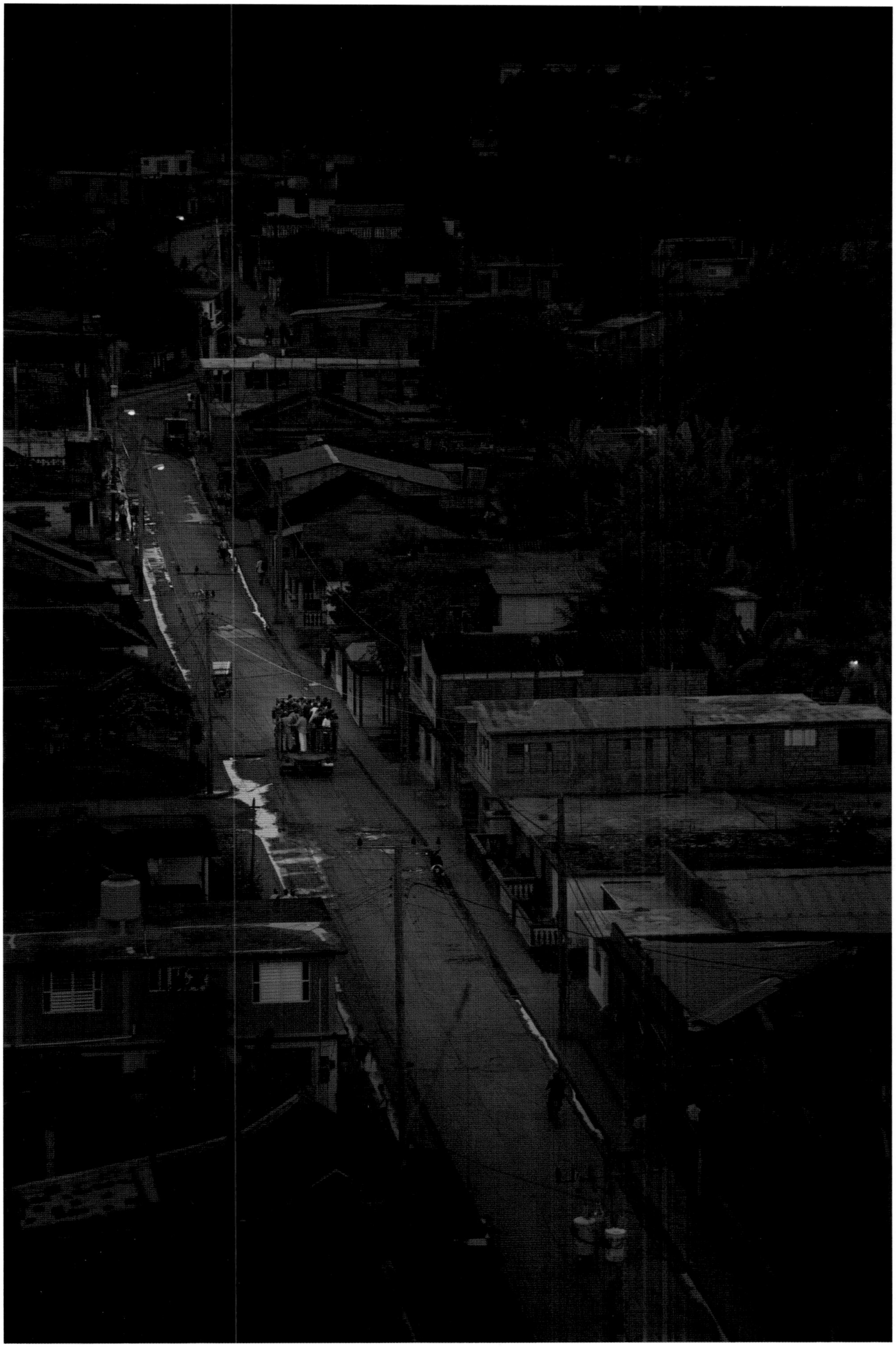

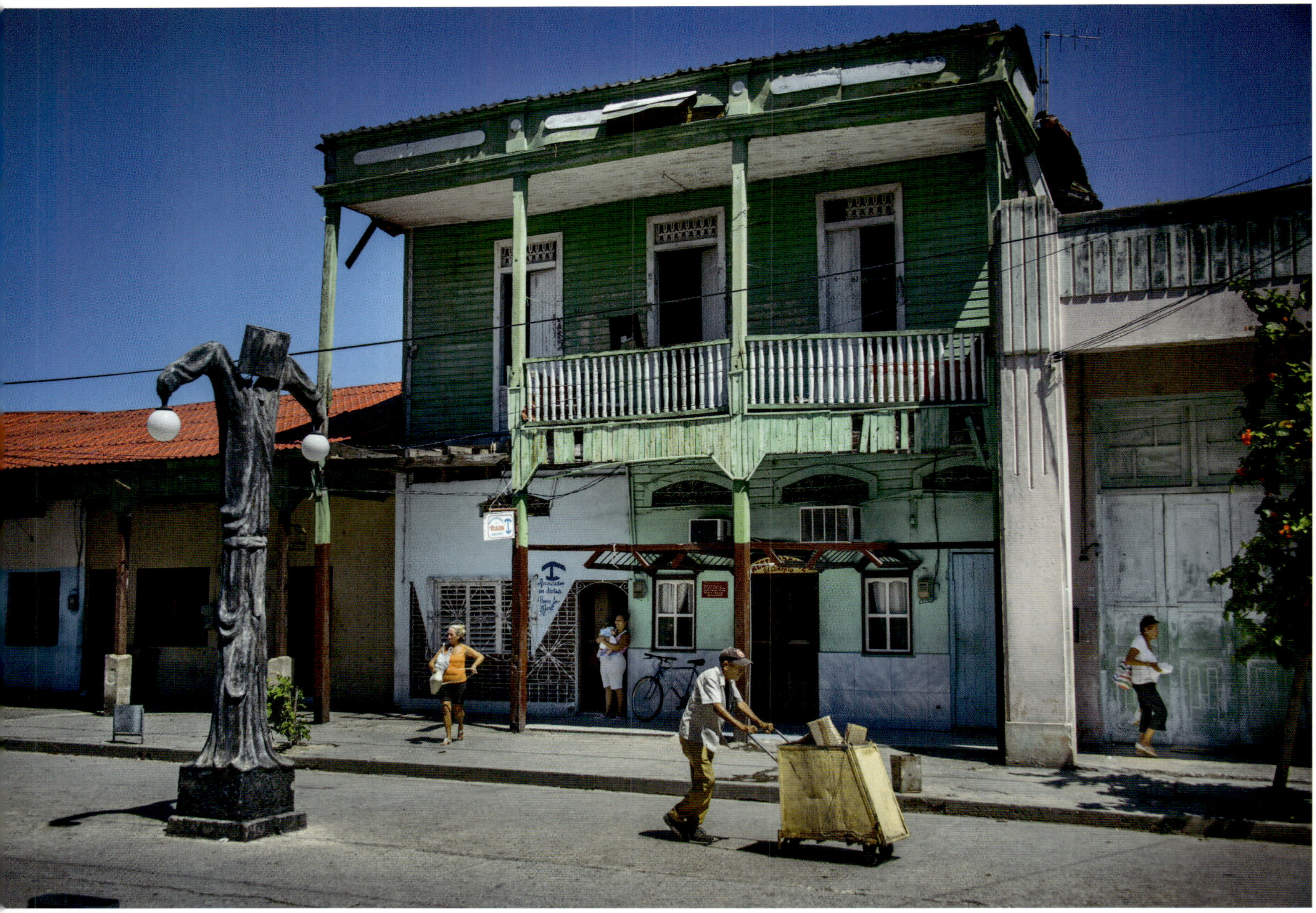

Banes, Holguín {CC}

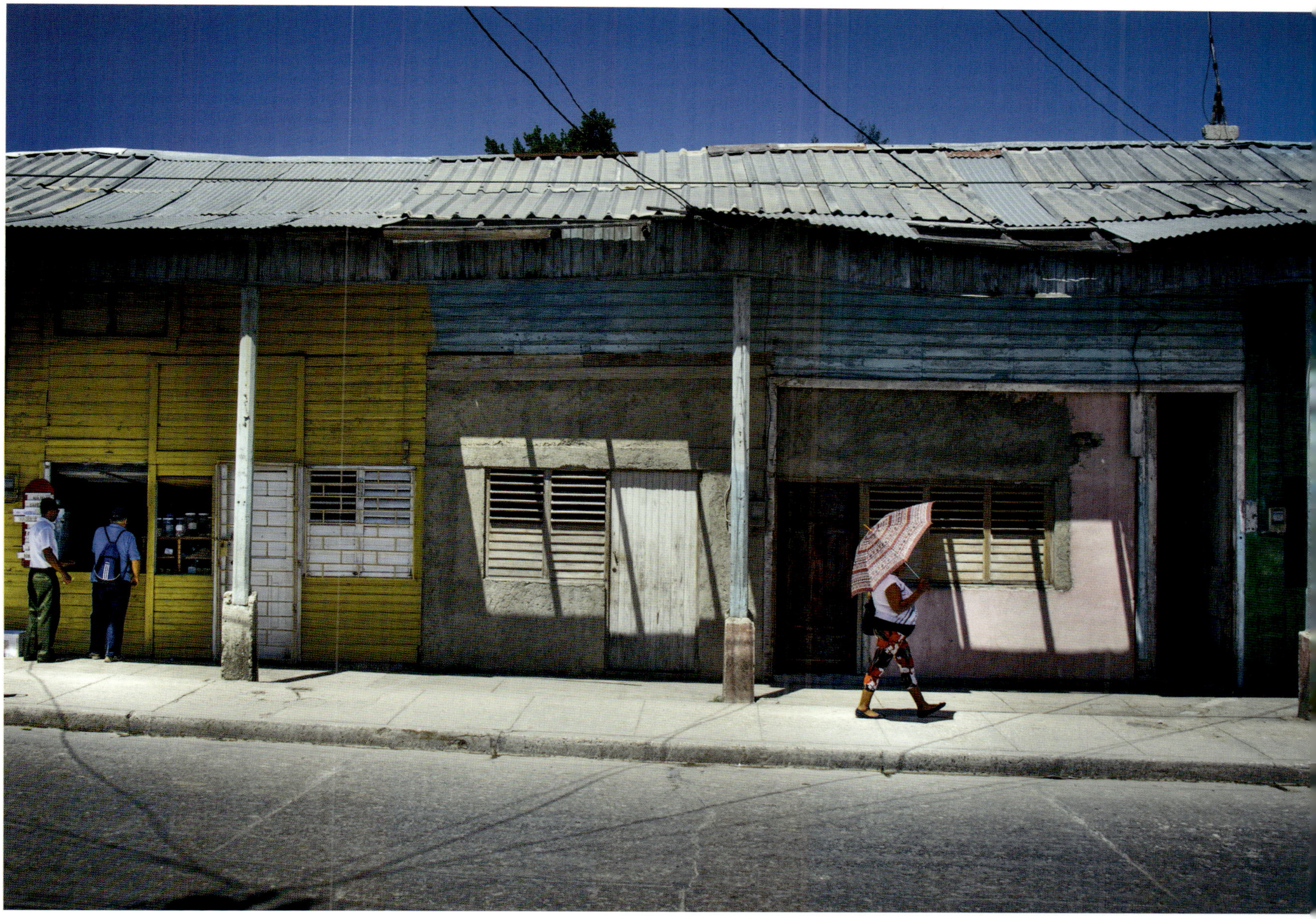

Banes, Holguín {CC}

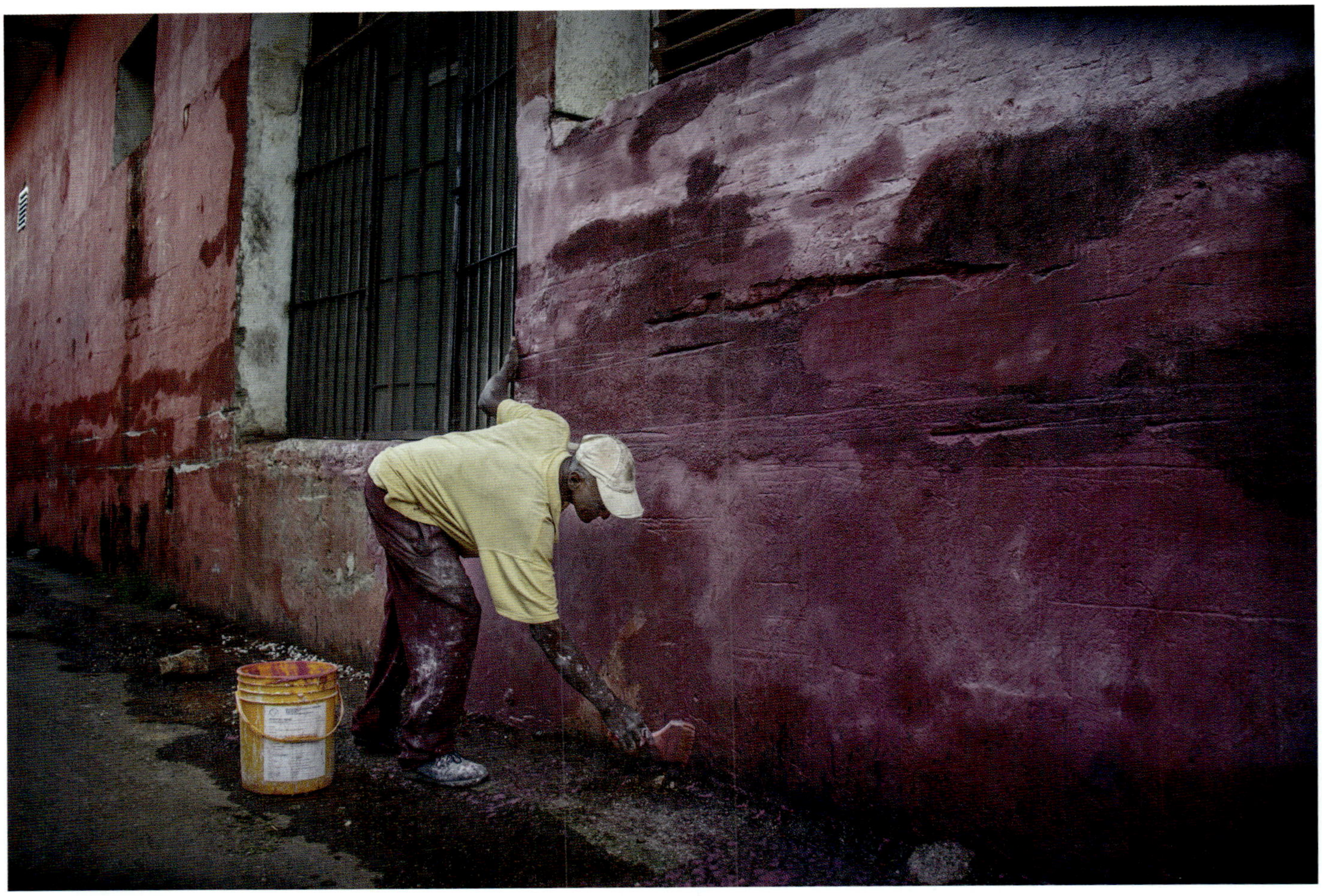

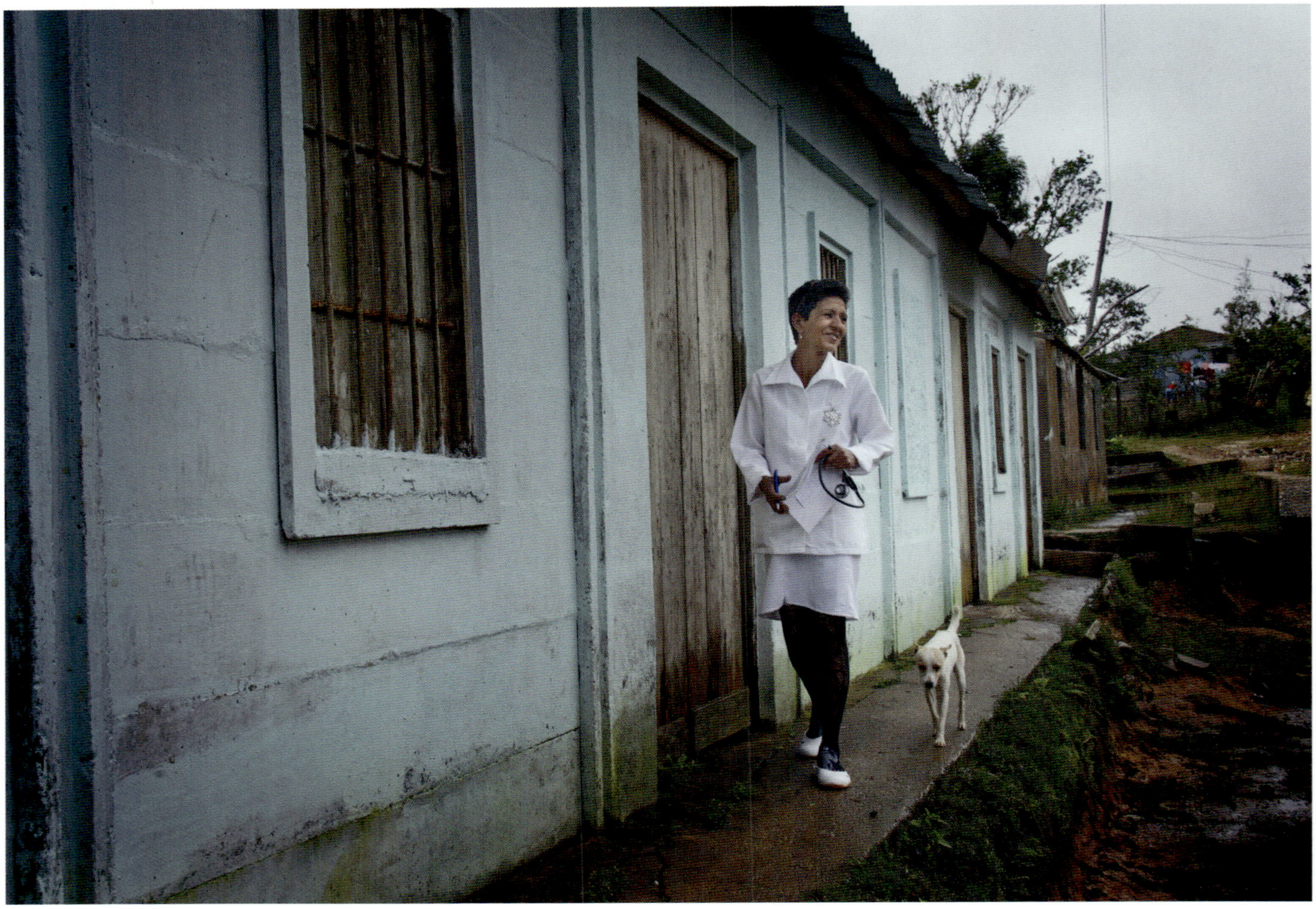

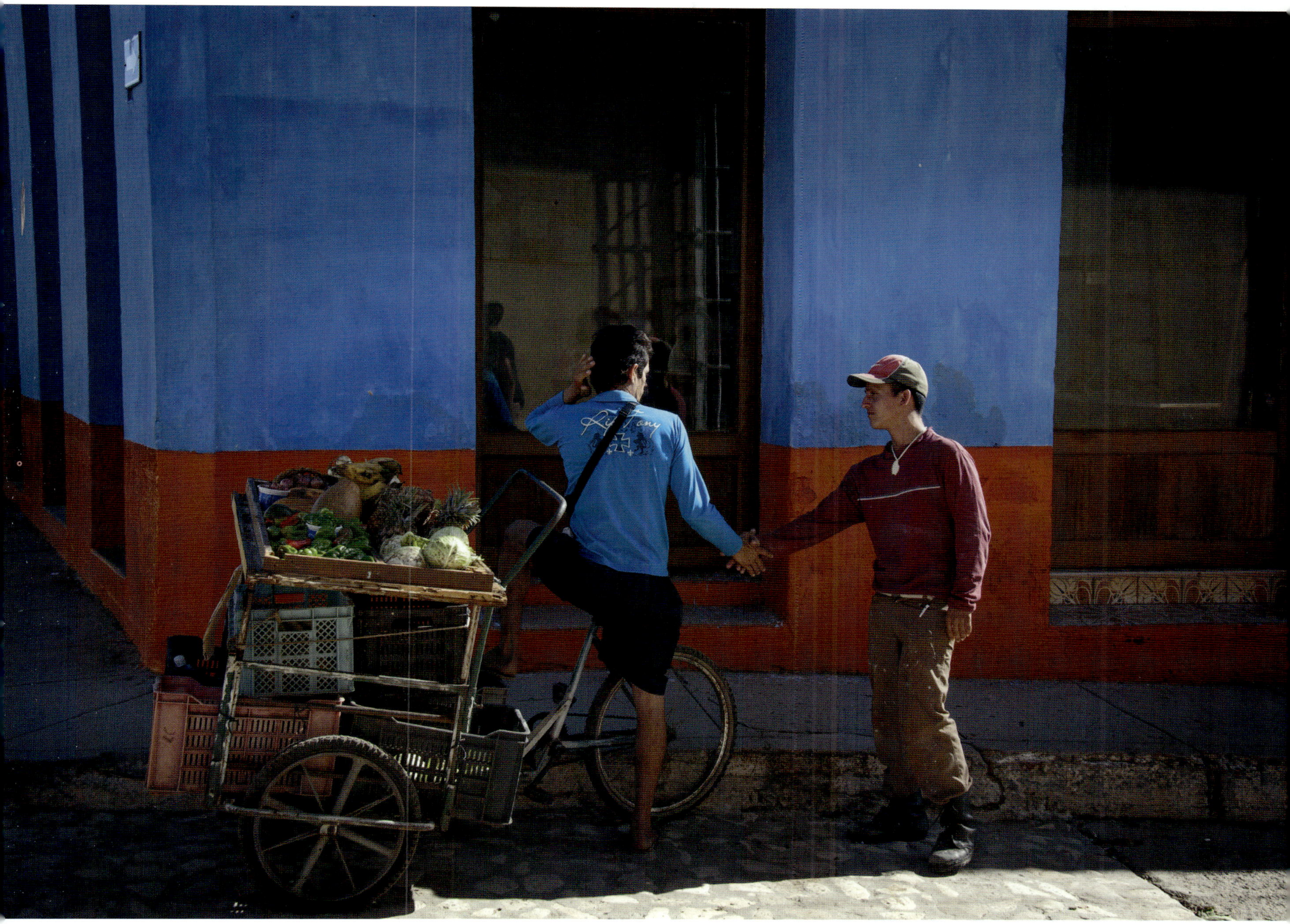

ABOVE | ARRIBA

Trinidad, Sancti Spiritus {CC}

OPPOSITE FROM TOP | PÁGINA OPUESTA DE ARRIBA A ABAJO

Trinidad, Sancti Spiritus {CC}

La Gran Piedra, Santiago de Cuba {CC}

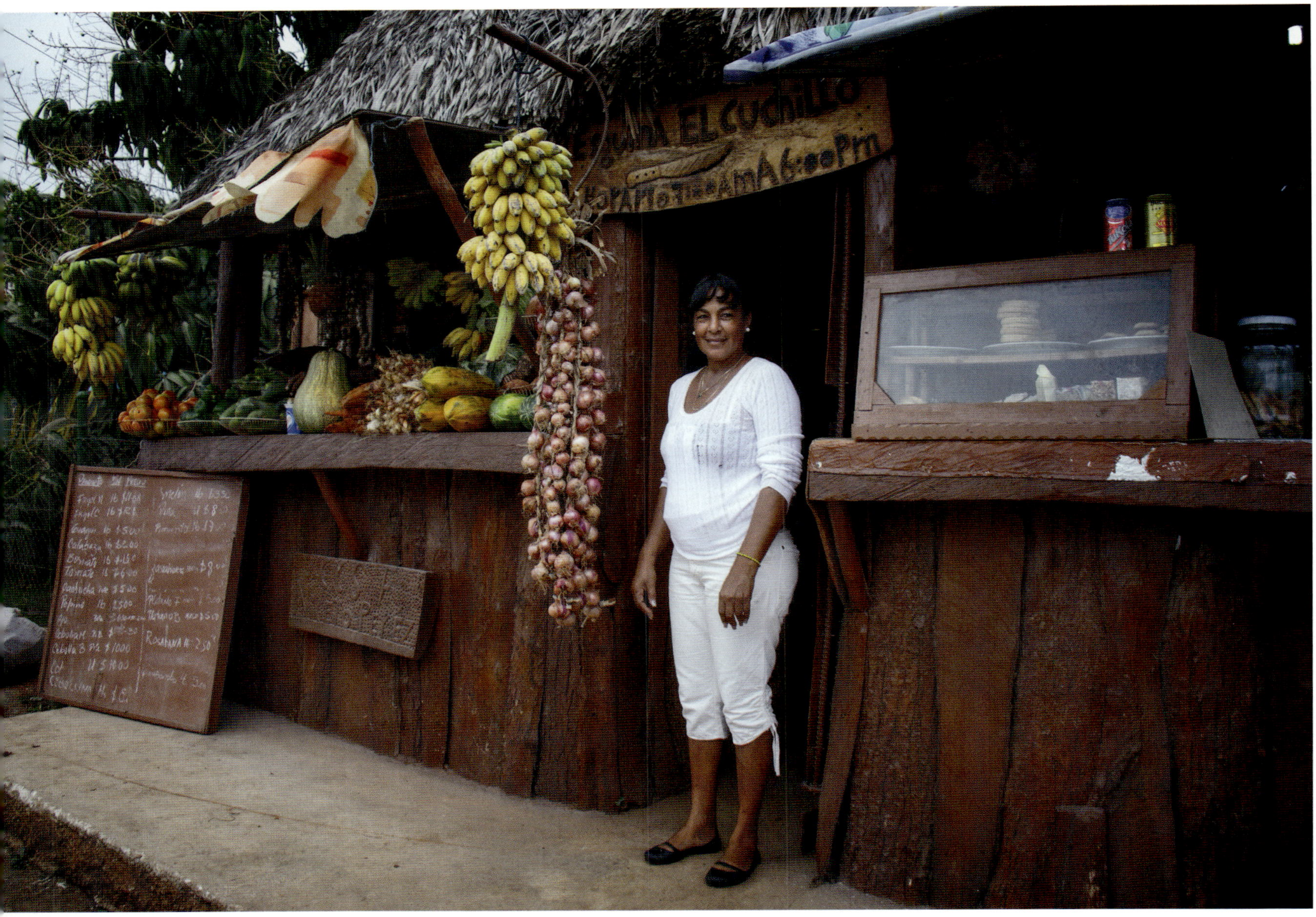

ABOVE | ARRIBA
Madruga, Mayabeque {JL}

OPPOSITE | PÁGINA OPUESTA
Sancti Spiritus {JL}

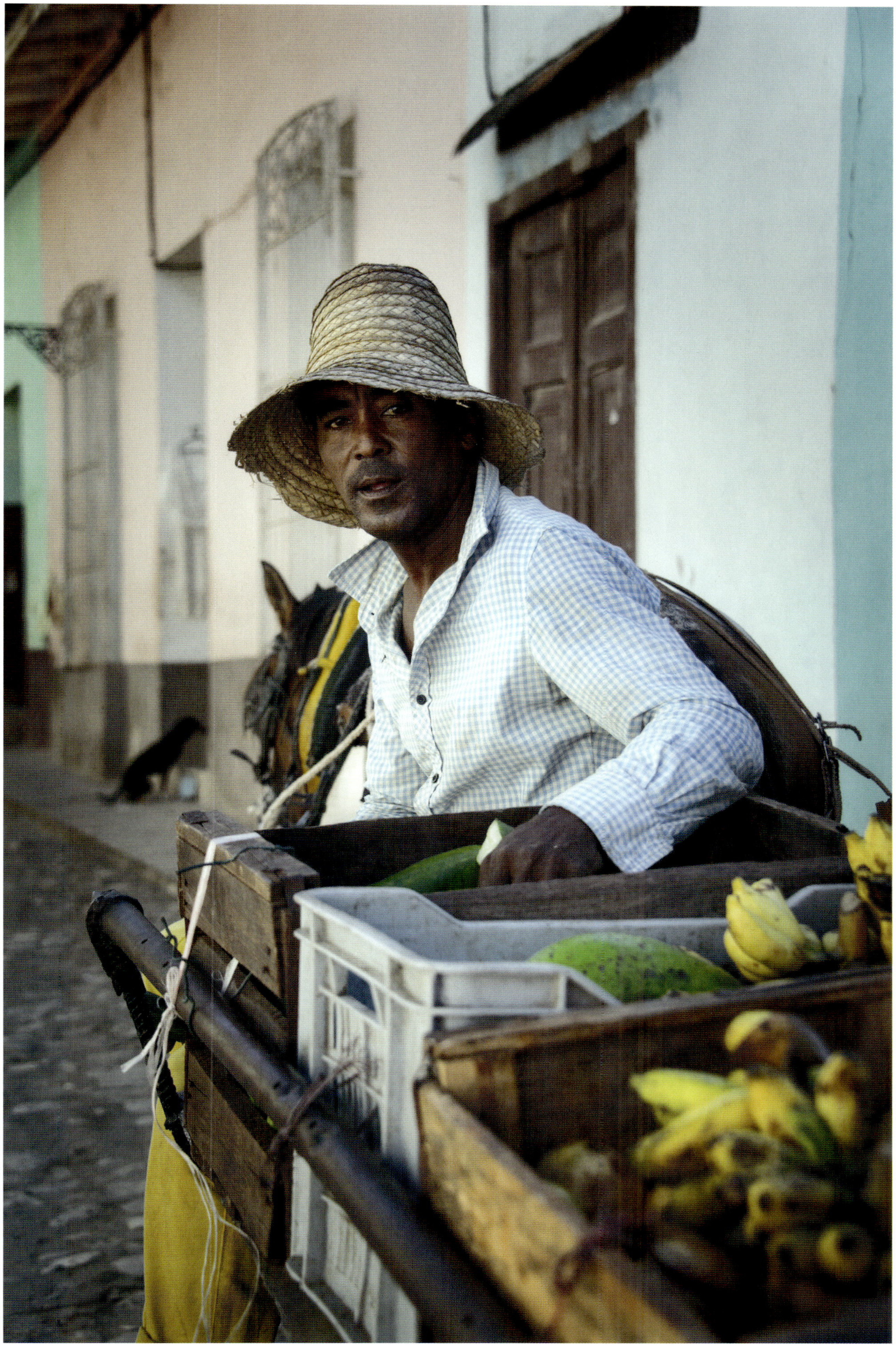

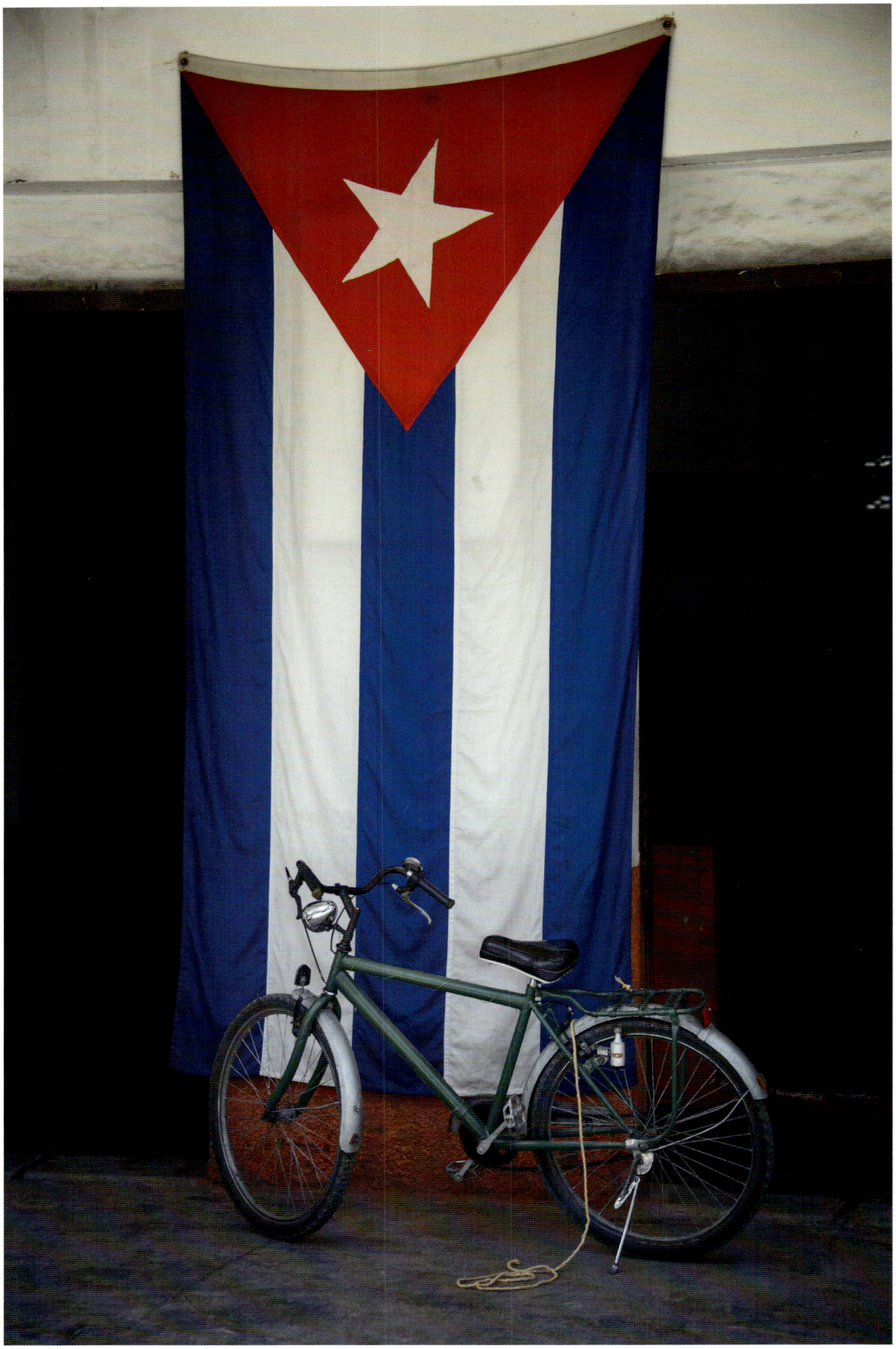

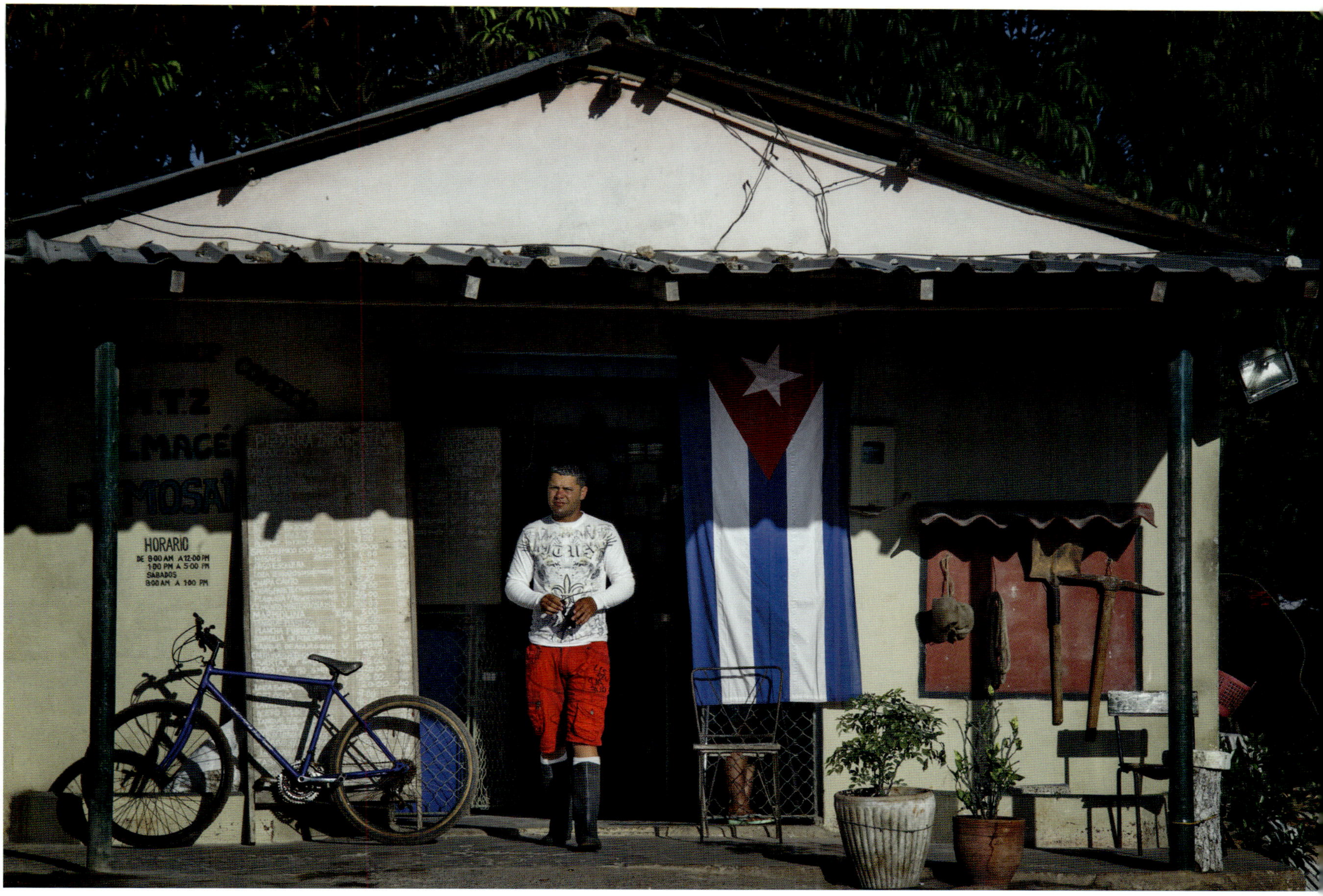

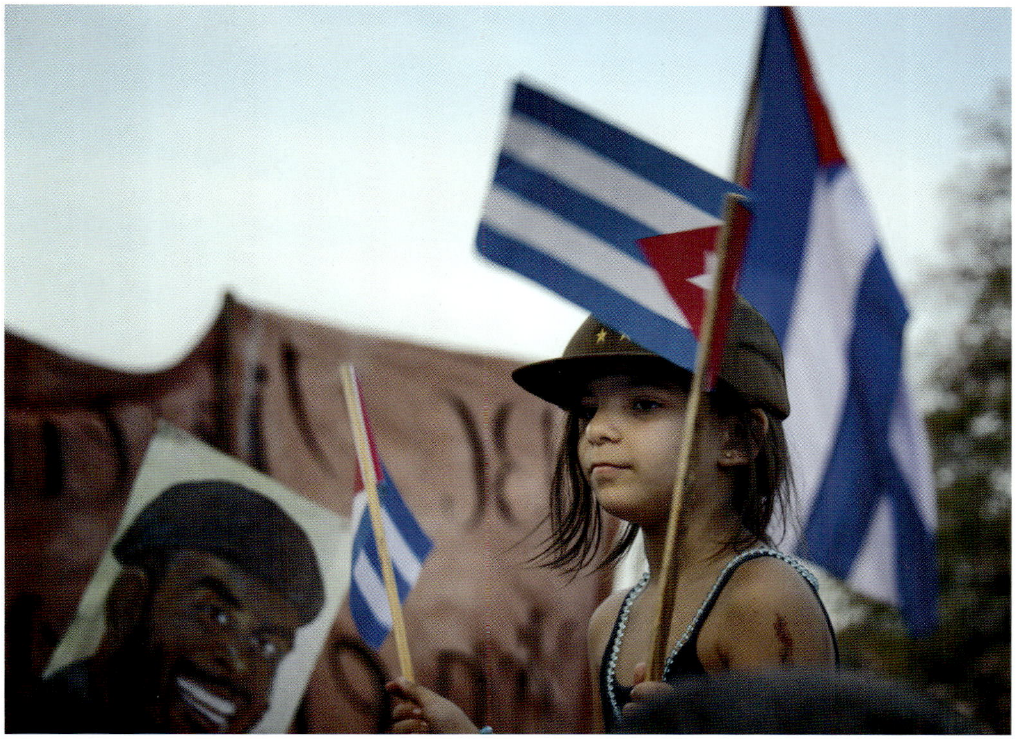

ABOVE | ARRIBA
Matanzas {CC}

LEFT | IZQUIERDA
La Habana {CC}

OPPOSITE | PÁGINA OPUESTA
Cienfuegos {CC}

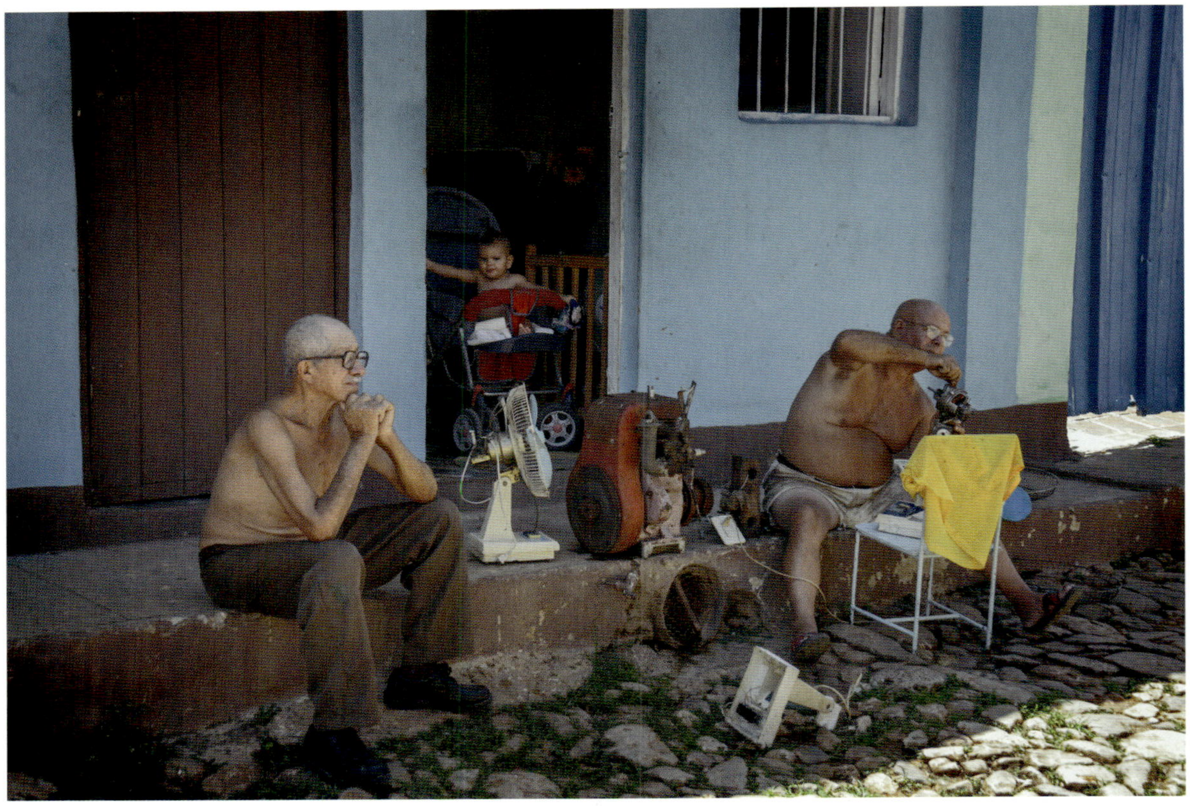

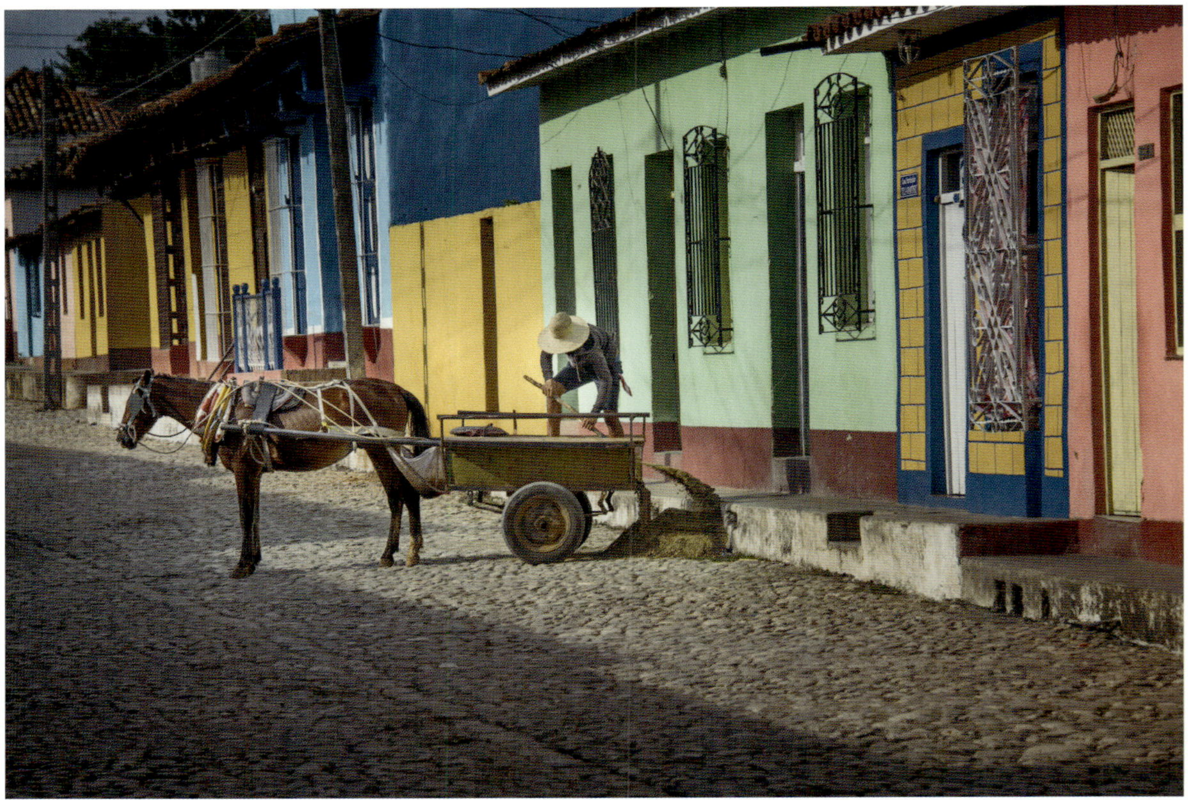

ABOVE FROM TOP | DE ARRIBA A ABAJO

Trinidad, Sancti Spiritus {JL}

Trinidad, Sancti Spiritus {CC}

OPPOSITE | PÁGINA OPUESTA

San Antonio, Guantánamo {JL}

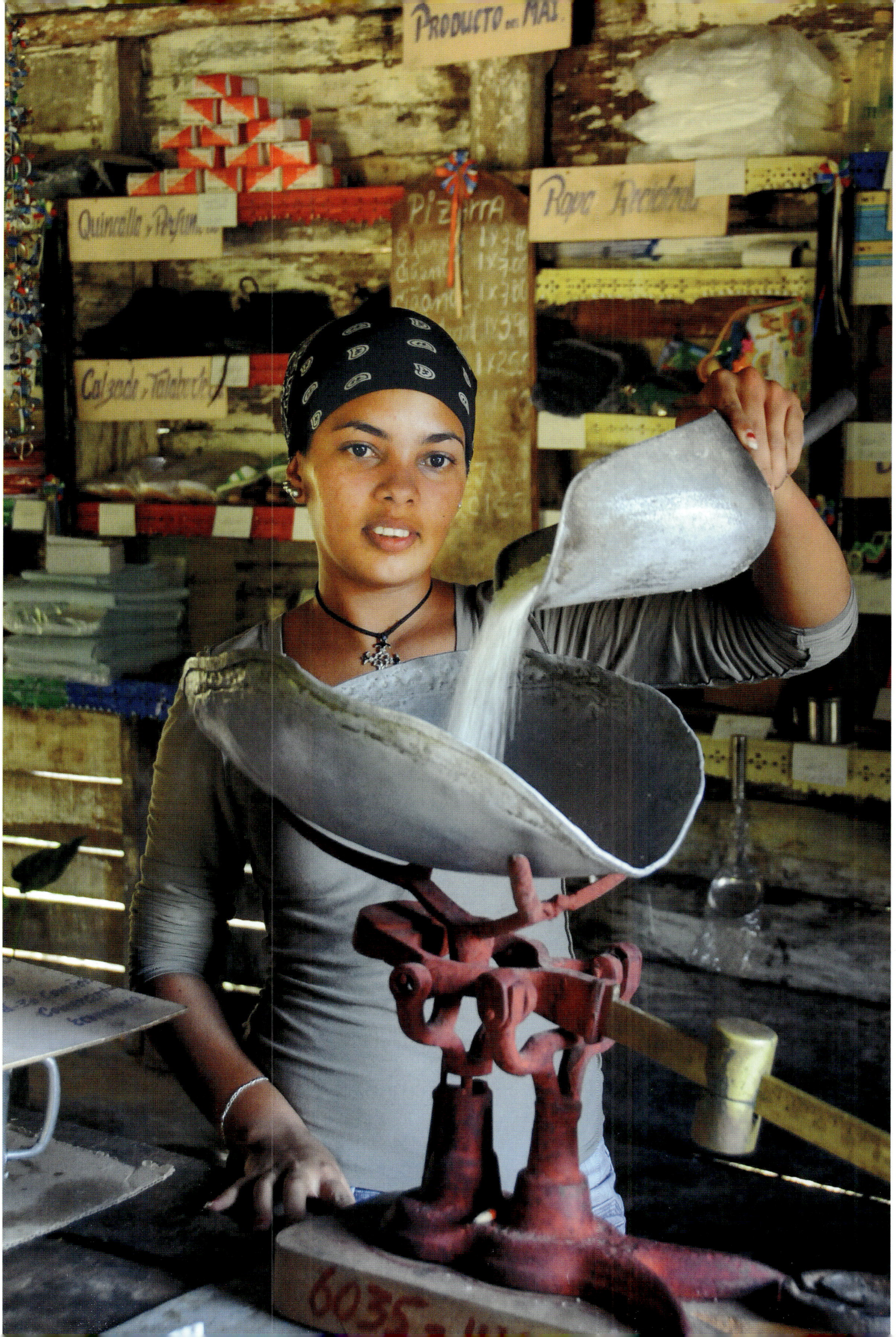

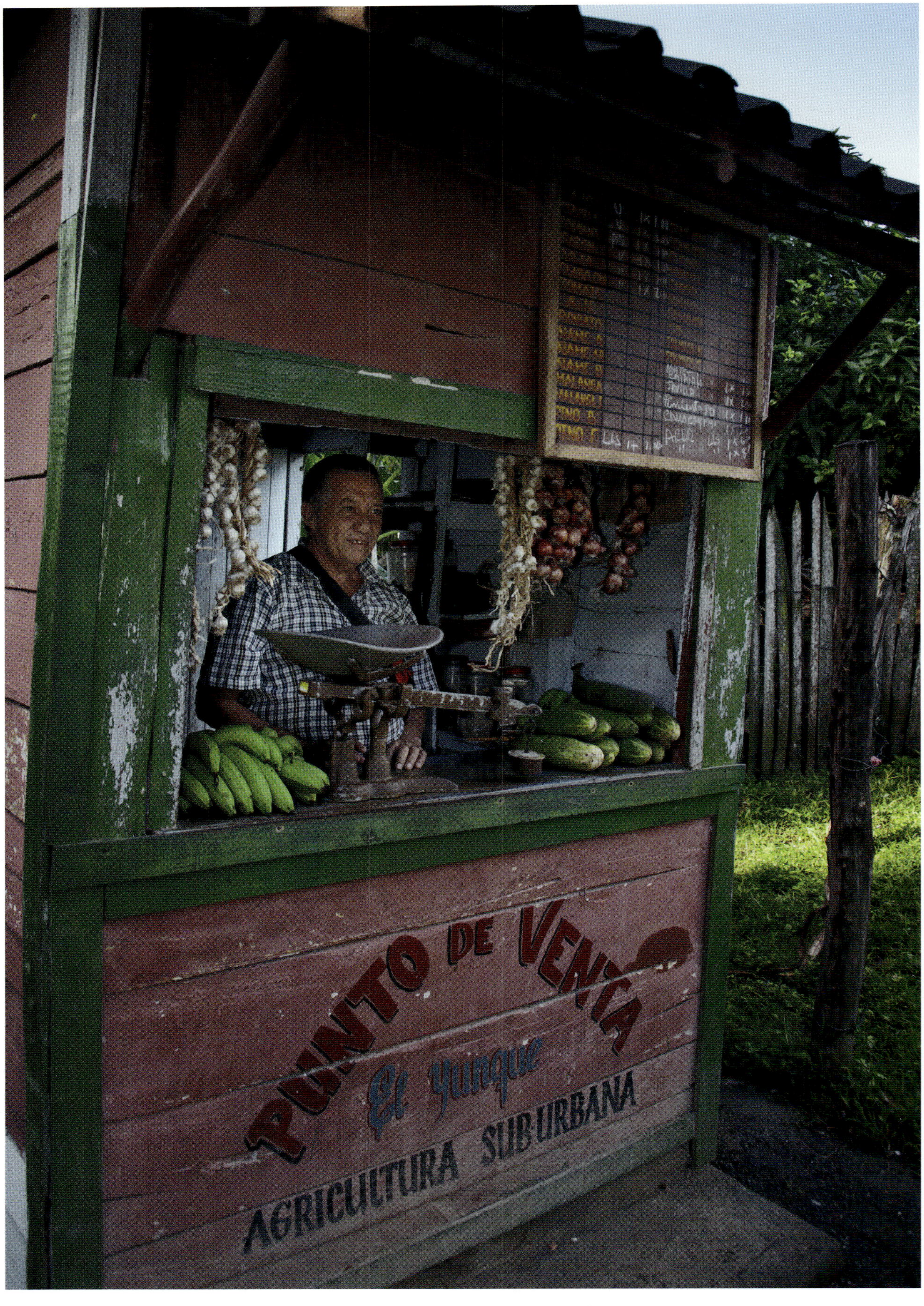

Baracoa, Guantánamo {CC}

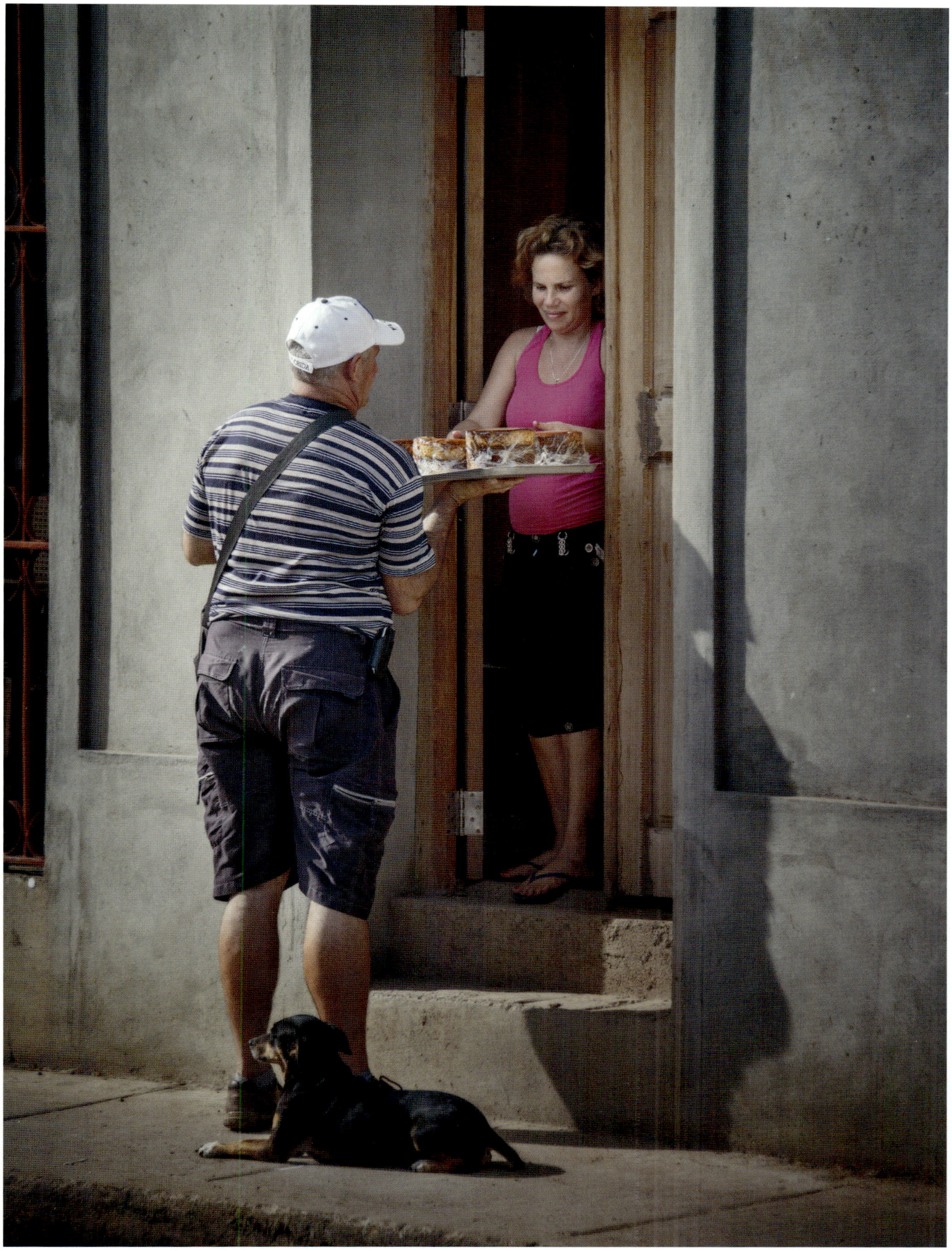

ABOVE | ARRIBA Santiago de Cuba {JL}

OVERLEAF | PÁGINA SIGUIENTE Trinidad {CC}

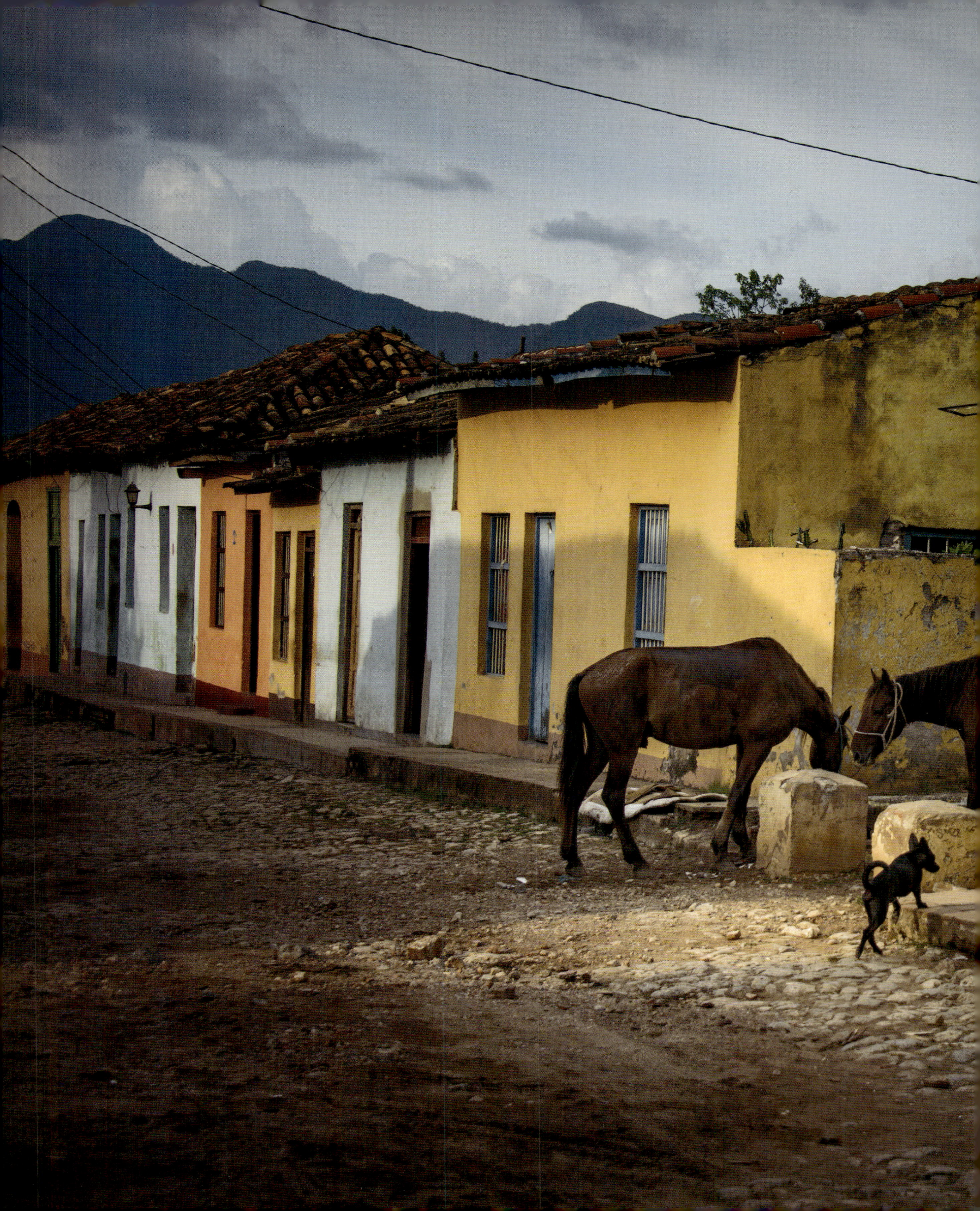

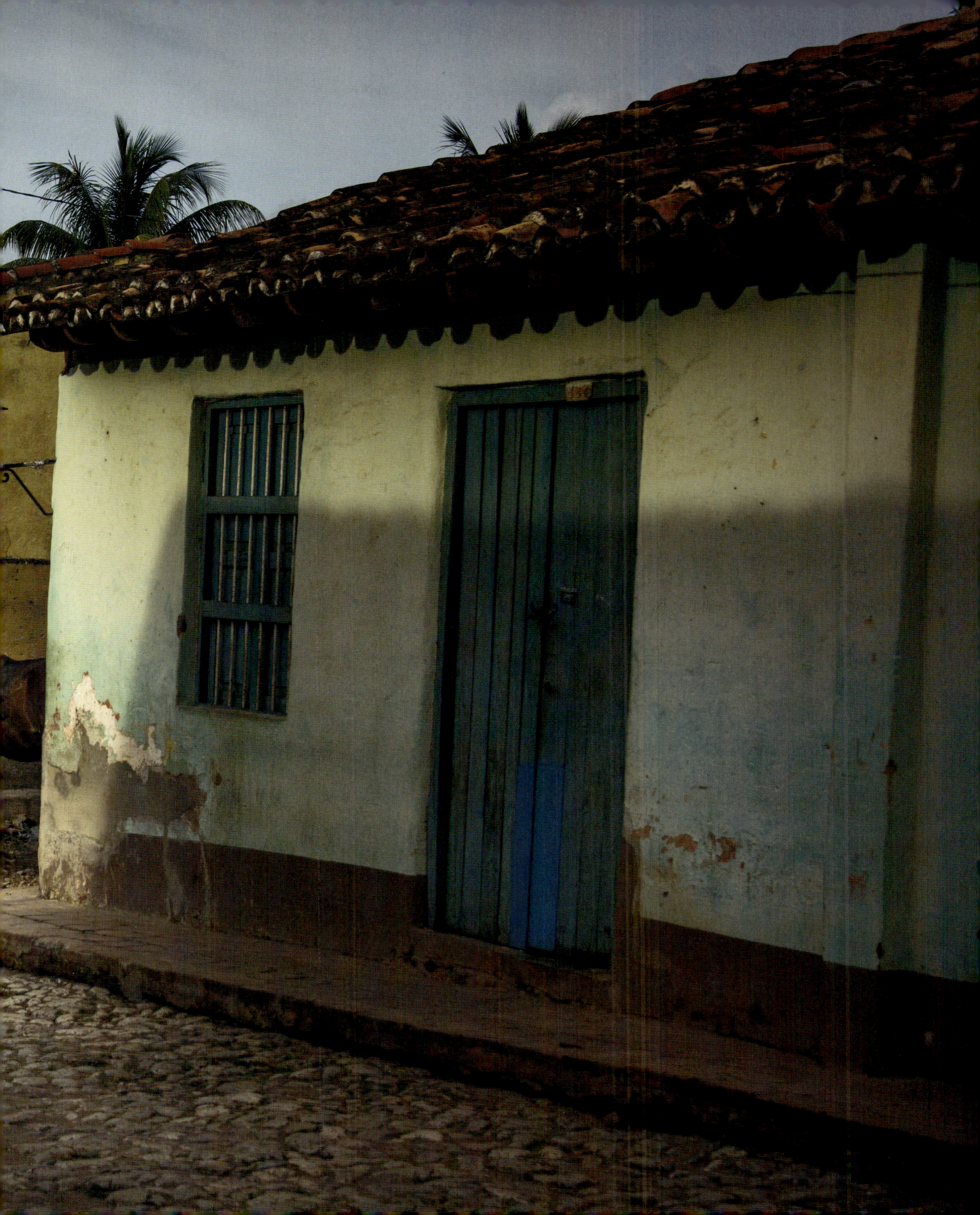

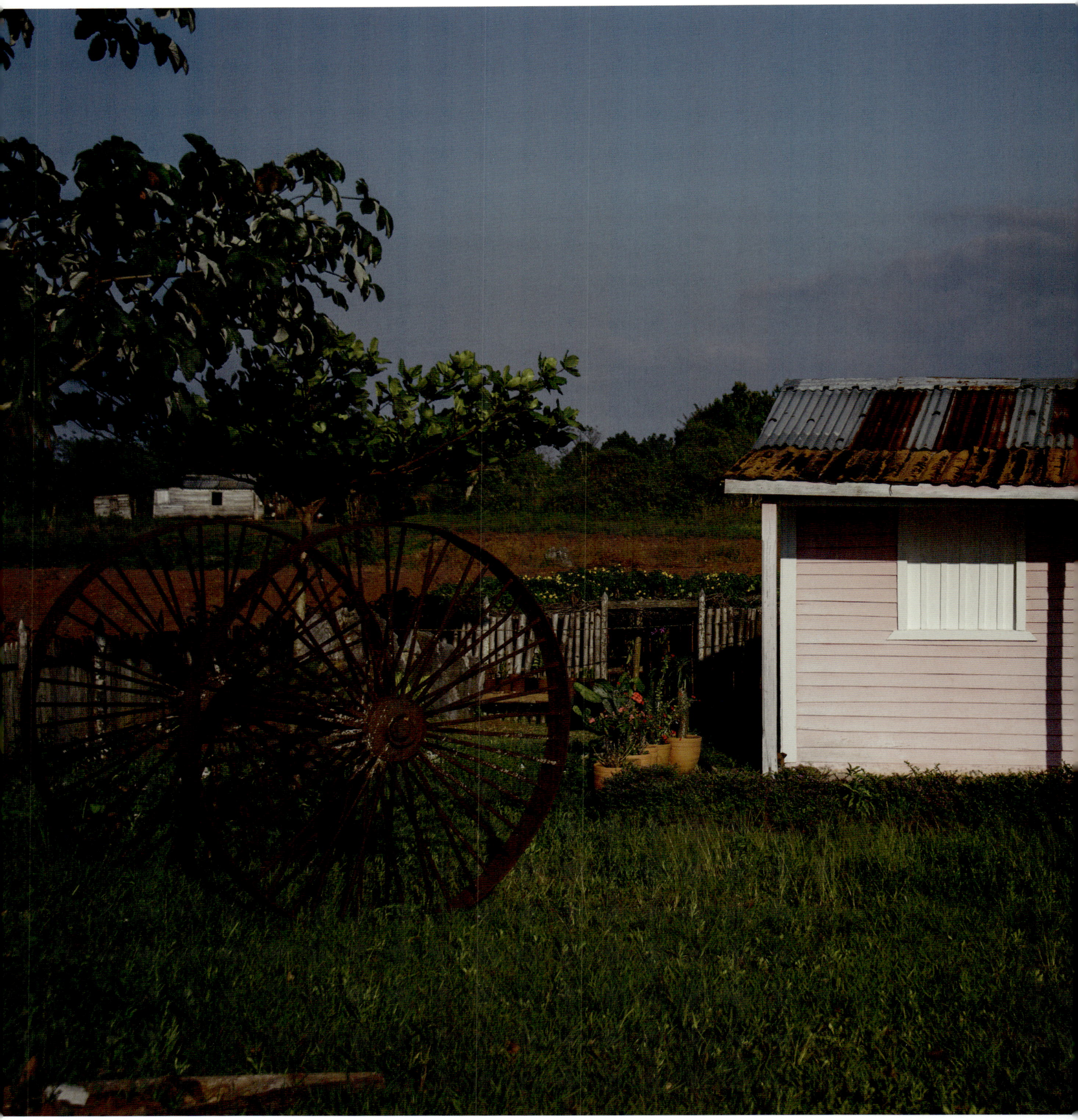

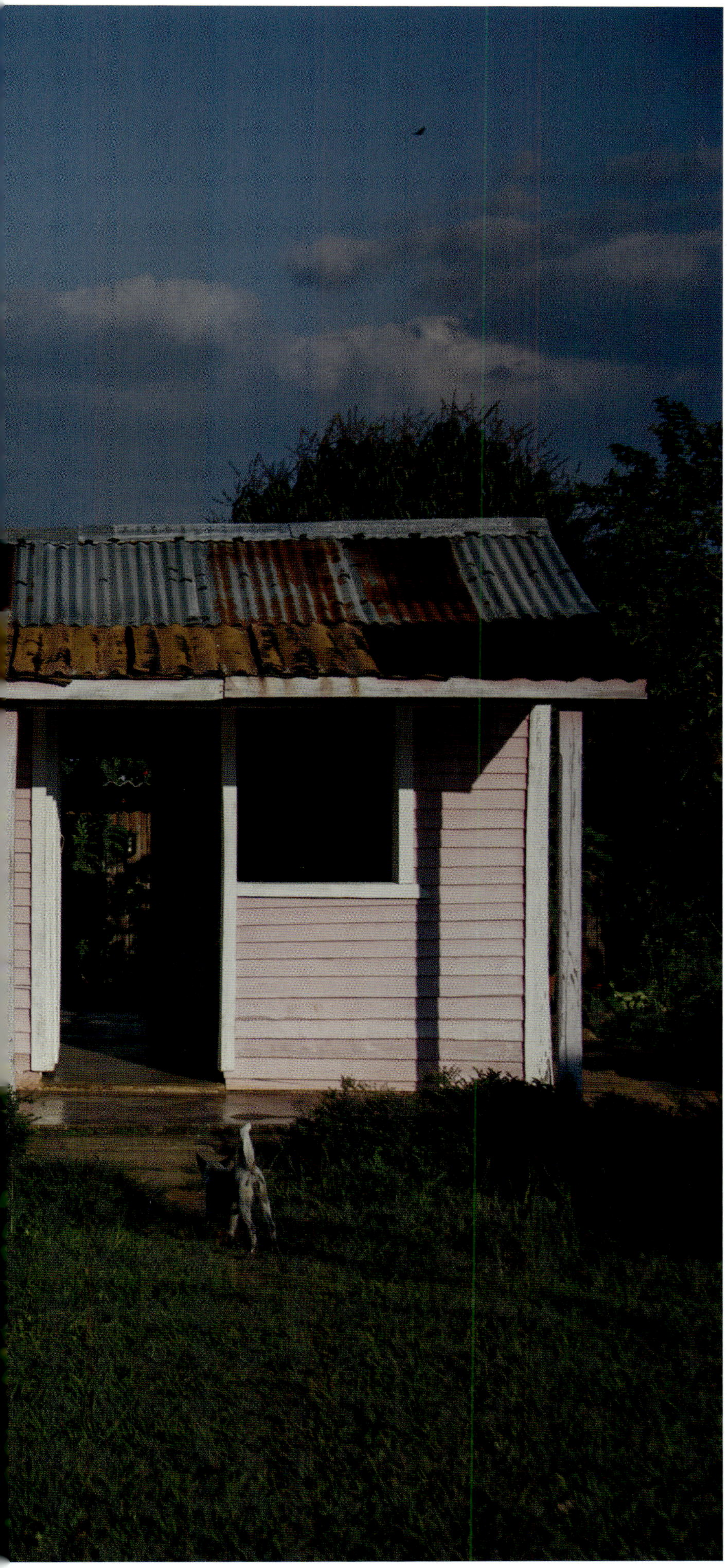

HOMES
CASAS

From the most humble *bohíos* to the newest homes within communities, all *campesinos* houses are built through the help of neighbors and friends. The native royal palm tree rules in the construction of *bohíos*. Surrounded by fruit trees, gardens, and domestic animals, each home is a family world with a touch of color and distinction. Always clean and tidy, *campesinos* homes provide the spaces where life after work takes place, children are raised, and visitors are always welcomed with a cup of freshly brewed coffee.

Desde los más humildes bohíos, en los que la palma real sigue enseñoreándose, hasta las nuevas viviendas de las comunidades, las casas de los campesinos se construyen con la ayuda de amigos y vecinos. Rodeada de árboles frutales, jardines y animales domésticos, cada morada es un mundo familiar con un toque de colorido y distinción. Ese hogar, siempre limpio y ordenado, es el espacio donde transcurre la vida después del trabajo, se crían los hijos y se reciben las visitas con una taza de café recién colado.

LEFT | IZQUIERDA Viñales, Pinar del Río {JL}

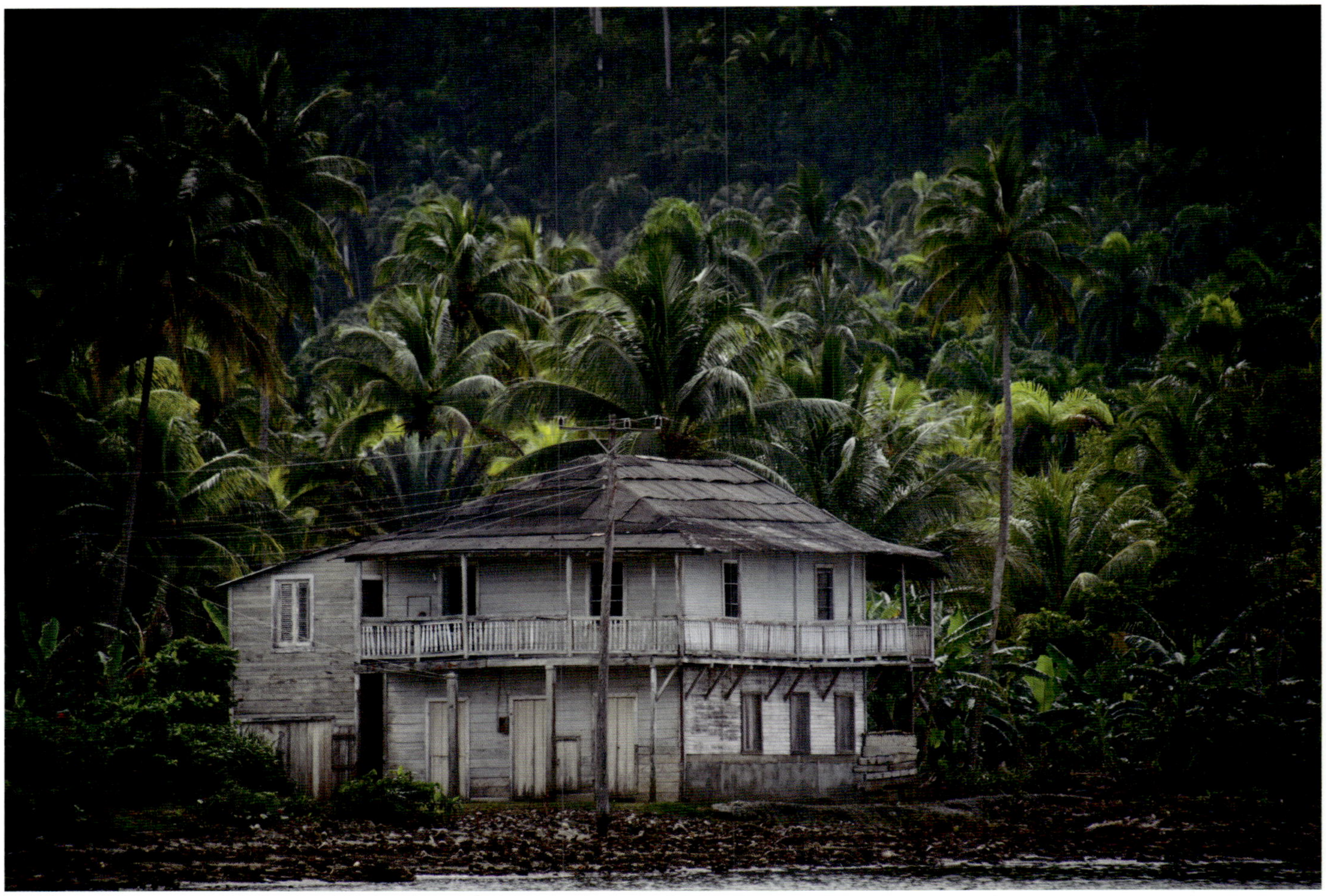

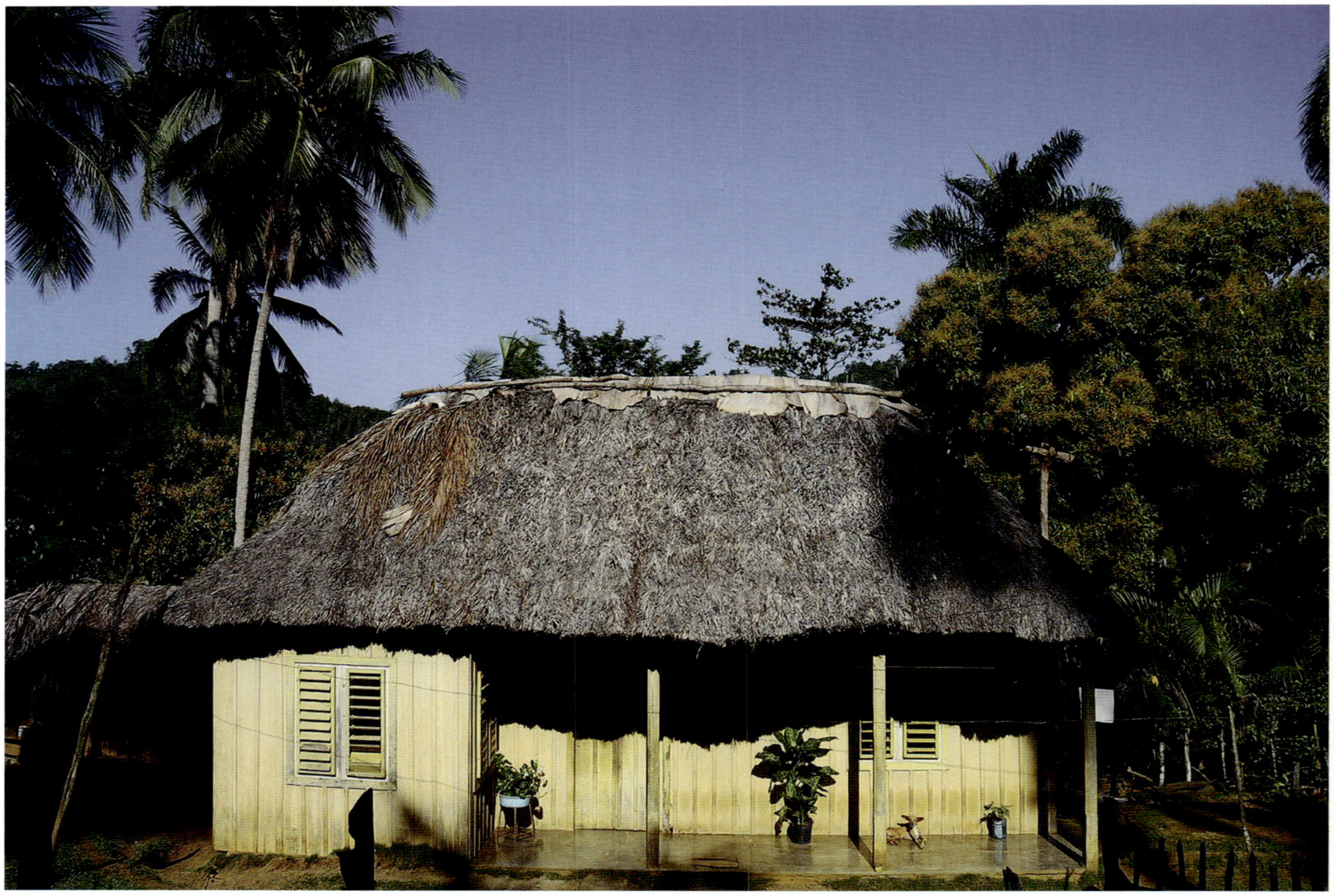

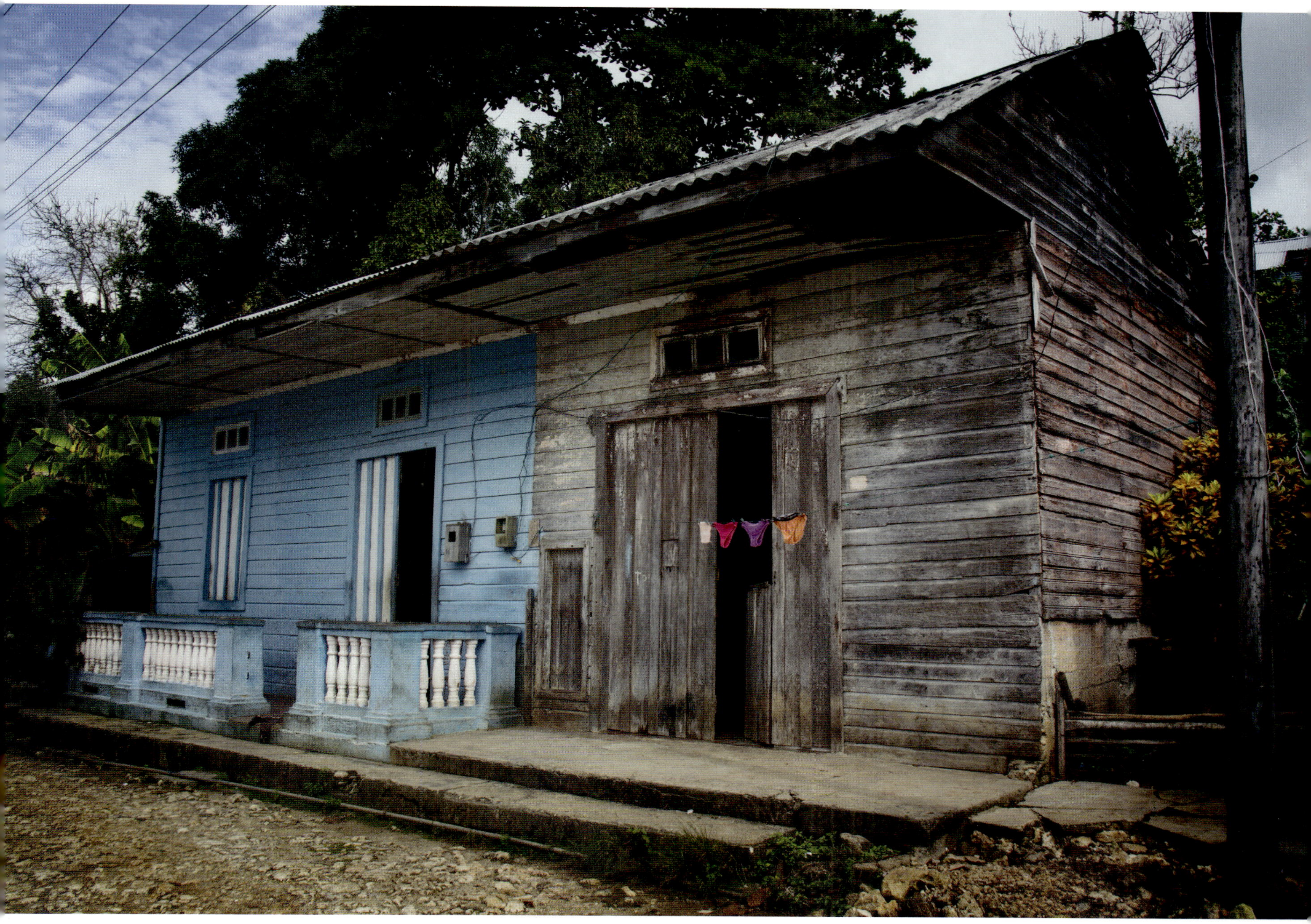

ABOVE | ARRIBA Bahía de Mata, Guantánamo {JL}

OPPOSITE FROM TOP | PÁGINA OPUESTA DE ARRIBA A ABAJO
Bahía de Mata, Guantánamo {JL}
Baracoa, Guantánamo {JL}

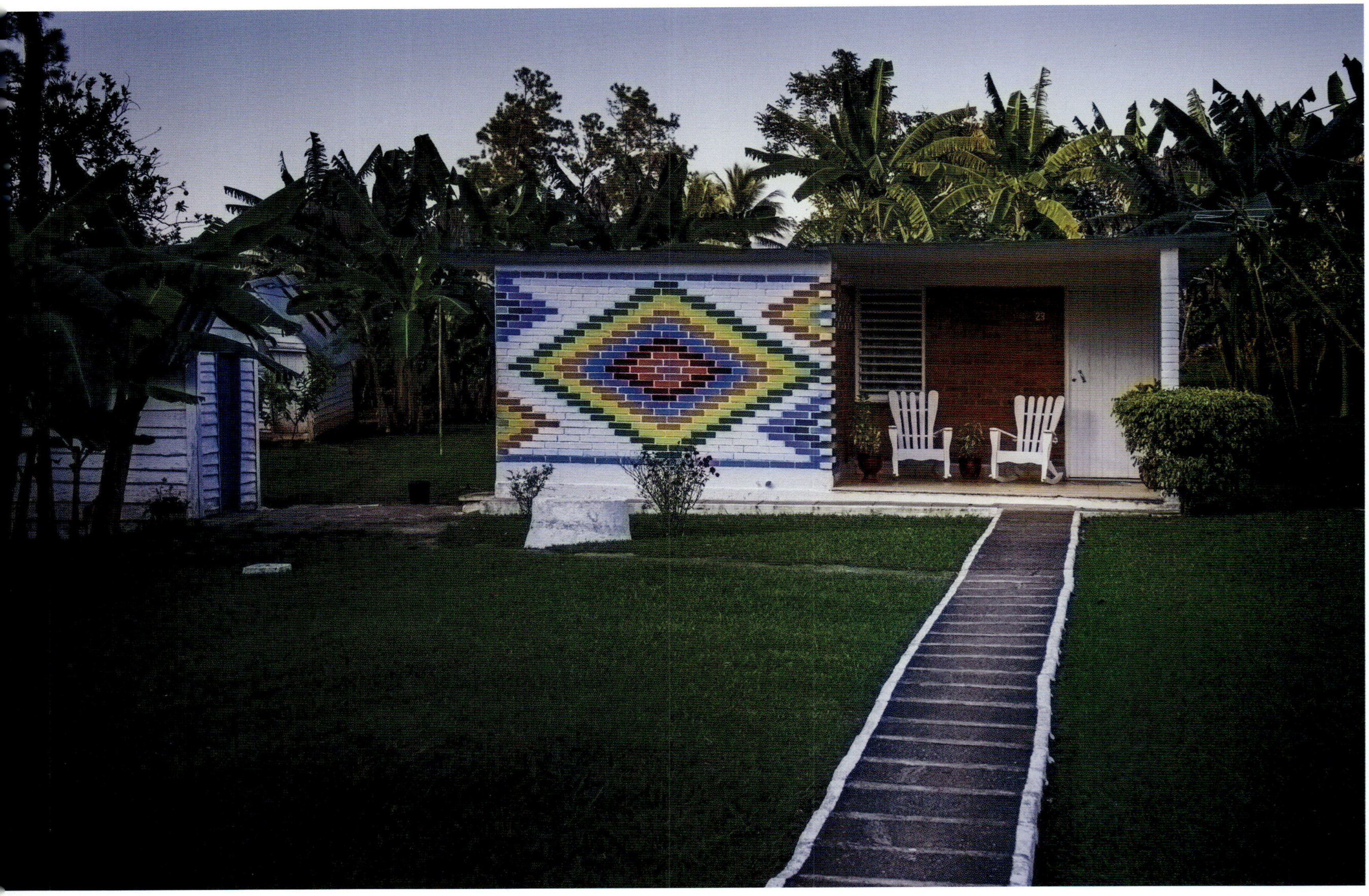

ABOVE | ARRIBA El Moncada, Pinar del Río {CC}

OPPOSITE FROM TOP | PÁGINA OPUESTA DE ARRIBA A ABAJO
Mayajigua, Sancti Spiritus {JL}
Sigua, Santiago de Cuba {CC}

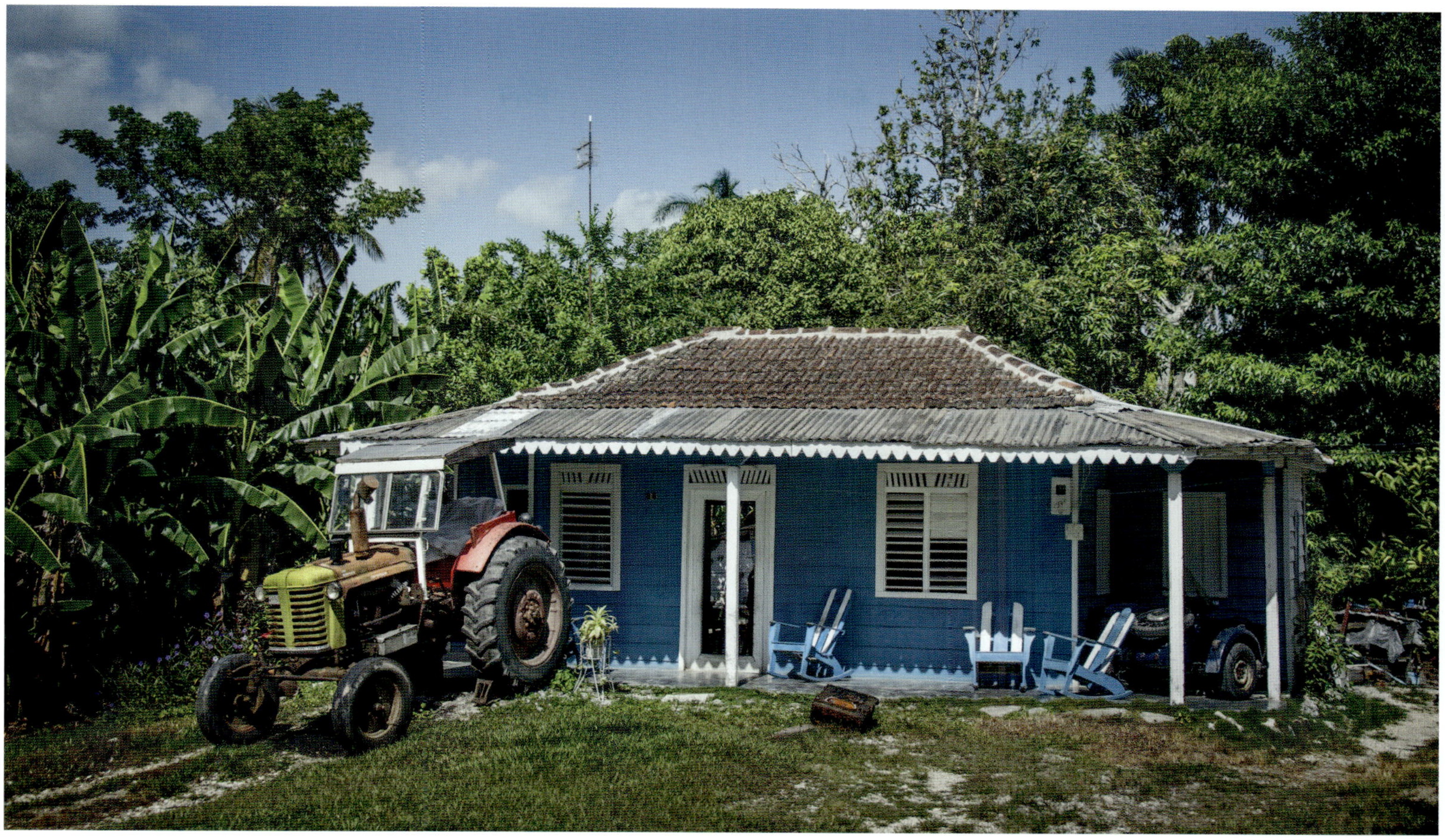

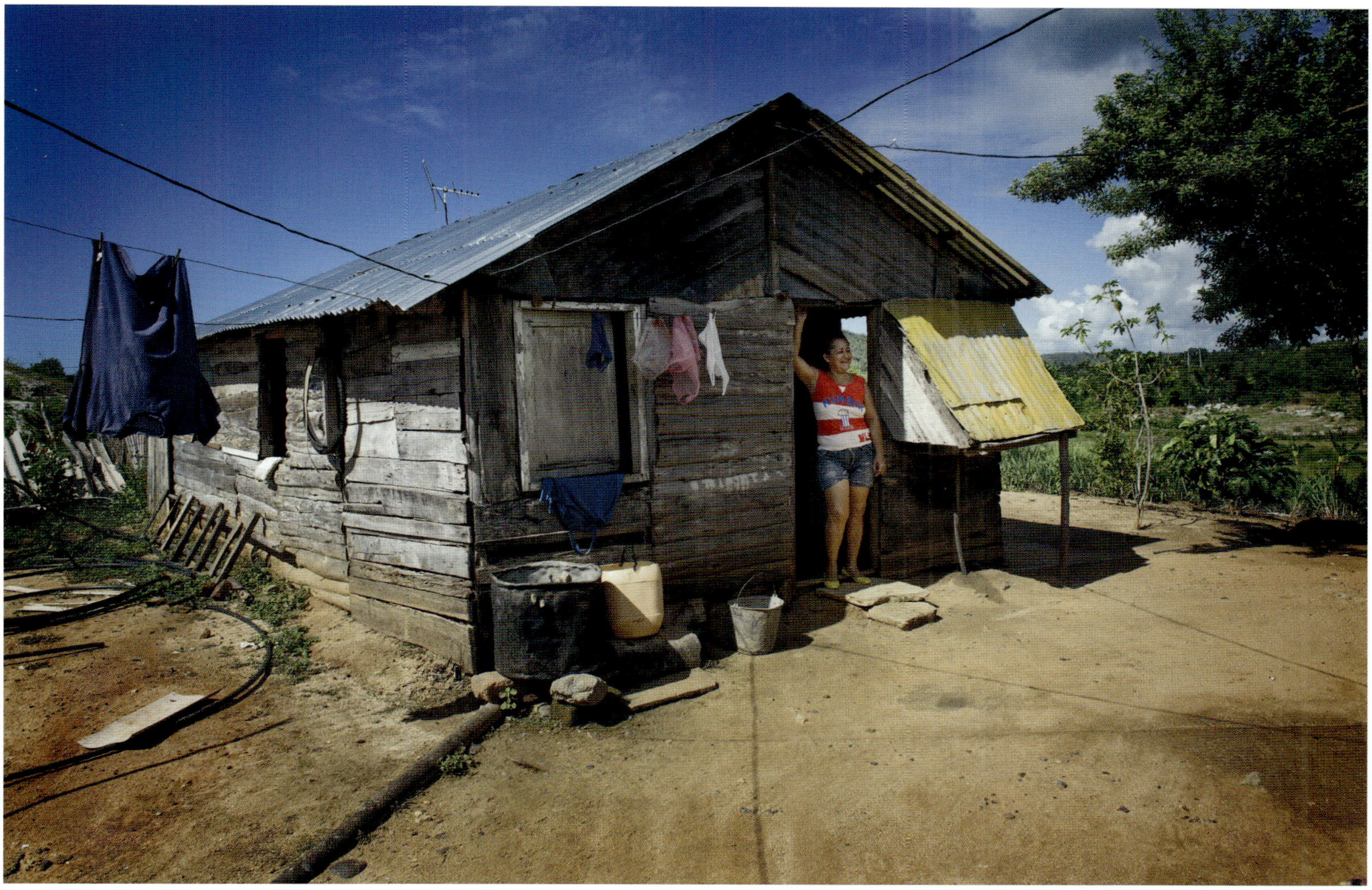

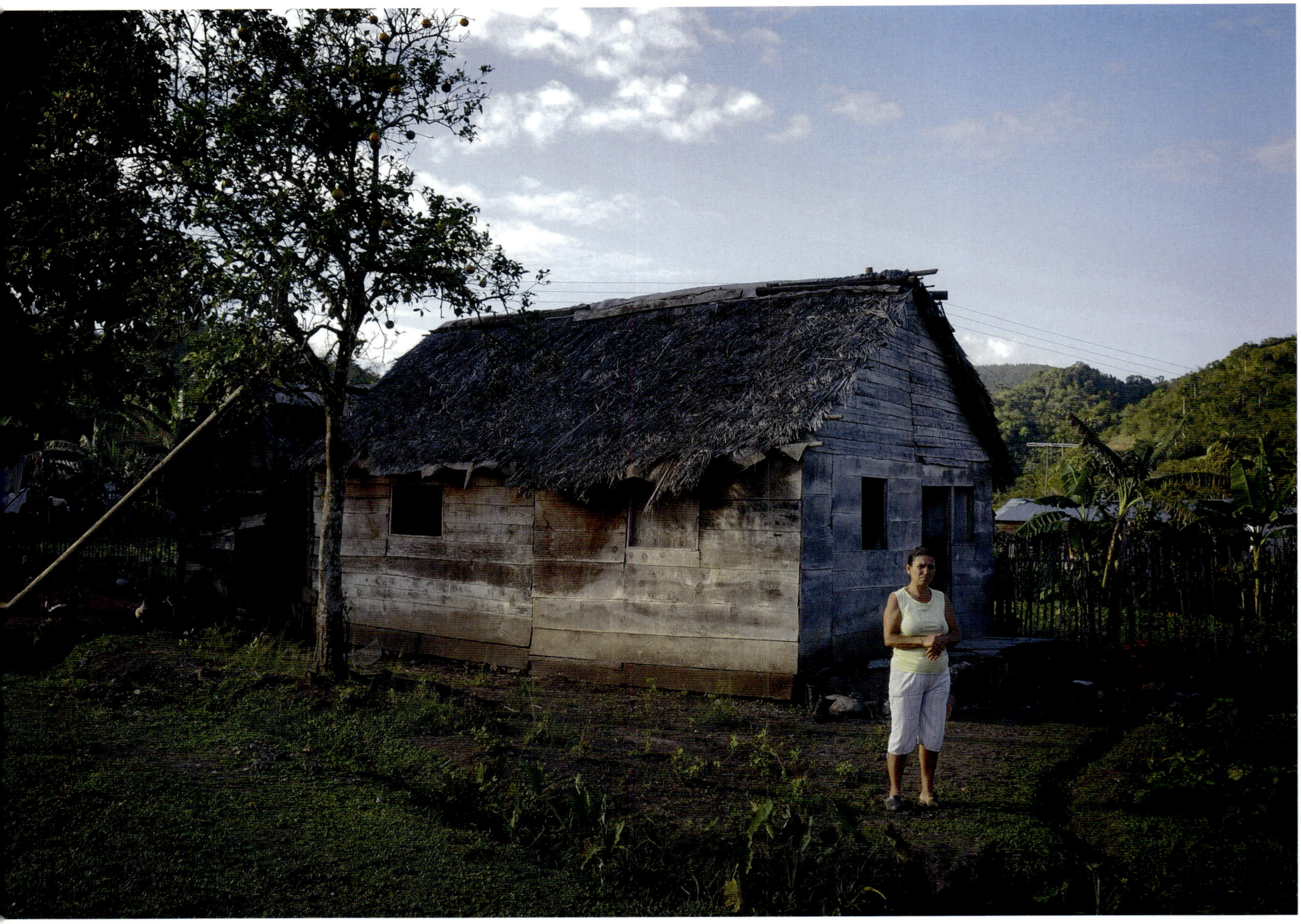

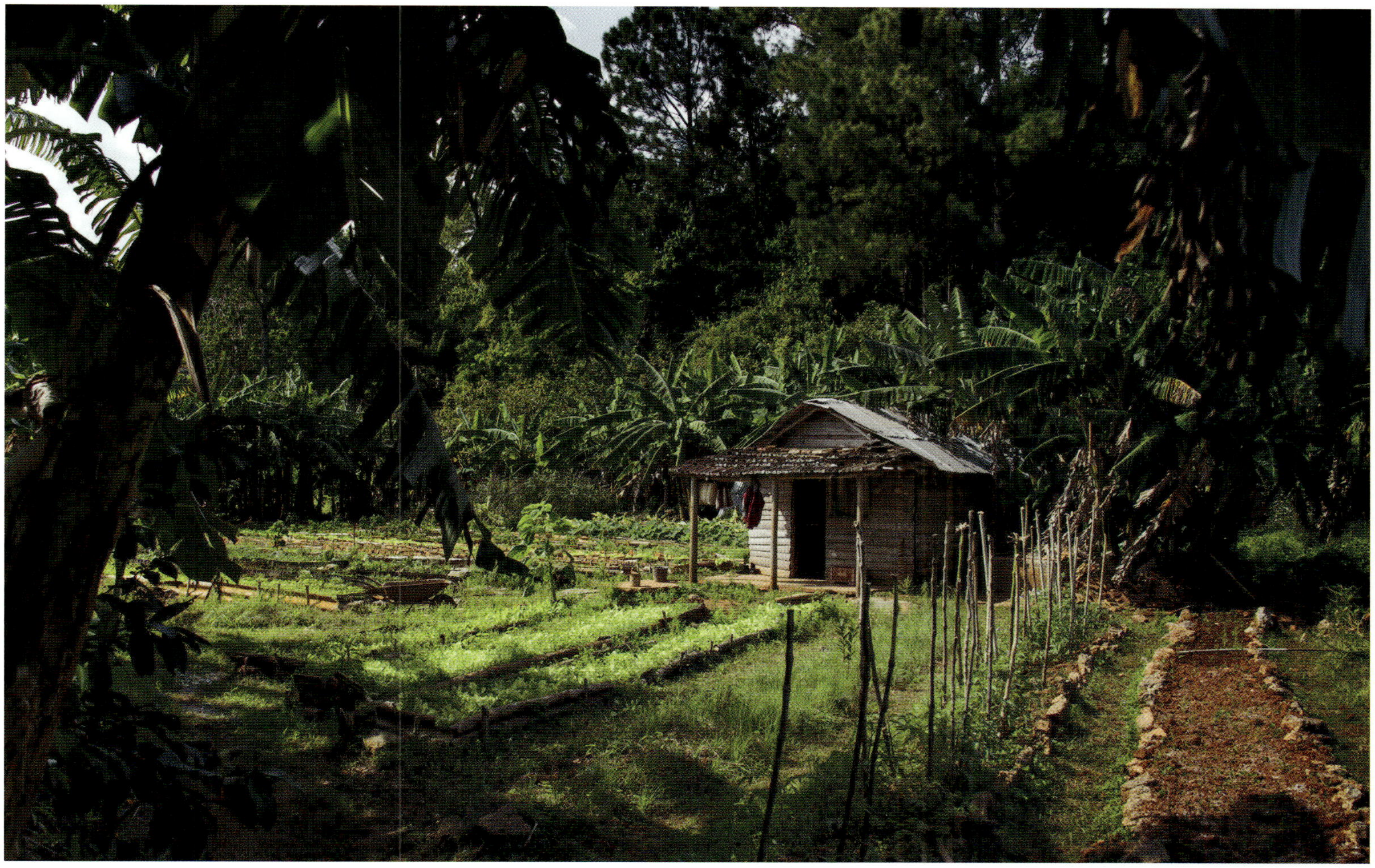

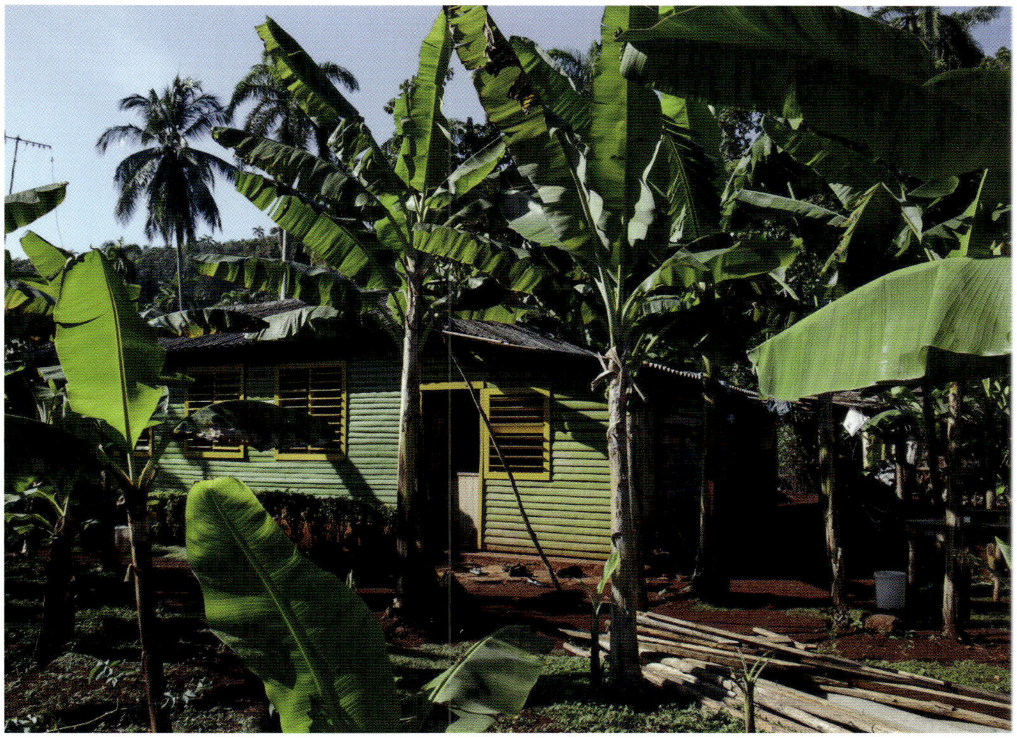

ABOVE | ARRIBA
Topes de Collantes, Sancti Spiritus {CC}

LEFT | IZQUIERDA
Baracoa, Guantánamo {JL}

OPPOSITE | PÁGINA OPUESTA
Las Calabazas, Guantánamo {JL}

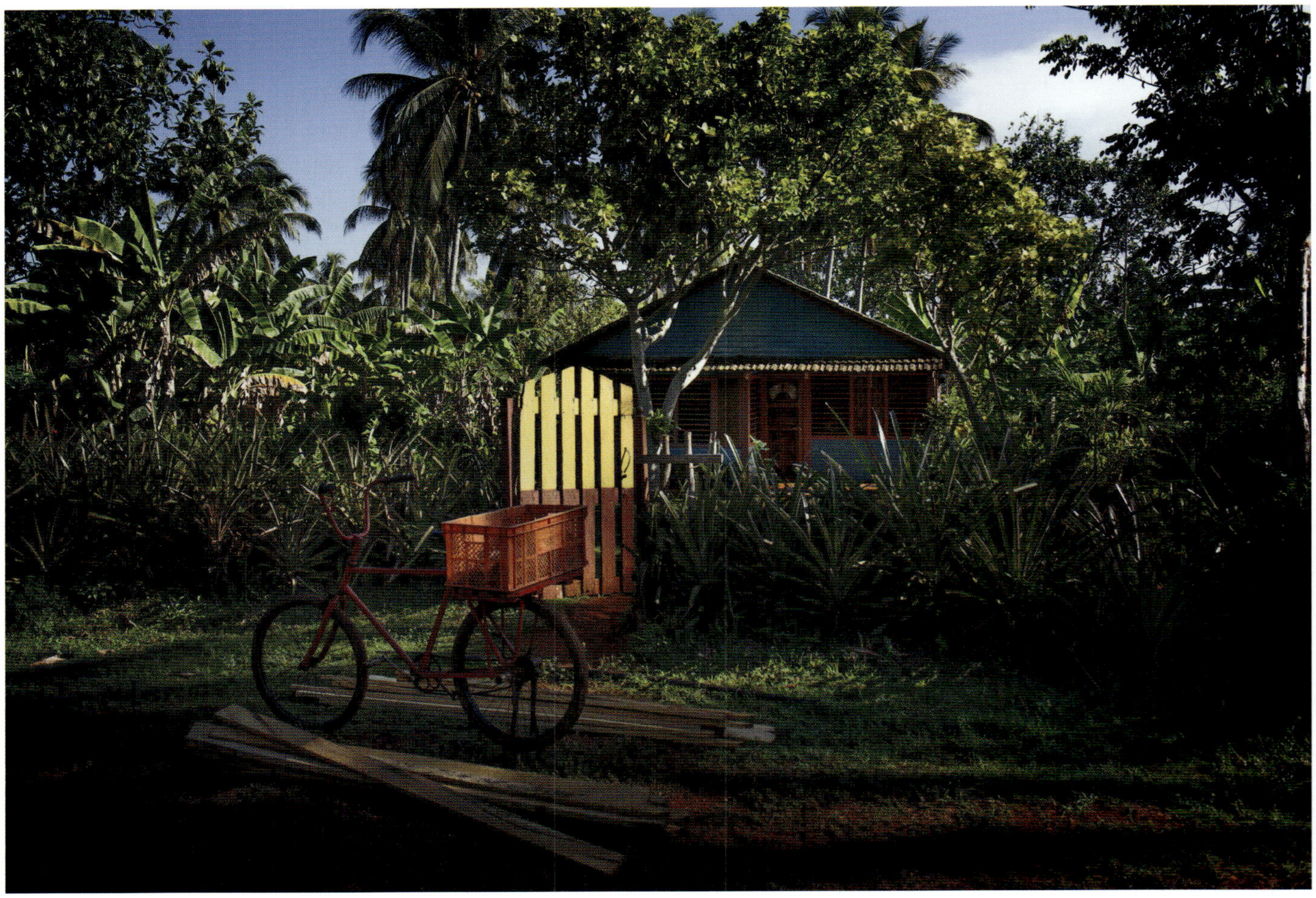

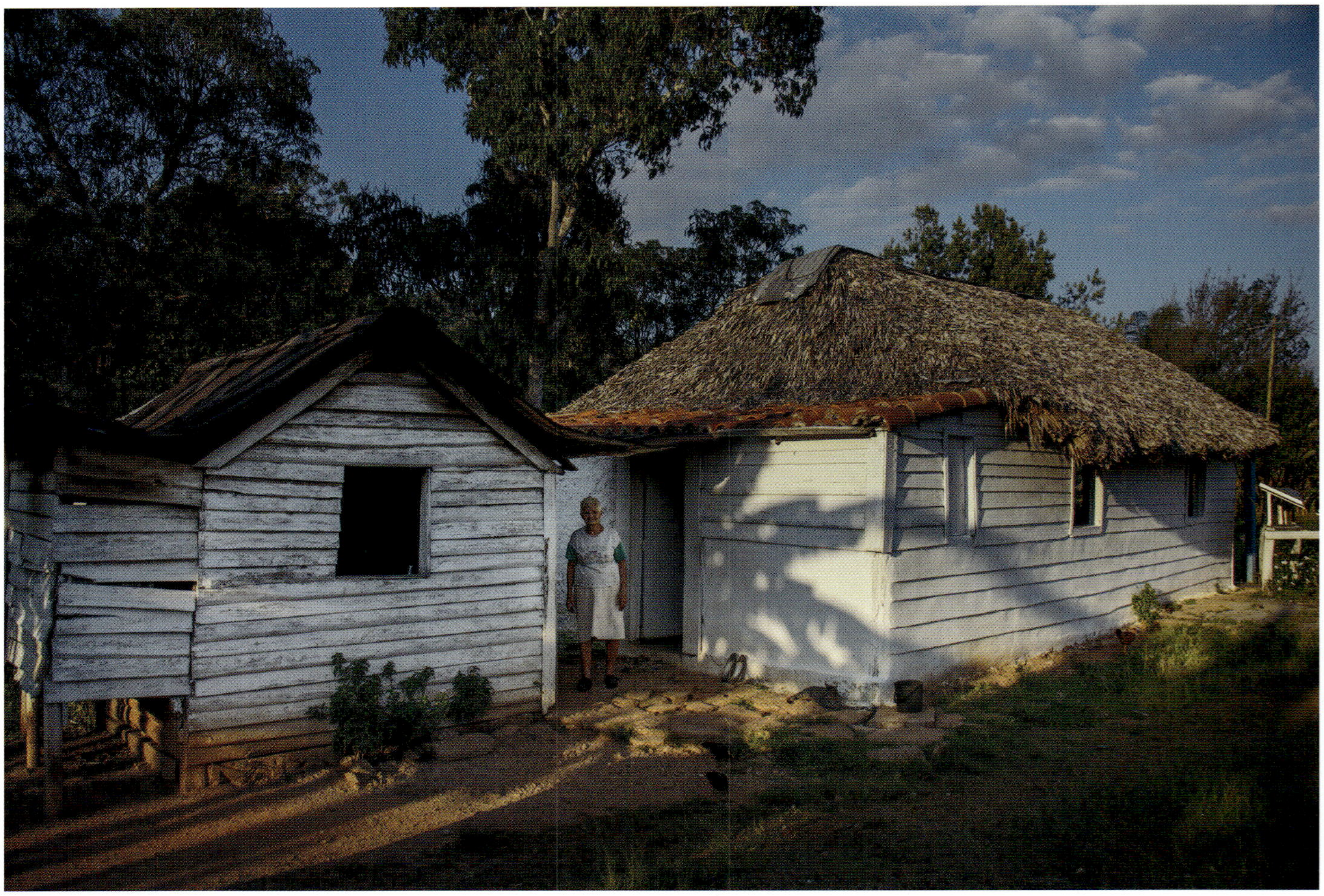

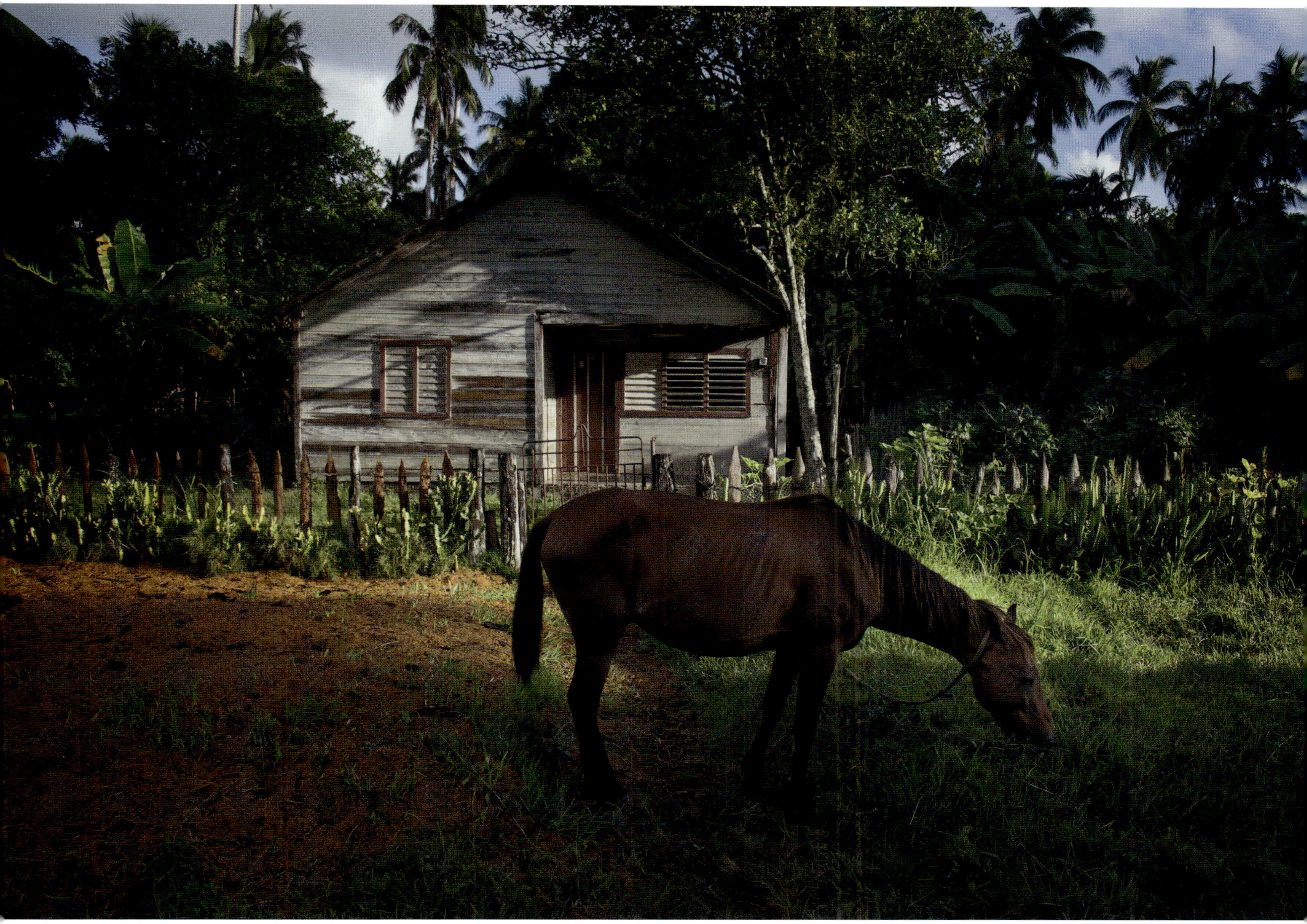

ABOVE | ARRIBA   Baracoa, Guantánamo {CC}

OPPOSITE FROM TOP | PÁGINA OPUESTA DE ARRIBA A ABAJO
Baracoa, Guantánamo {CC}
Viñales, Pinar del Río {JL}

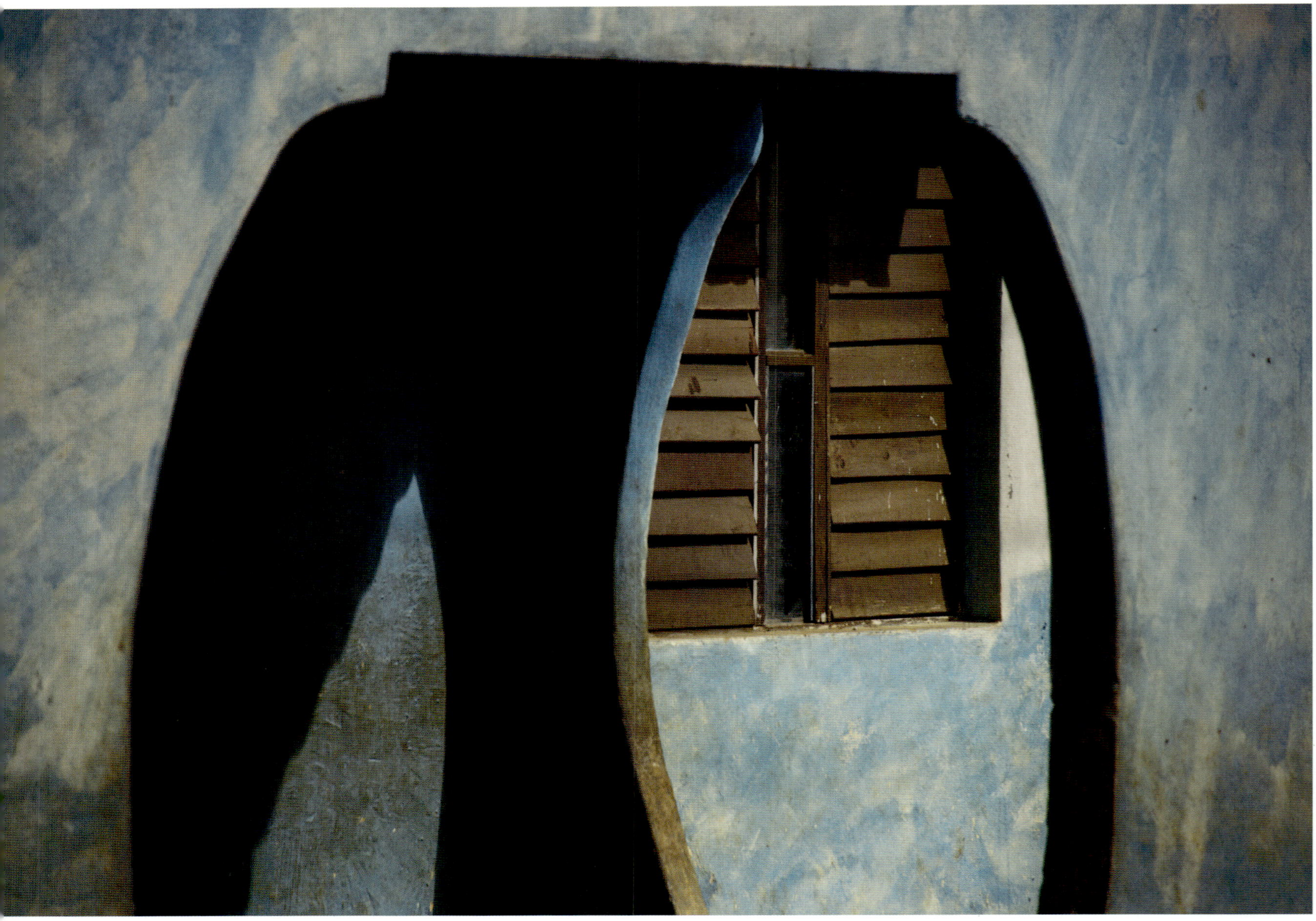

ABOVE | ARRIBA Colón, Matanzas {CC}

OPPOSITE FROM TOP | PÁGINA OPUESTA DE ARRIBA A ABAJO
Baracoa, Guantánamo {CC}
Baracoa, Guantánamo {CC}

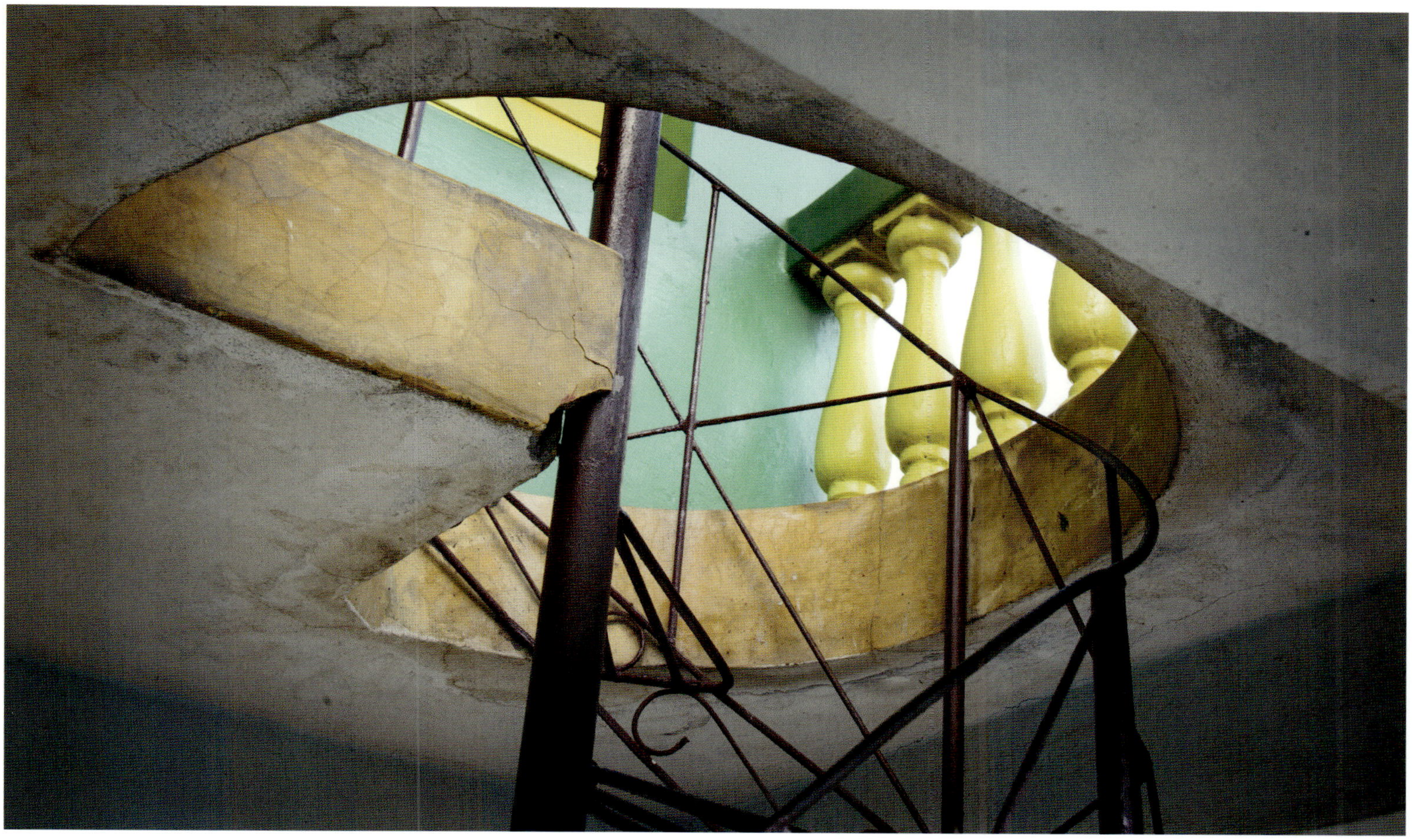

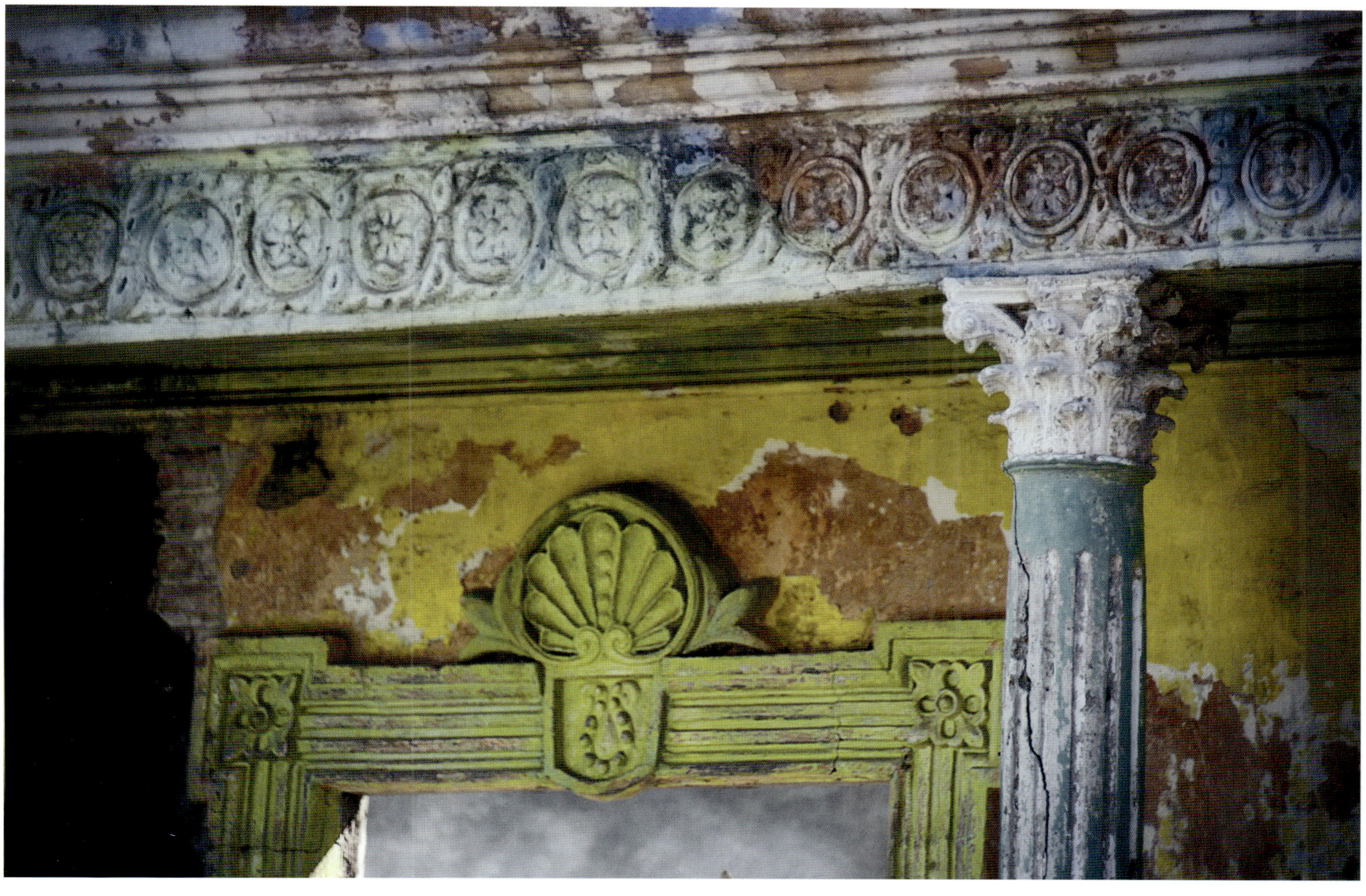

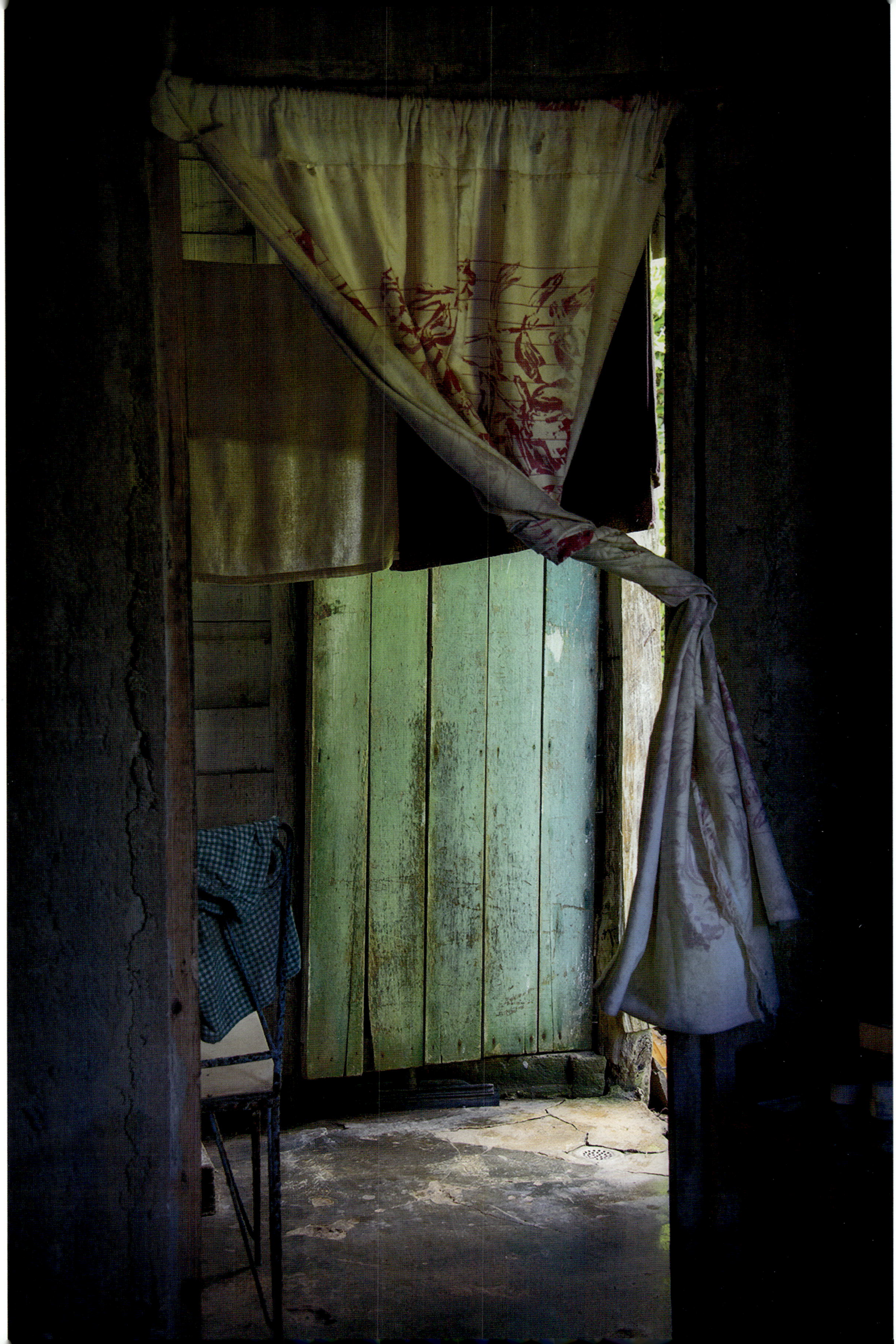

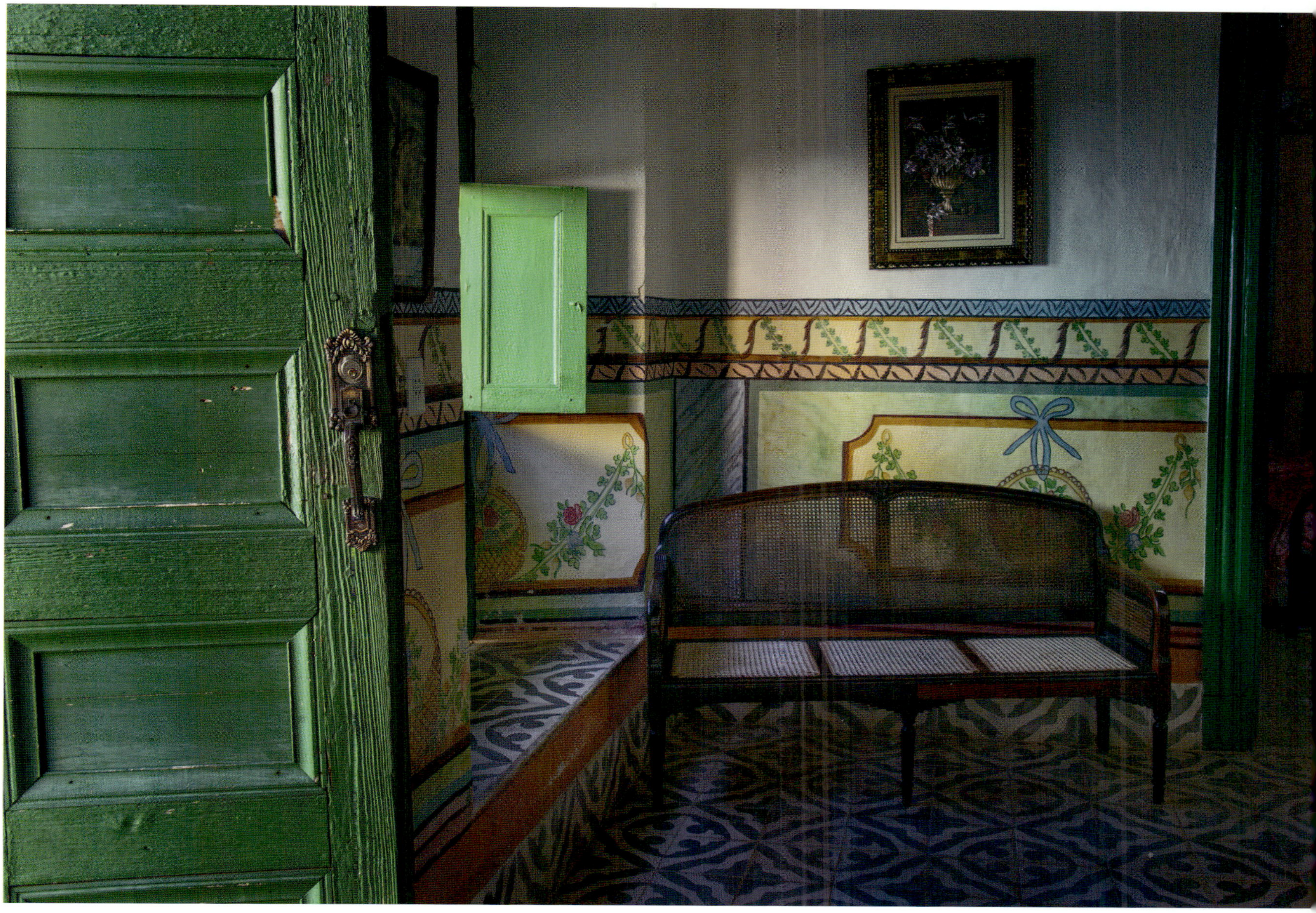

ABOVE | ARRIBA Trinidad {CC}

OPPOSITE | PÁGINA OPUESTA Colón, Matanzas {CC}

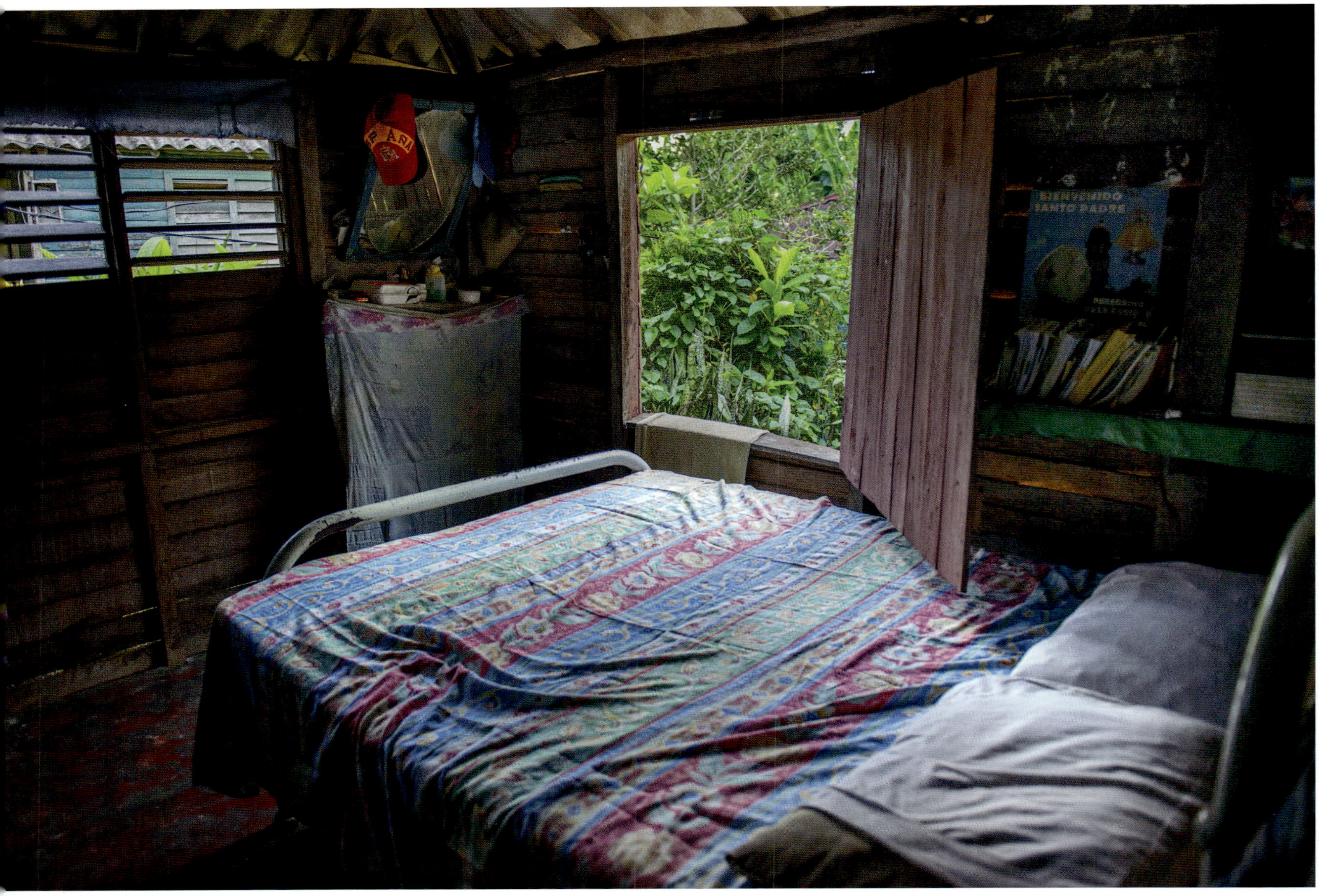

ABOVE | ARRIBA
Baracoa, Guantánamo {CC}

RIGHT | DERECHA
Baracoa, Guantánamo {CC}

OPPOSITE | PÁGINA OPUESTA
Agramonte, Matanzas {CC}

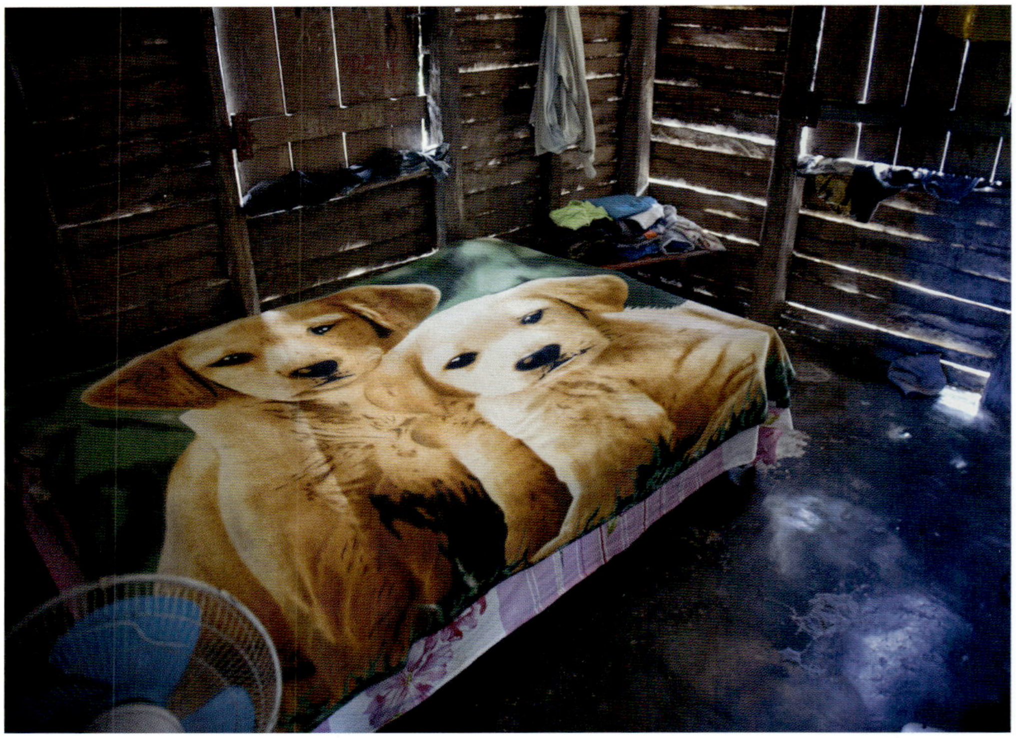

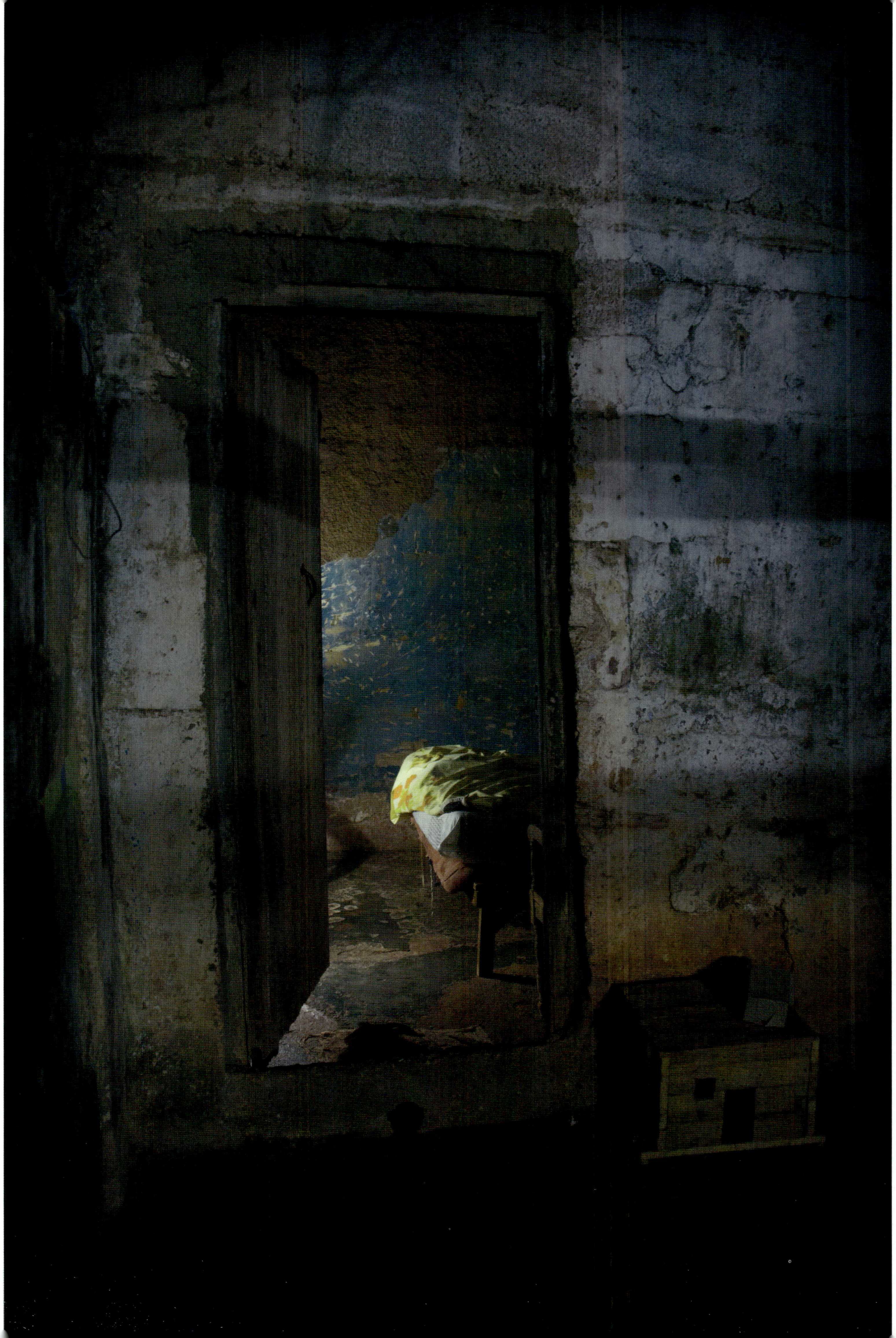

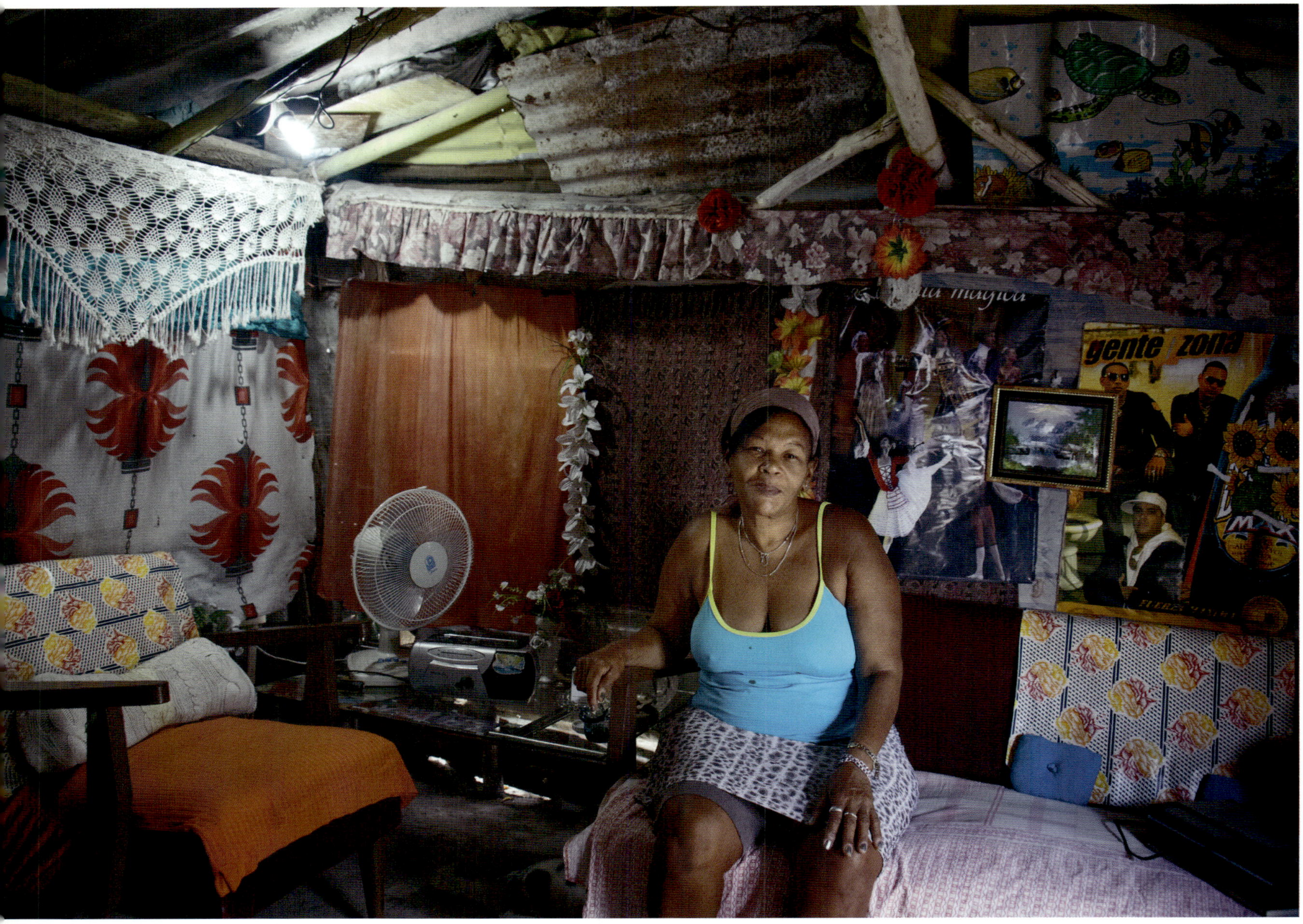

Los Hondones, Matanzas {JL}

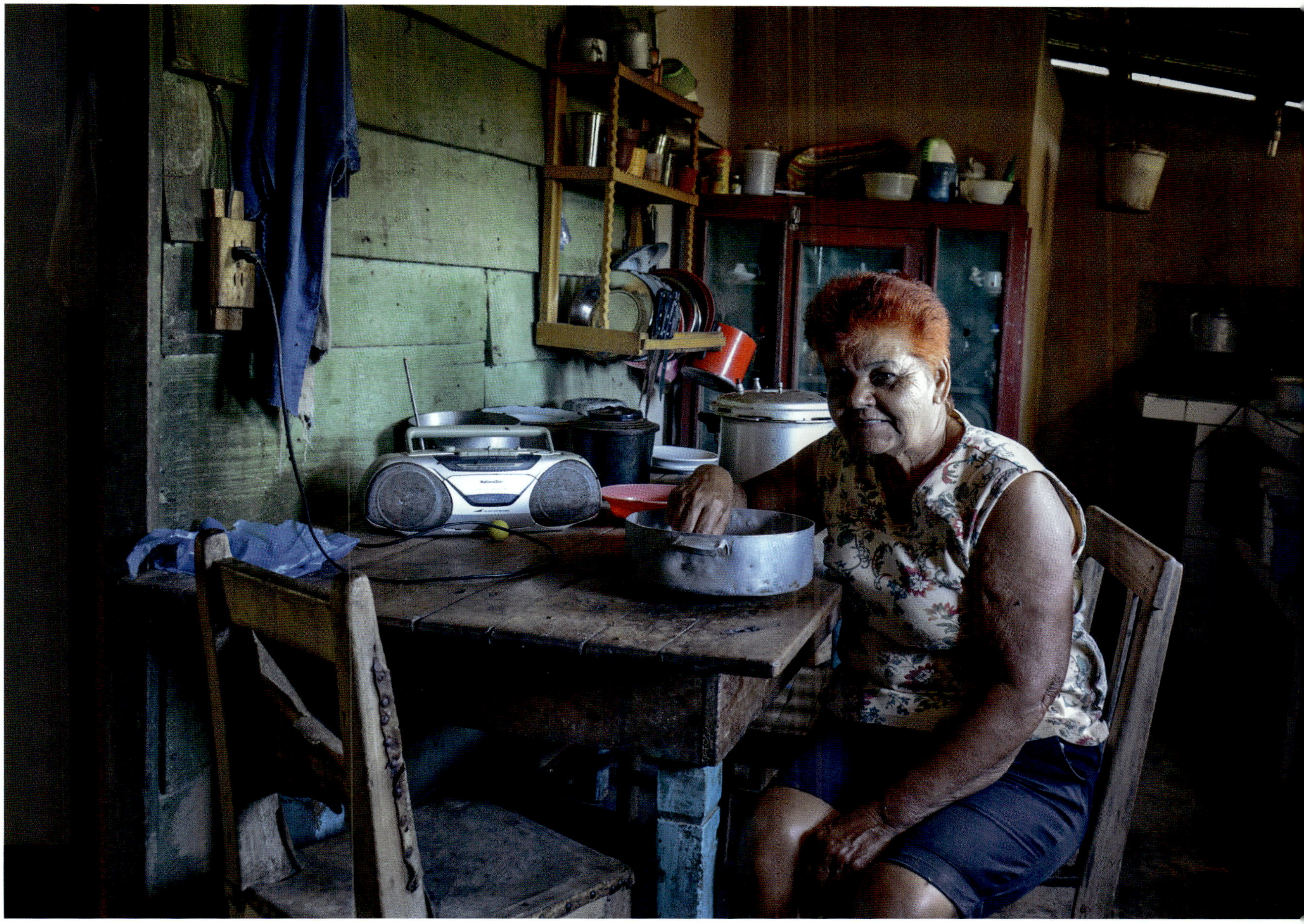

Mayajigua, Sancti Spiritus {JL}

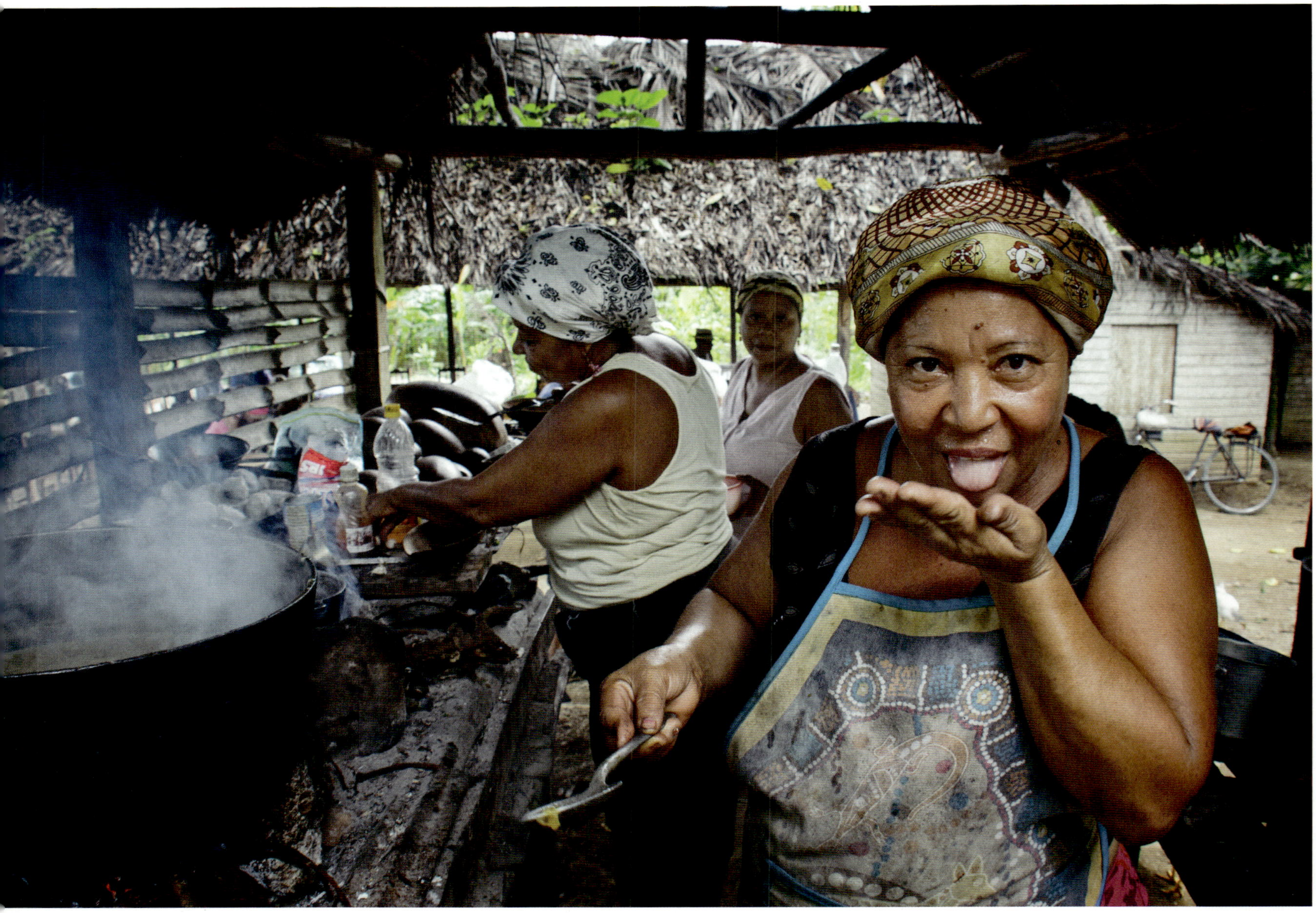

ABOVE | ARRIBA Baracoa, Guantánamo {JL}

OPPOSITE | PÁGINA OPUESTA Topes de Collantes, Sancti Spiritus {JL}

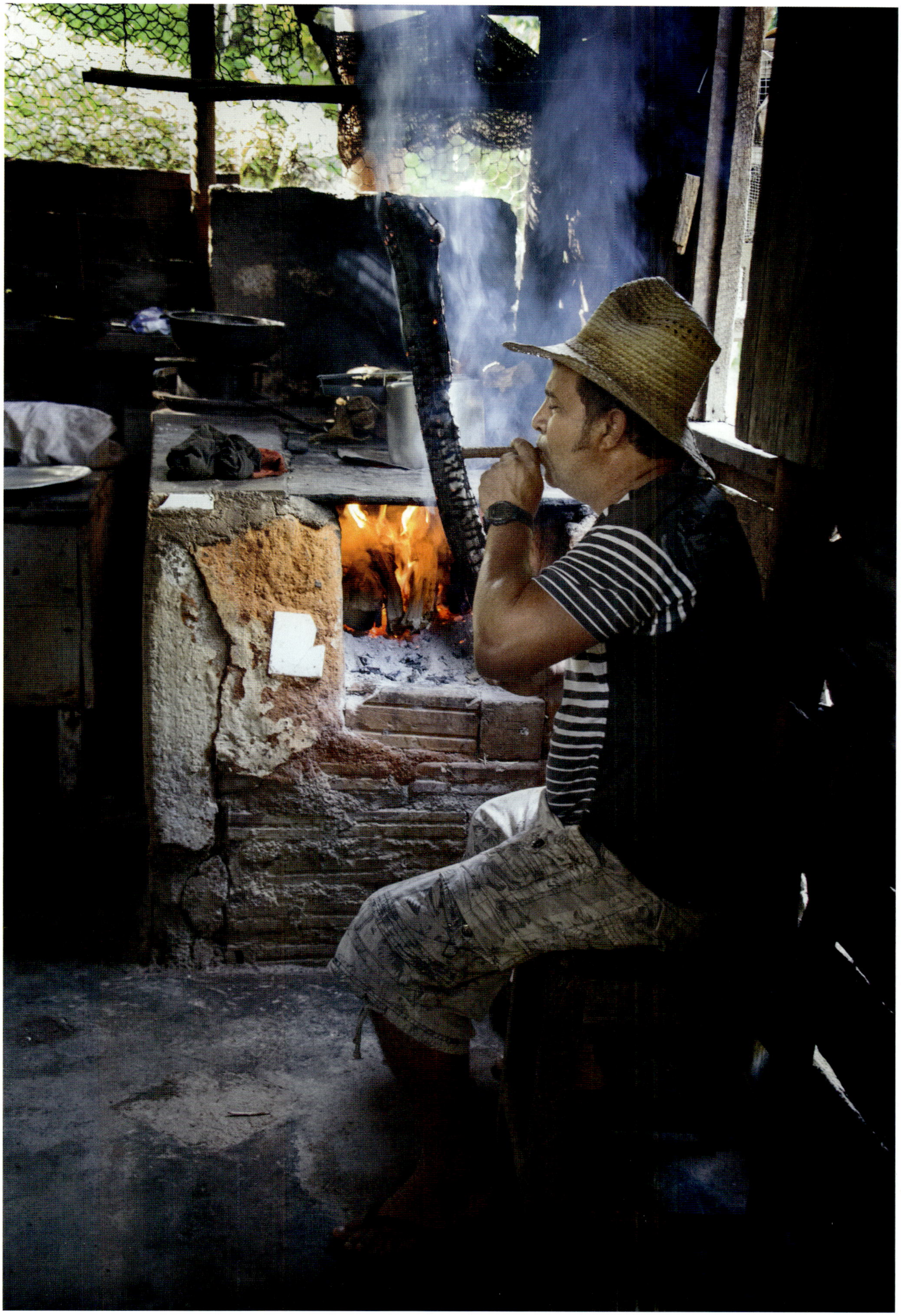

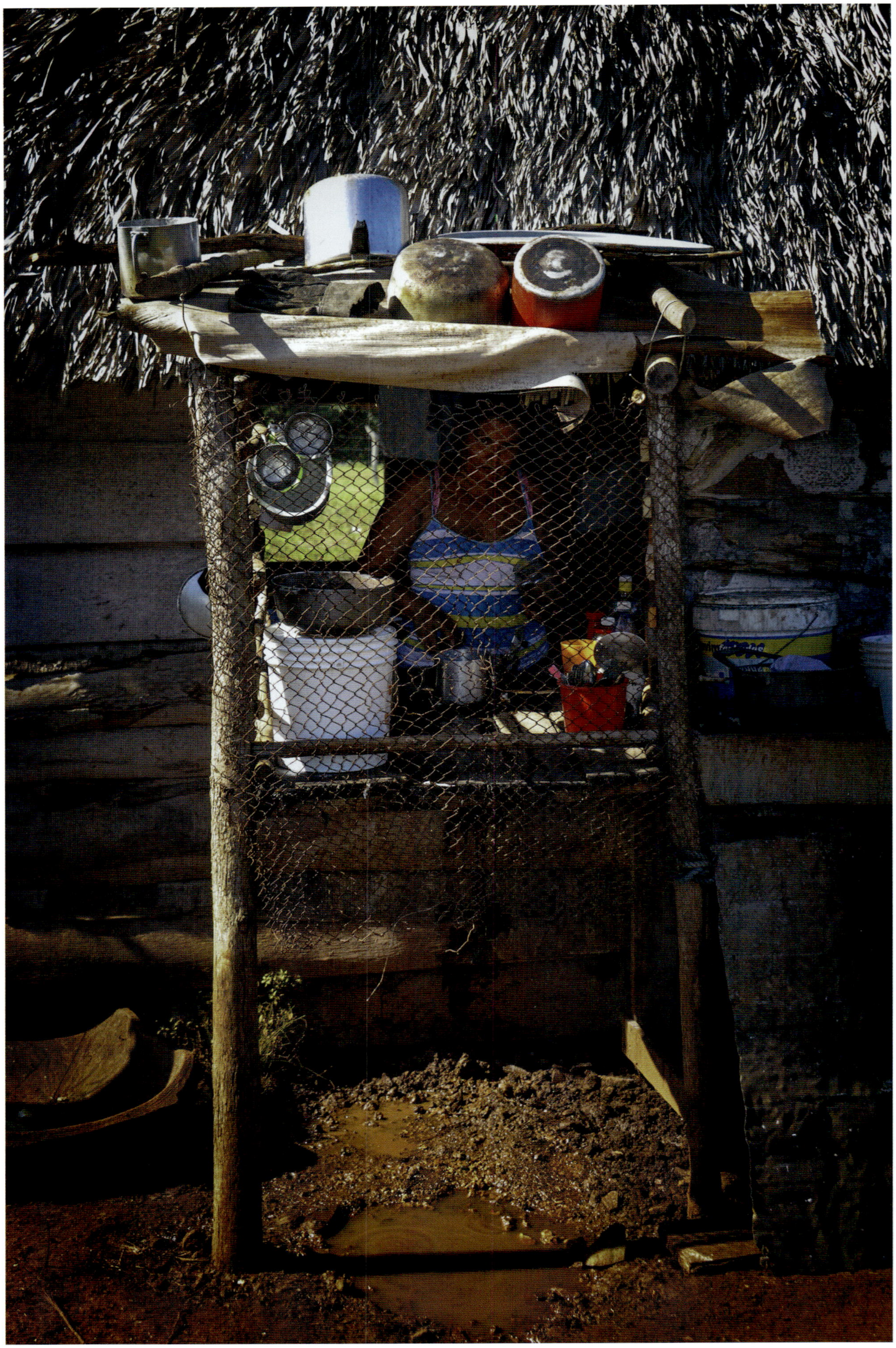

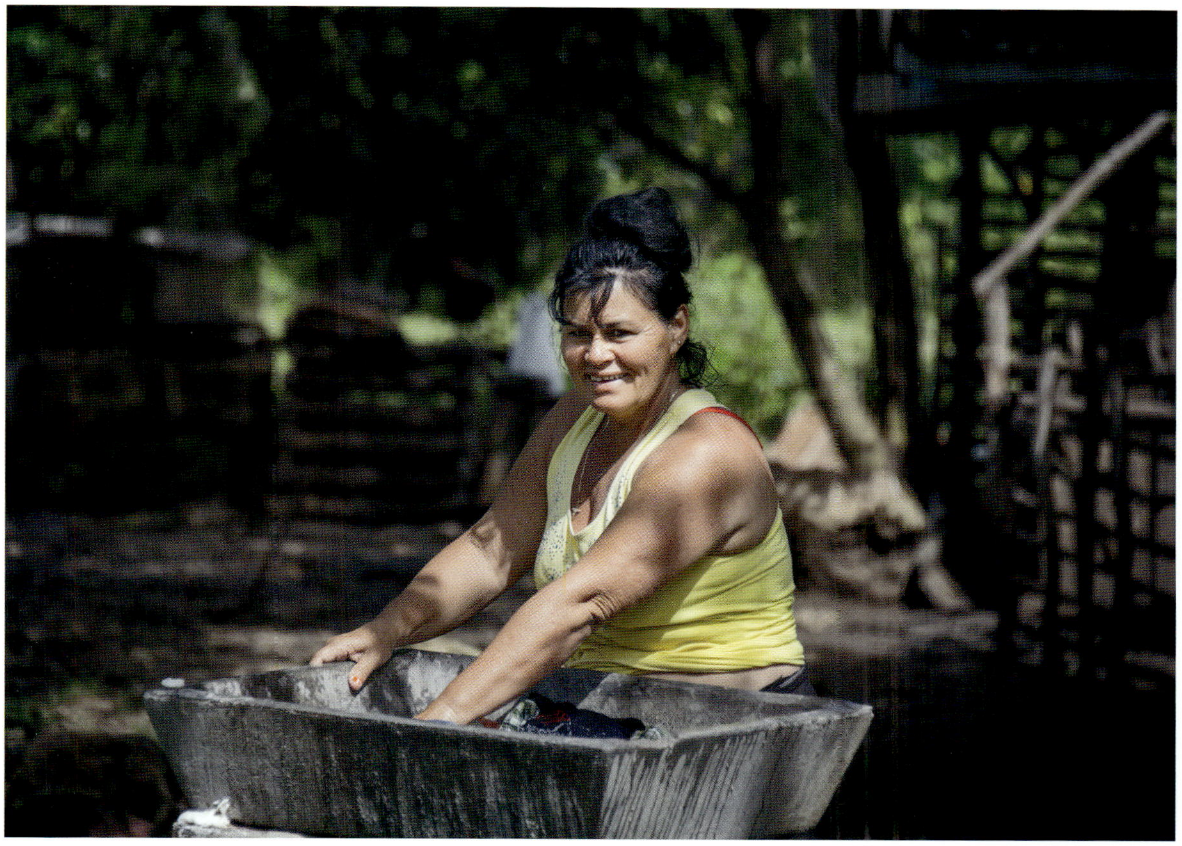

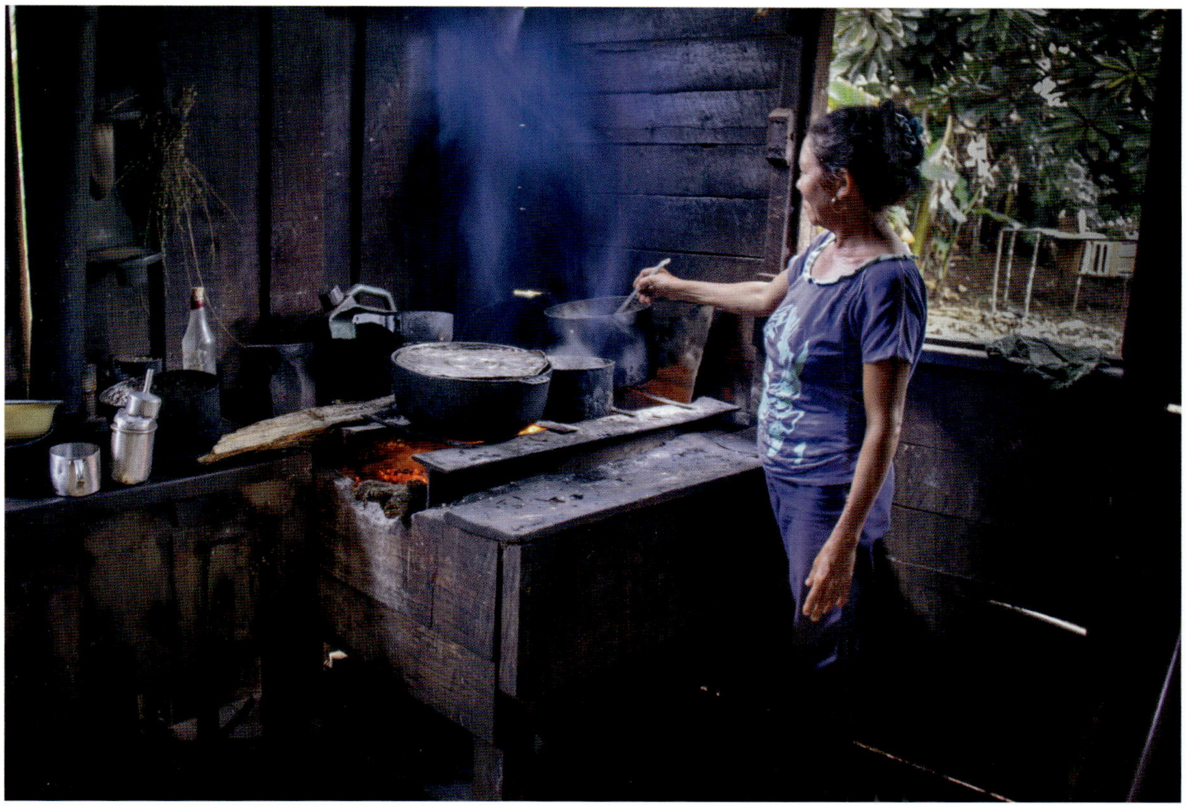

ABOVE FROM TOP | DE ARRIBA A ABAJO
Yaguajay, Villa Clara {JL}
Majayara, Guantánamo {CC}

OPPOSITE | PÁGINA OPUESTA Playa Girón, Matanzas {JL}

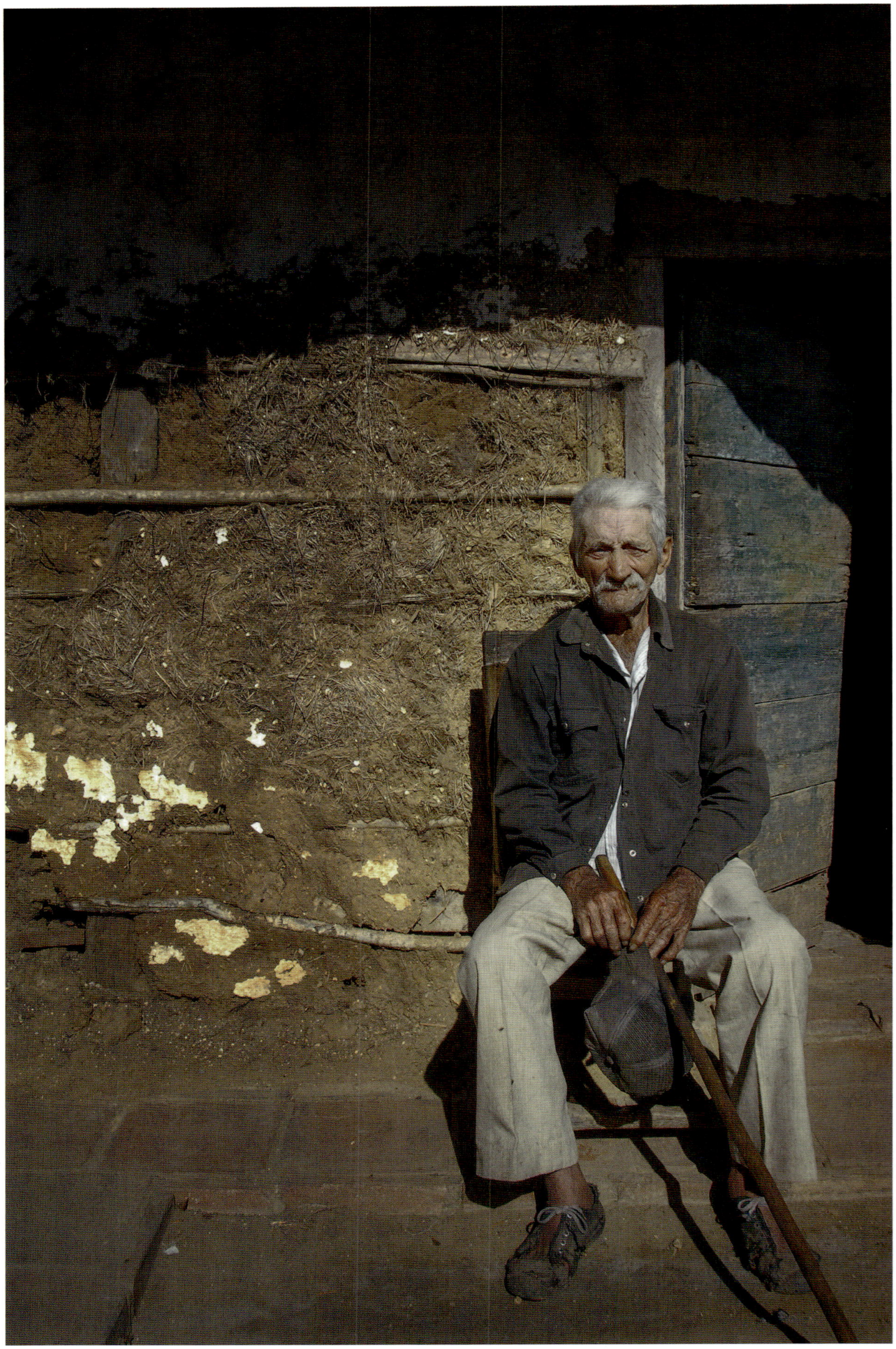

San Pedro, Sancti Spiritus {JL}

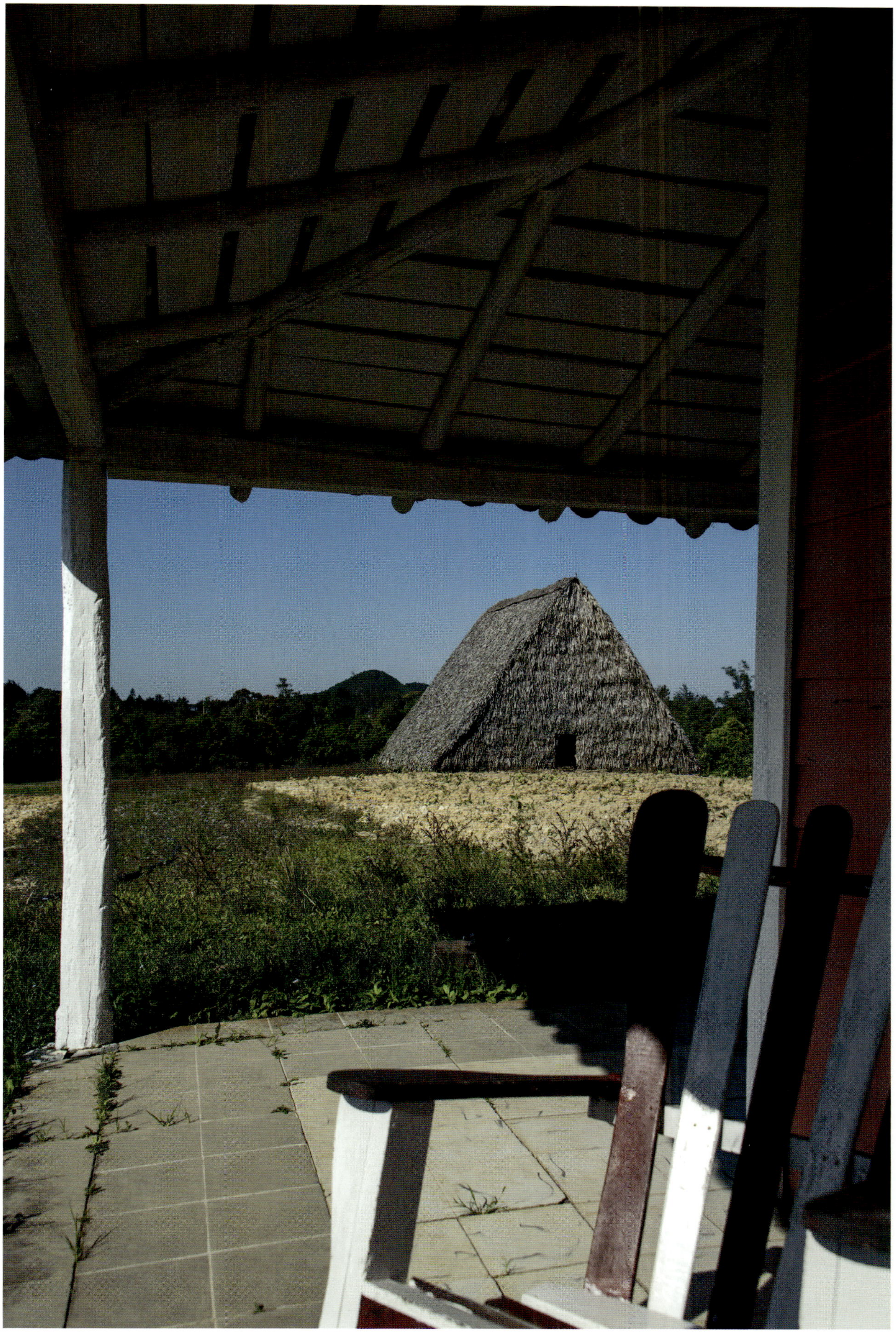

Viñales, Pinar del Río {JL}

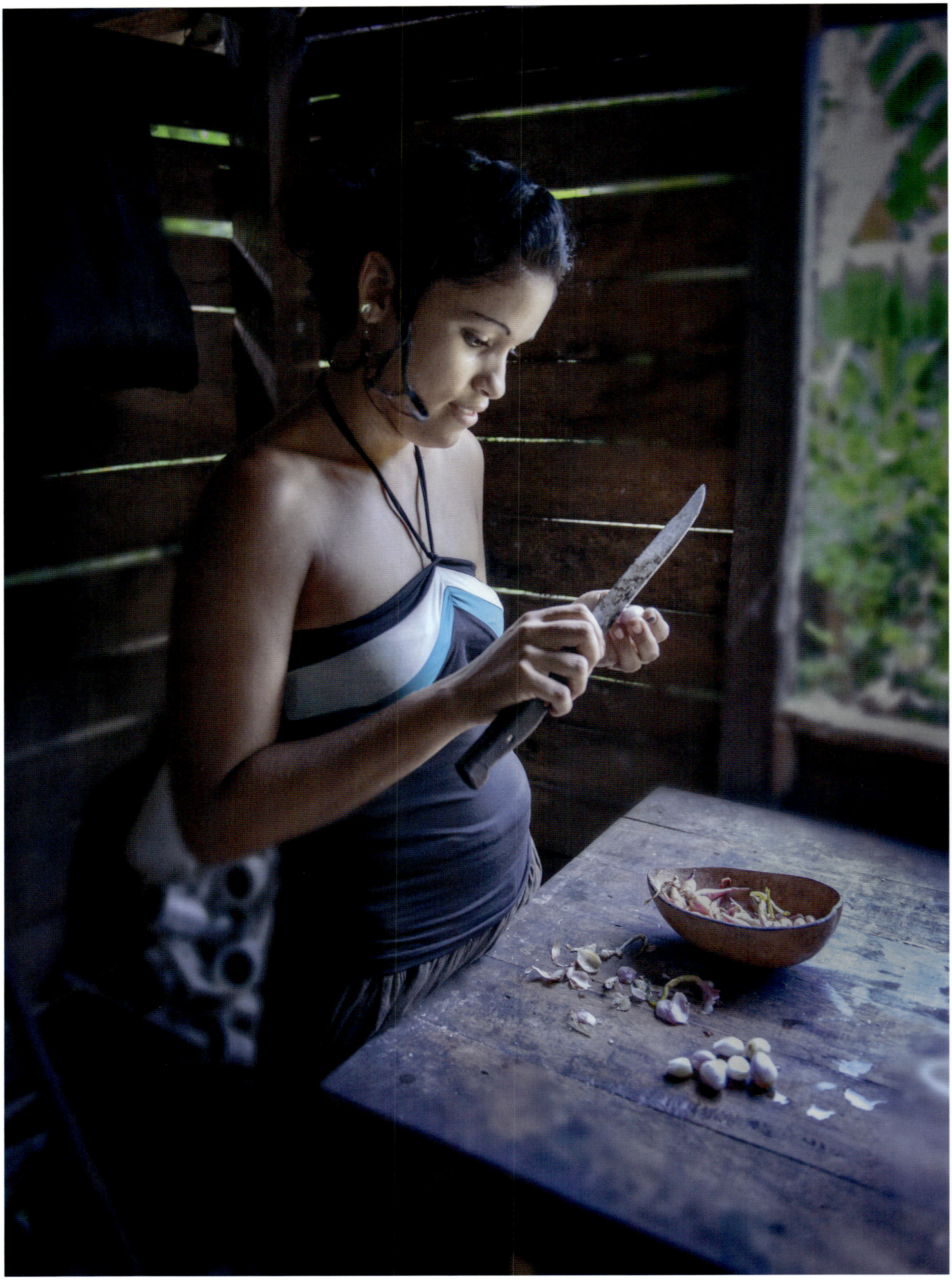

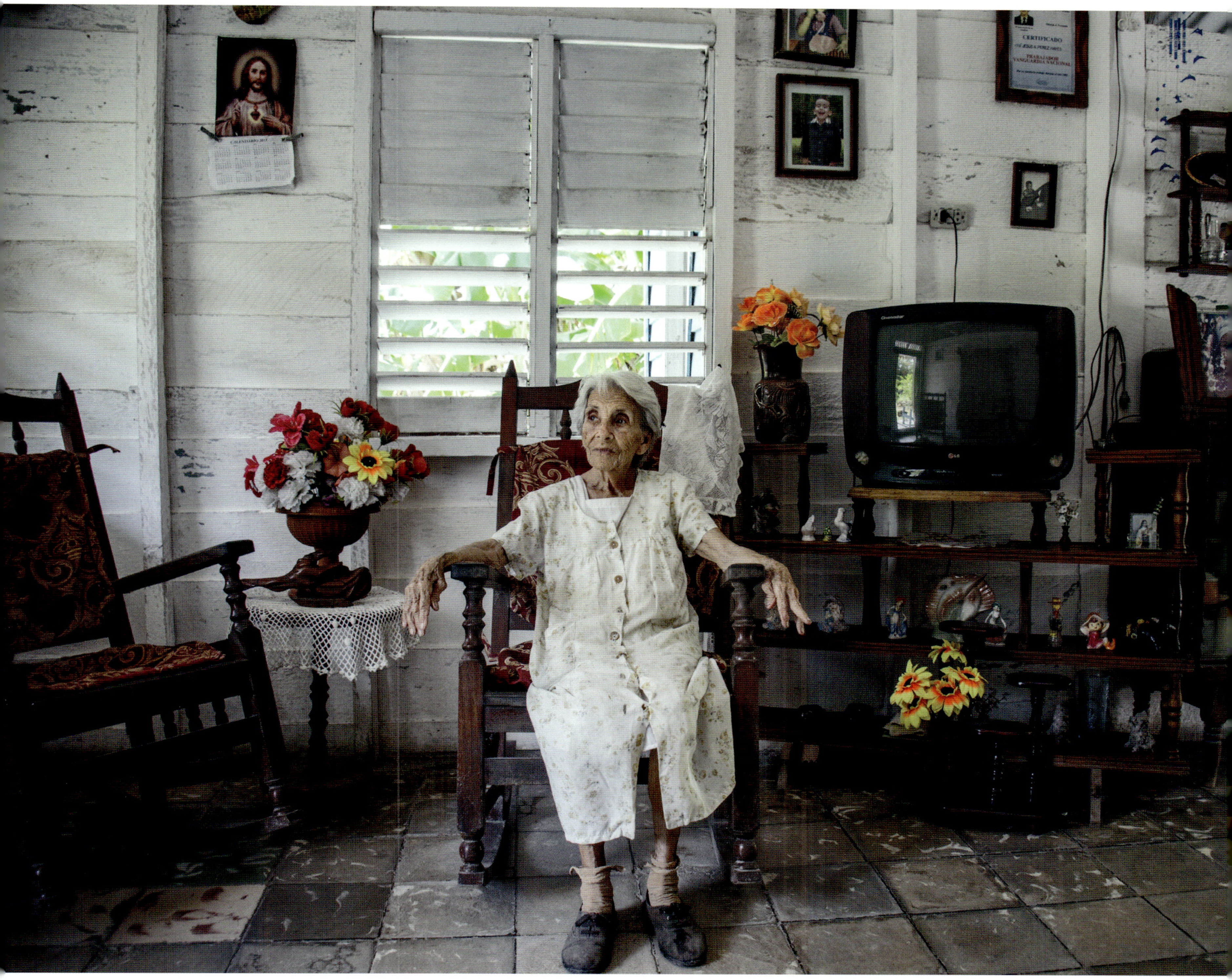

ABOVE | ARRIBA Mayajigua, Sancti Spiritus {JL}

OPPOSITE | PÁGINA OPUESTA Baracoa, Guantánamo {CC}

OVERLEAF | PÁGINA SIGUIENTE Baracoa, Guantánamo {CC}

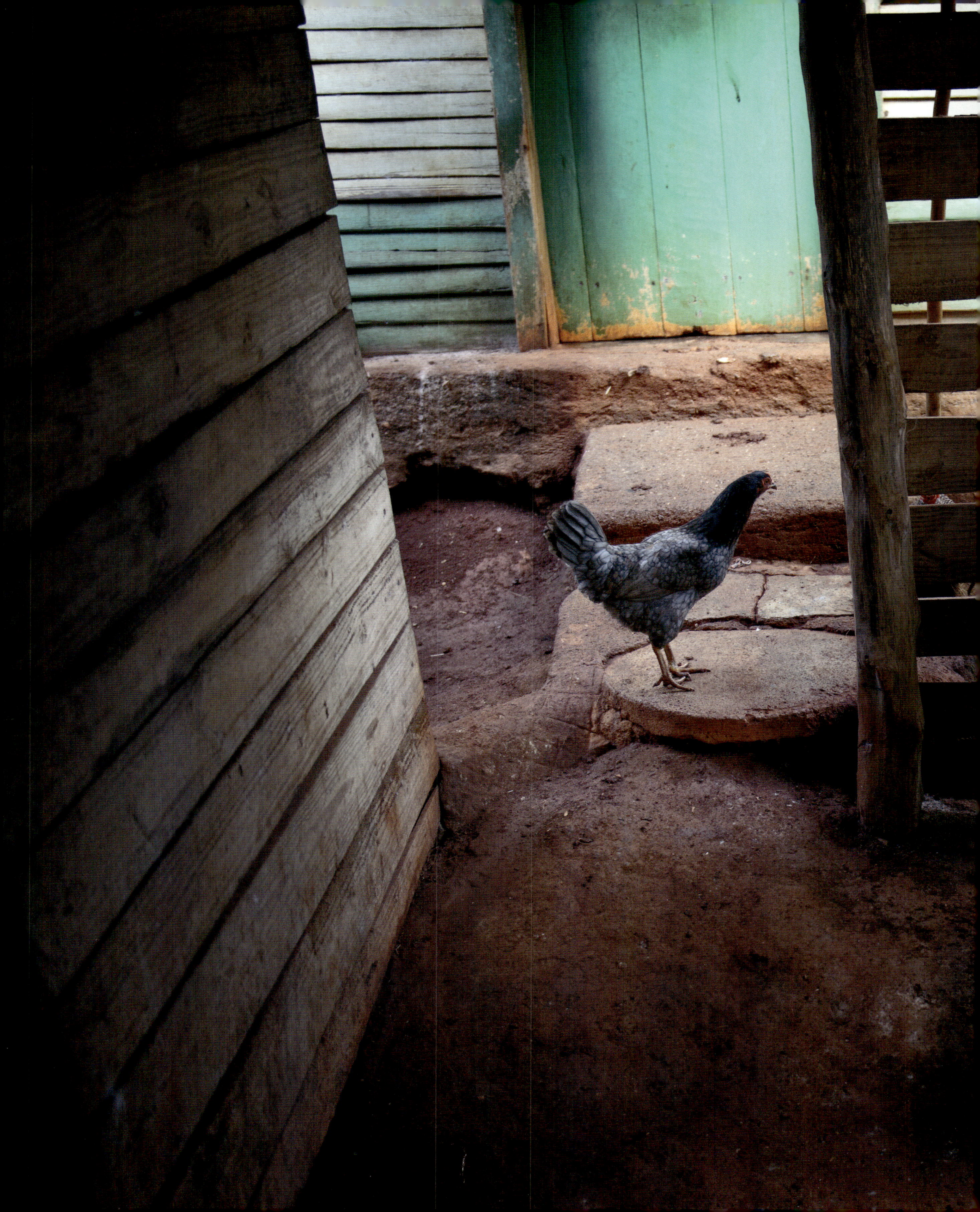

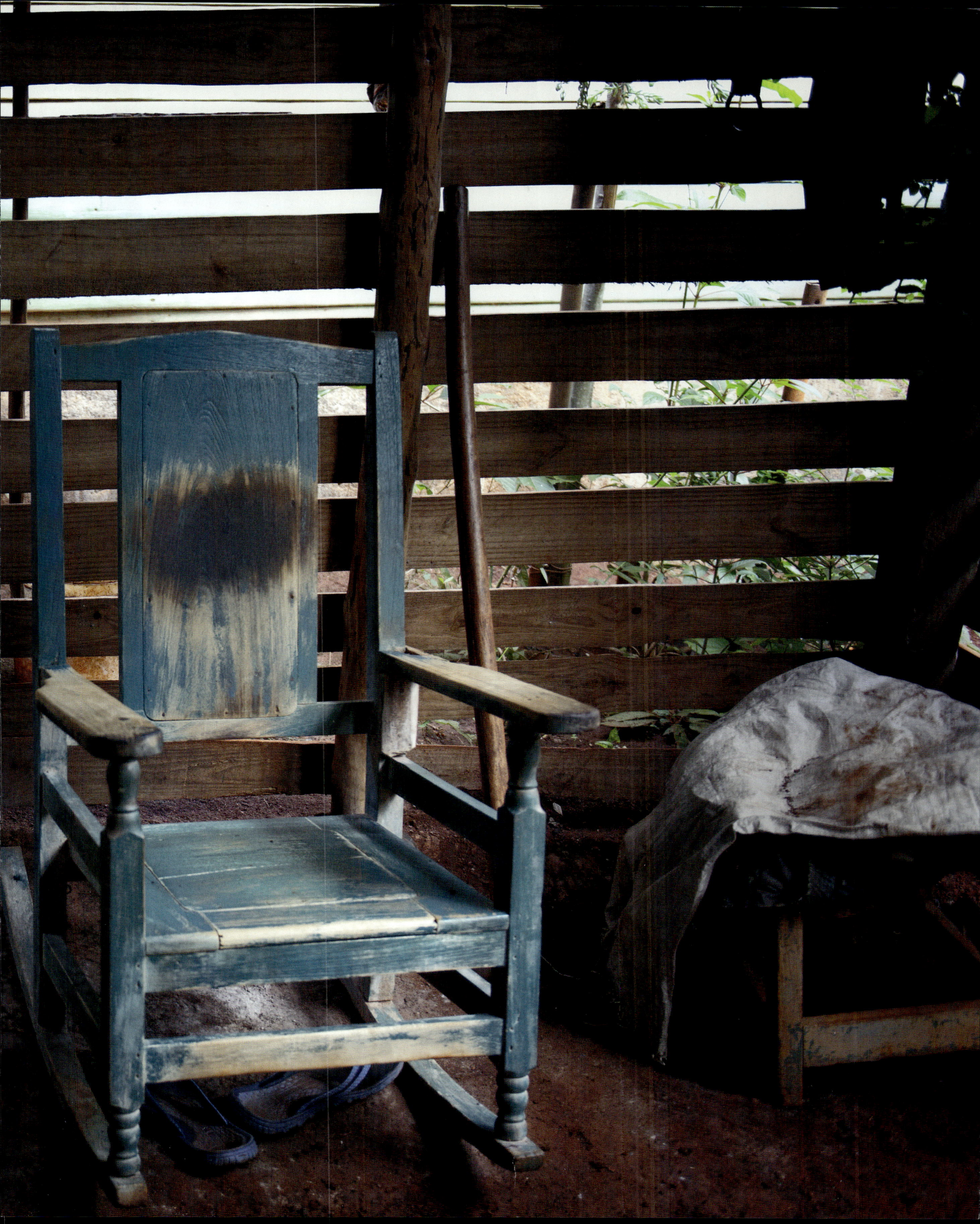

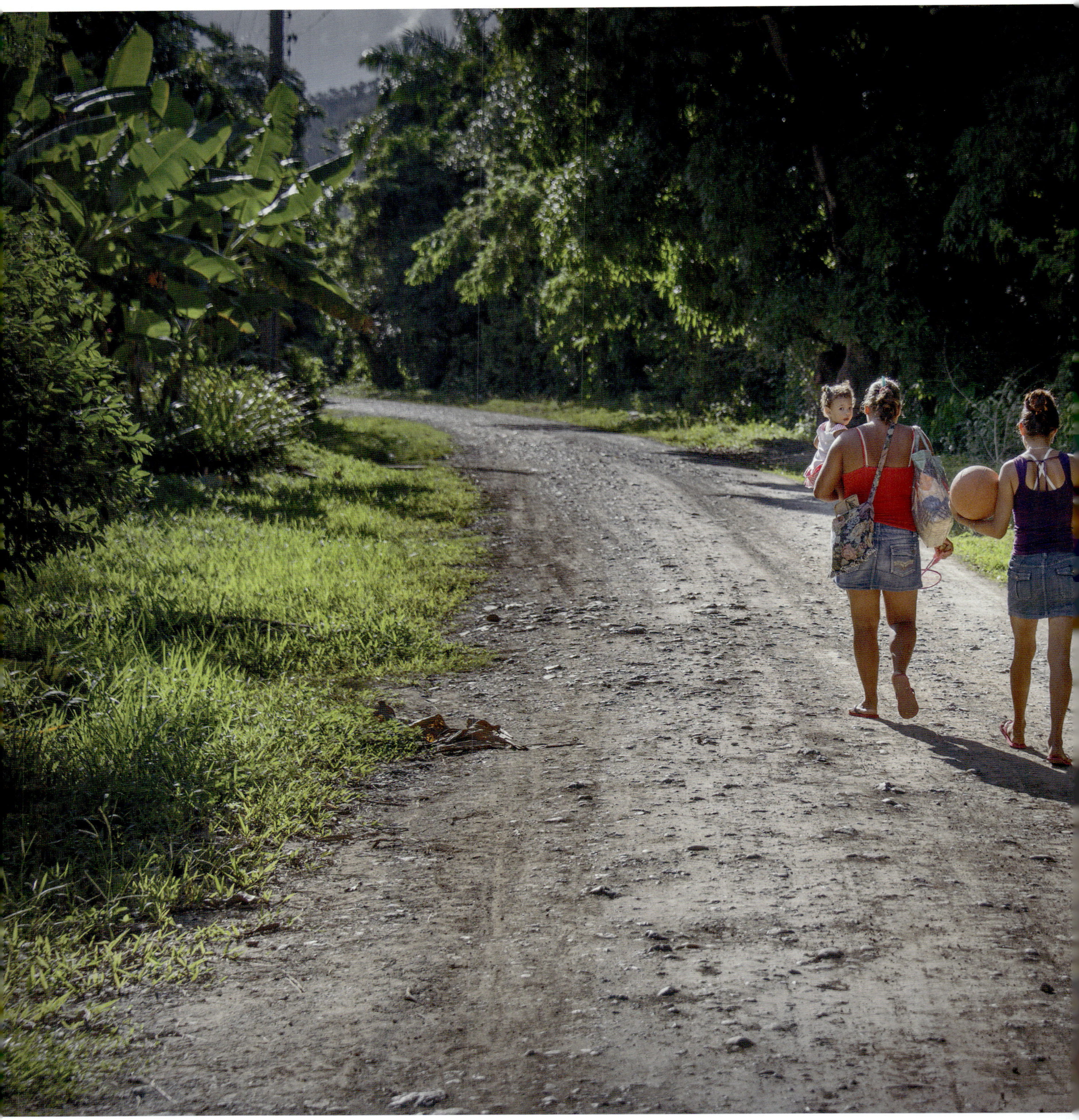

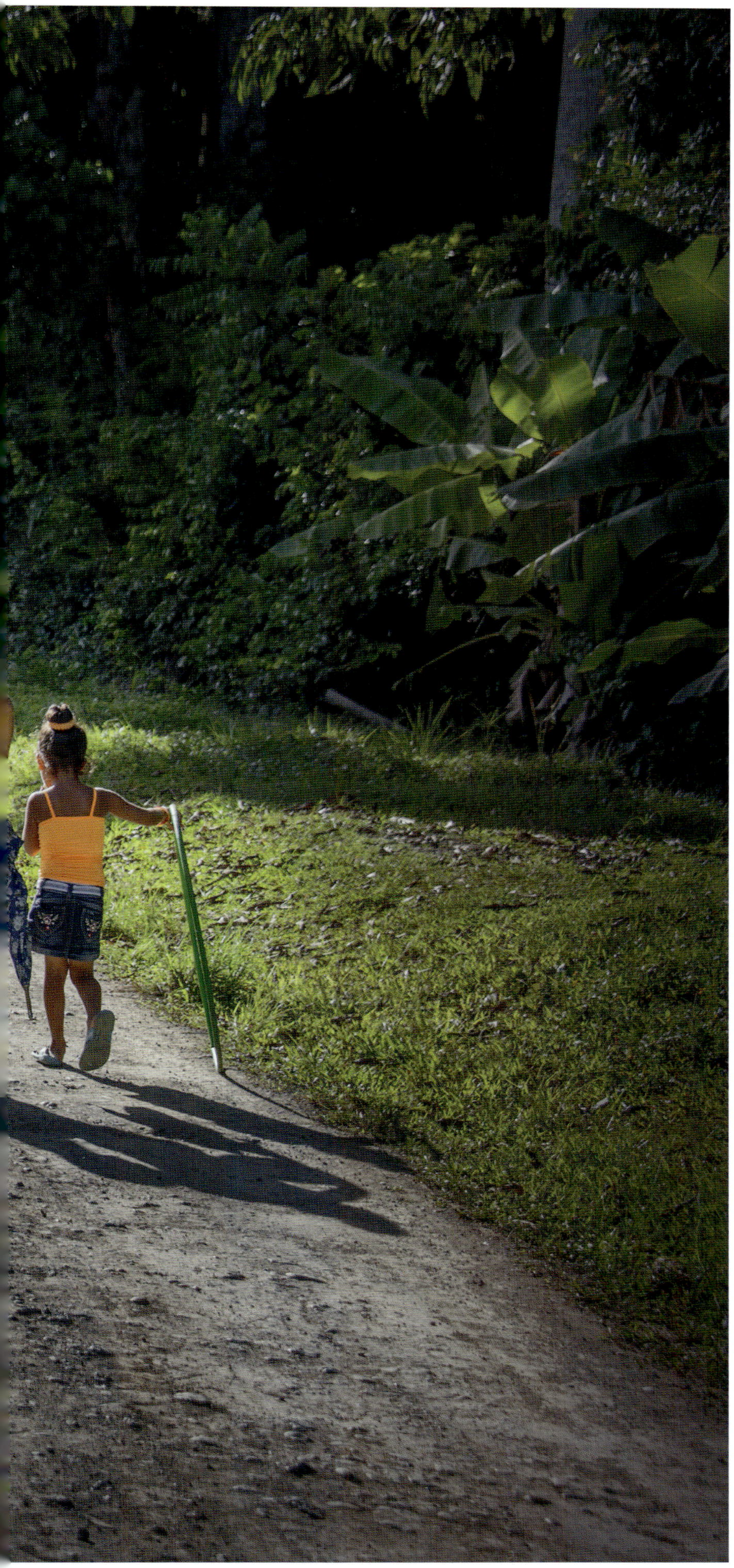

FAMILIES
FAMILIAS

The family is the mainstay of rural life, the safe haven where *campesinos* find a sense of belonging as well as recreation after a hard day's work in the fields. Within the family unit, campesinos forge their hopes and dreams, find comfort in times of sorrow, and realize their futures. Although much progress has been made in terms of gender equality, the family remains the realm of women, who undertake both childcare and housework, often after working the land side by side with the men of the household.

La familia es el pilar de la vida campesina, el refugio en el que sus miembros encuentran pertenencia común y esparcimiento luego del rudo trabajo en la tierra. Allí forjan sus sueños y esperanzas, encuentran consuelo a sus pesares y van construyendo su futuro. Aunque mucho se ha avanzado en el terreno de la igualdad, la familia sigue siendo el reino de la mujer, sobre quien recaen la atención a los niños y las tareas domésticas, muchas veces después de compartir el surco con los hombres.

LEFT | IZQUIERDA Yateritas, Guantánamo {CC}

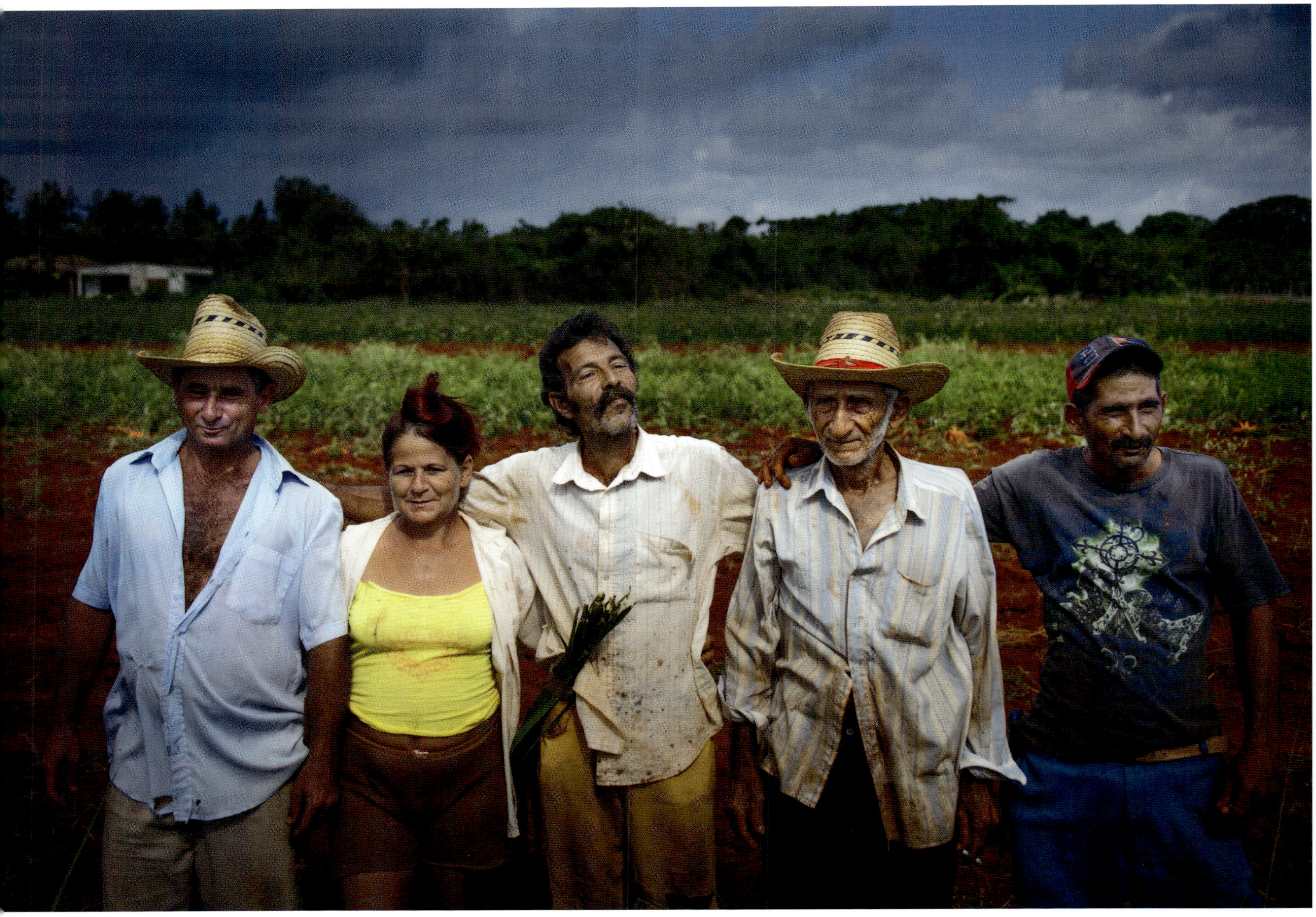

Güira de Melena, Artemisa {CC}

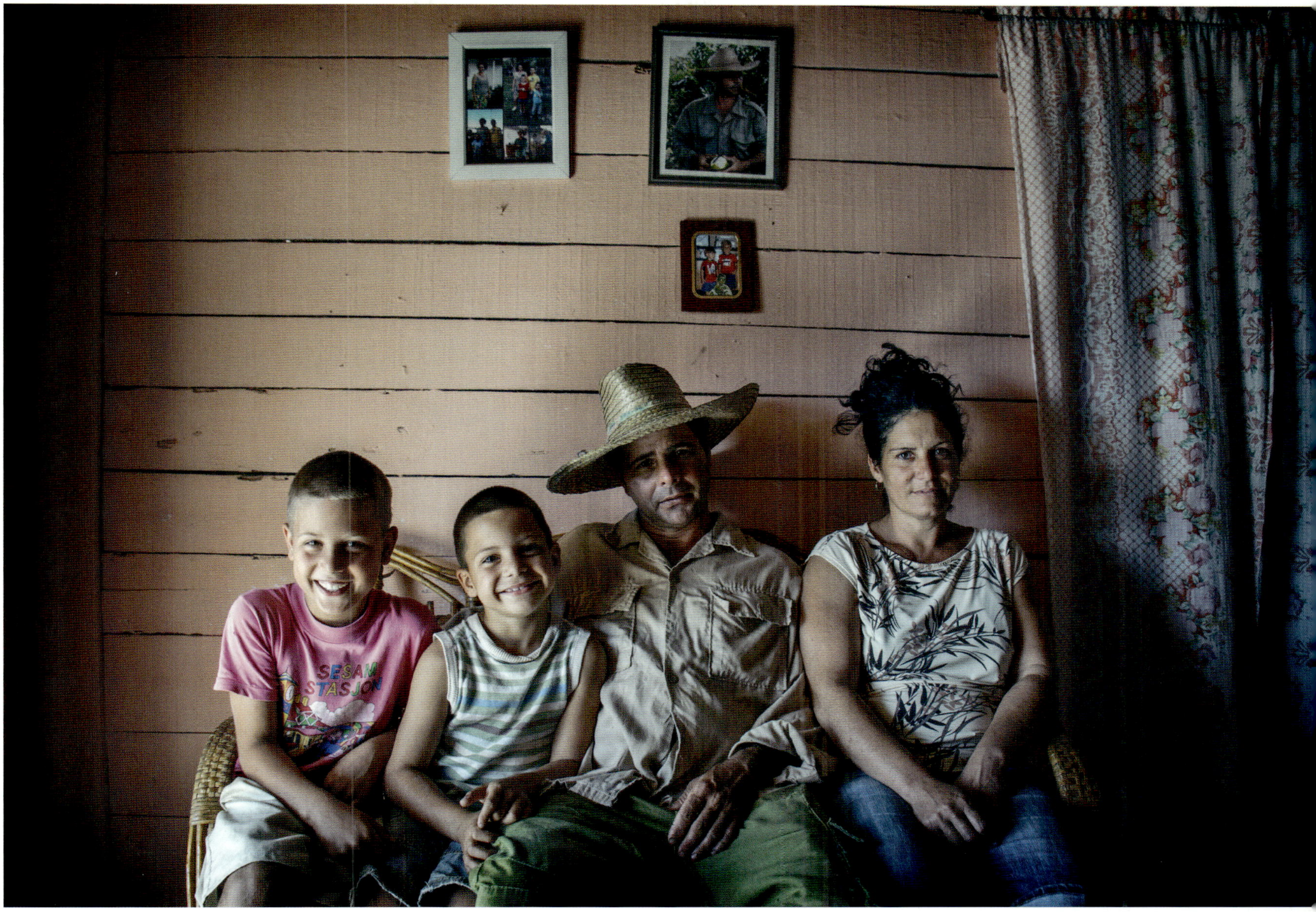

Viñales, Pinar del Río {JL}

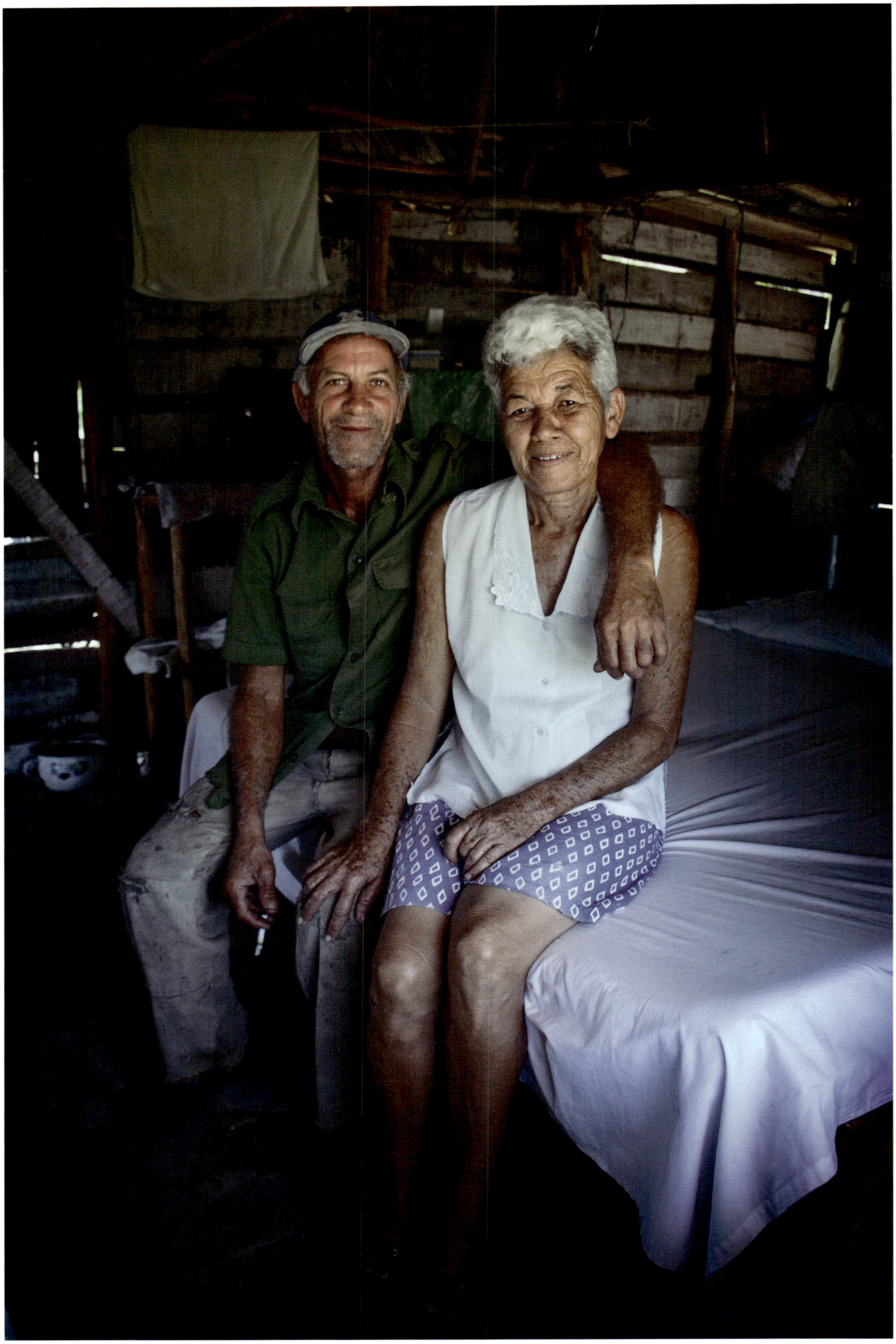

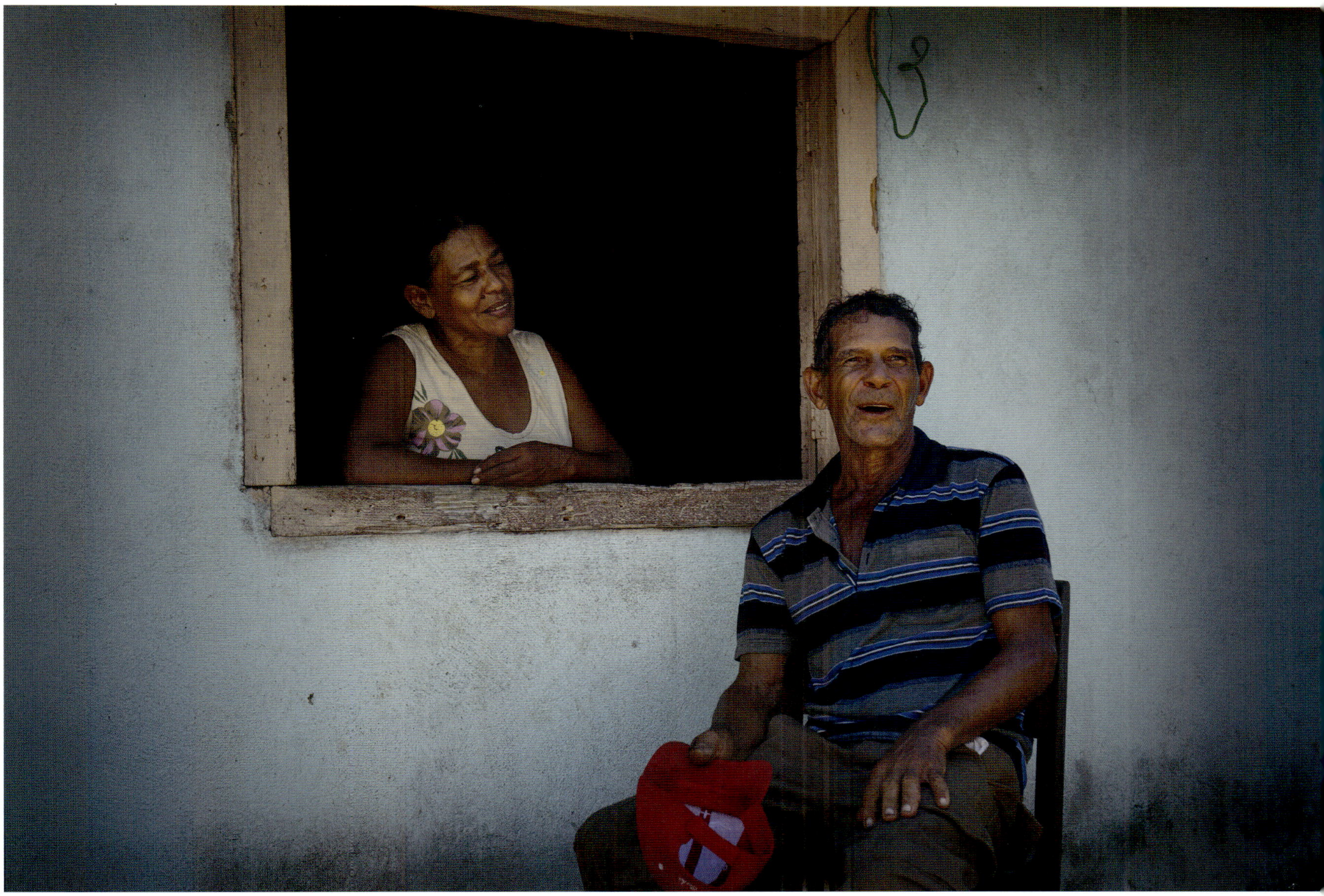

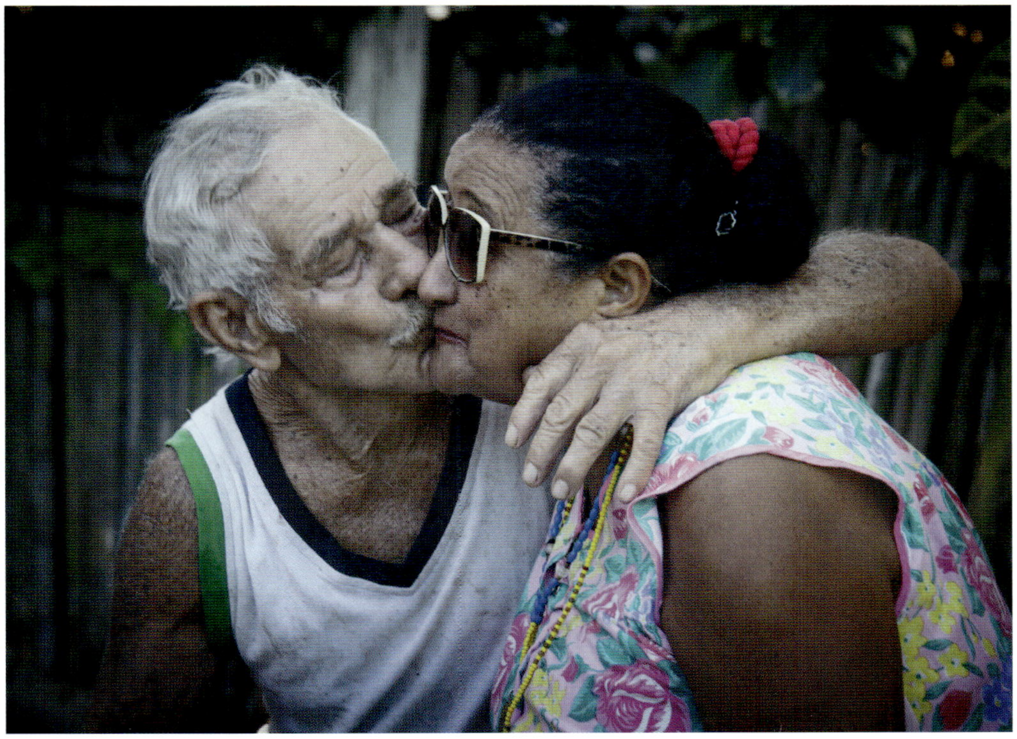

ABOVE | ARRIBA
Sigua, Santiago de Cuba {CC}

LEFT | IZQUIERDA
Baracoa, Guantánamo {CC}

OPPOSITE | PÁGINA OPUESTA
Playa Girón, Matanzas {JL}

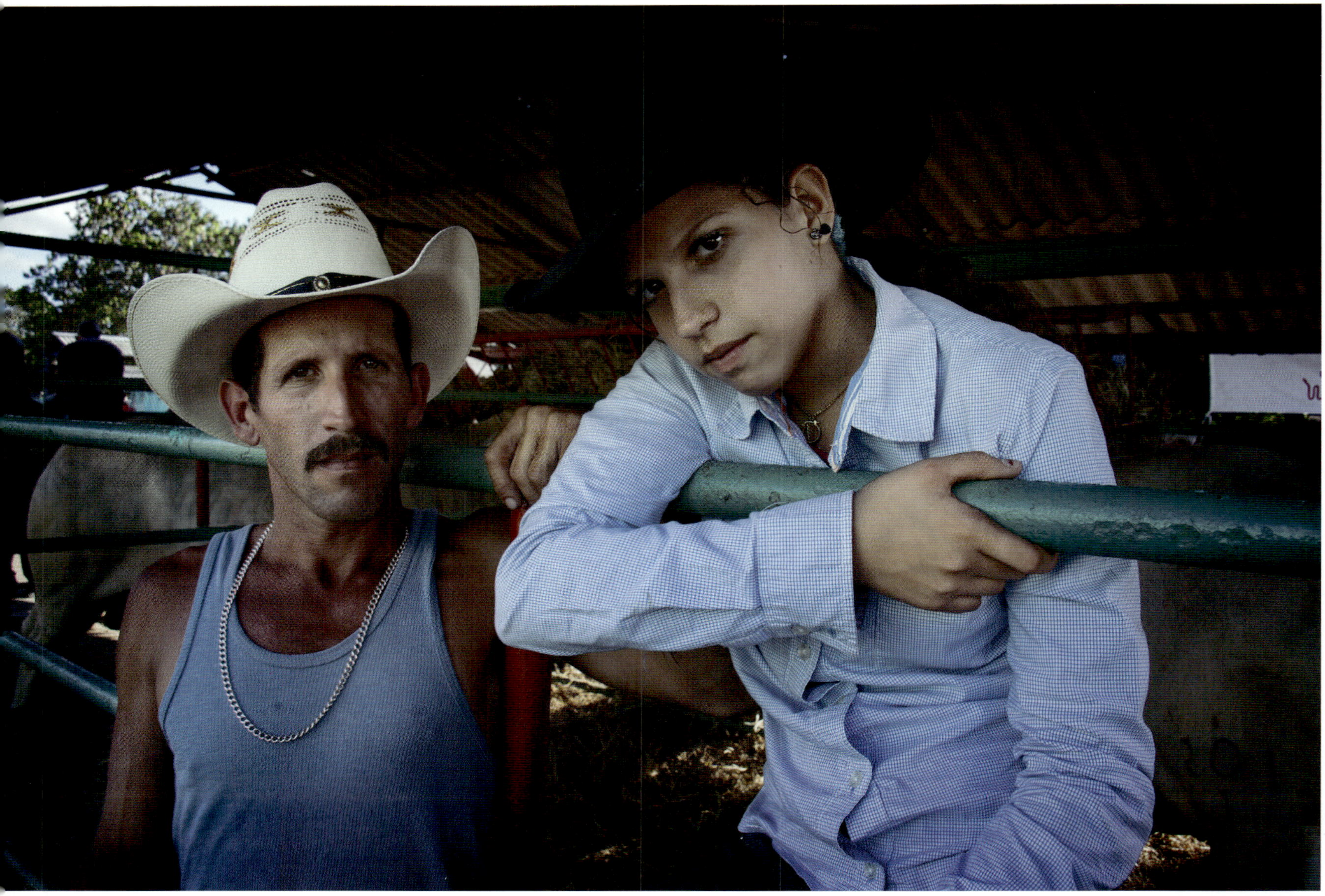

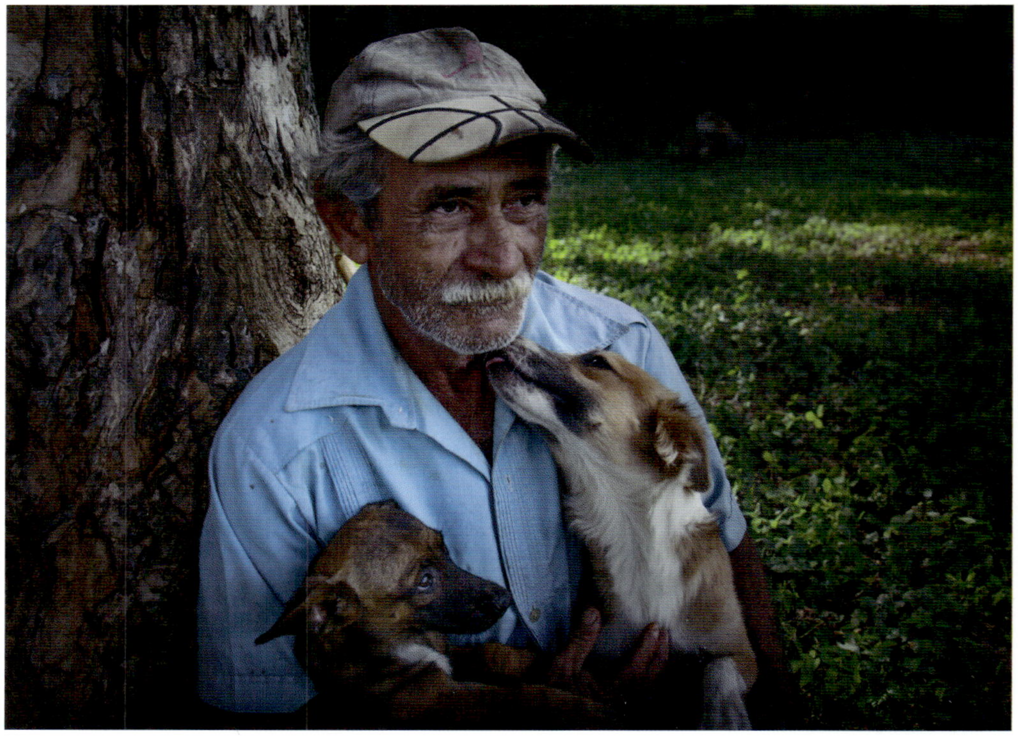

ABOVE | ARRIBA
Colón, Matanzas {CC}

RIGHT | DERECHA
Piti Fajardo, Sancti Spiritus {CC}

OPPOSITE | PÁGINA OPUESTA
Viñales, Pinar del Río {JL}

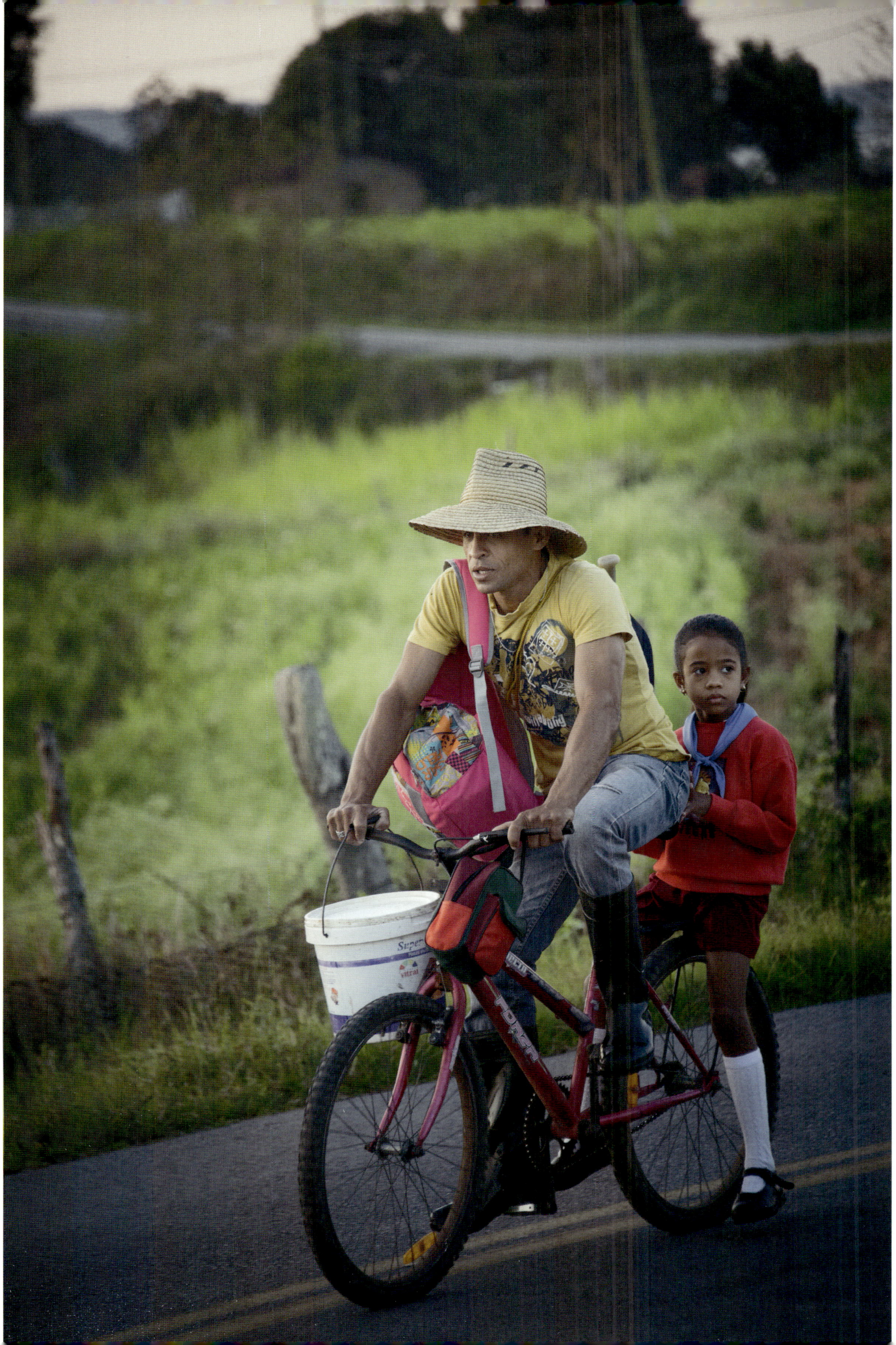

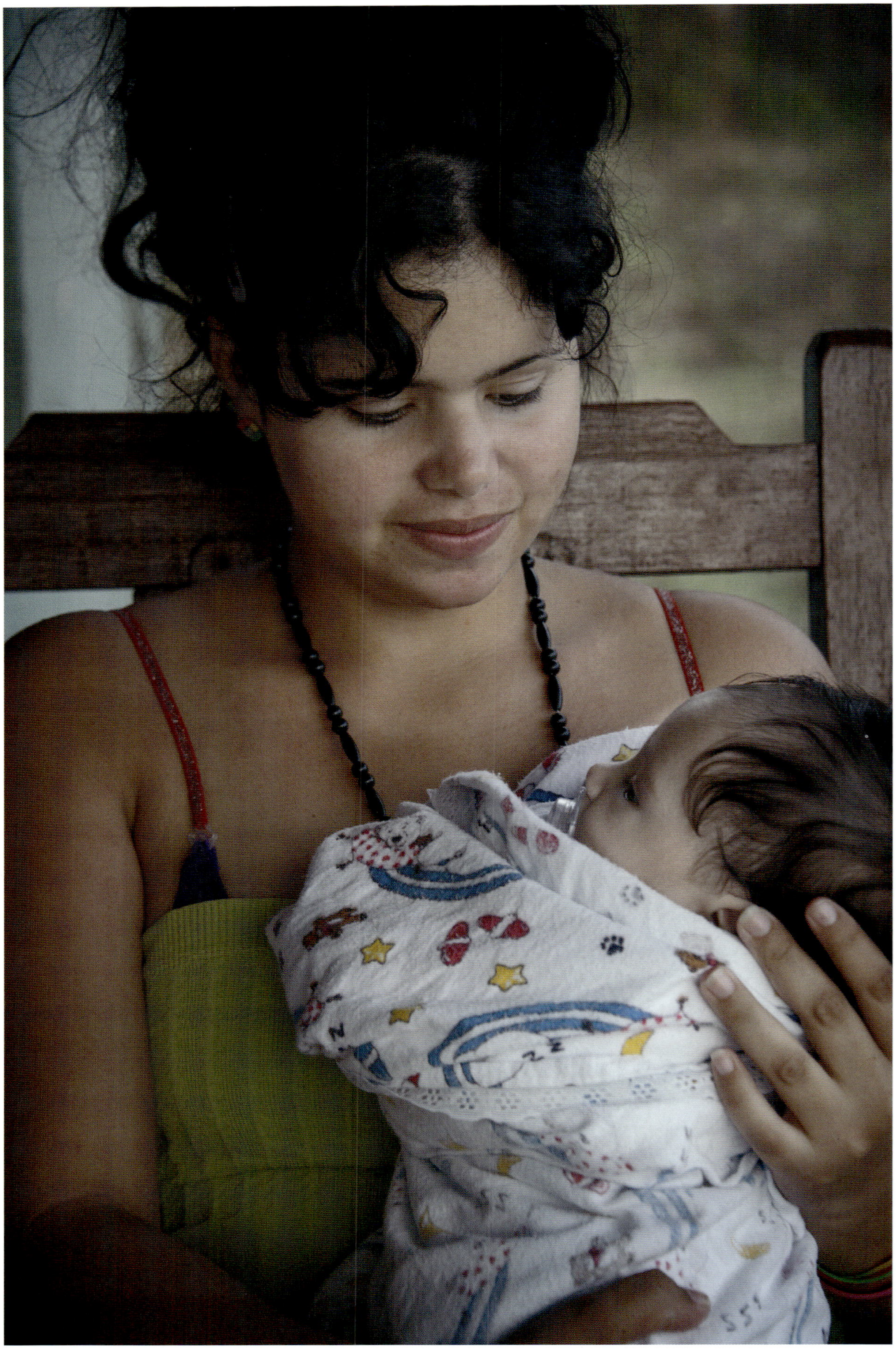

Los Hondones, Matanzas {JL}

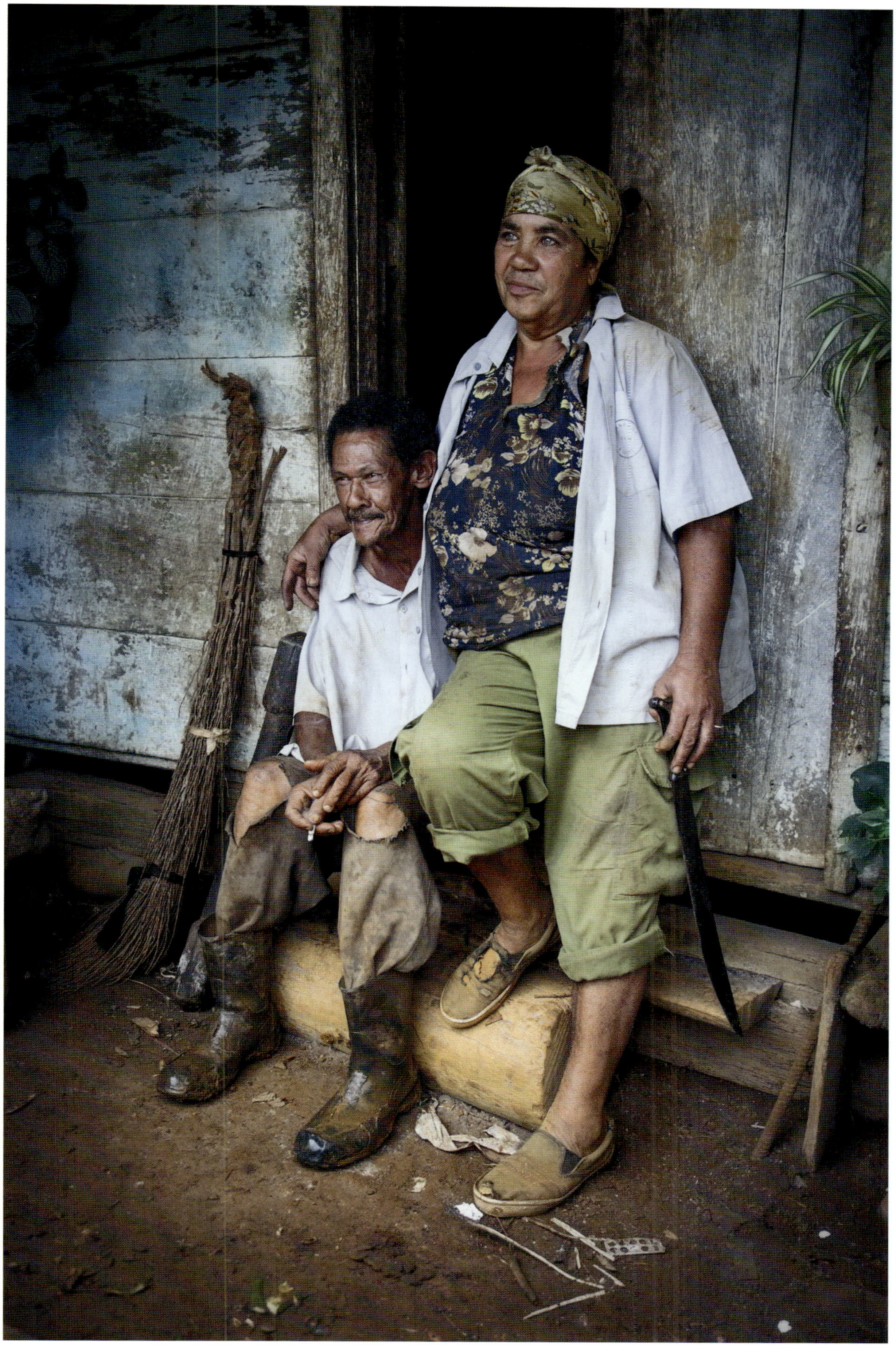

Manuel Tames, Guantánamo {CC}

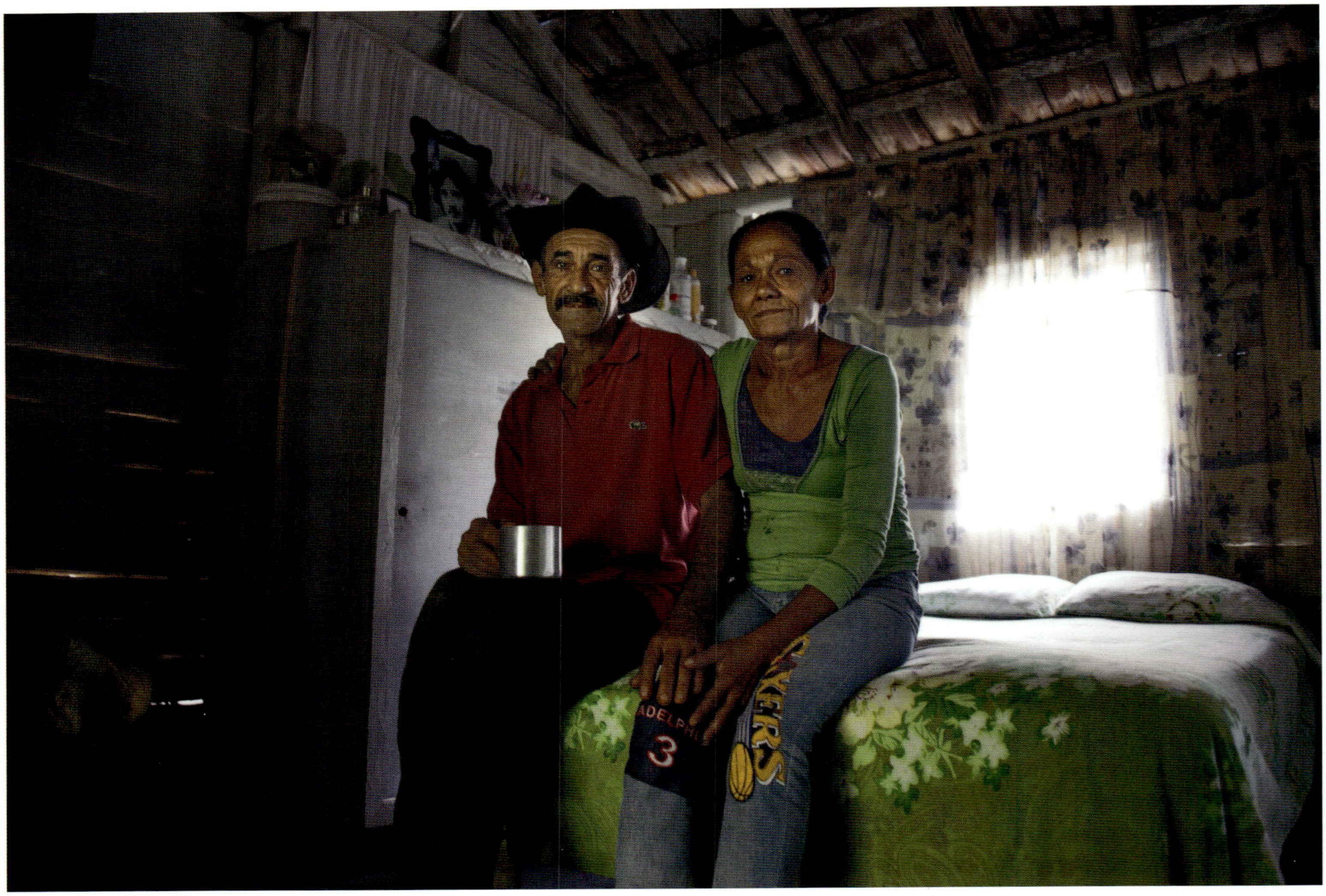

ABOVE | ARRIBA Cuatro Vientos, Sancti Spiritus {CC}

OPPOSITE | PÁGINA OPUESTA Mandinga, Guantánamo {JL}

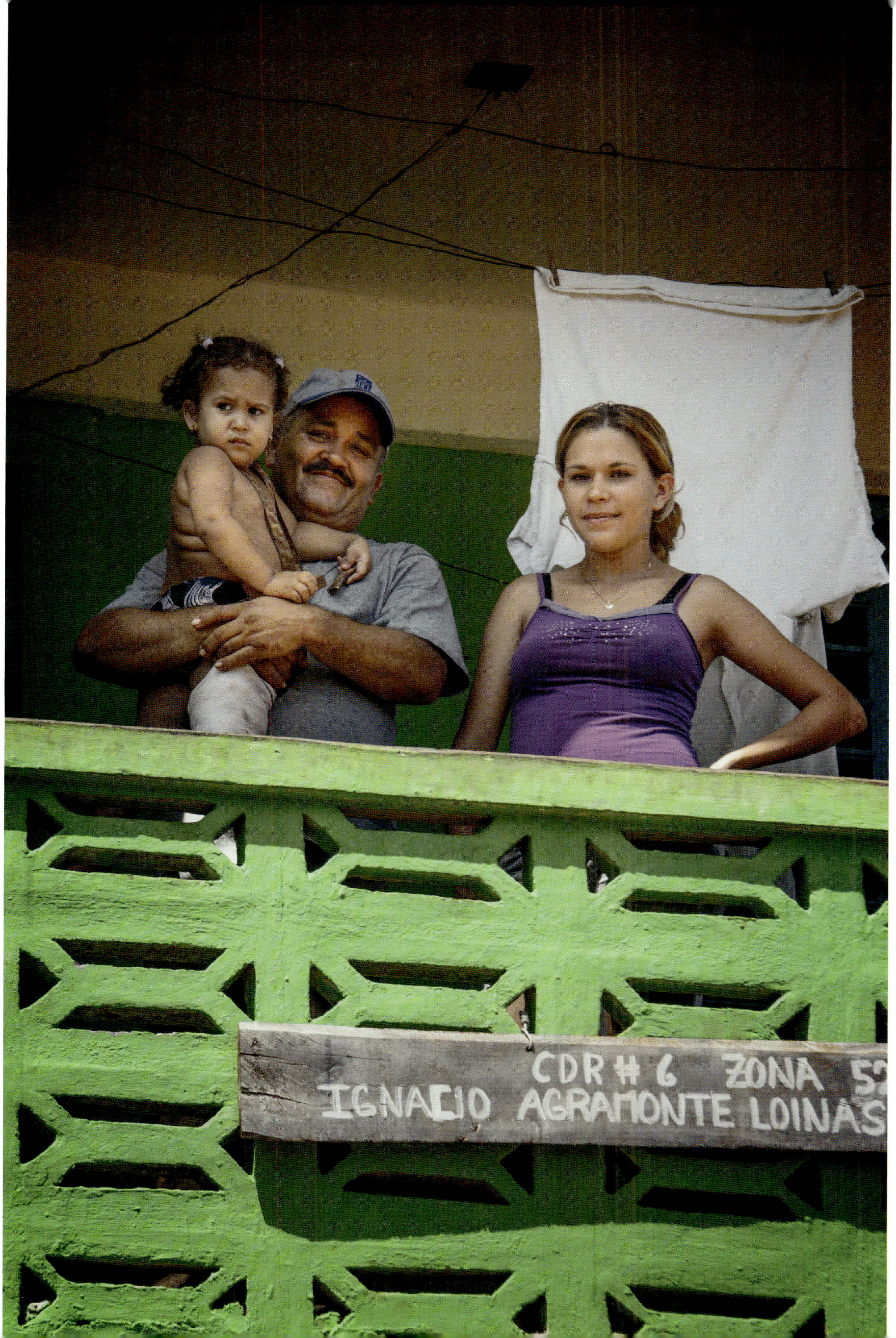
CDR # 6 ZONA 52
IGNACIO AGRAMONTE LOINAS

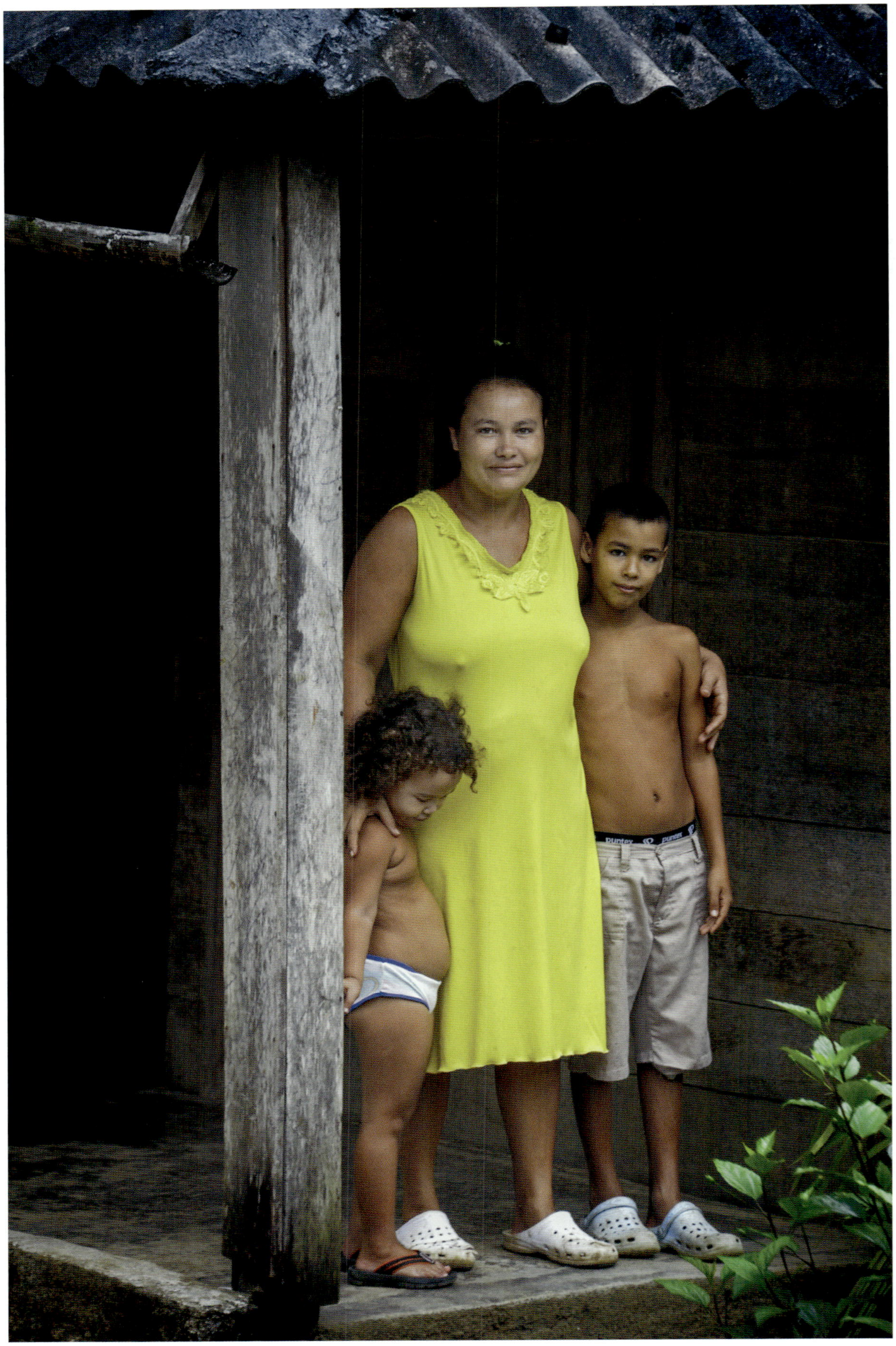

Yumurí, Guantánamo {JL}

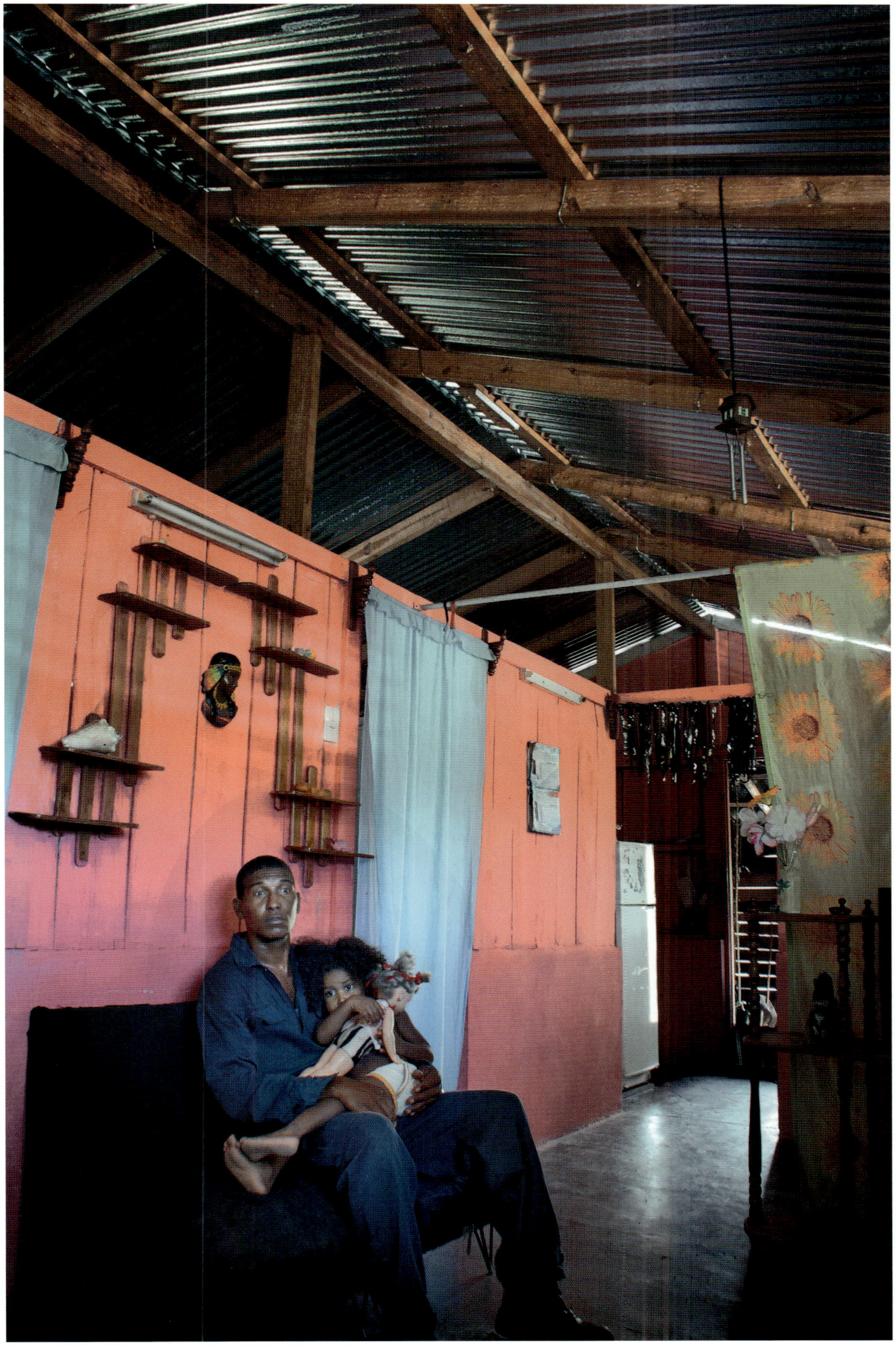

ABOVE | ARRIBA El Cupey, Santiago de Cuba {JL}

OVERLEAF | PÁGINA SIGUIENTE Soplillar, Matanzas {CC}

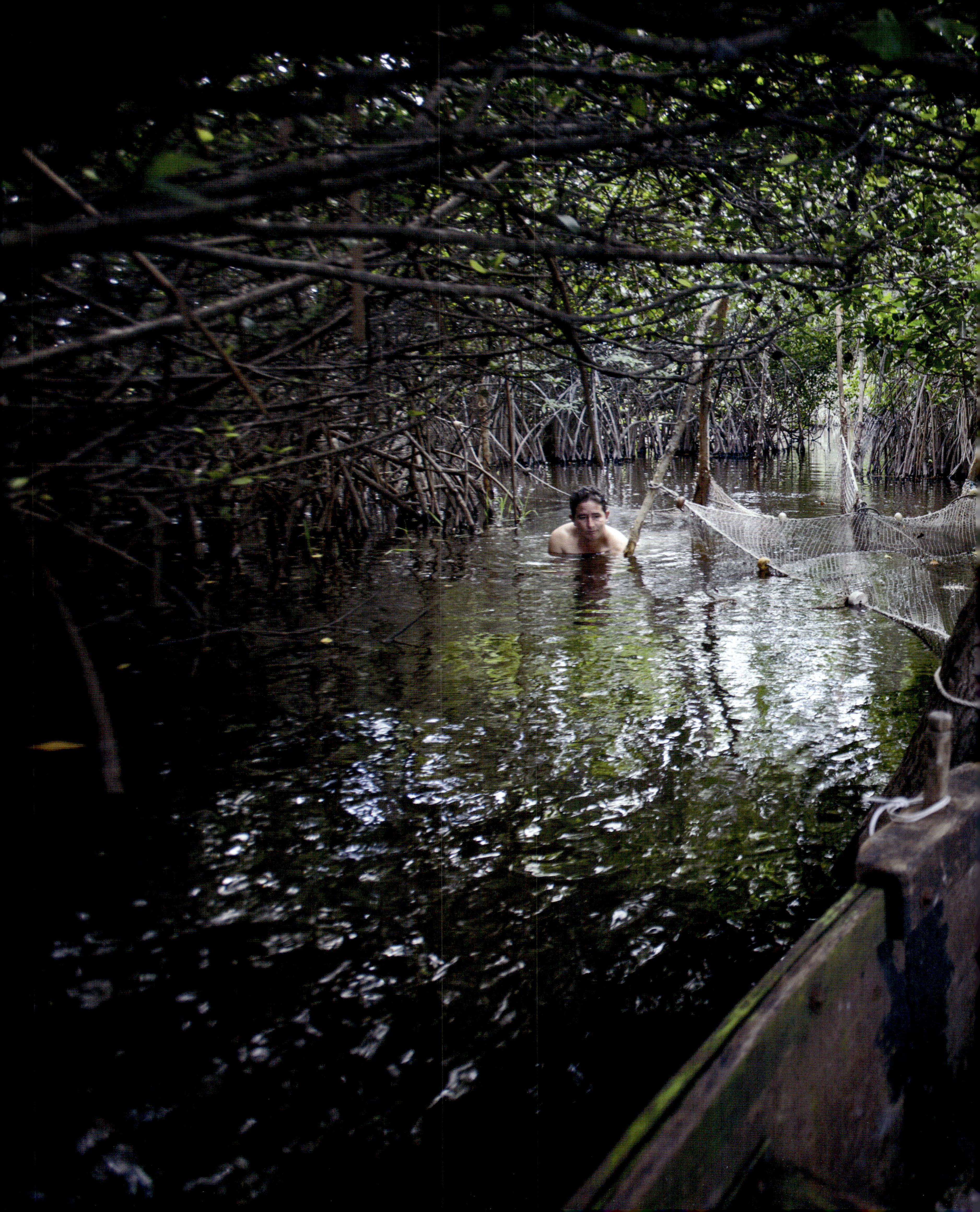

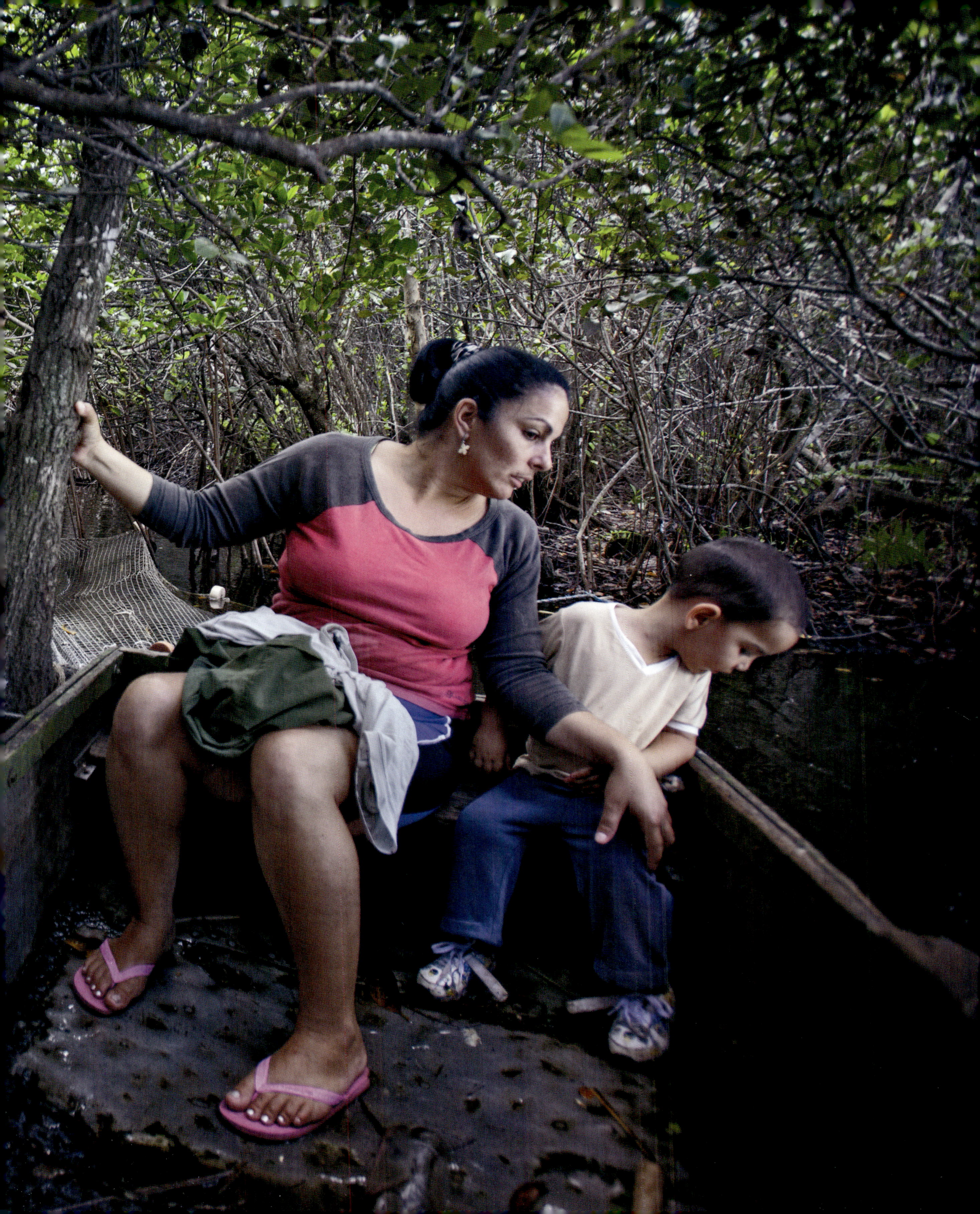

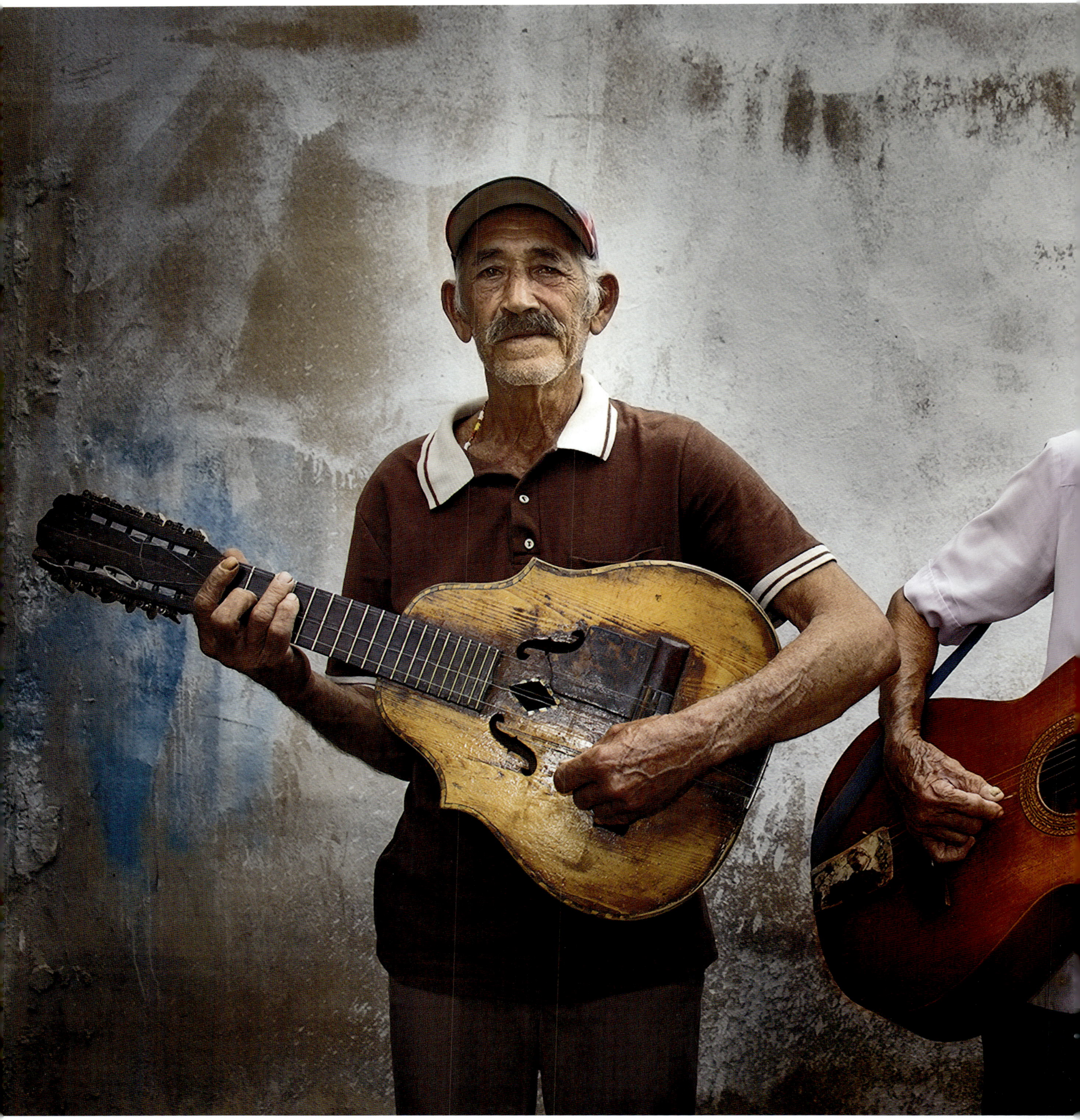

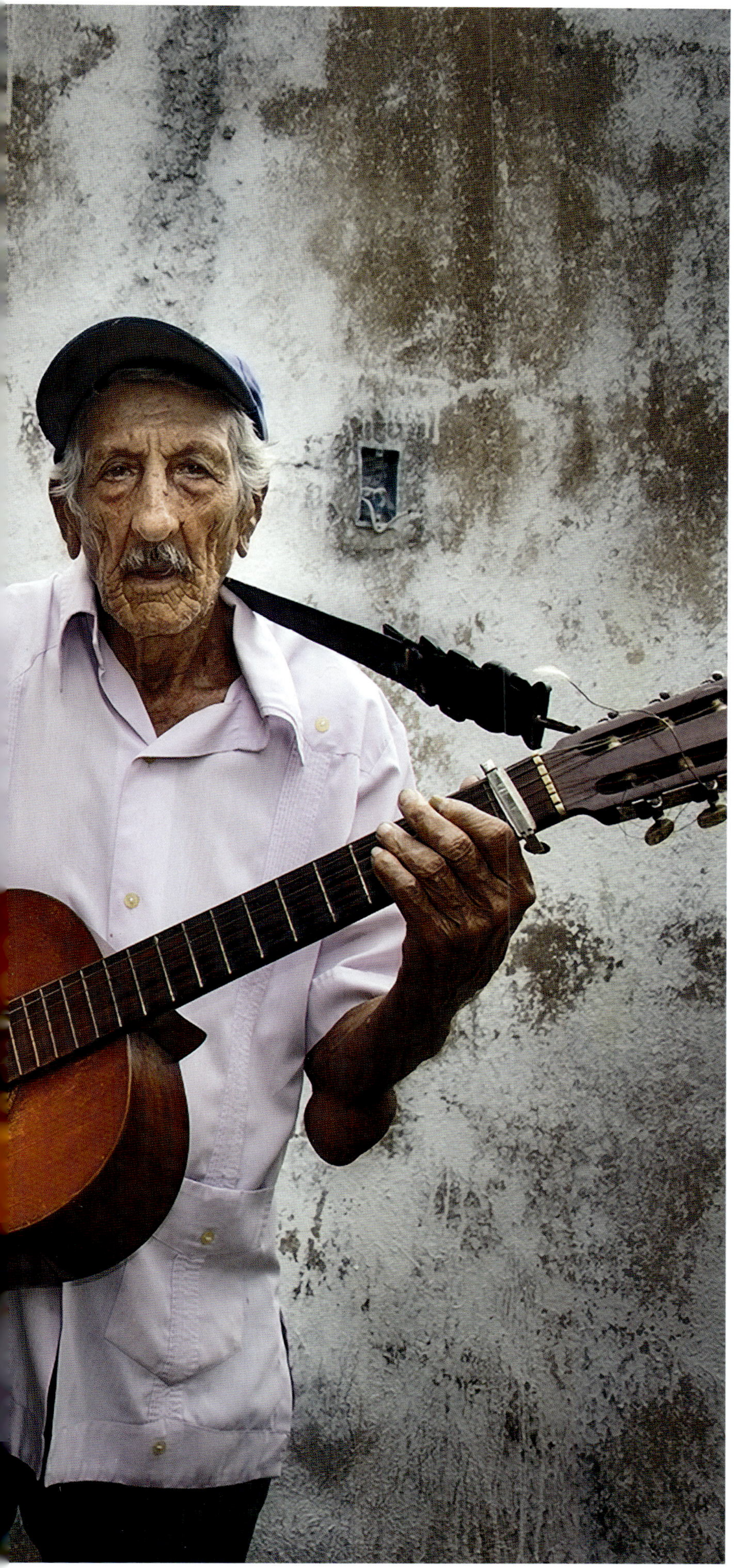

TRADITIONS
TRADICIONES

Campesinos often take refuge from their daily routines by participating in both old and new traditions. Games of dominoes, cockfighting, *guateques*—parties in which music and dance show the more autochthonous aspects of rural culture—are regularly enjoyed. Agricultural shows where farmers and their families proudly display their best wares or their finest specimens of livestock are a favored activity, as well as the rodeo—an ideal time for cowboys and cowgirls to demonstrate their riding and roping skills while audiences revel in the family fun.

Luego de la dura labor, el campesino se refugia en antiguas y nuevas tradiciones: el juego de dominó, las peleas de gallos, los famosos guateques, en los que la música y el baile muestran lo más autóctono de la cultura rural. Otras actividades preferidas son las ferias agropecuarias, donde cada cual hace gala, orgulloso, de sus mejores productos o los más hermosos ejemplares de ganado, y el rodeo, ocasión ideal para que jinetes y amazonas exhiban sus habilidades en el dominio de los corceles, y el público, en familia, disfrute del espectáculo.

LEFT | IZQUIERDA Playa Girón, Matanzas {CC}

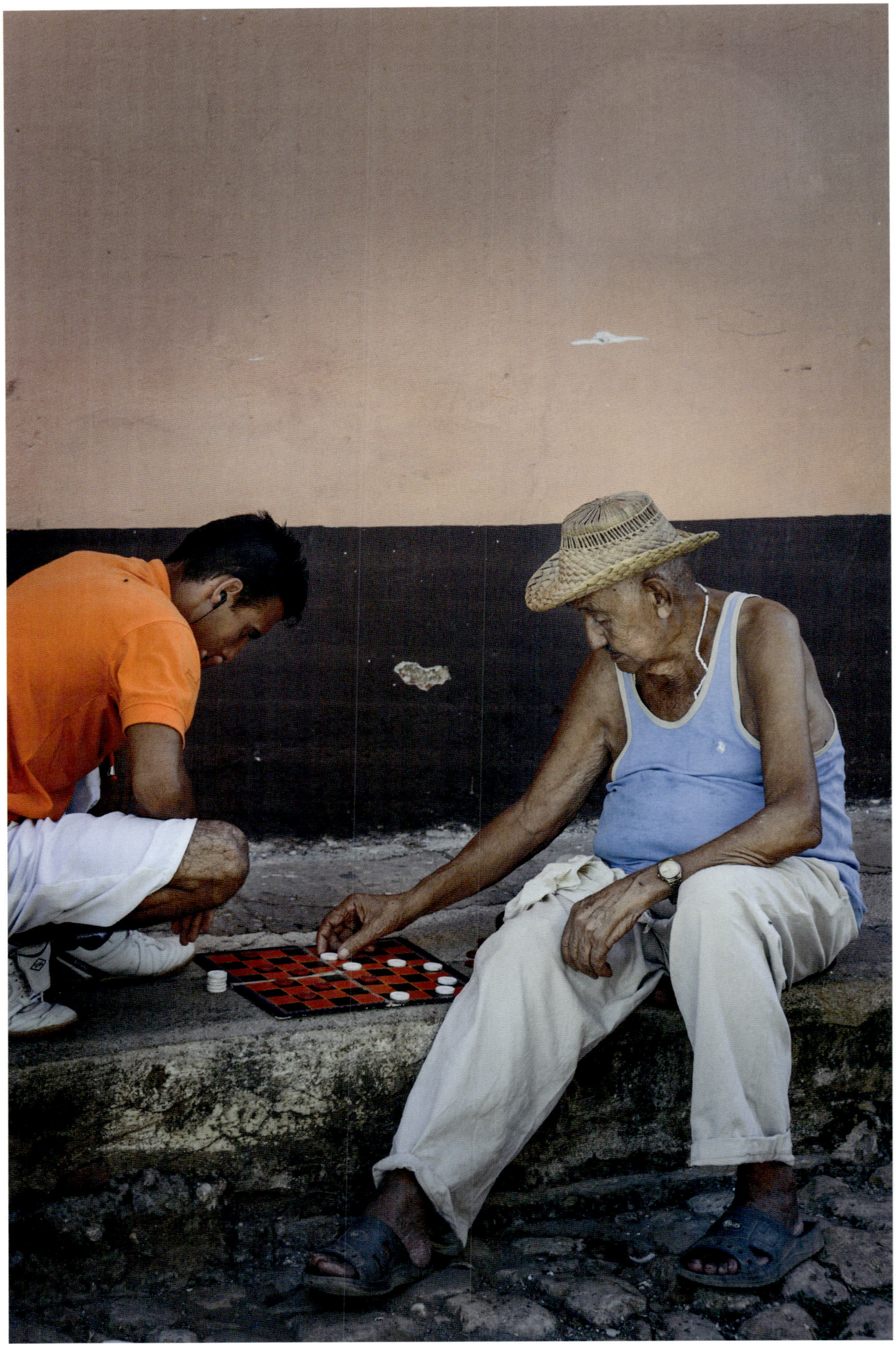

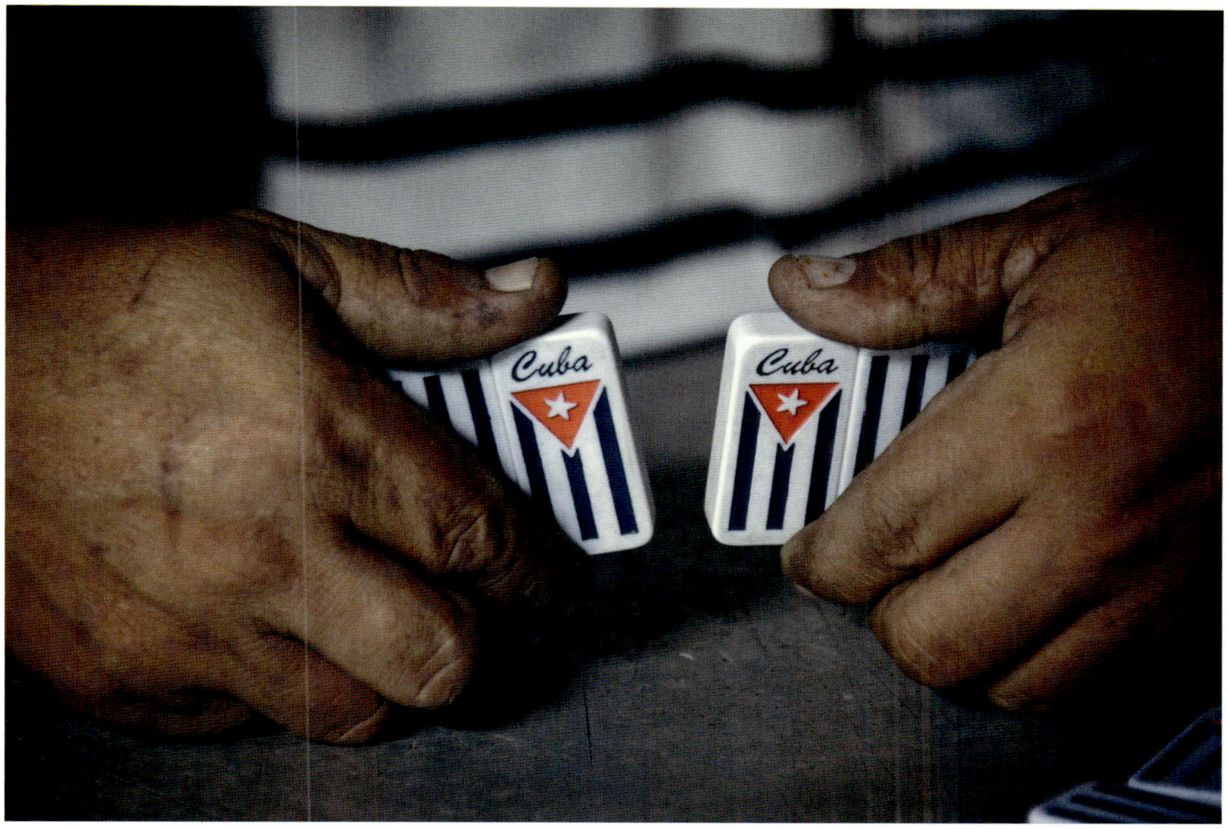

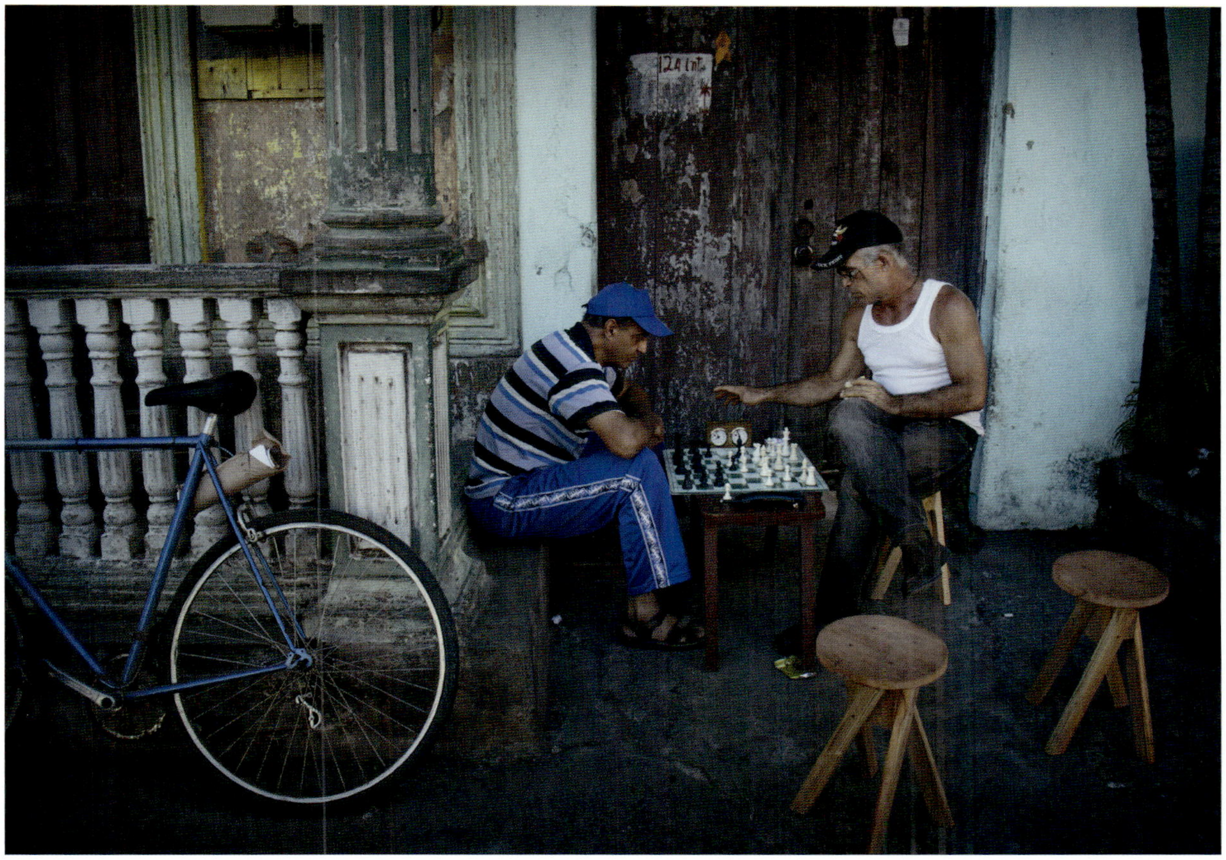

ABOVE FROM TOP | DE ARRIBA A ABAJO

Topes de Collantes, Sancti Spiritus {JL}

Guantánamo {CC}

OPPOSITE | PÁGINA OPUESTA Trinidad, Sancti Spiritus {JL}

RIGHT | DERECHA
Pueblo Nuevo, Pinar del Río {CC}

BELOW | ABAJO
Pueblo Nuevo, Pinar del Río {JL}

OPPOSITE FROM TOP LEFT | DESDE LA PARTE SUPERIOR IZQUIERDA
Barigua, Guantánamo {JL}
Barigua, Guantánamo {CC}
El Carmelo, Matanzas {JL}

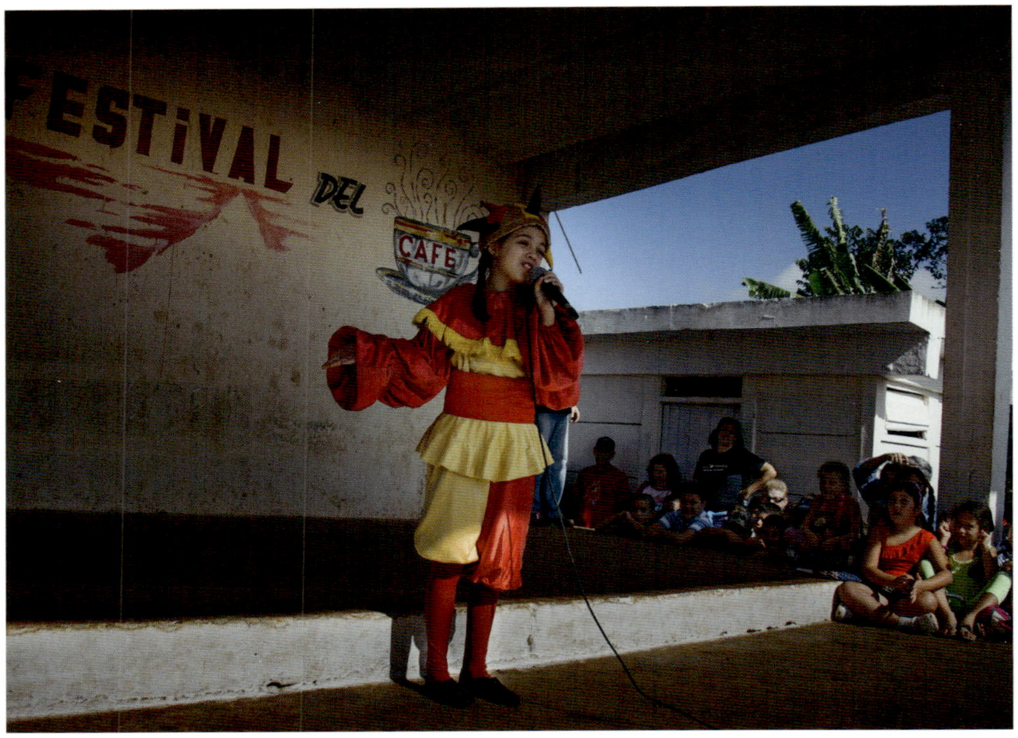

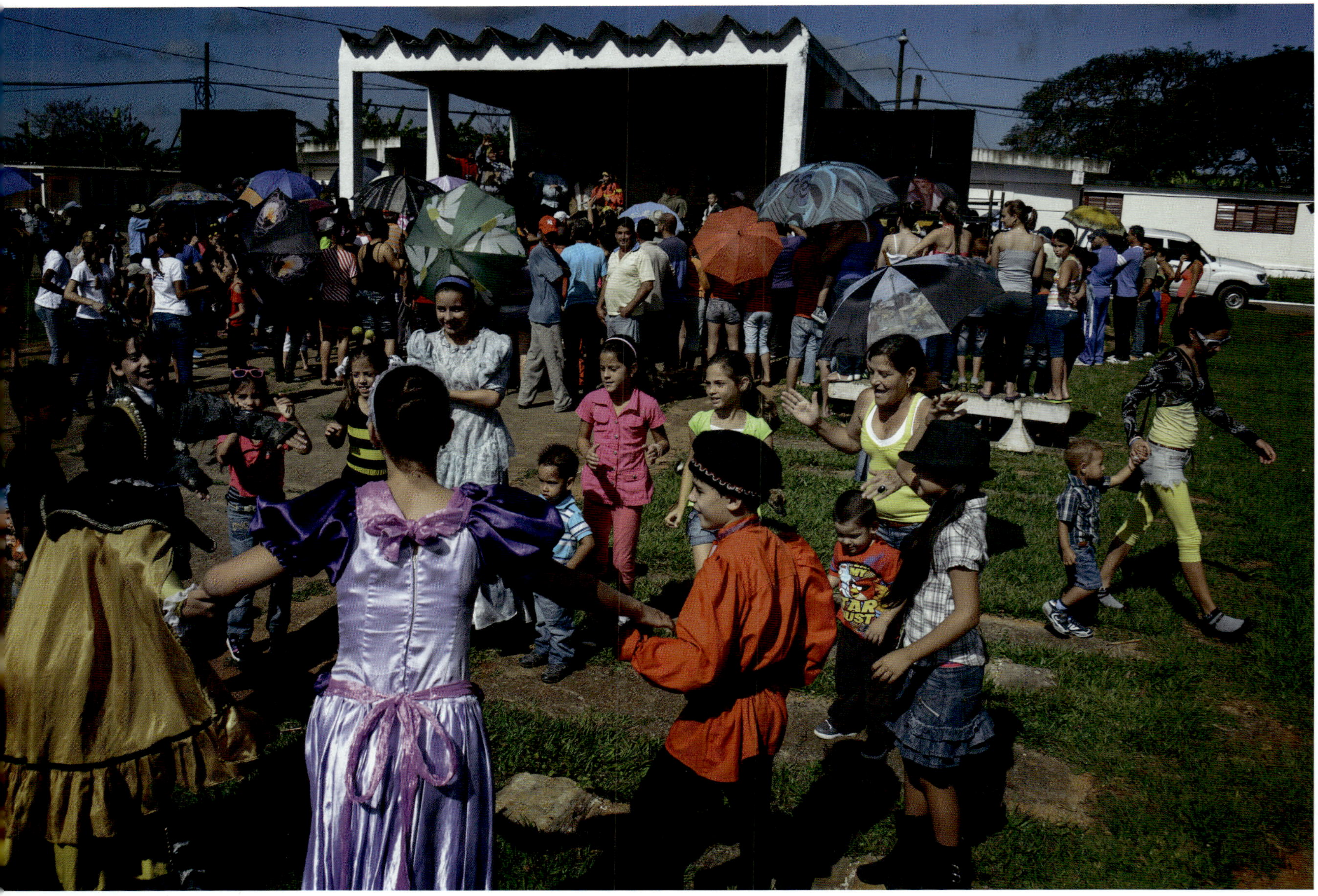

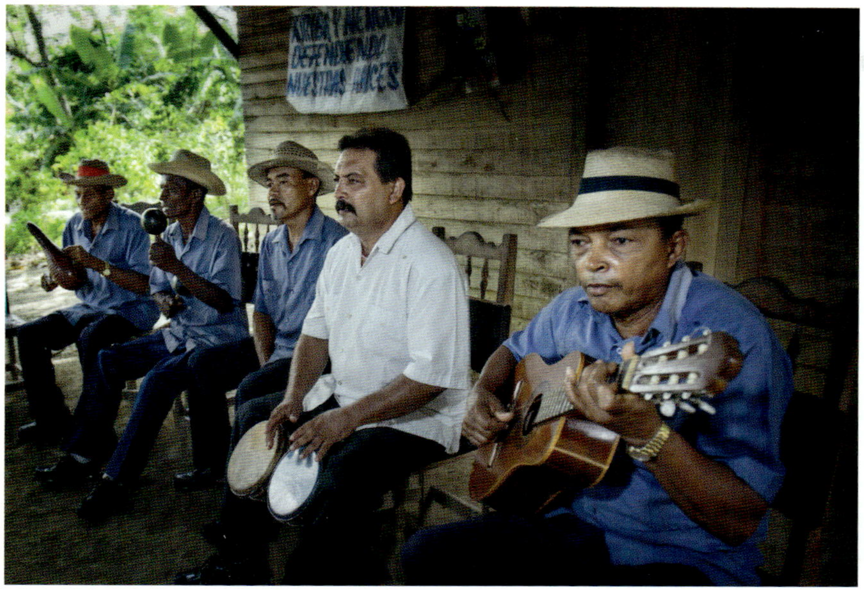
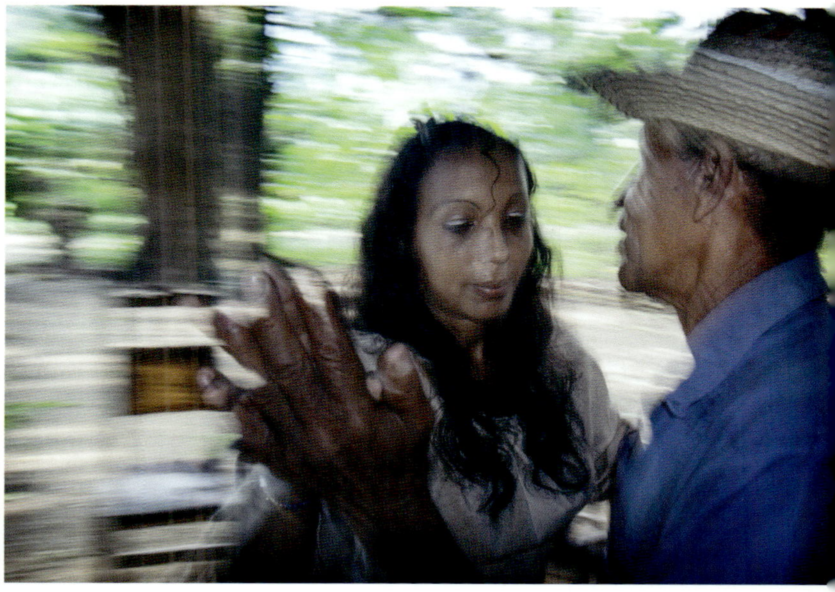
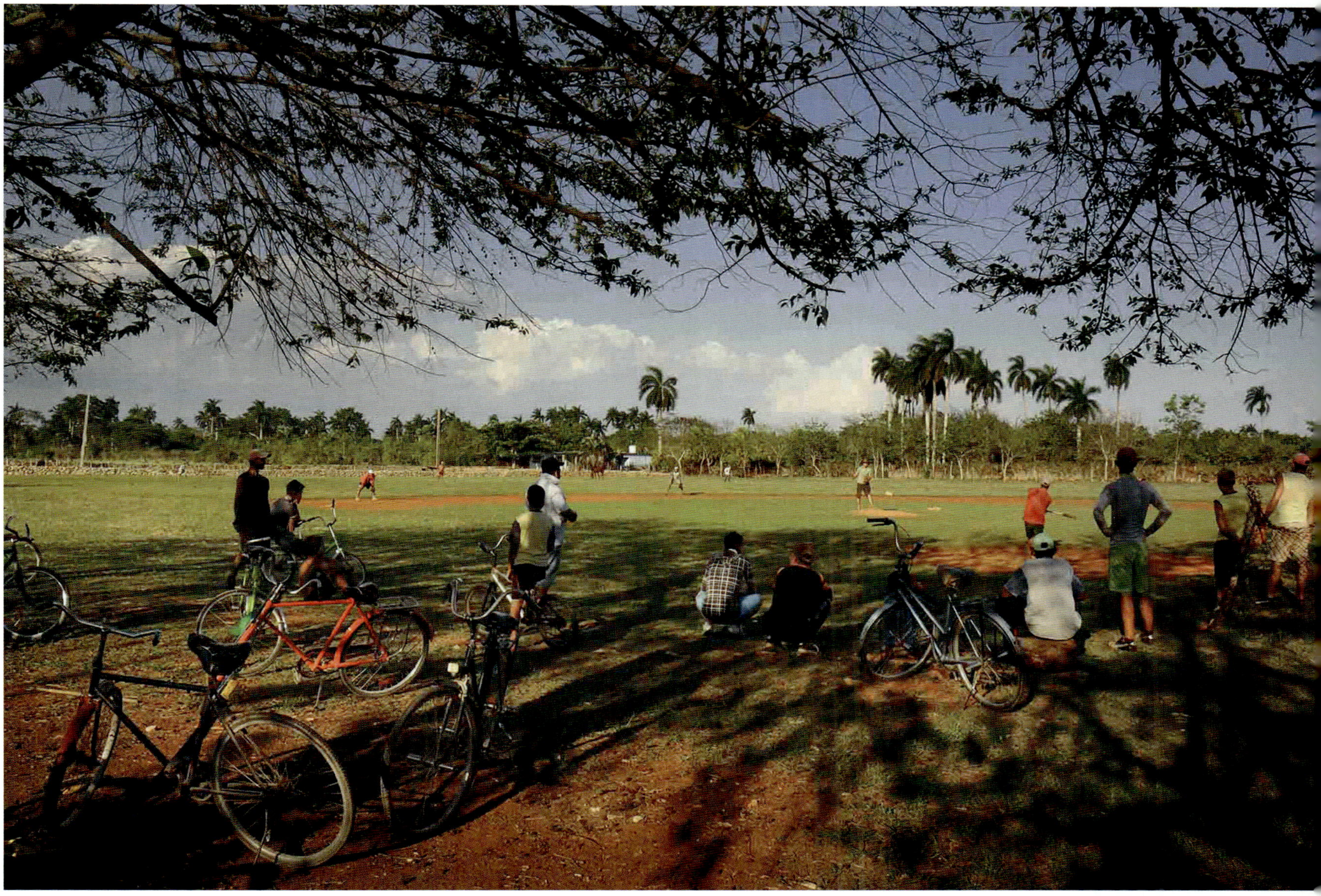

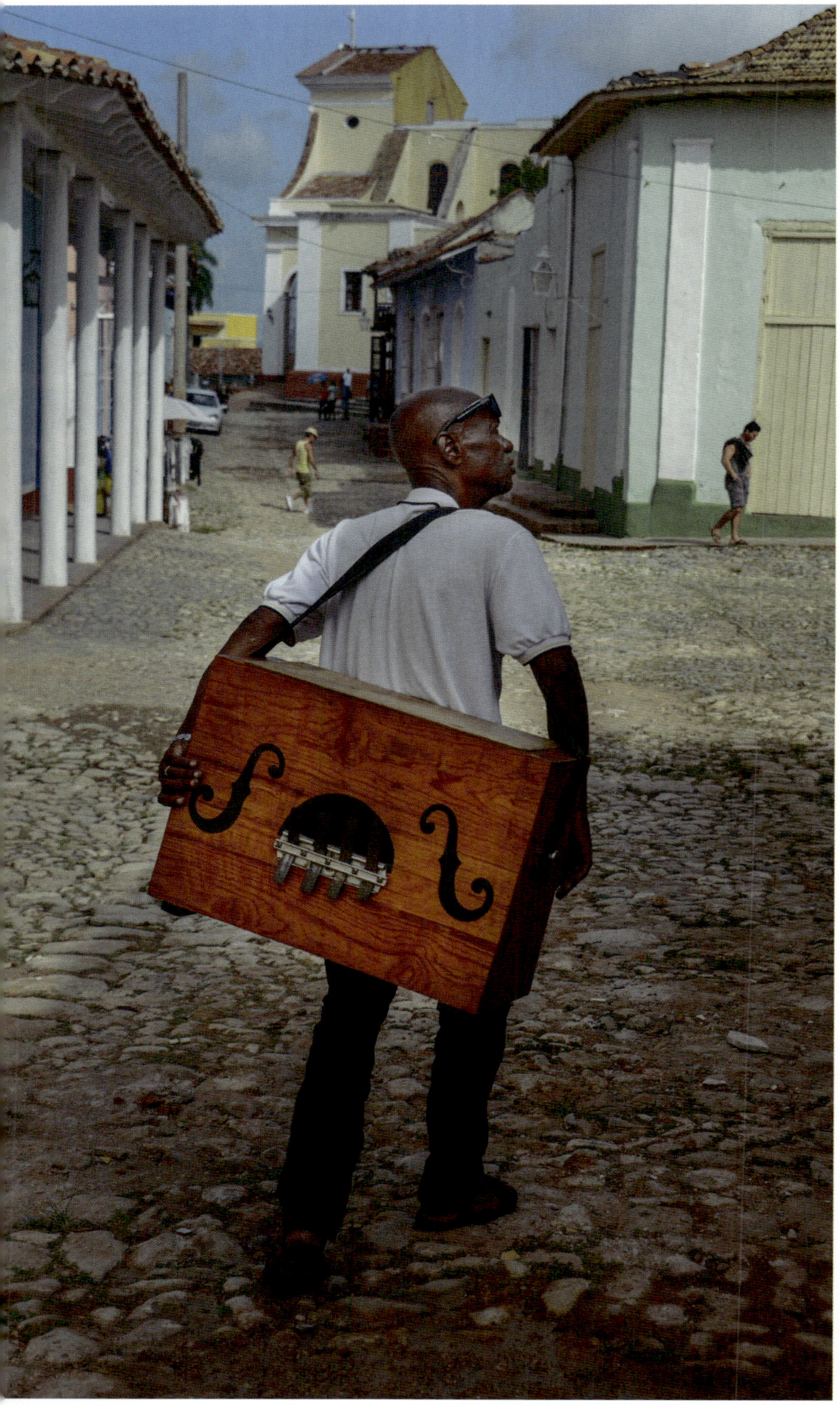

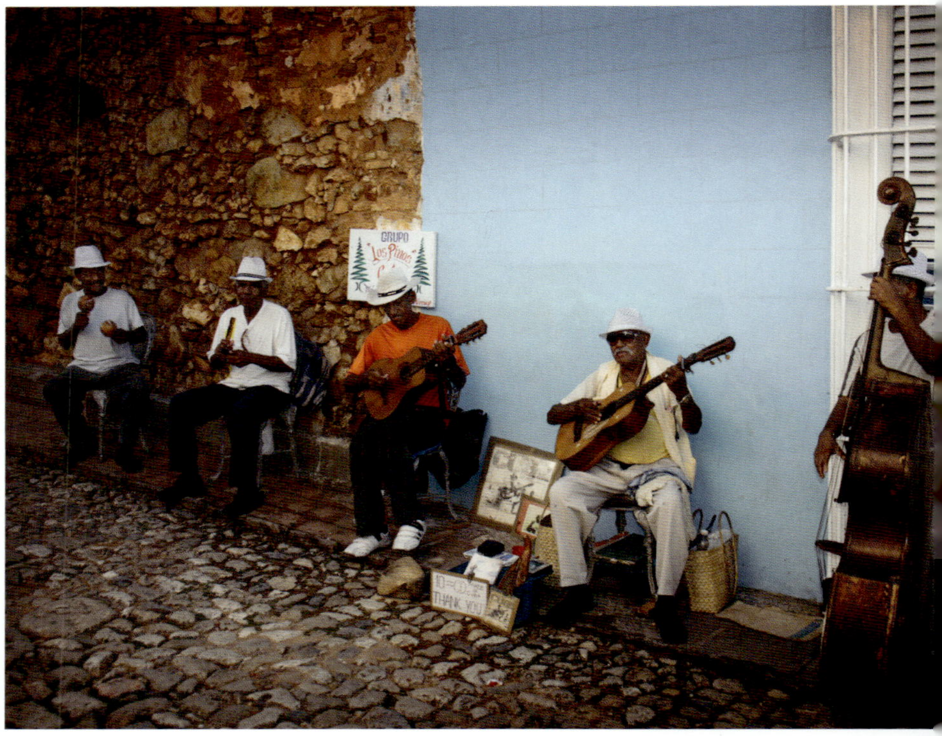

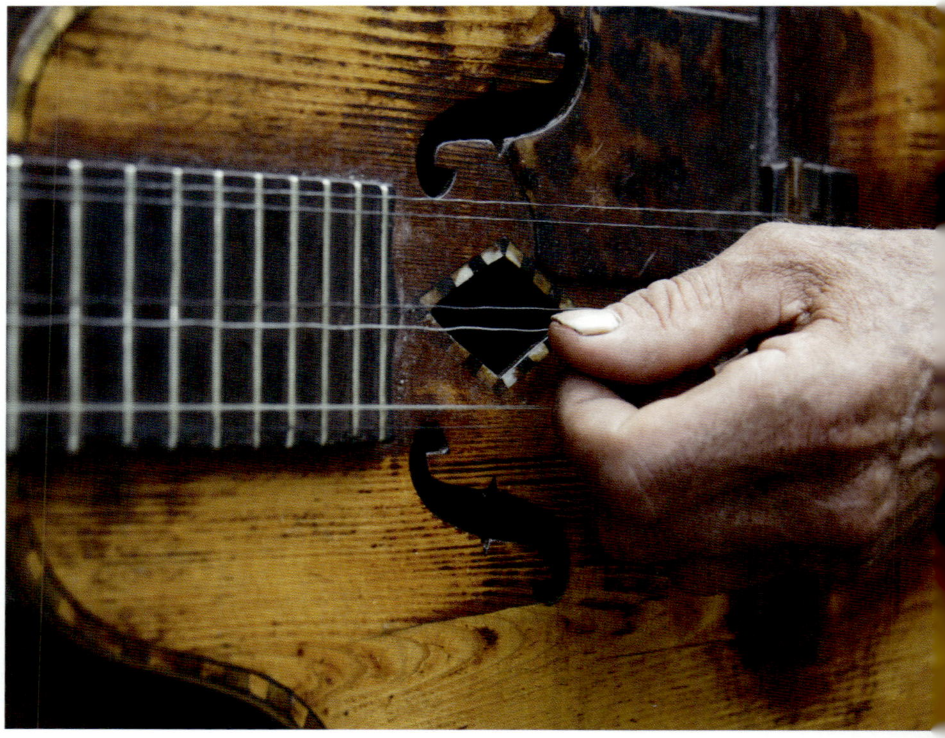

LEFT | IZQUIERDA Trinidad, Sancti Spiritus {JL}

ABOVE RIGHT | ARRIBA A LA DERECHA Trinidad, Sancti Spiritus {JL}

BELOW RIGHT | ABAJO A LA DERECHA Playa Girón, Matanzas {JL}

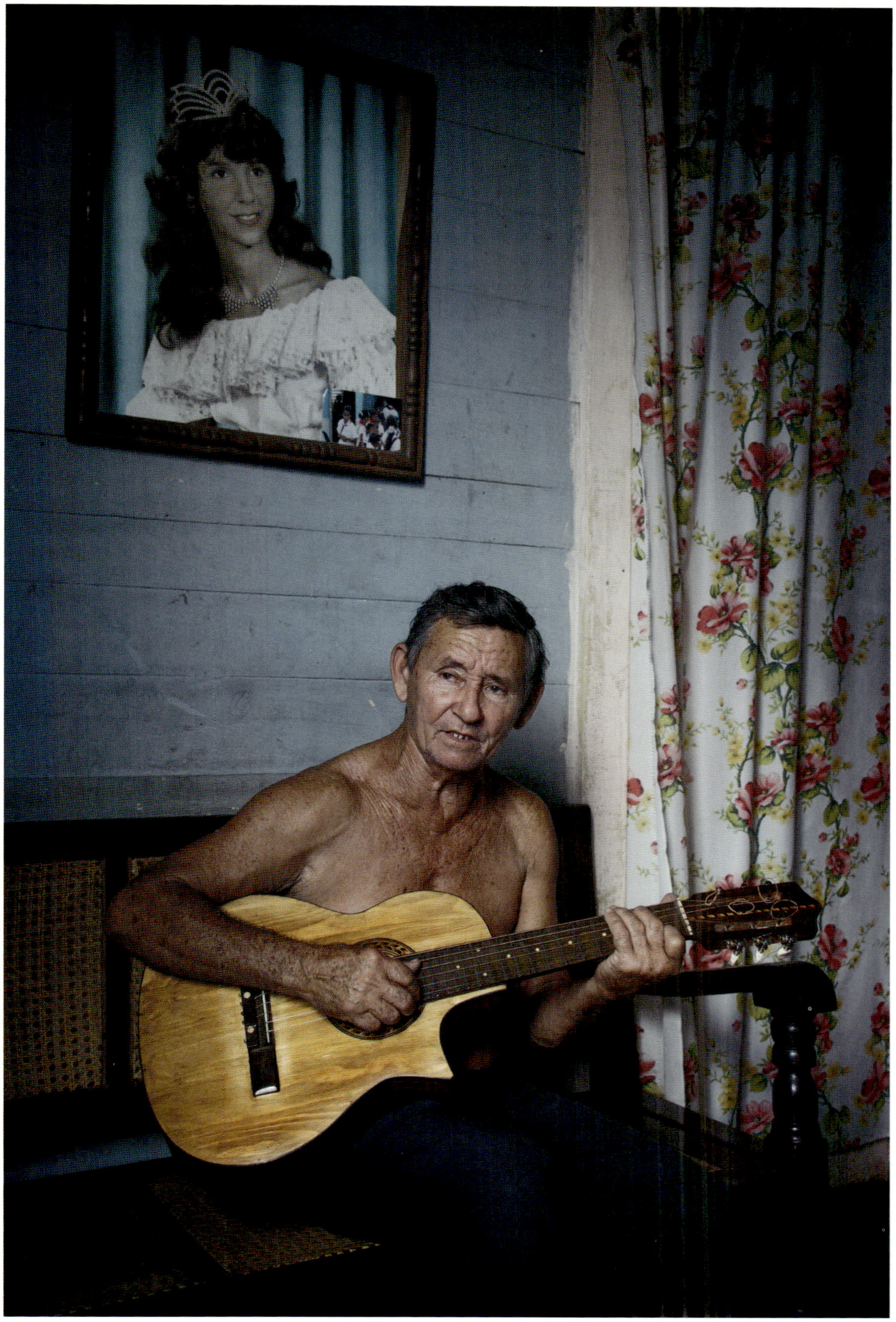

Bahía de Mata, Guantánamo {JL}

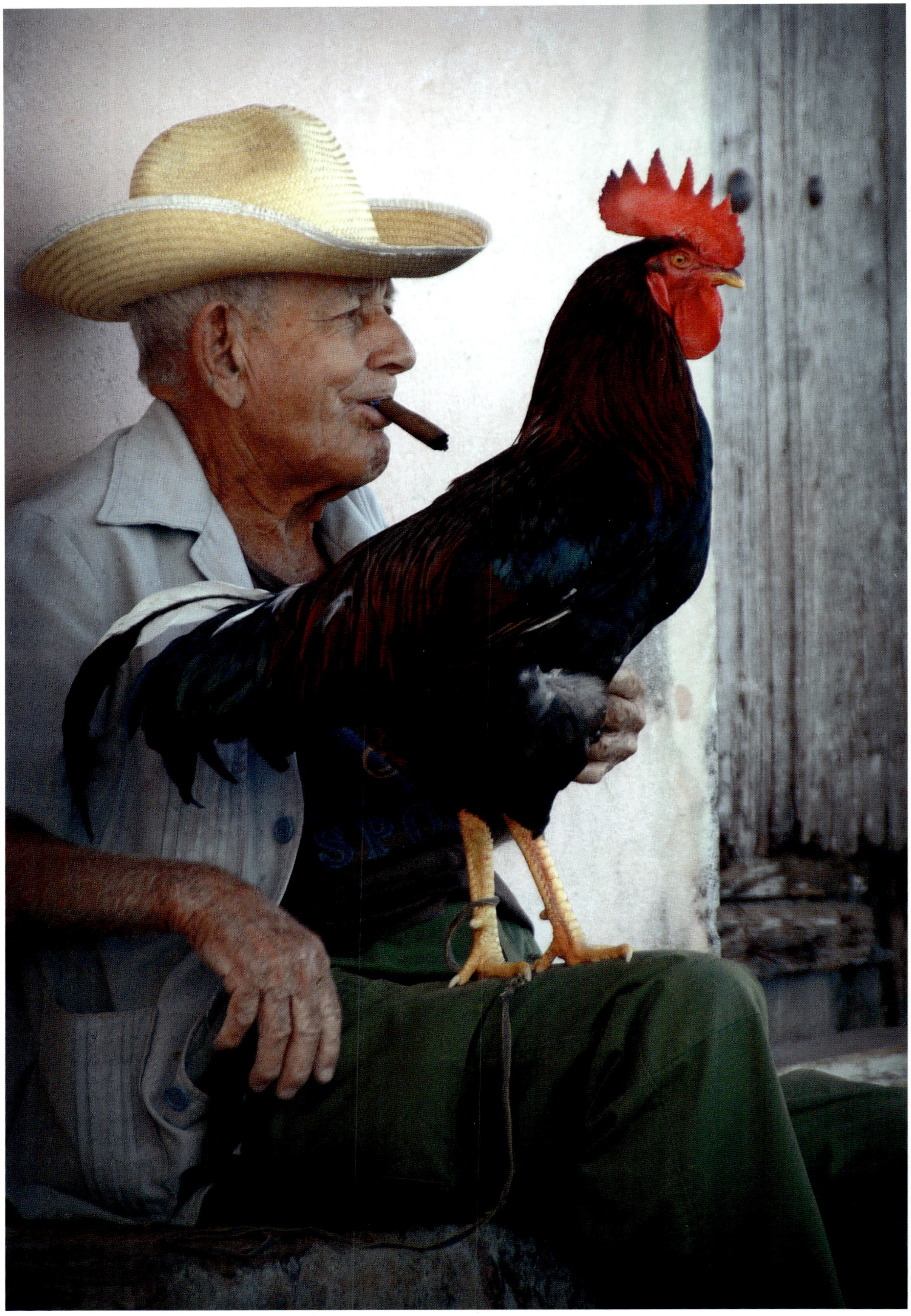

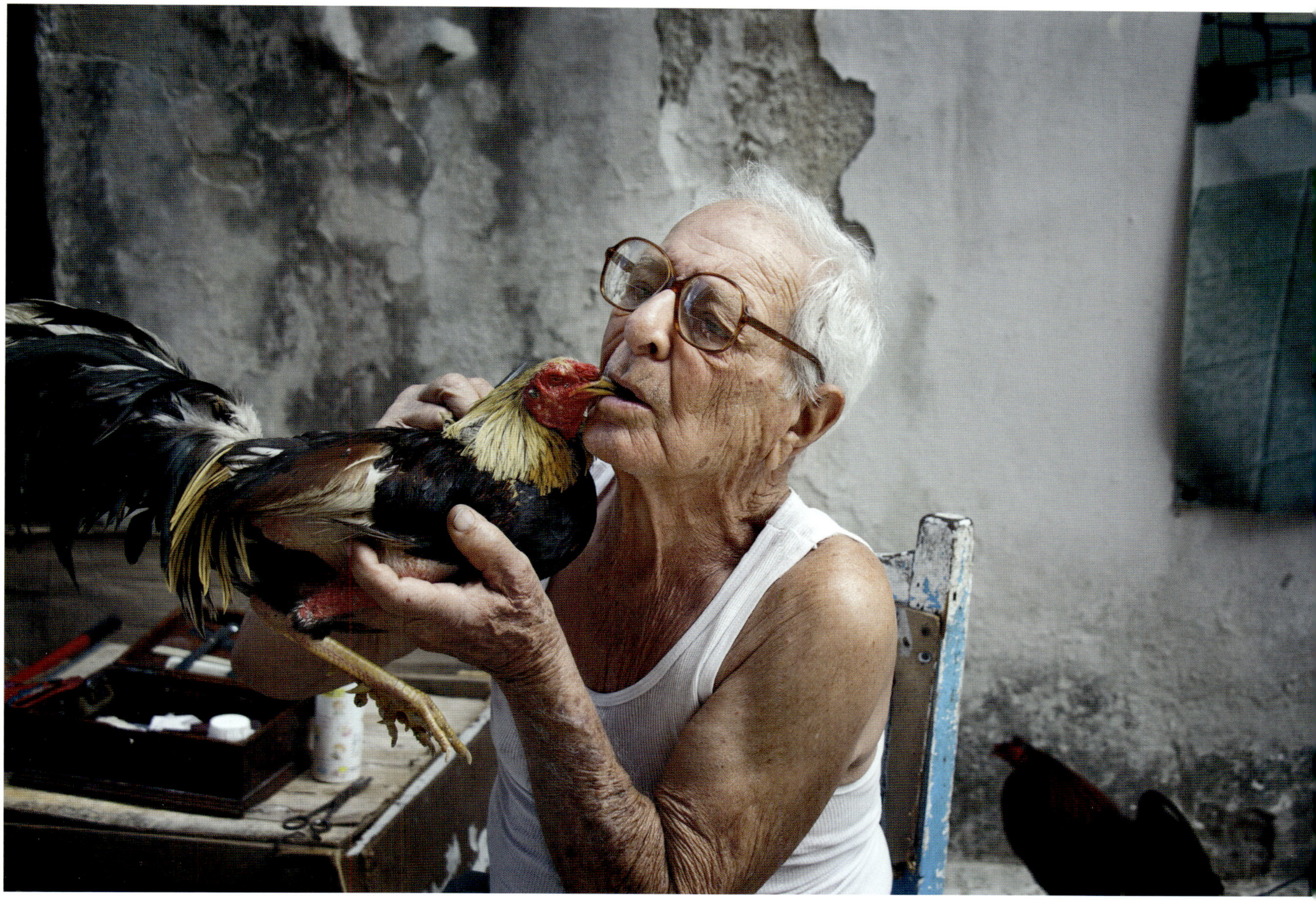

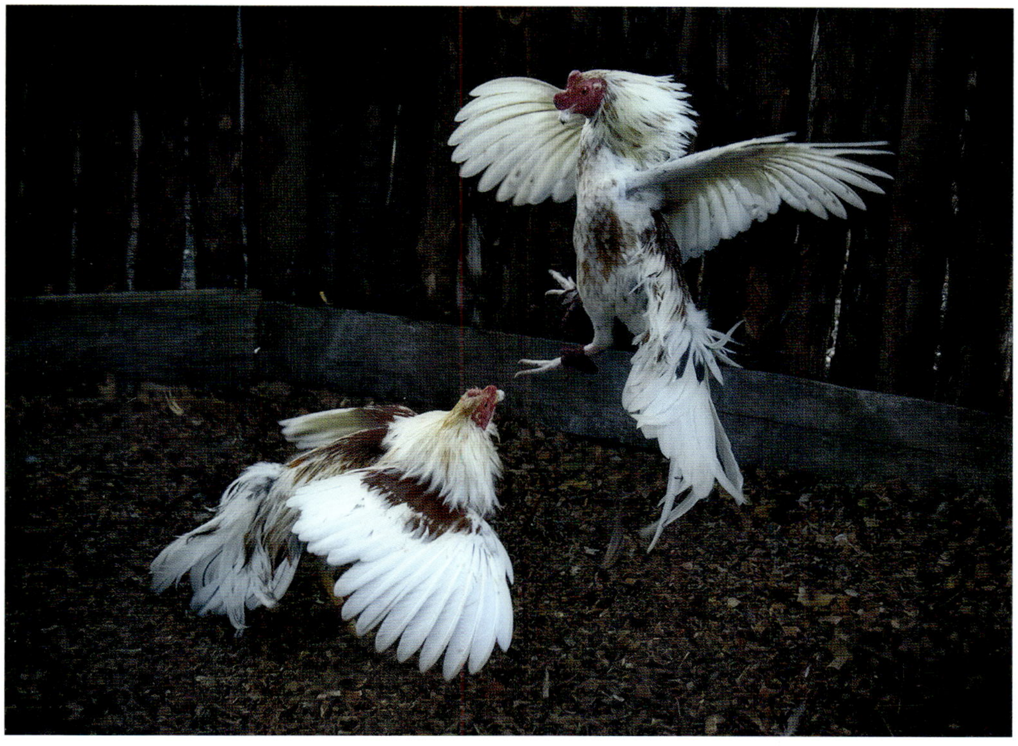

ABOVE | ARRIBA
Baracoa, Guantánamo {CC}

LEFT | IZQUIERDA
Hondones, Matanzas {CC}

OPPOSITE | PÁGINA OPUESTA
Trinidad, Sancti Spiritus {JL}

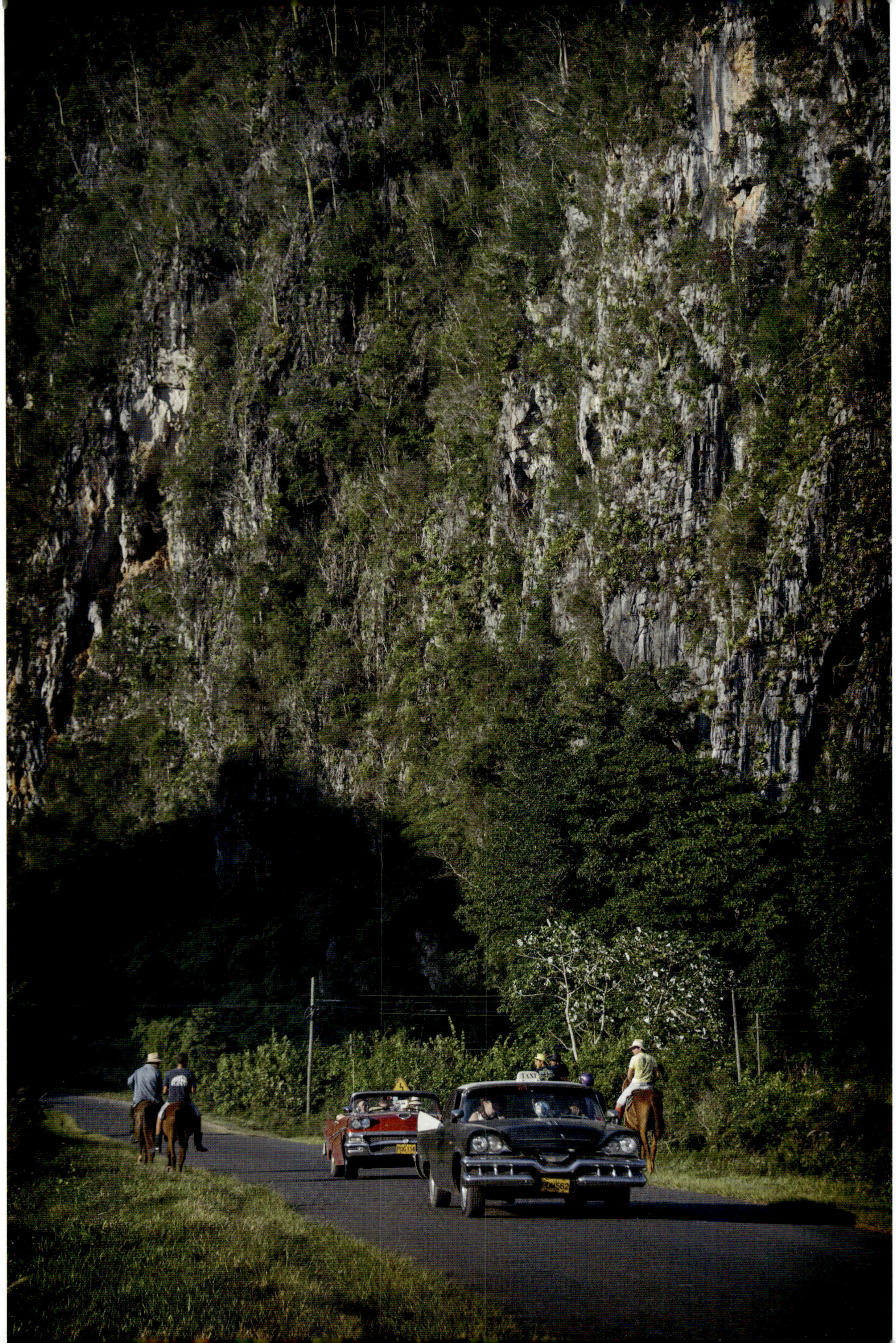

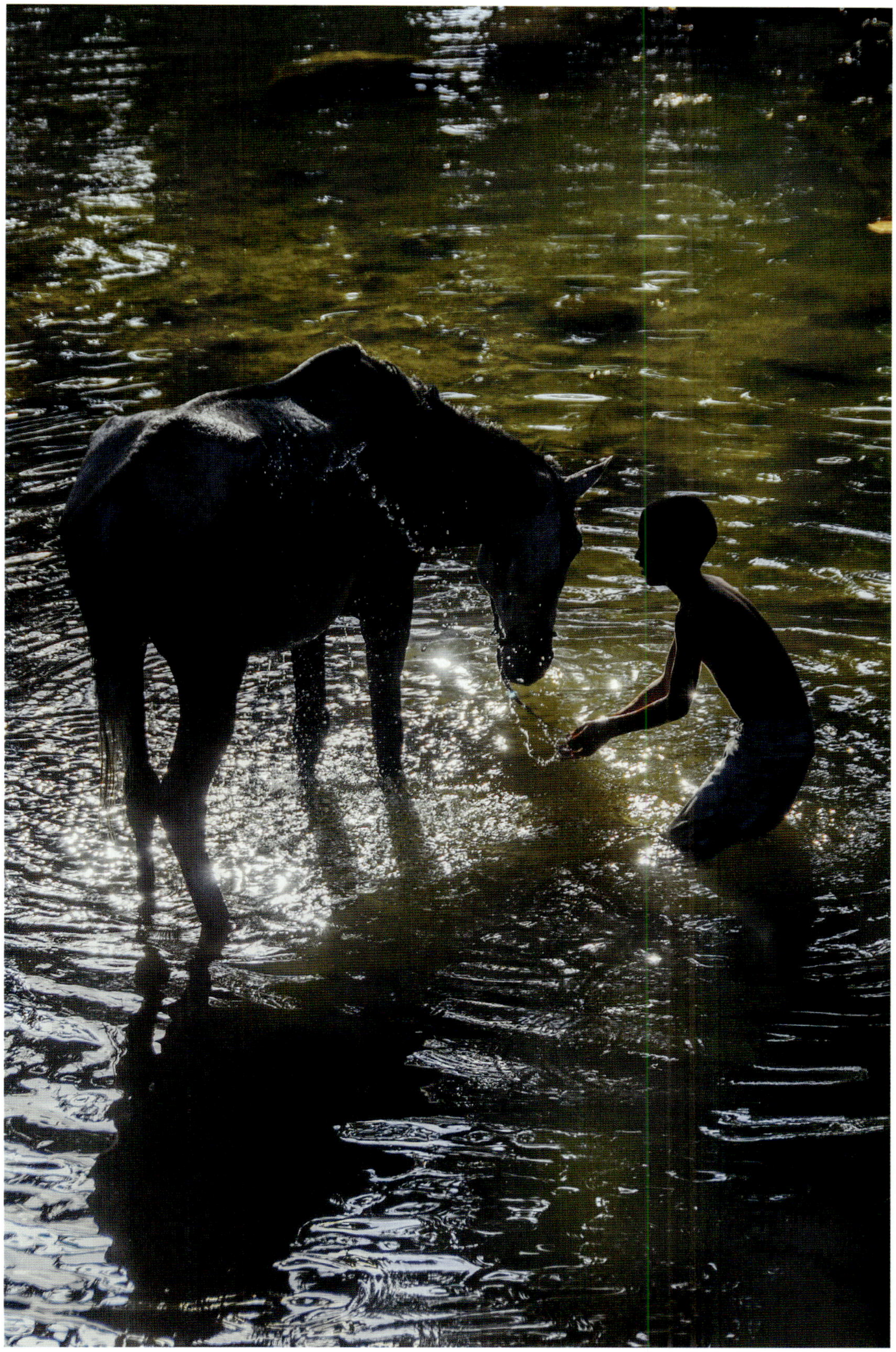

ABOVE | ARRIBA Boca de Miel, Guantánamo {JL}

OPPOSITE | PÁGINA OPUESTA Viñales, Pinar del Río {JL}

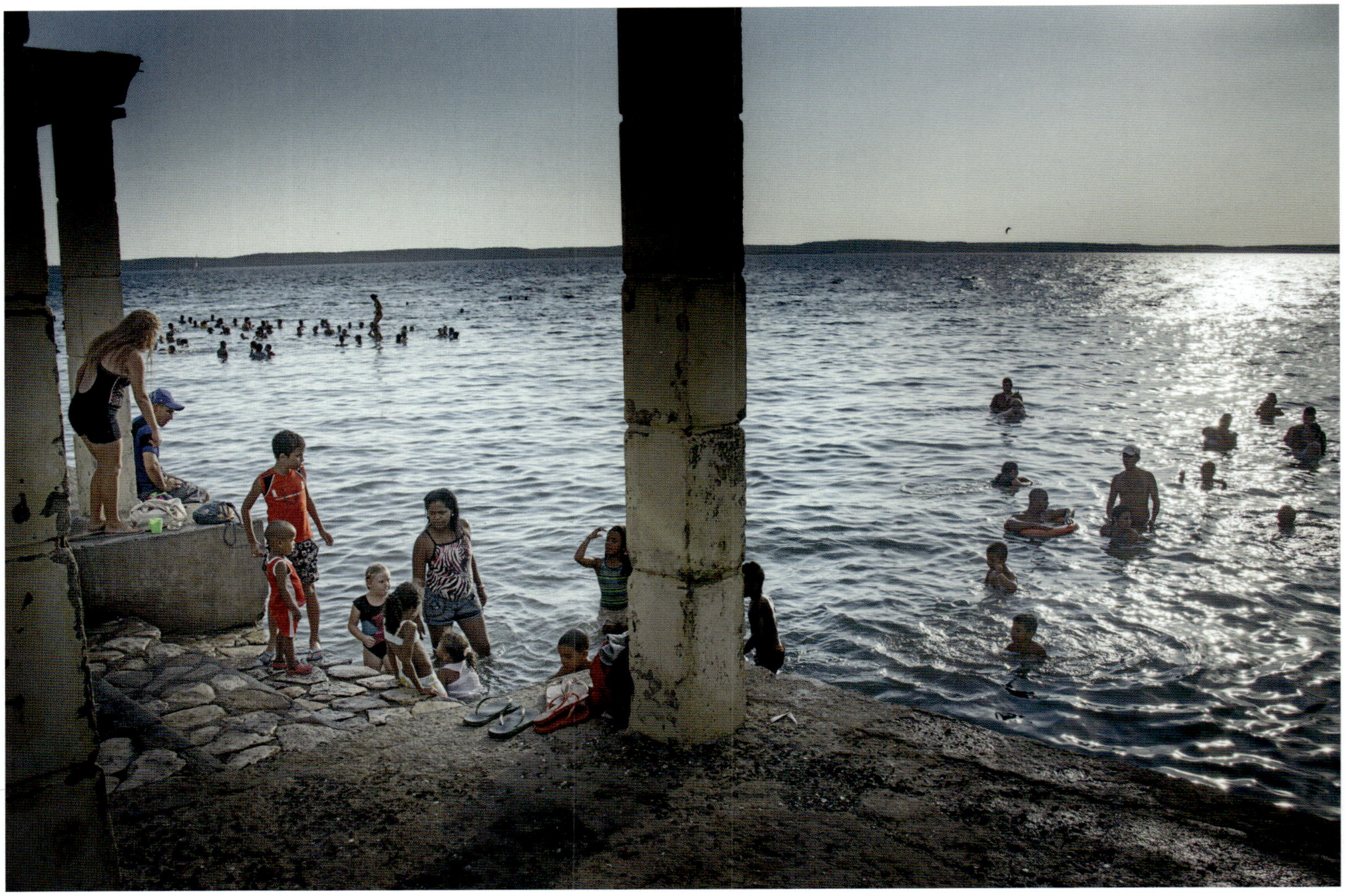

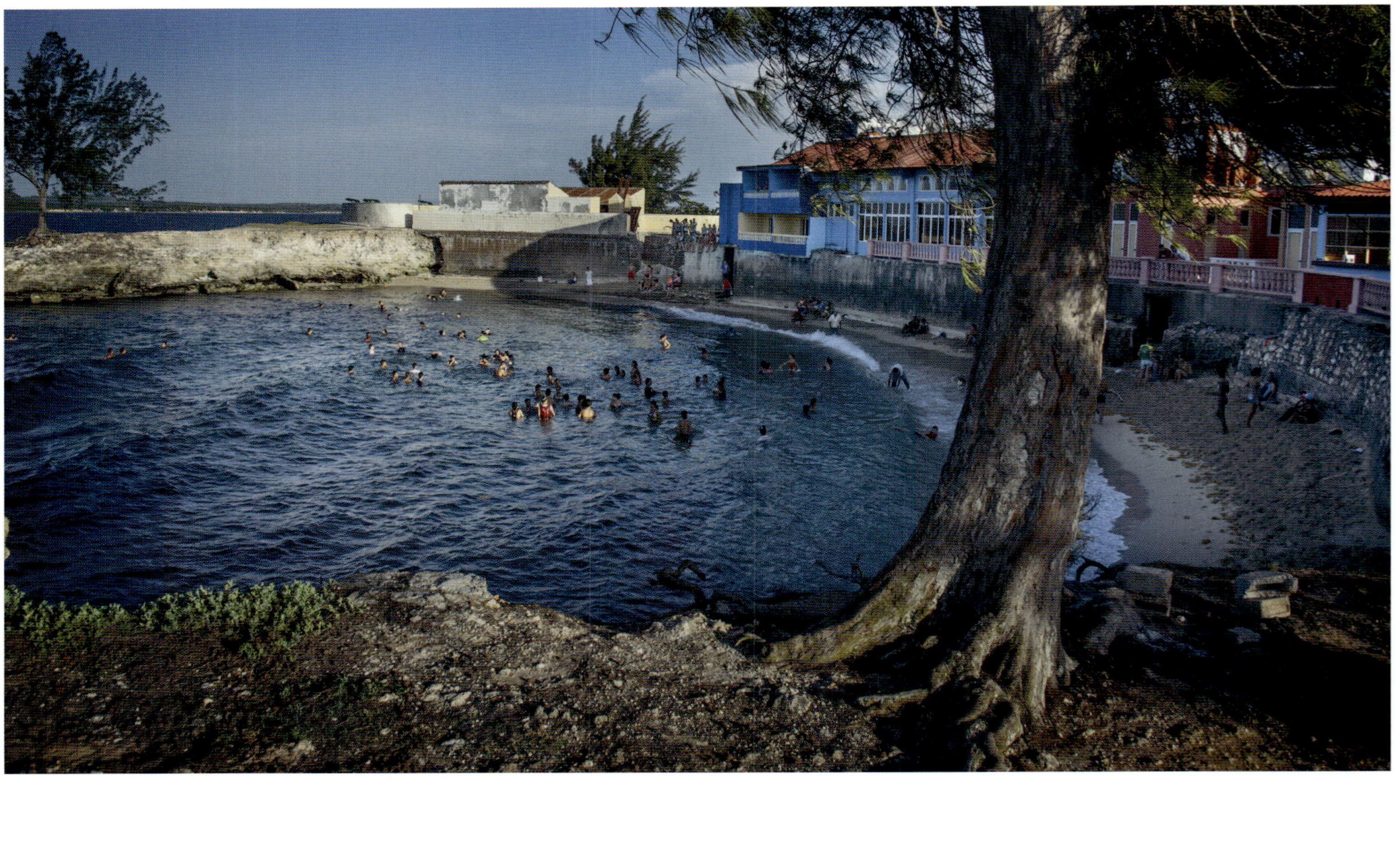

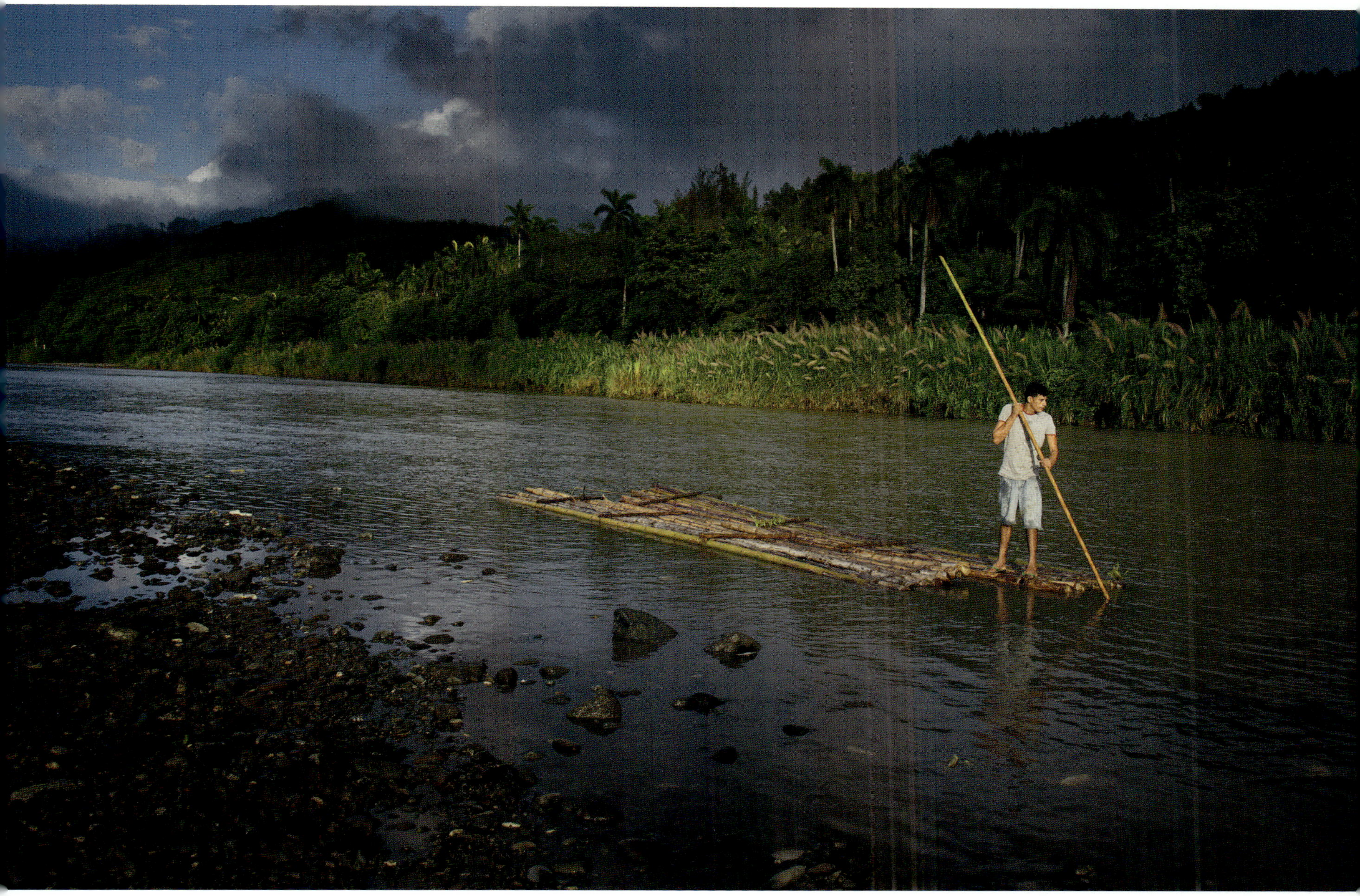

ABOVE | ARRIBA Naranjo del Toa, Guantánamo {CC}

OPPOSITE FROM TOP | PÁGINA OPUESTA DE ARRIBA A ABAJO
Punta Gorda, Cienfuegos {CC}
Gibara, Holguín {CC}

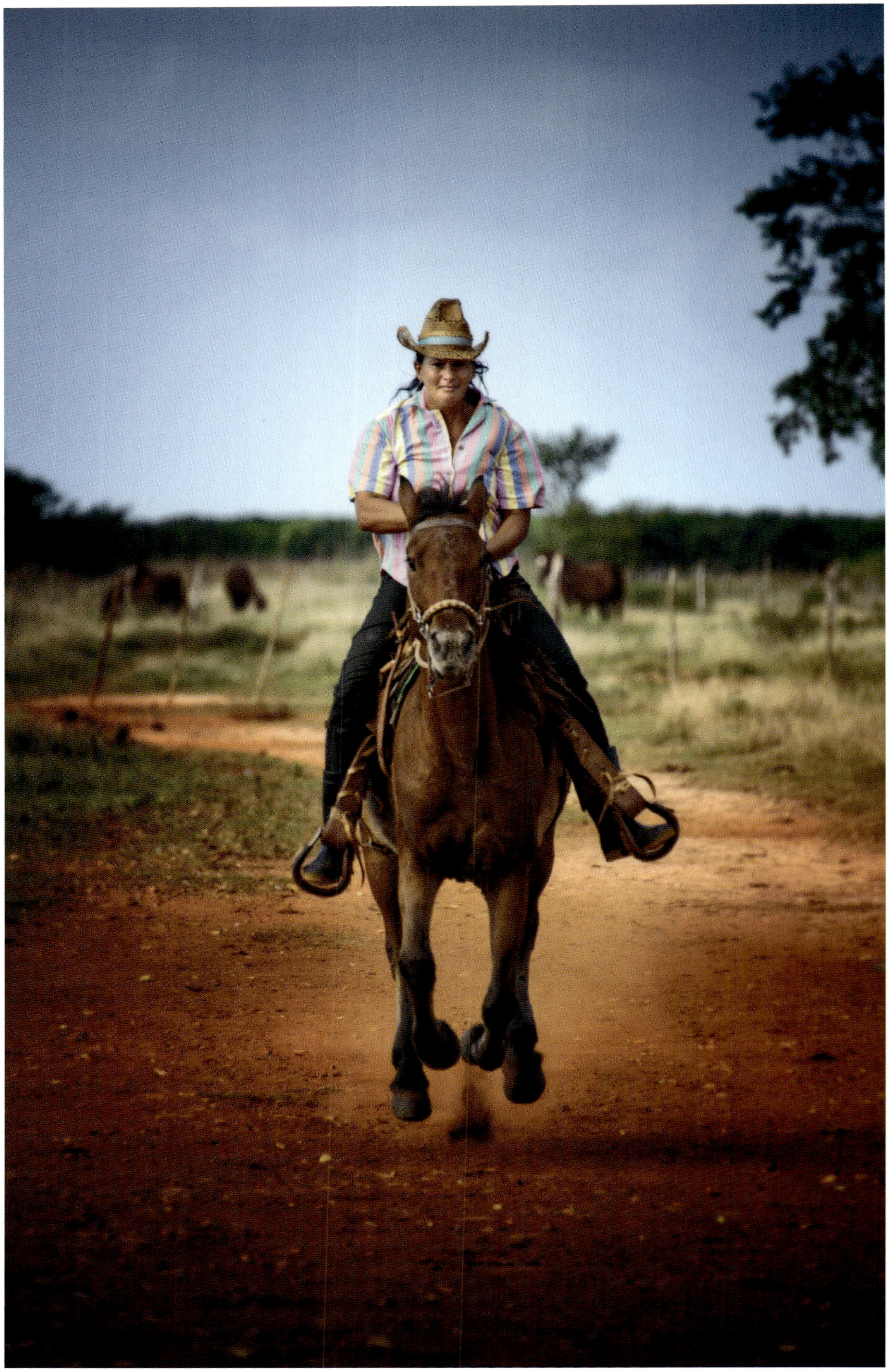

Agramonte, Matanzas {CC}

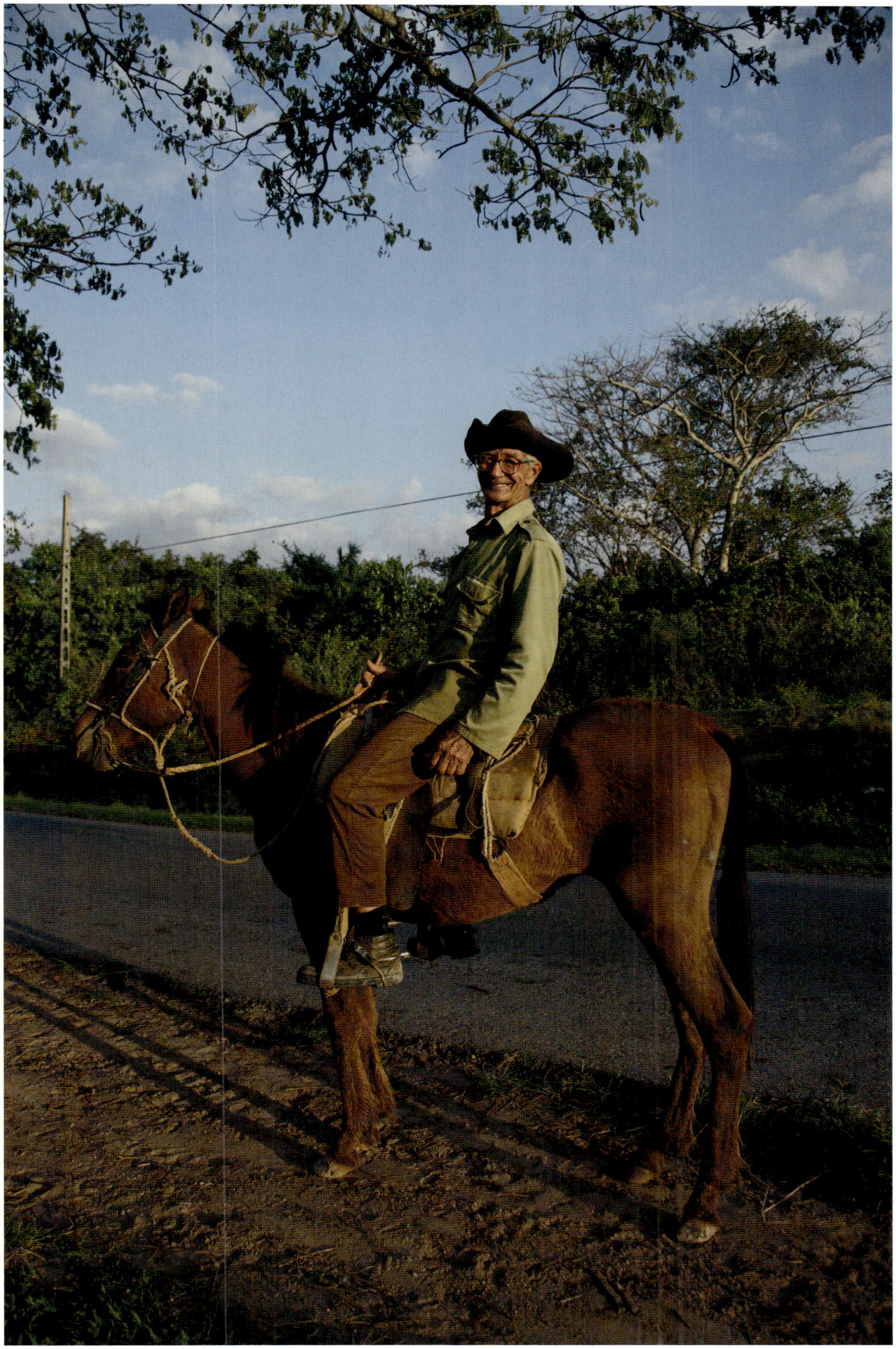

Viñales, Pinar del Río {JL}

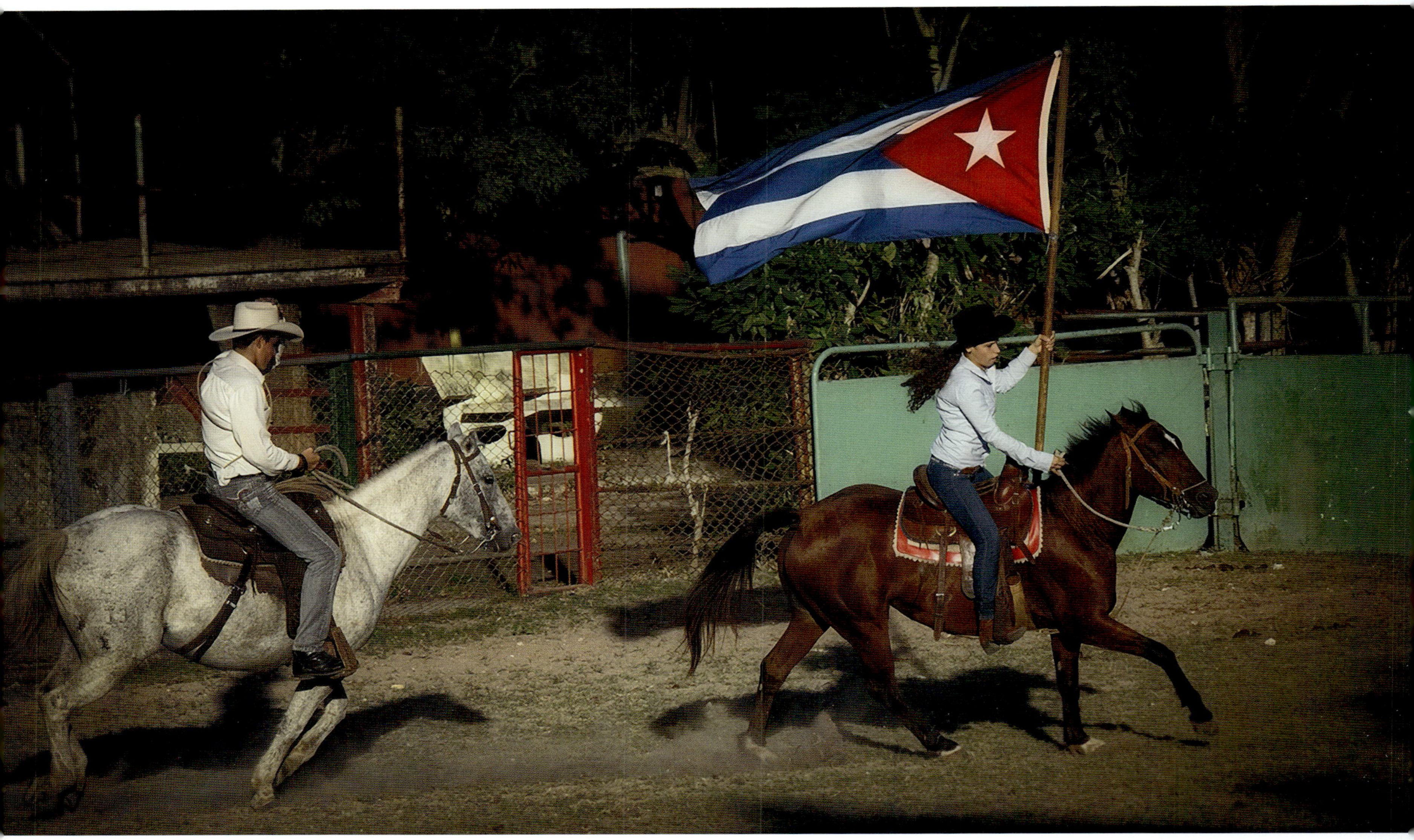

ABOVE | ARRIBA Colón, Matanzas {CC}

OPPOSITE | PÁGINA OPUESTA Sagua de Tánamo, Holguín {JL}

OVERLEAF | PÁGINA SIGUIENTE Trinidad, Sancti Spiritus {CC}

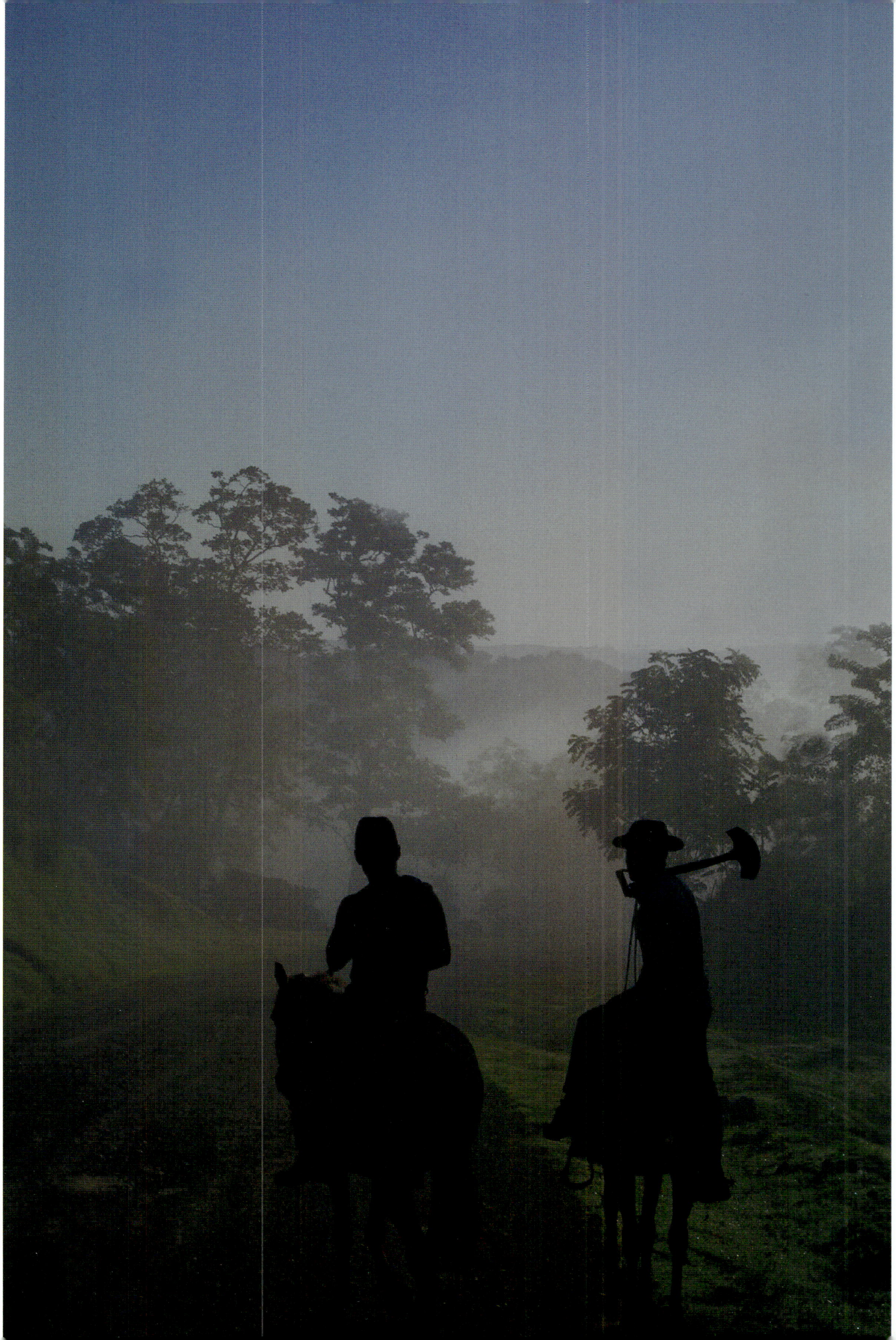

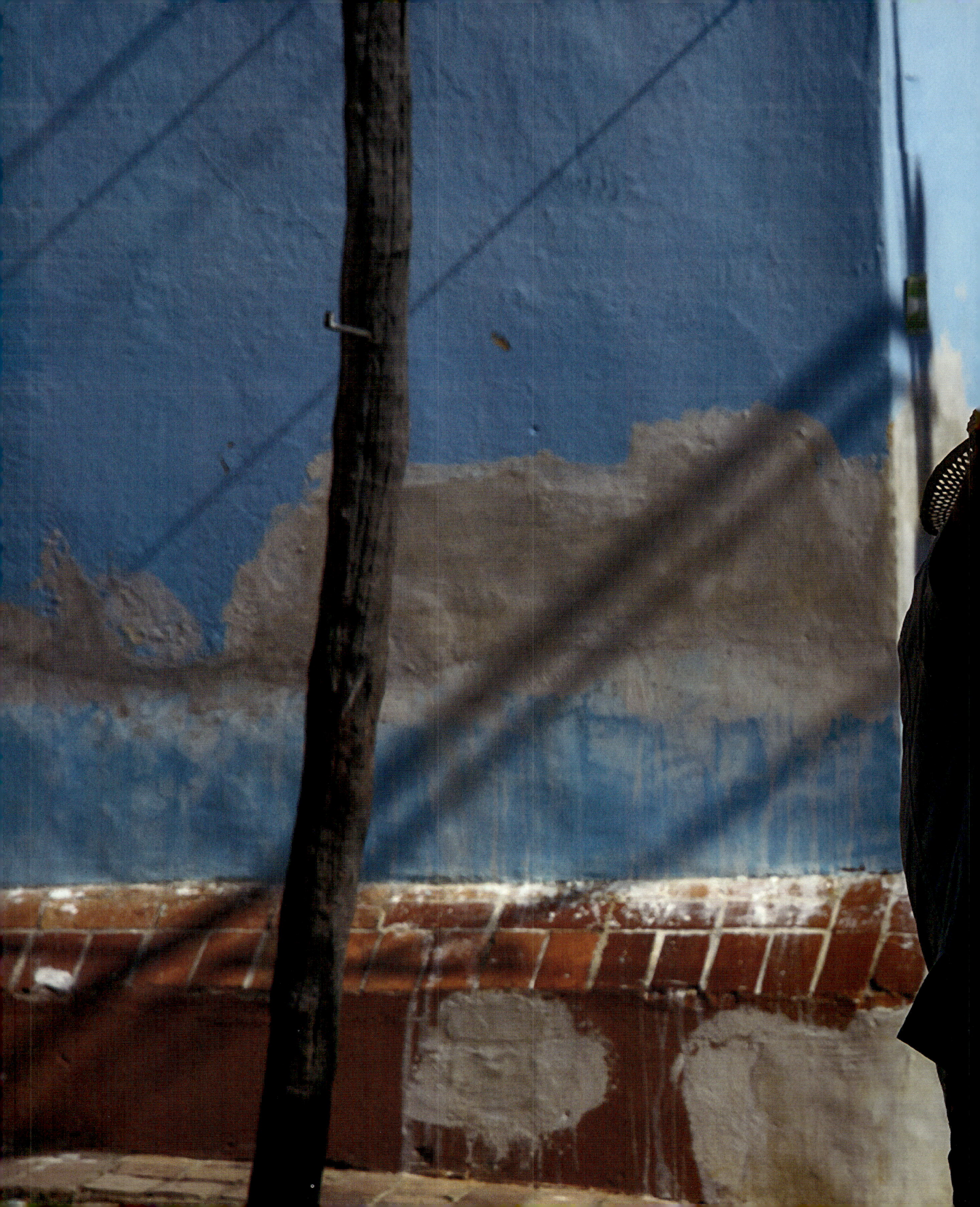

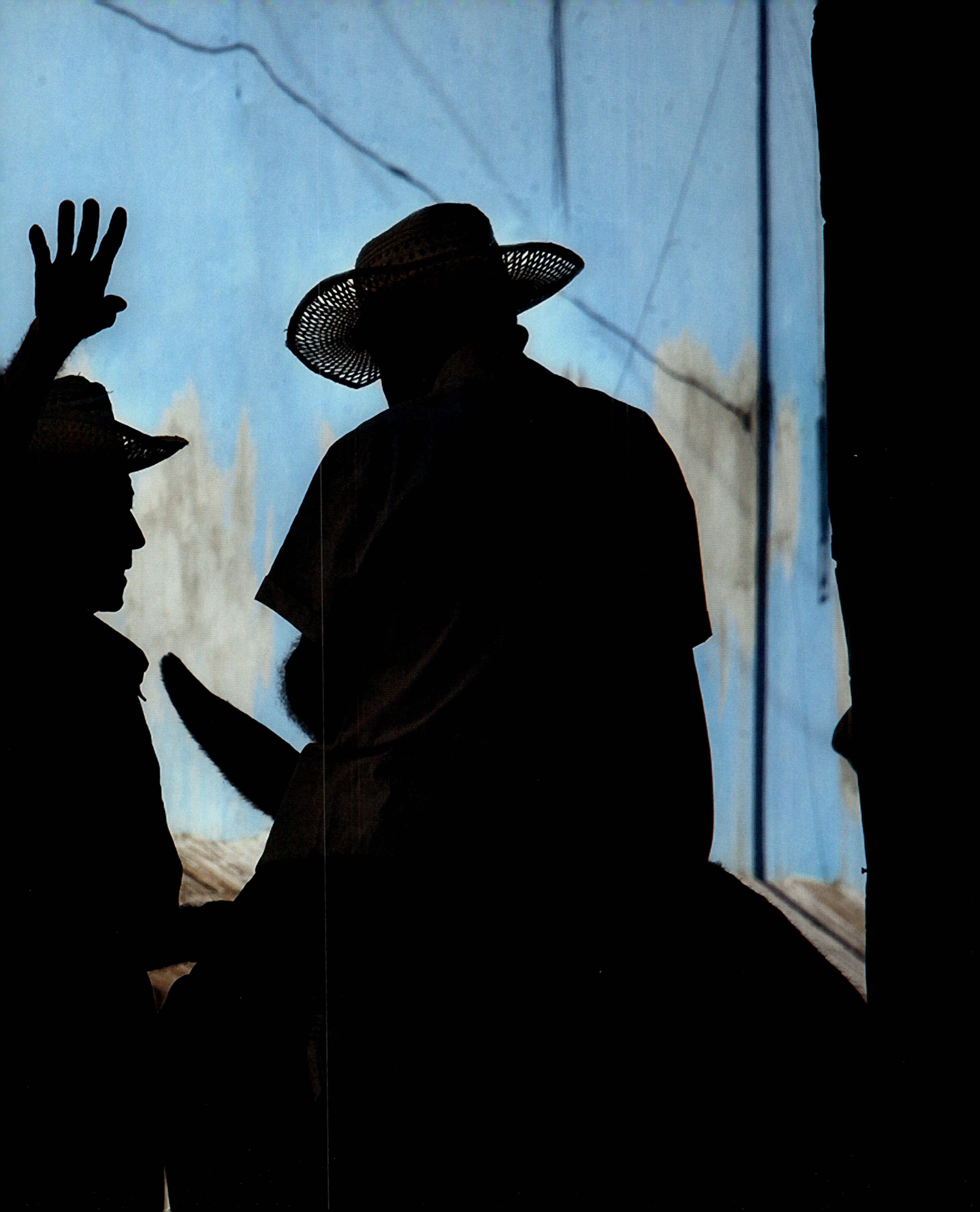

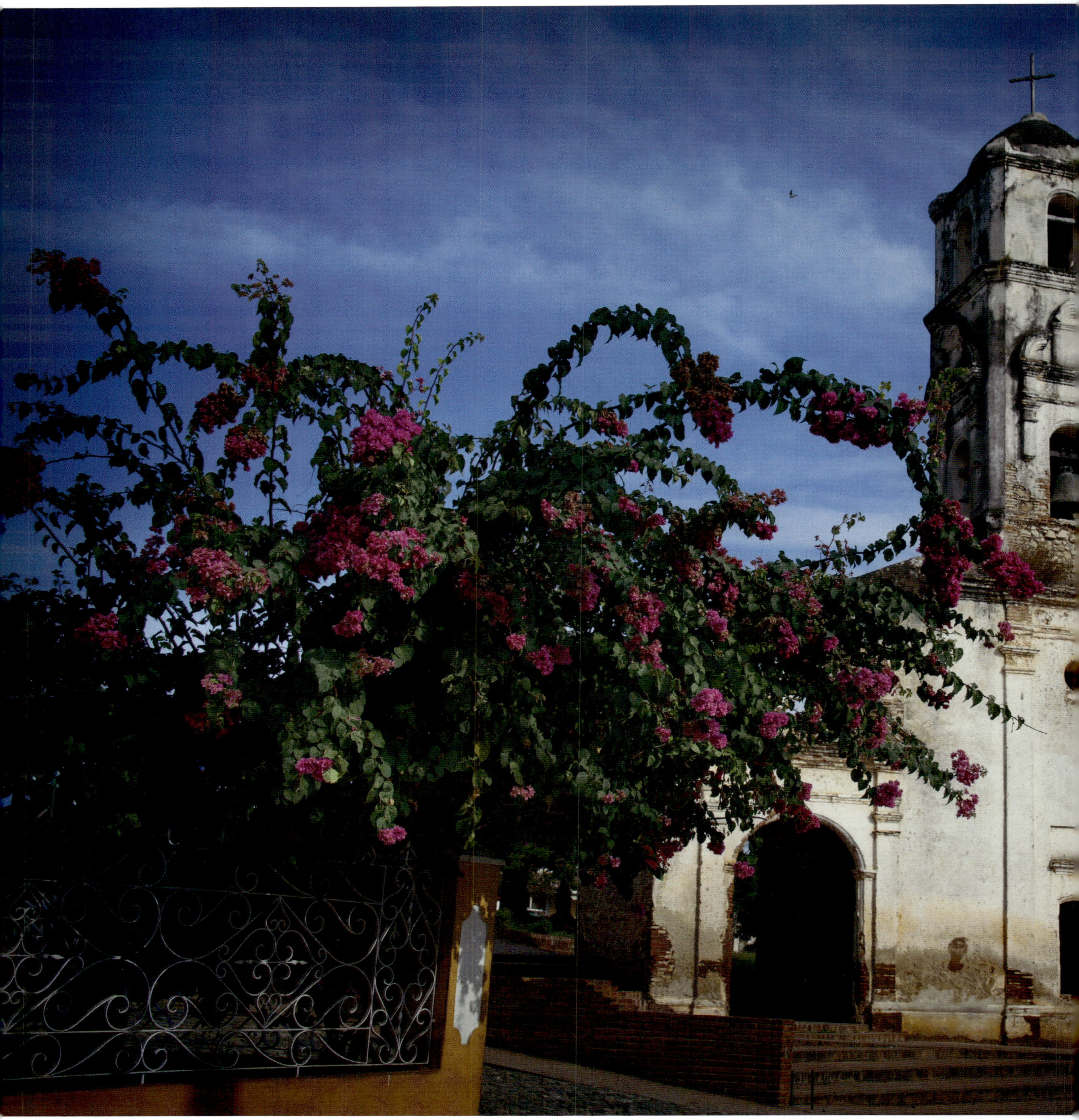

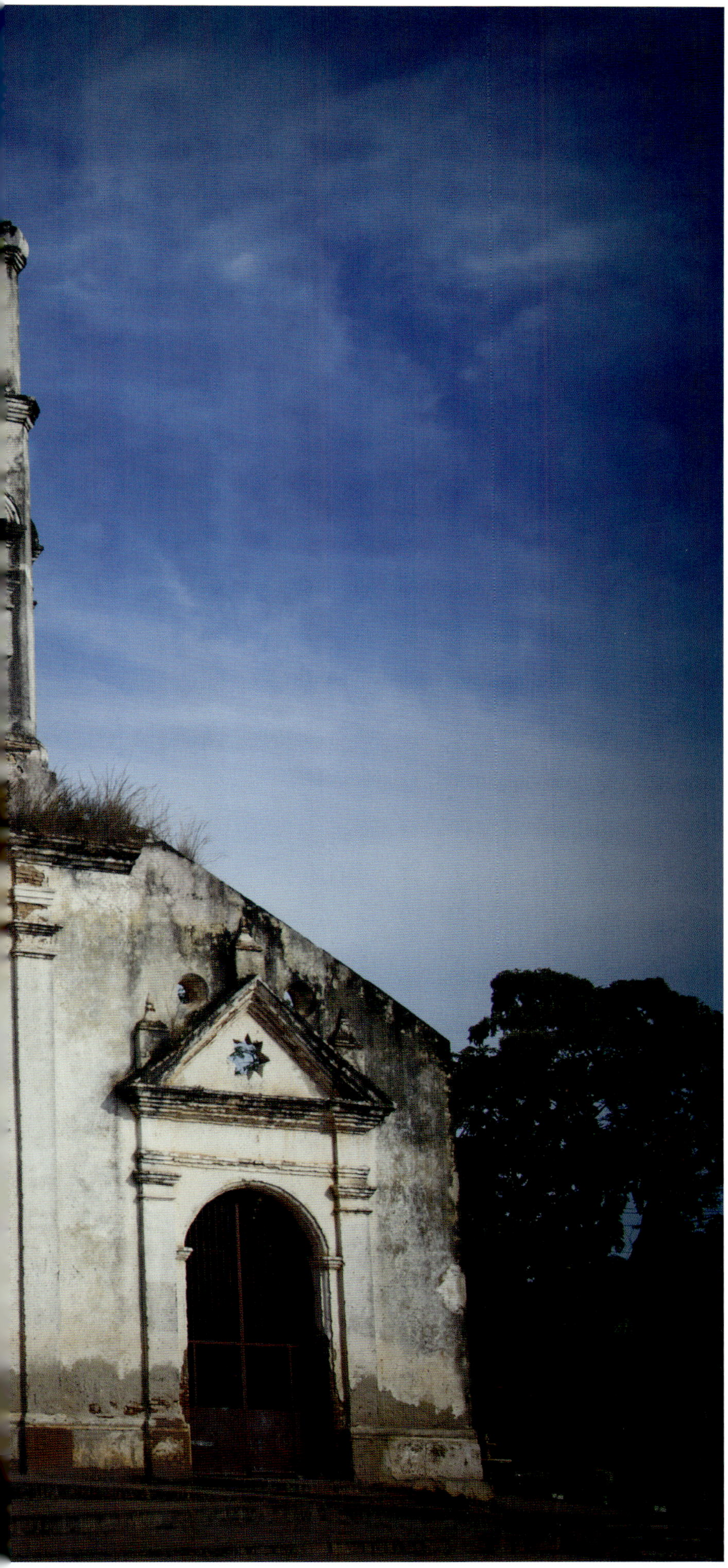

RELIGION
RELIGIÓN

Traditionally, *campesinos* religiosity is expressed in very particular ways. In some cases, given the remoteness of churches, an image of the *Virgen de La Caridad del Cobre*, patroness of Cuba, is worshiped by lighting a candle or an oil lamp. In other places such as Baracoa, a group of women select an altar site that the men build while they make flowers and decorations for the famous *Altares de la Cruz*. Along with humble churches of different denominations, Afrocuban religions also have proliferated in villages with Santeria sessions being celebrated as well as significant religious feast days like *San Lázaro*.

Tradicionalmente, el campesino ha expresado su religiosidad de formas muy particulares. A veces, por la lejanía de la iglesia, venera a una imagen de la virgen de la Caridad del Cobre, patrona de Cuba, con una vela o un candil. En lugares como Baracoa, las mujeres escogen el sitio para montar un altar que construirán los hombres, mientras ellas se ocuparán de la decoración y las flores para los famosos Altares de Cruz. Además de las modestas iglesias de distintas denominaciones, han proliferado las religiones afrocubanas y se celebran sesiones de santería e importantes fechas como el día de San Lázaro.

LEFT | IZQUIERDA Trinidad, Sancti Spiritus {CC}

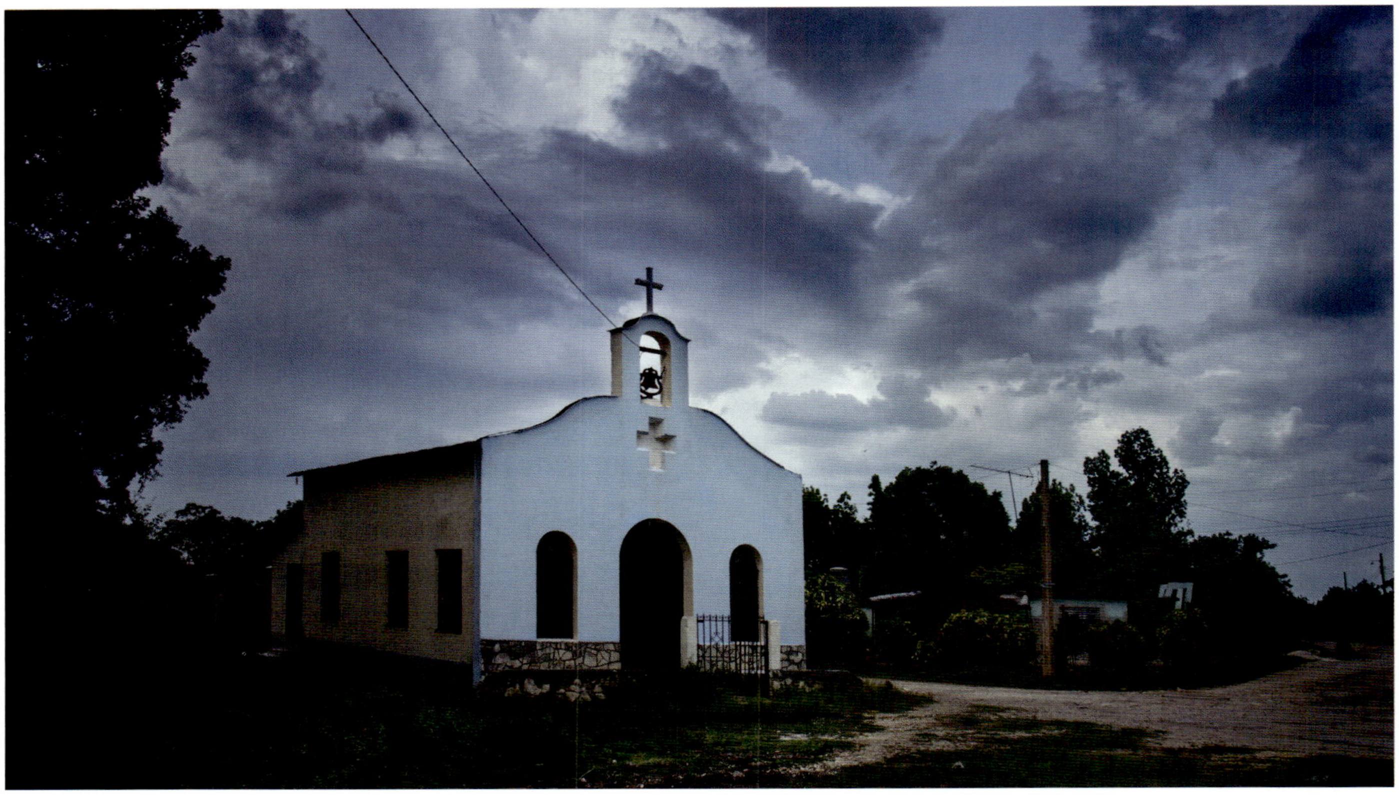

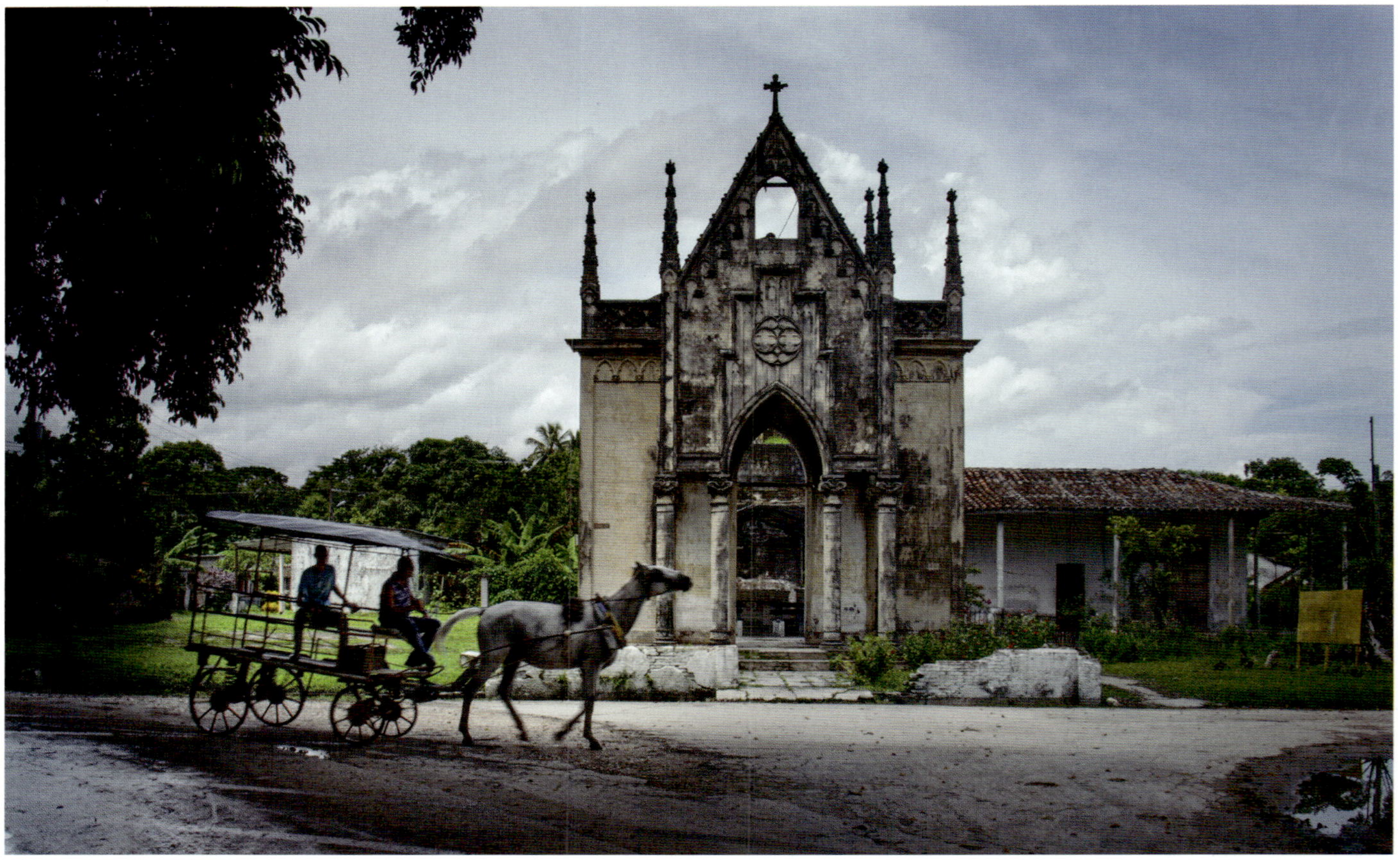

ABOVE FROM TOP | DE ARRIBA A ABAJO
Ciego de Ávila {CC}
Yaguajay, Sancti Spiritus {CC}

OPPOSITE | PÁGINA OPUESTA Güira de Melena, Artemisa {CC}

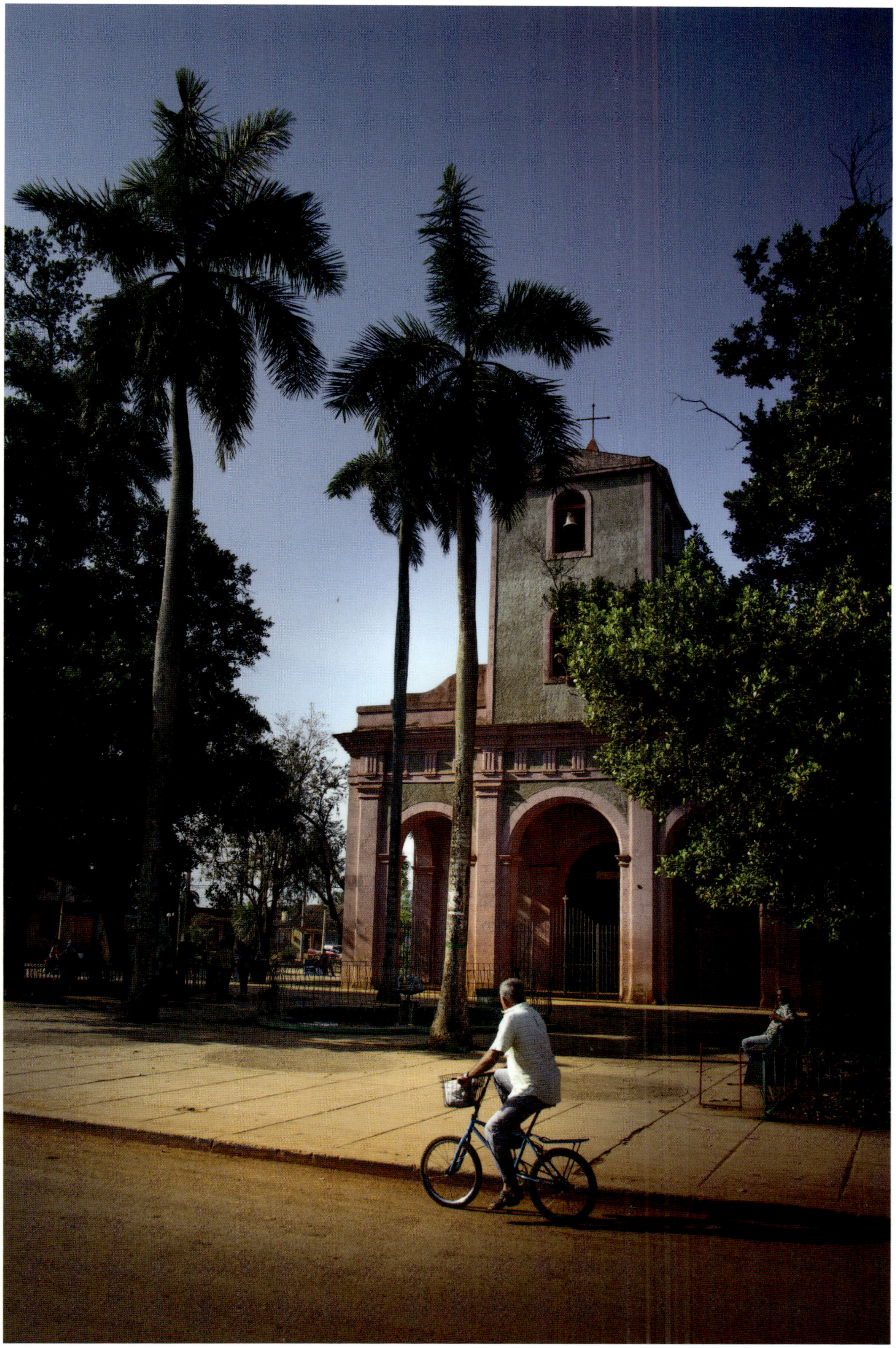

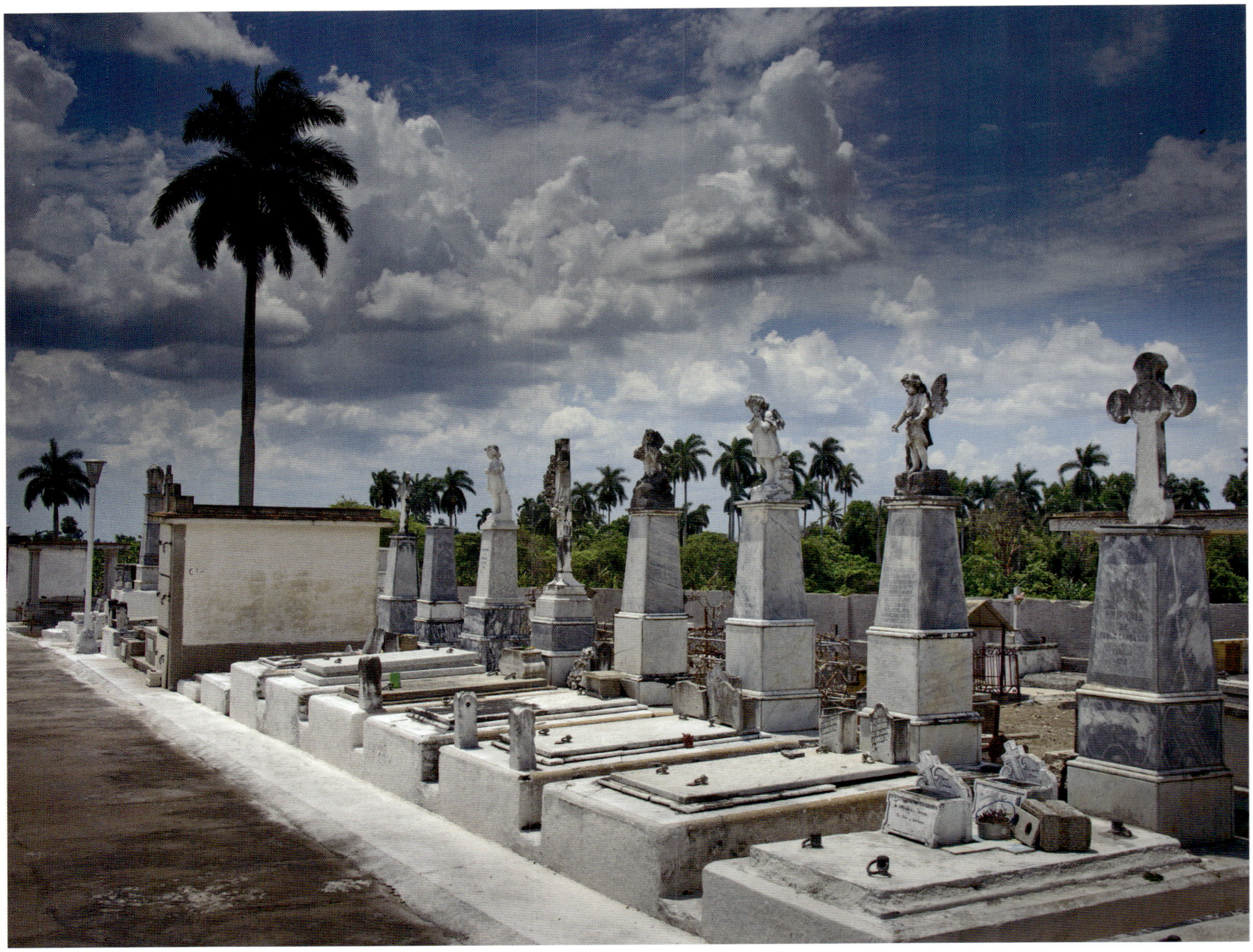

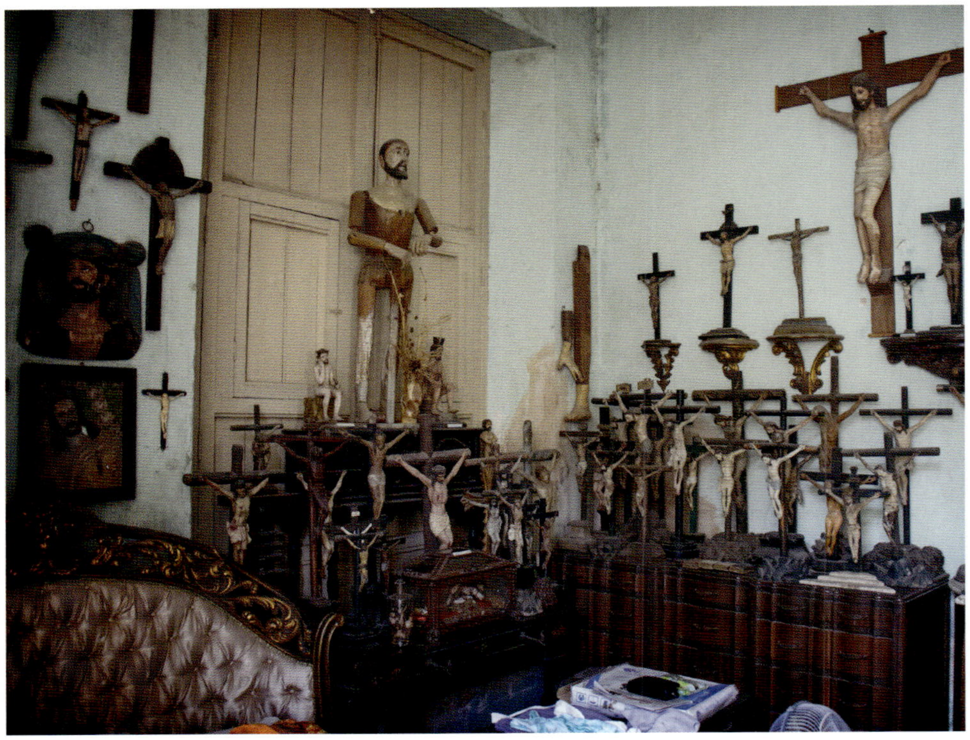

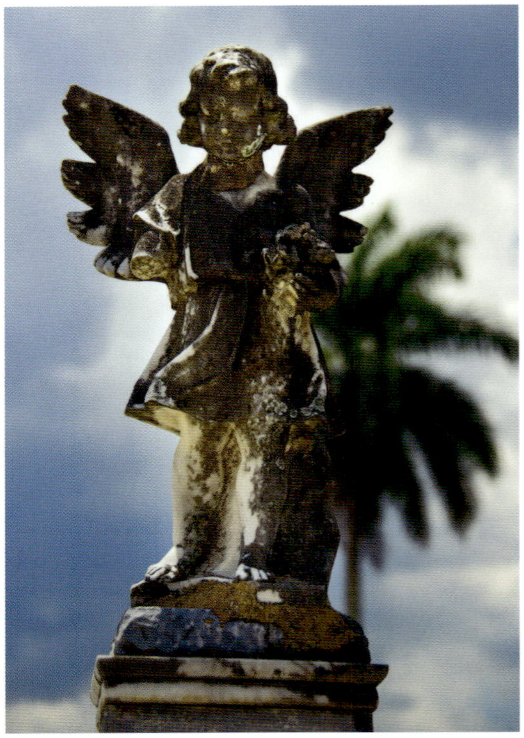

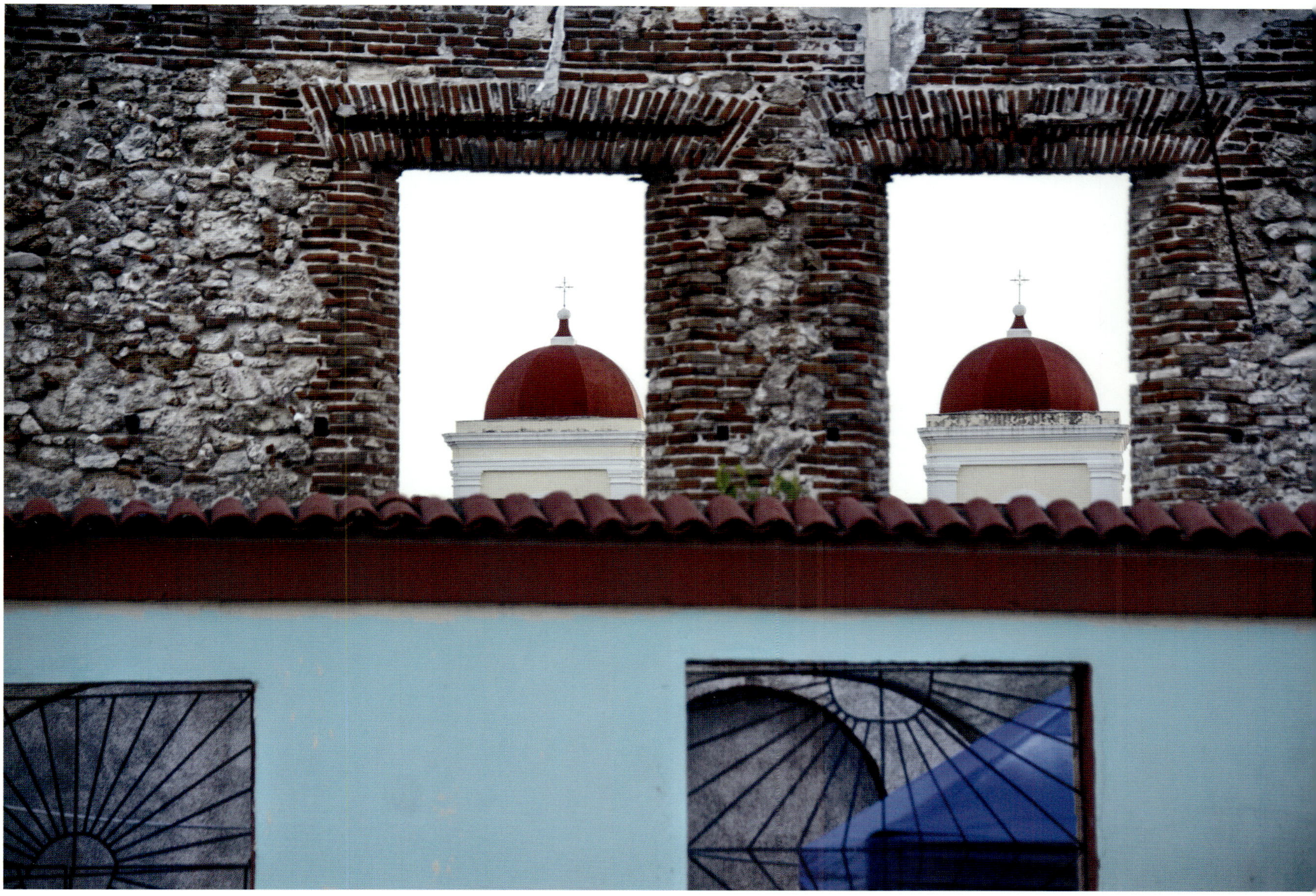

ABOVE | ARRIBA Gibara, Holguín {CC}

OPPOSITE FROM TOP | PÁGINA OPUESTA DE ARRIBA A ABAJO
Madruga, Mayabeque {CC}
Trinidad, Sancti Spiritus {JL}
Madruga, Mayabeque {CC}

OVERLEAF | PÁGINA SIGUIENTE Baracoa, Guantánamo {JL}

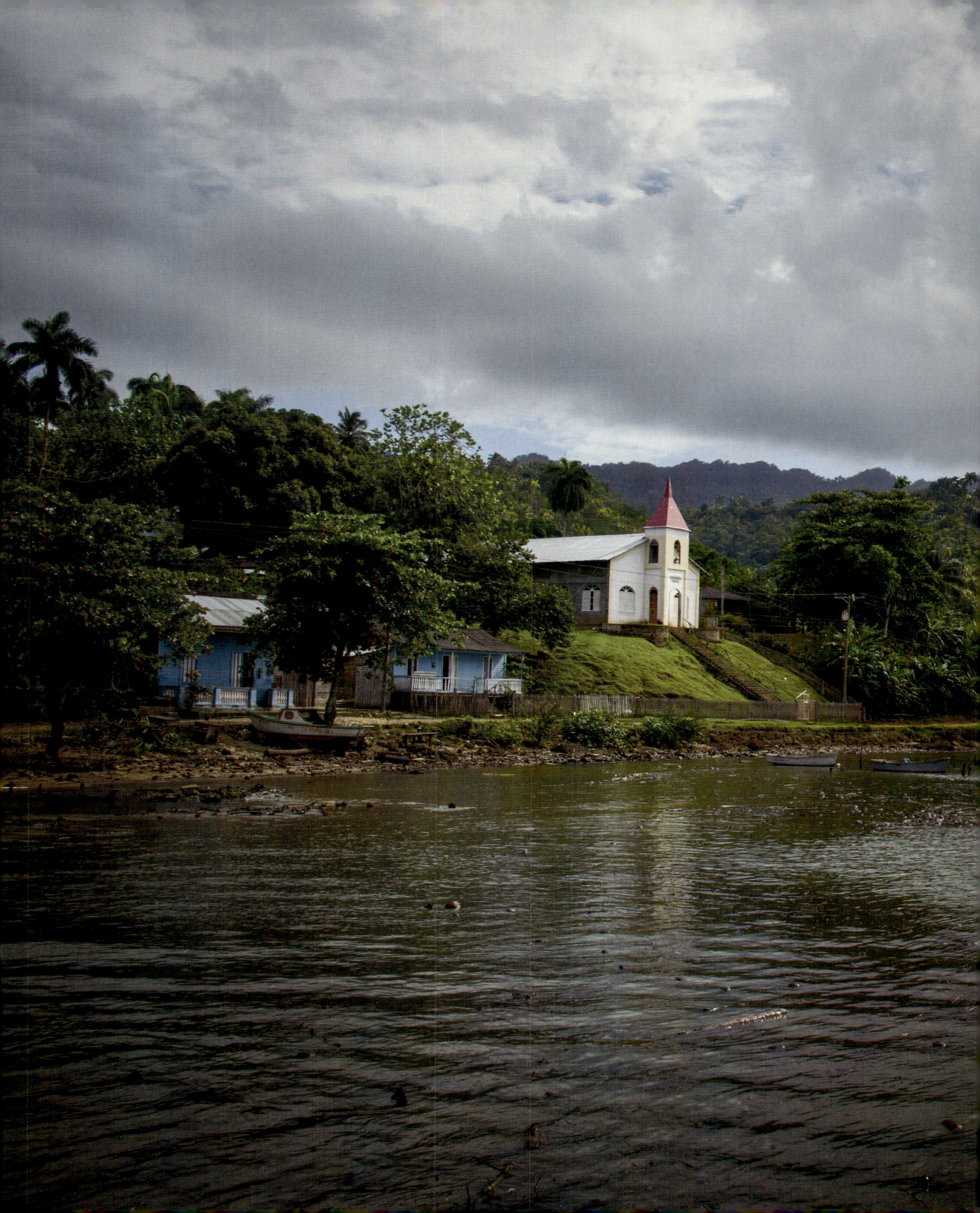

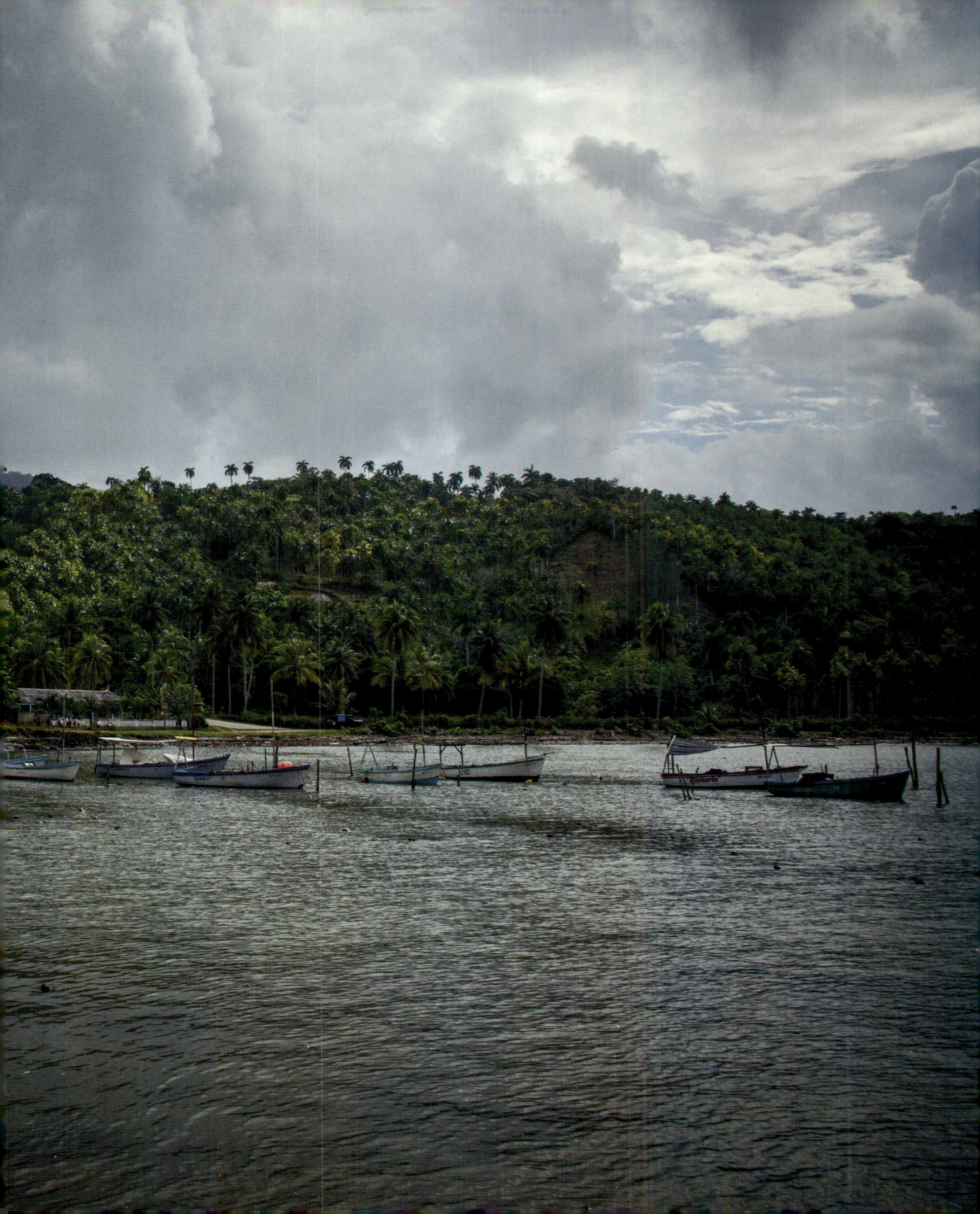

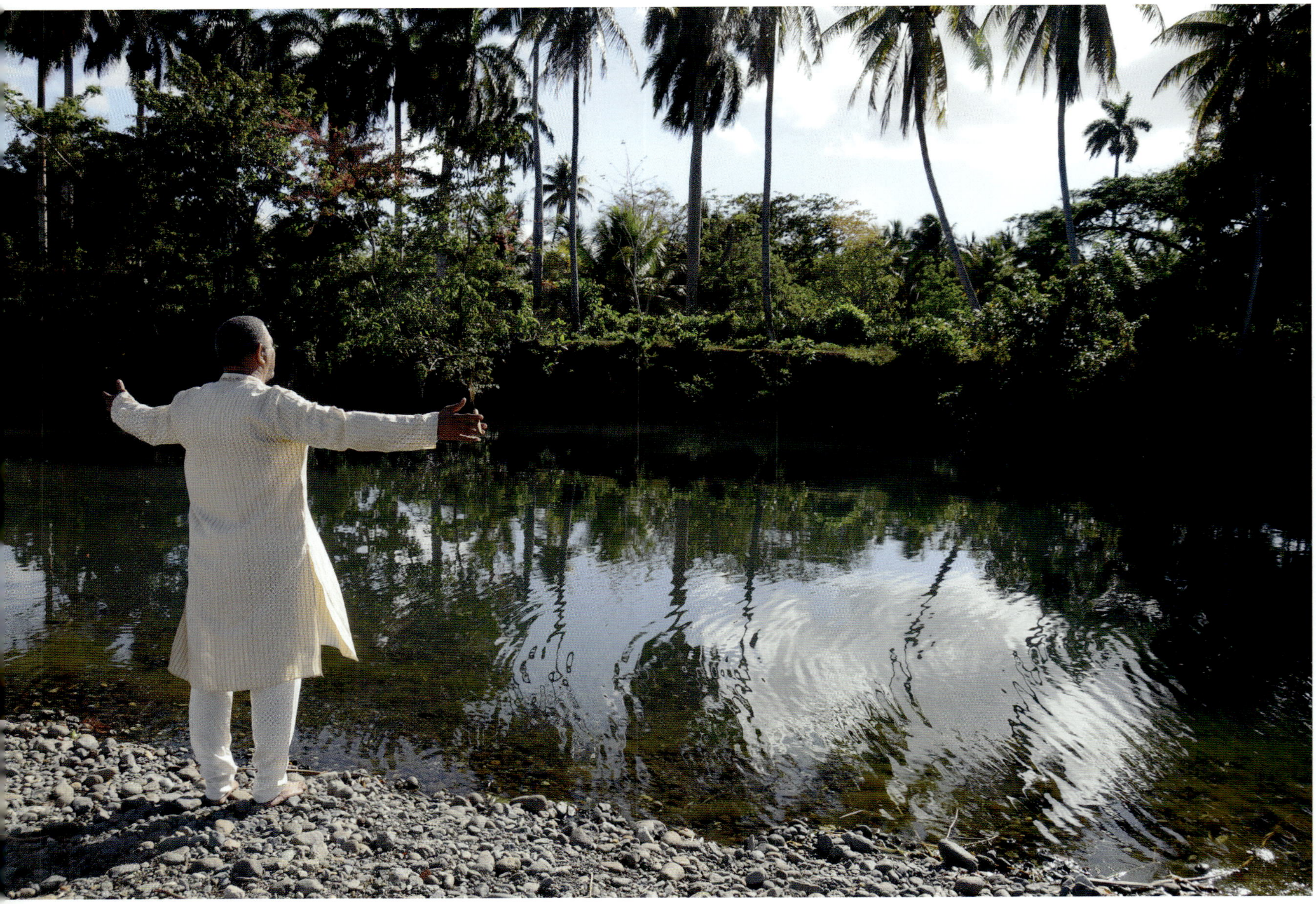

Río Miel, Guantánamo {JL}

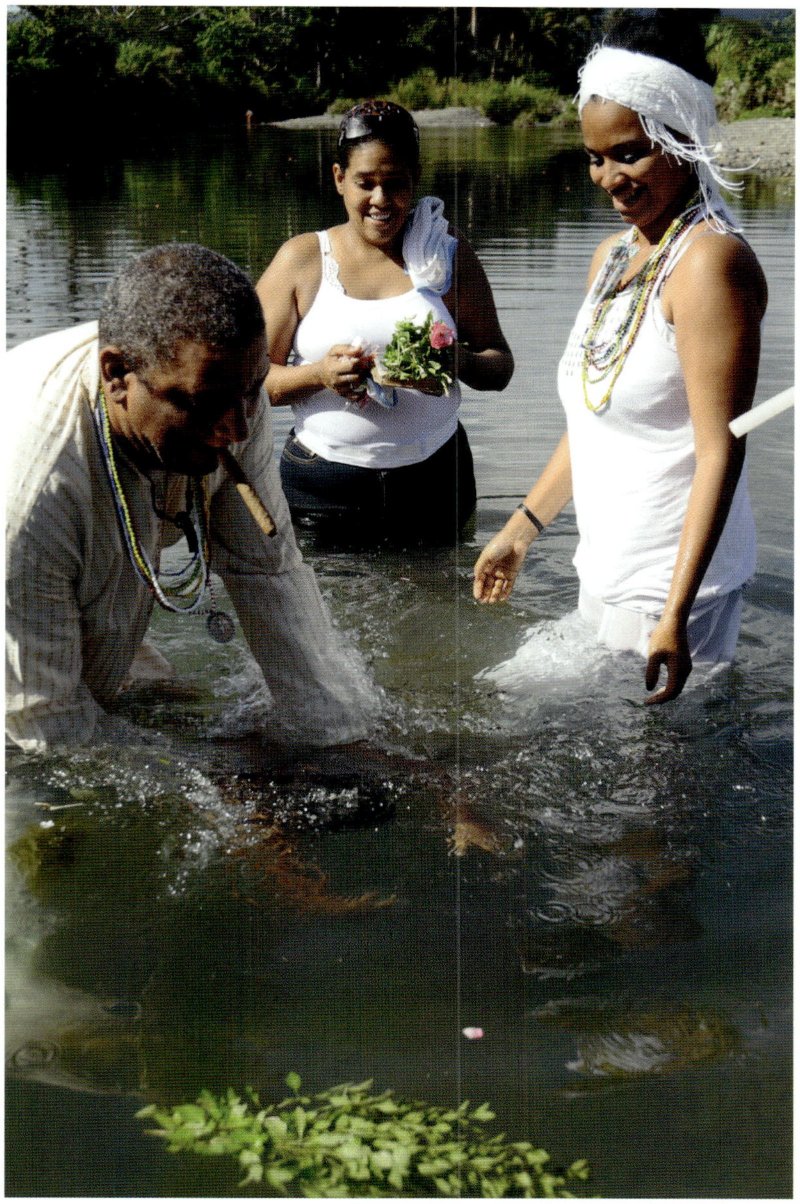
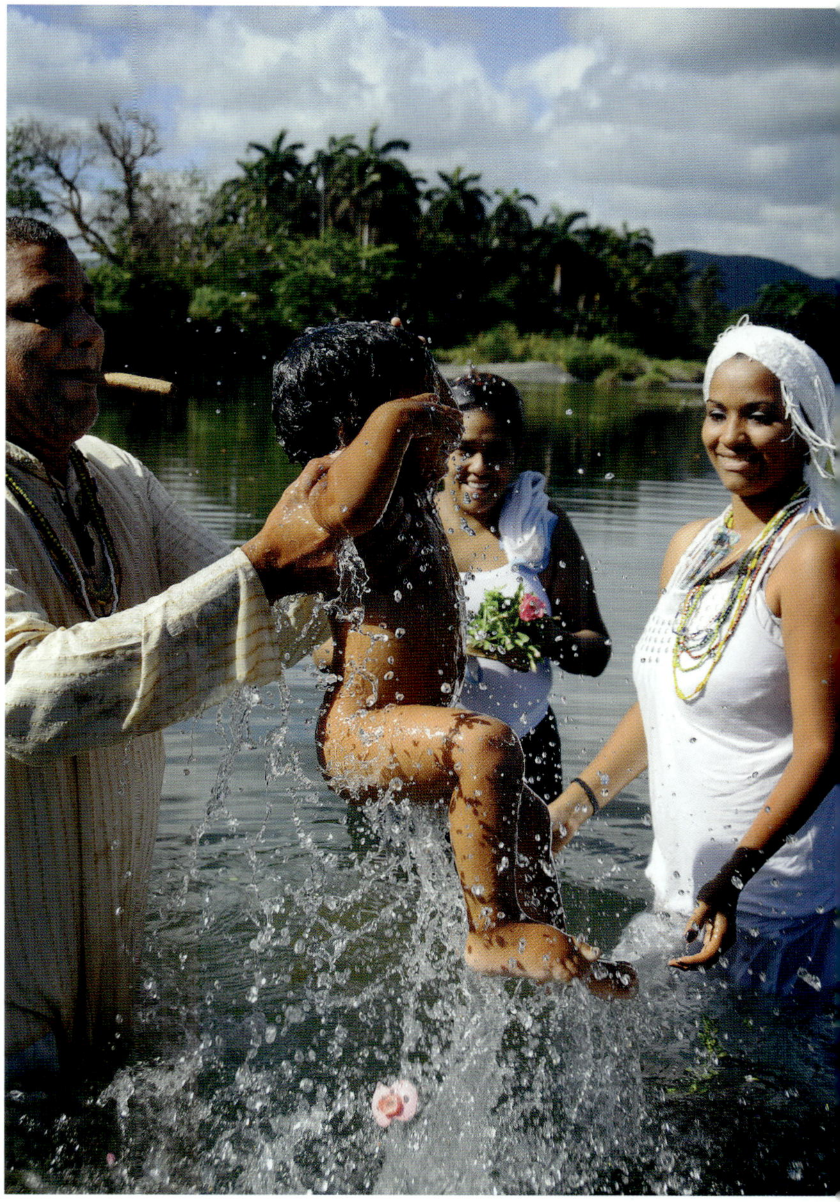

Río Miel, Guantánamo {JL}

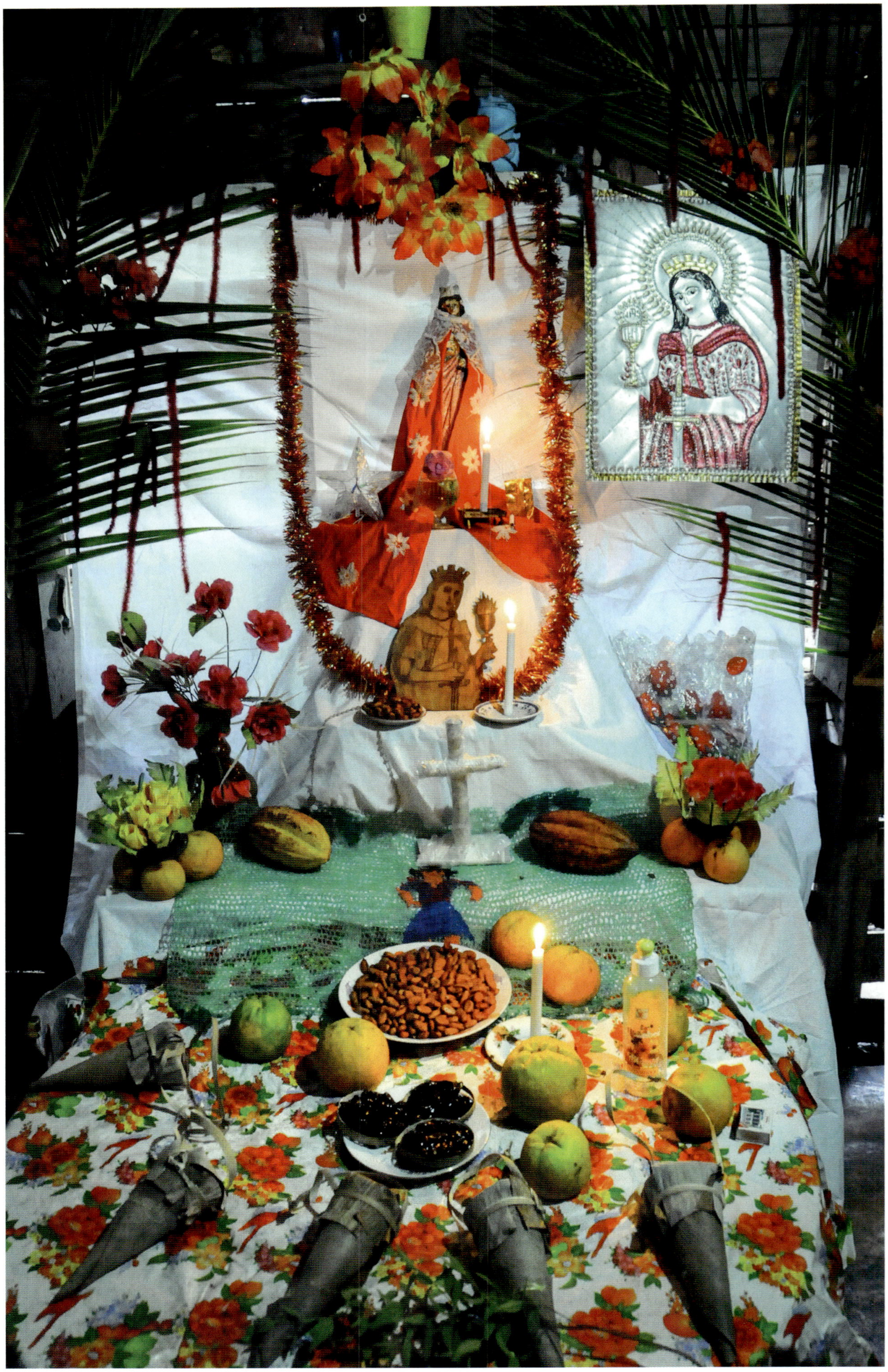

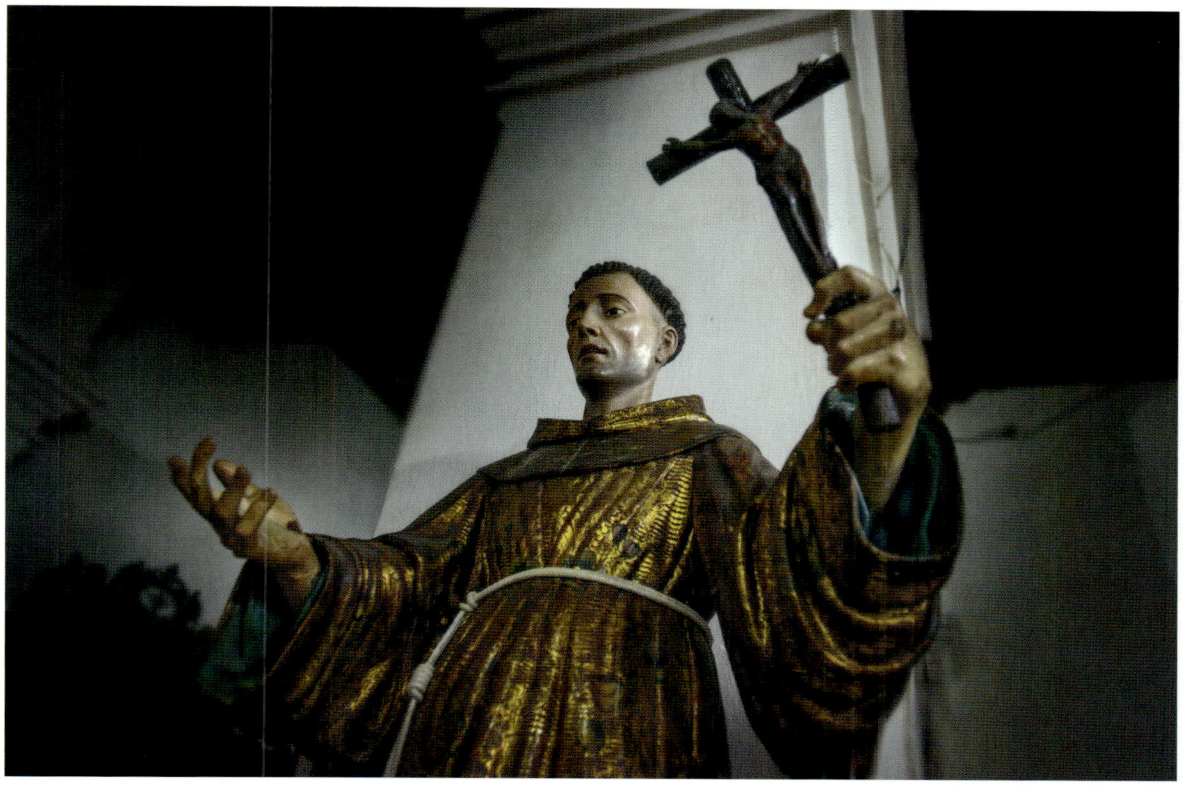

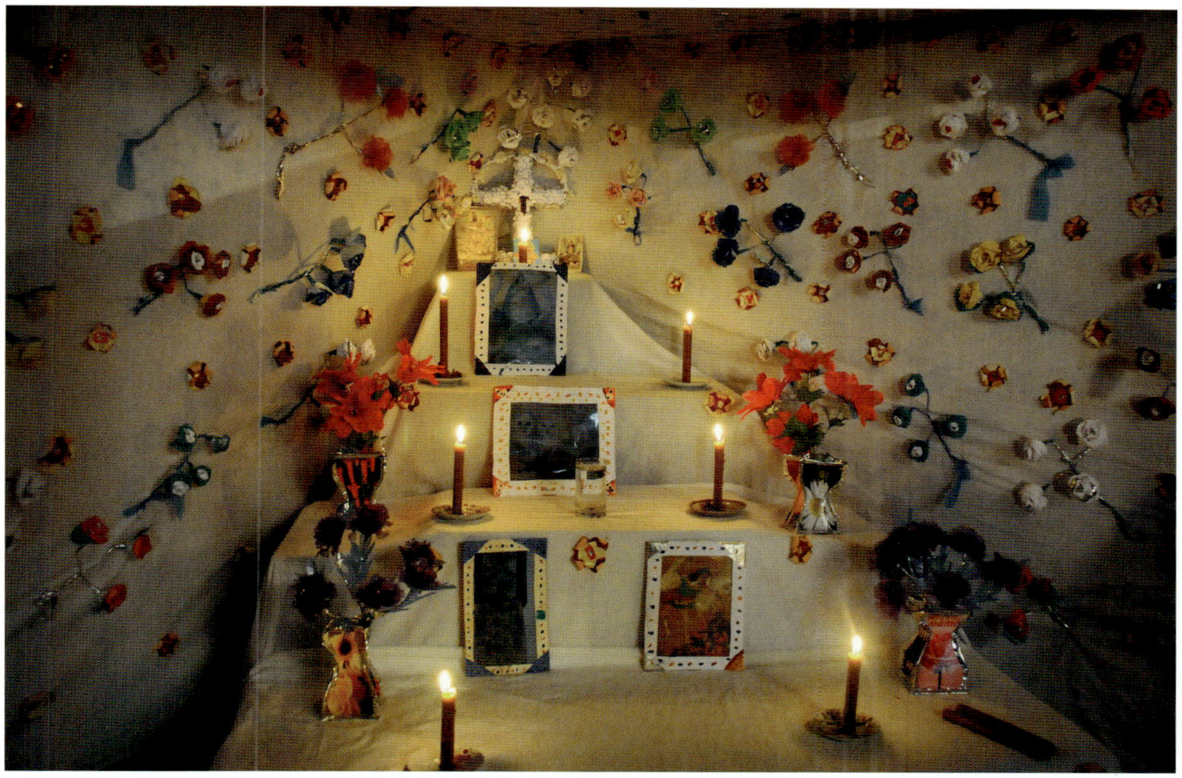

ABOVE FROM TOP | DE ARRIBA A ABAJO
Trinidad, Sancti Spiritus {CC}
Jamal, Guantánamo {JL}

OPPOSITE | PÁGINA OPUESTA Duaba, Guantánamo {JL}

OVERLEAF | PÁGINA SIGUIENTE Jamal, Guantánamo {JL}

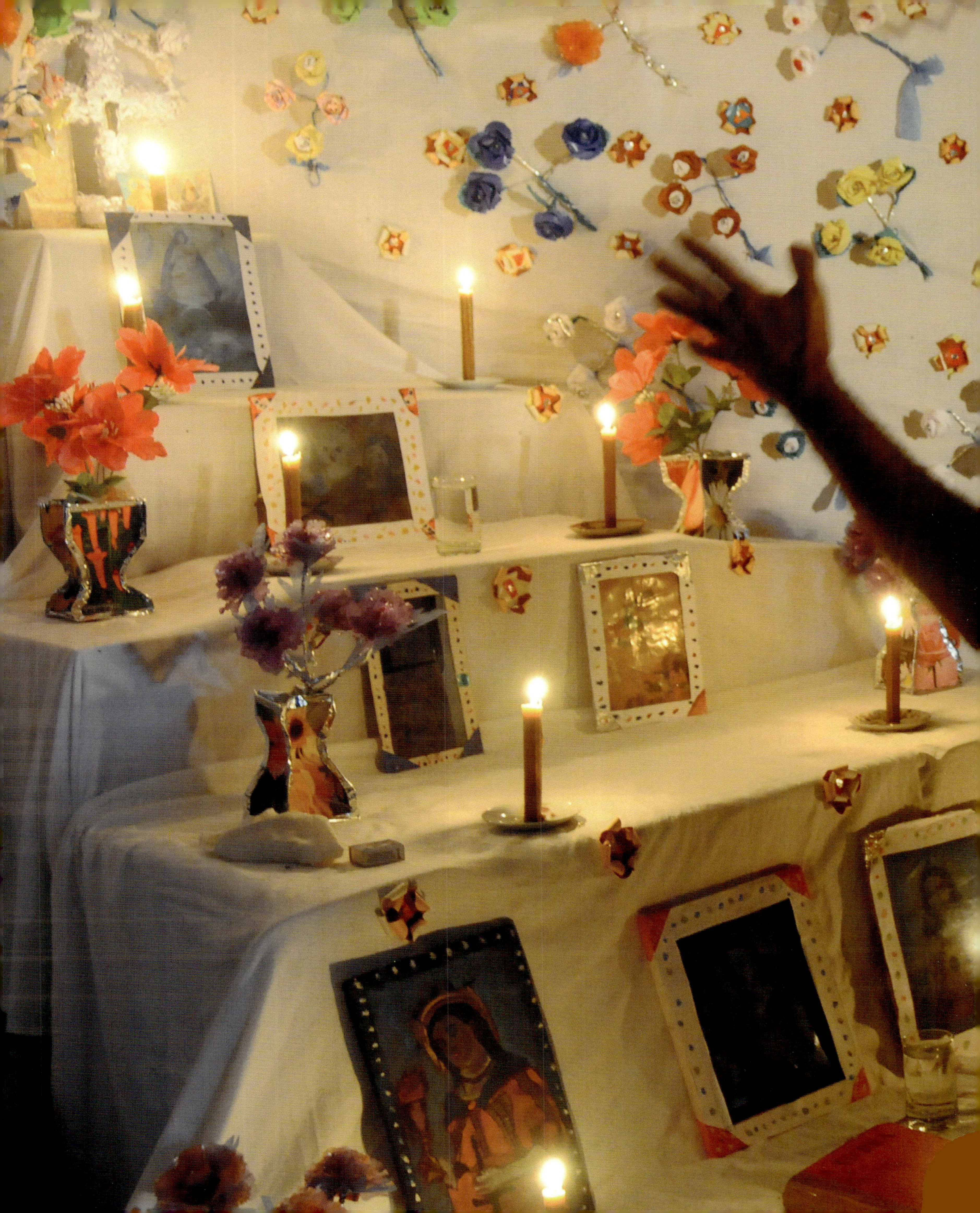

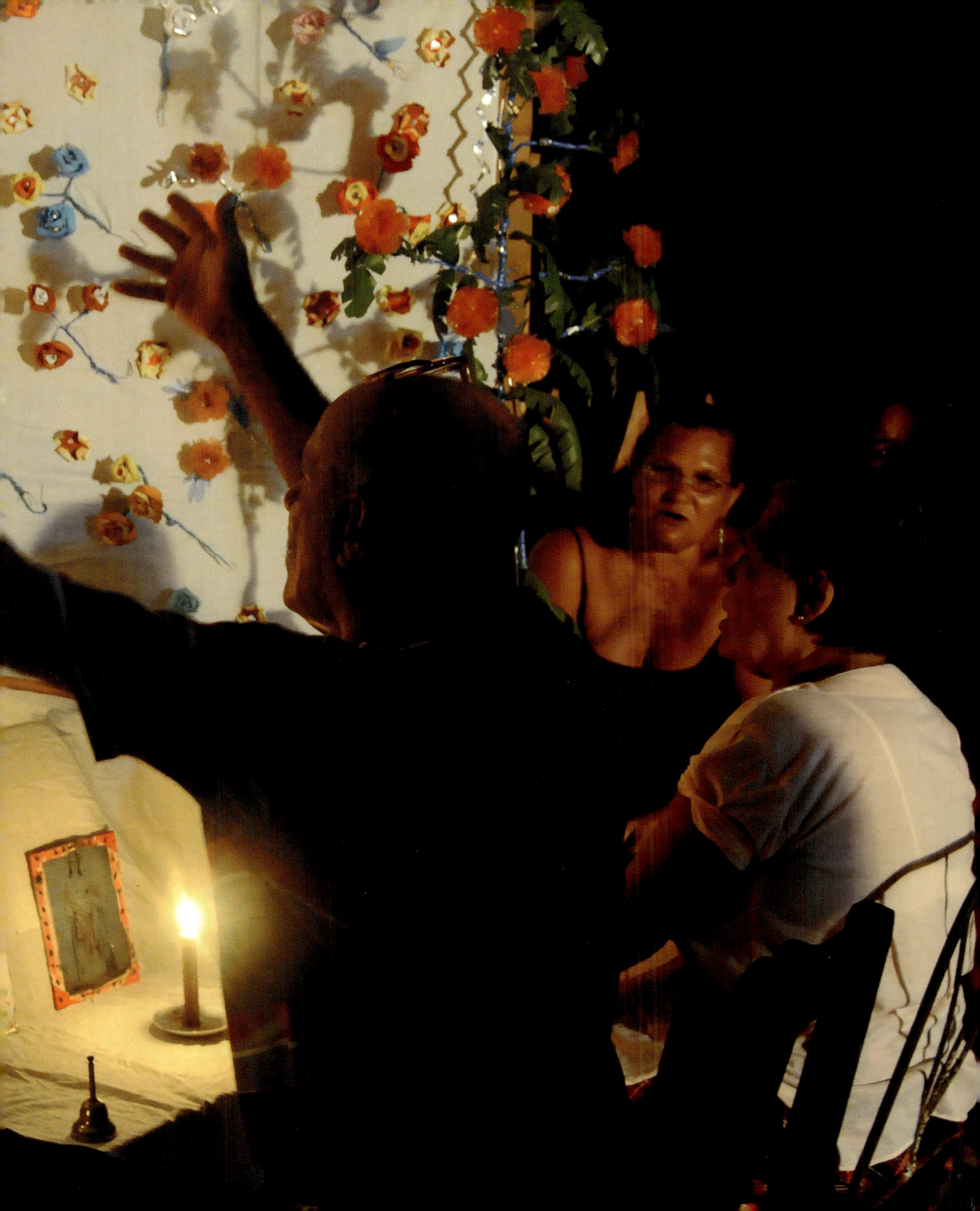

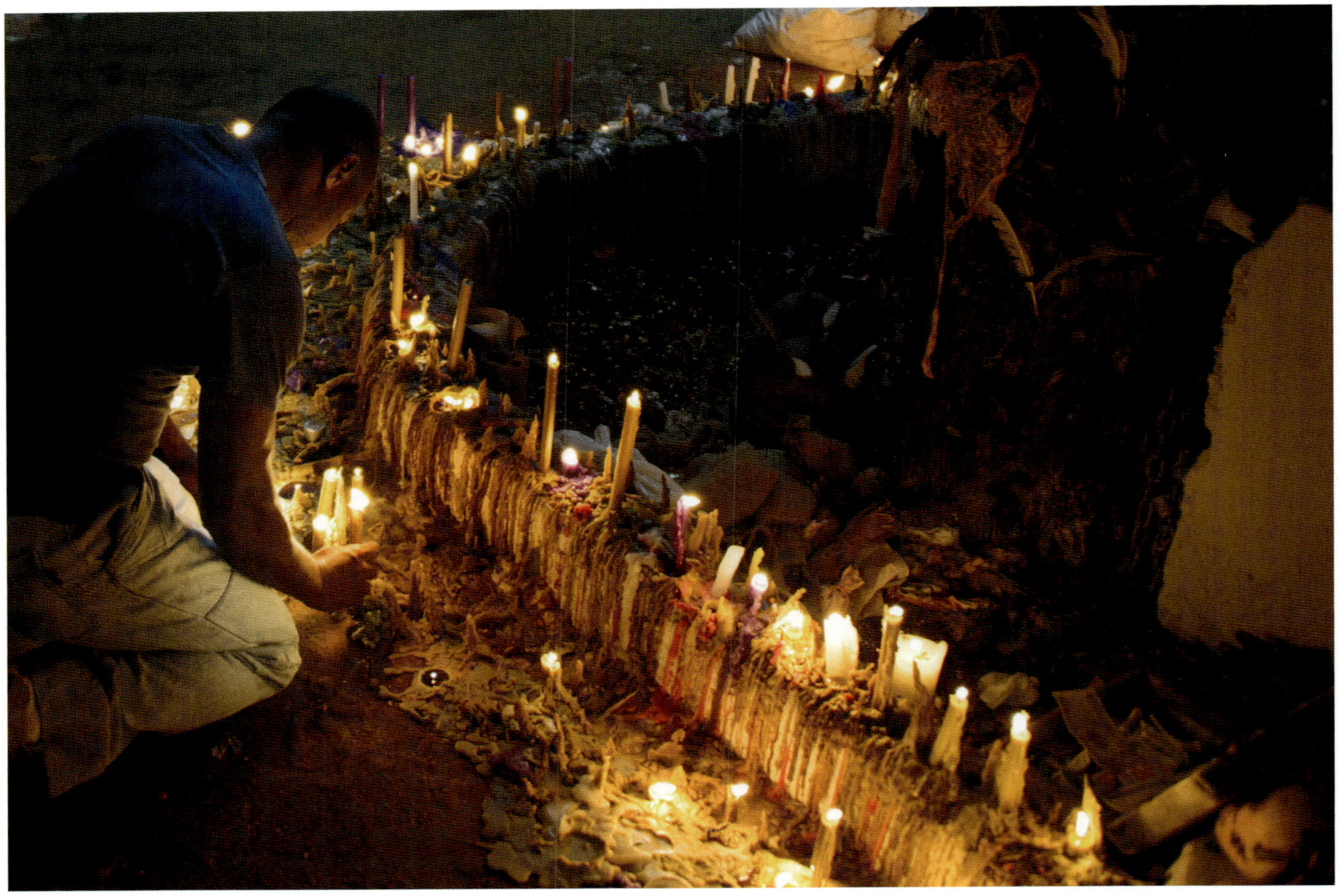

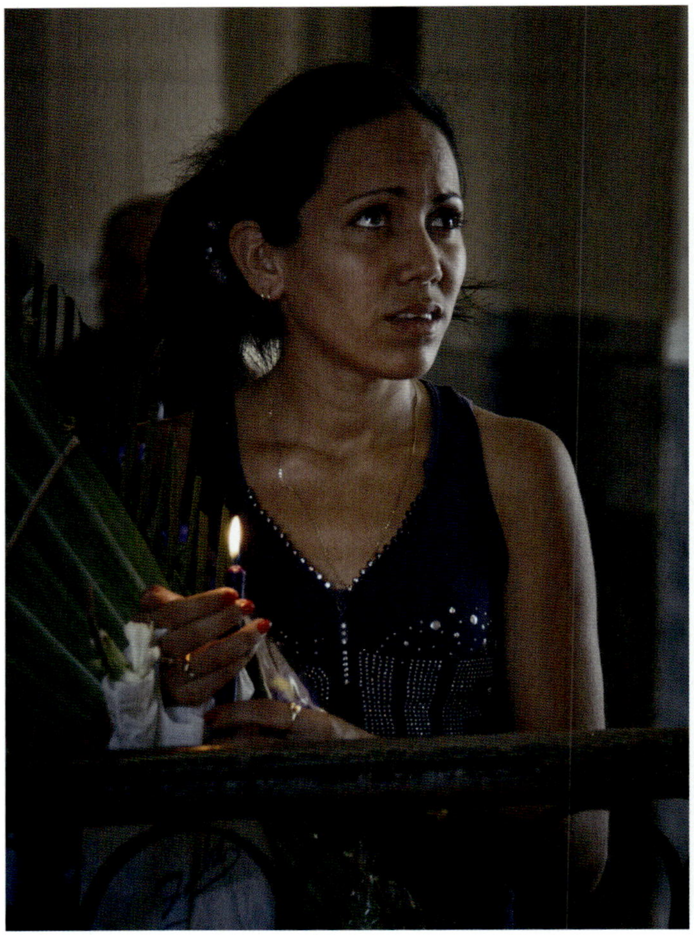

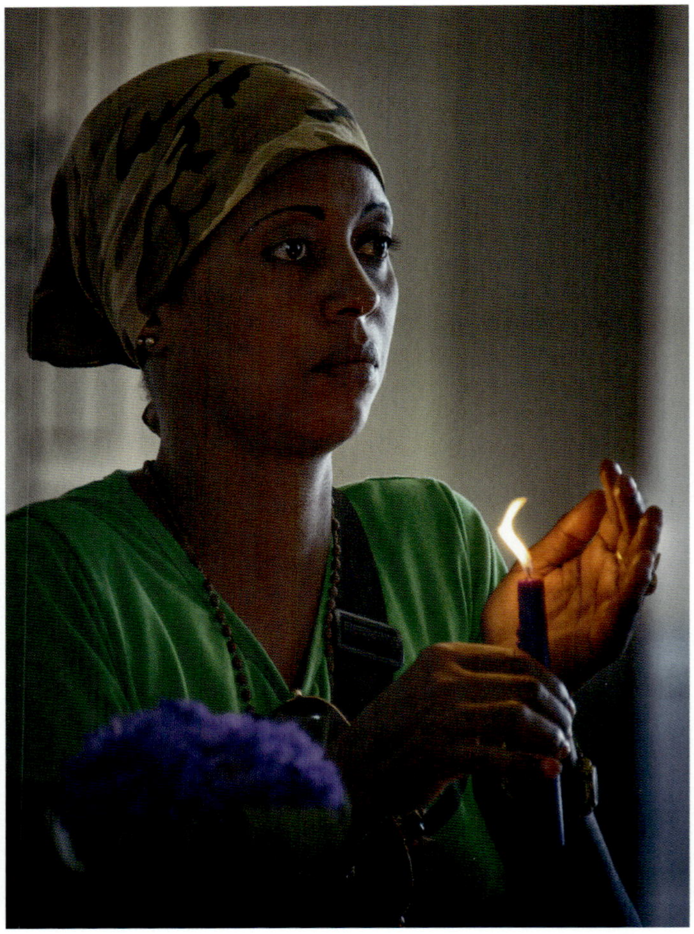

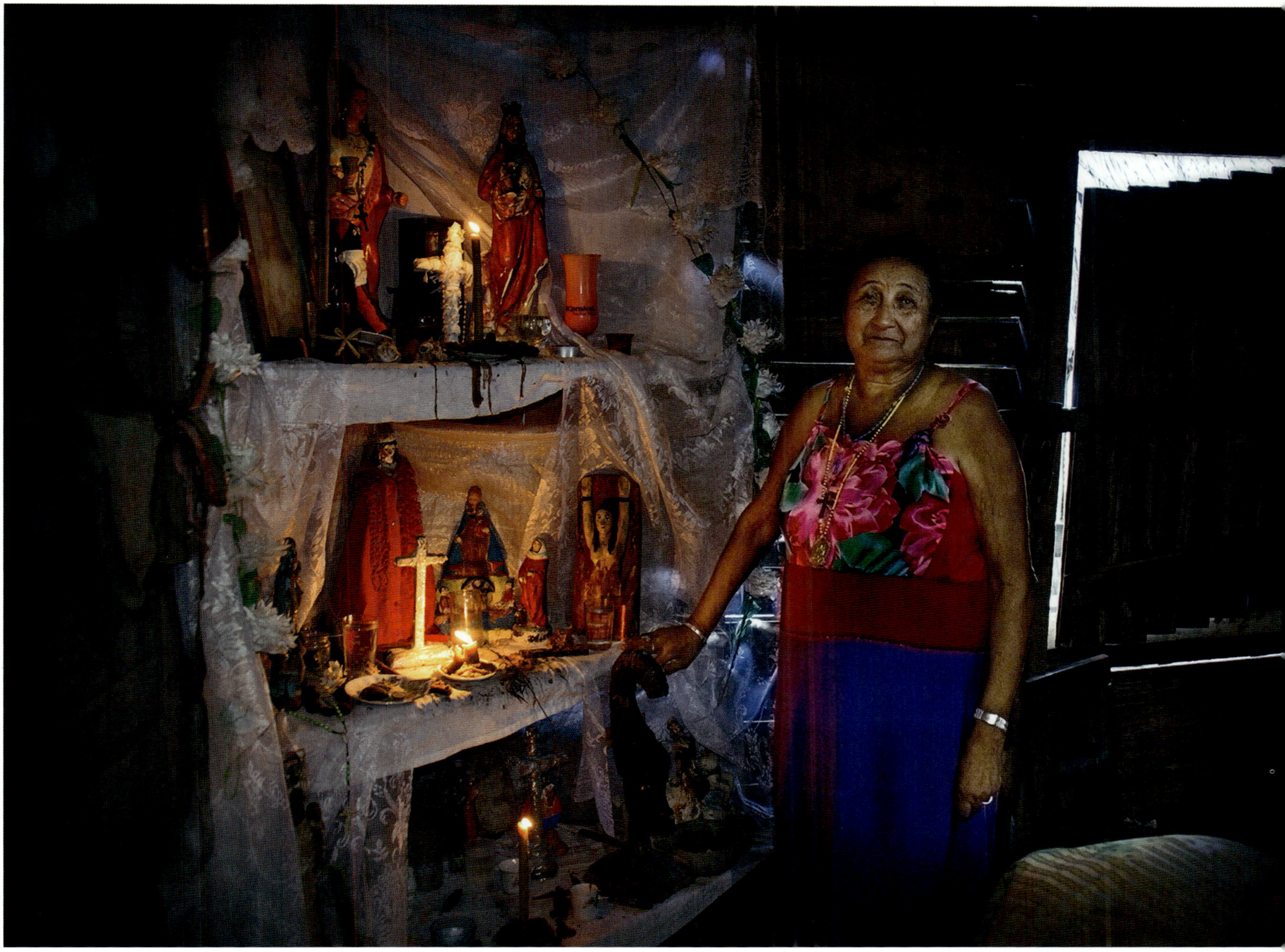

ABOVE | ARRIBA Duaba, Guantánamo {CC}

OPPOSITE FROM TOP | PÁGINA OPUESTA DE ARRIBA A ABAJO
Agramonte, Matanzas {CC}
El Rincón, La Habana {CC}
El Rincón, La Habana {CC}

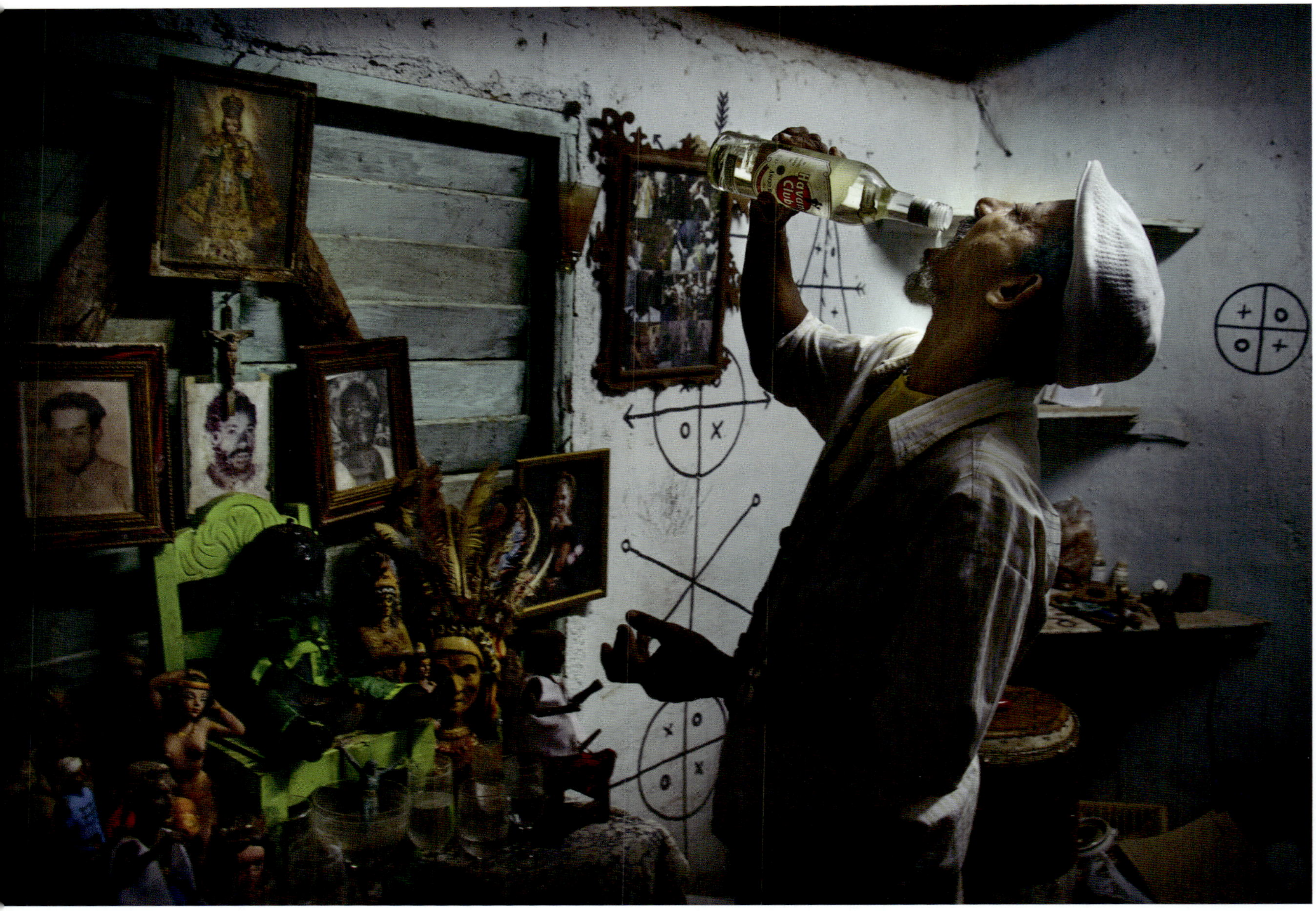

Agramonte, Matanzas {CC}

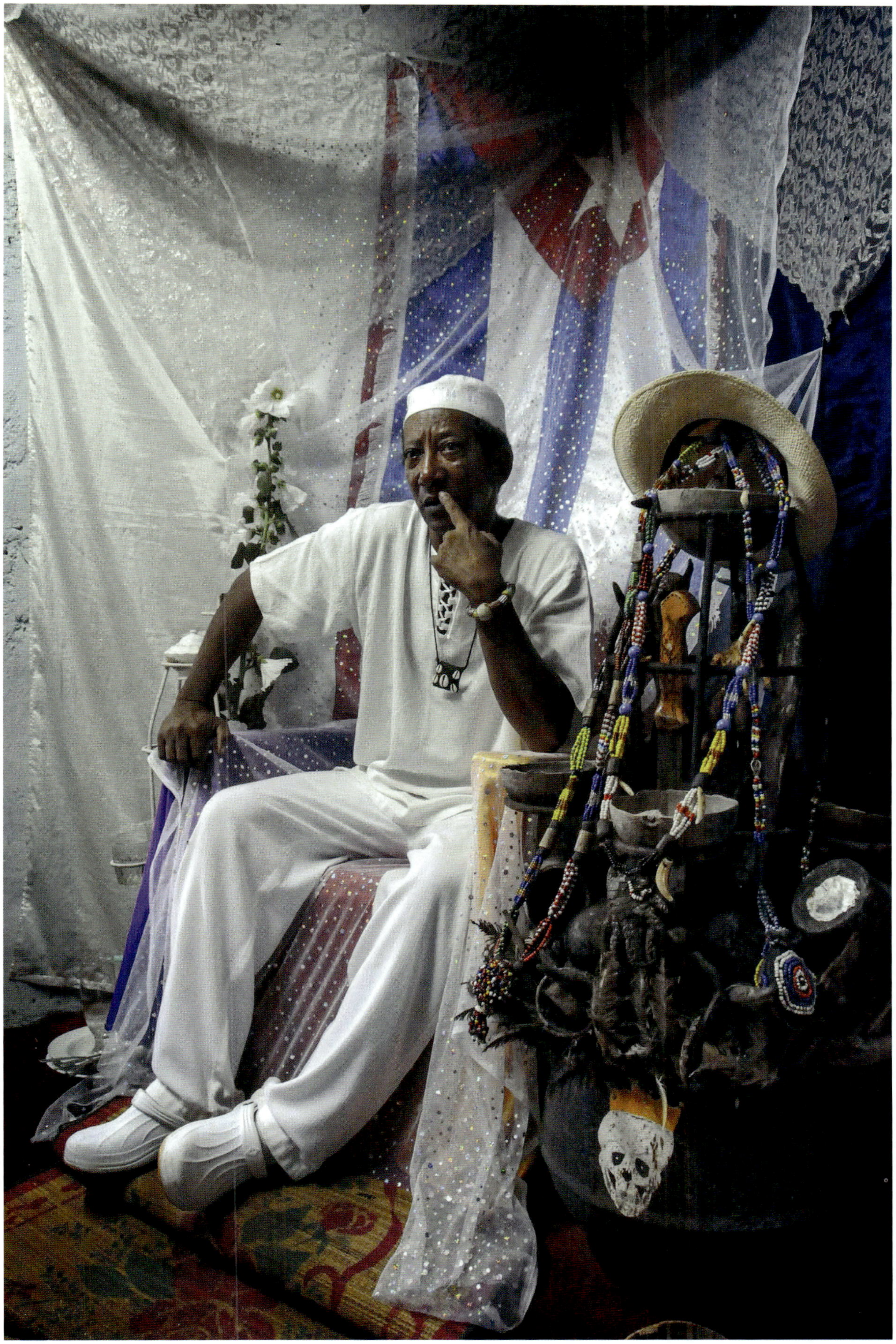

Agramonte, Matanzas {JL}

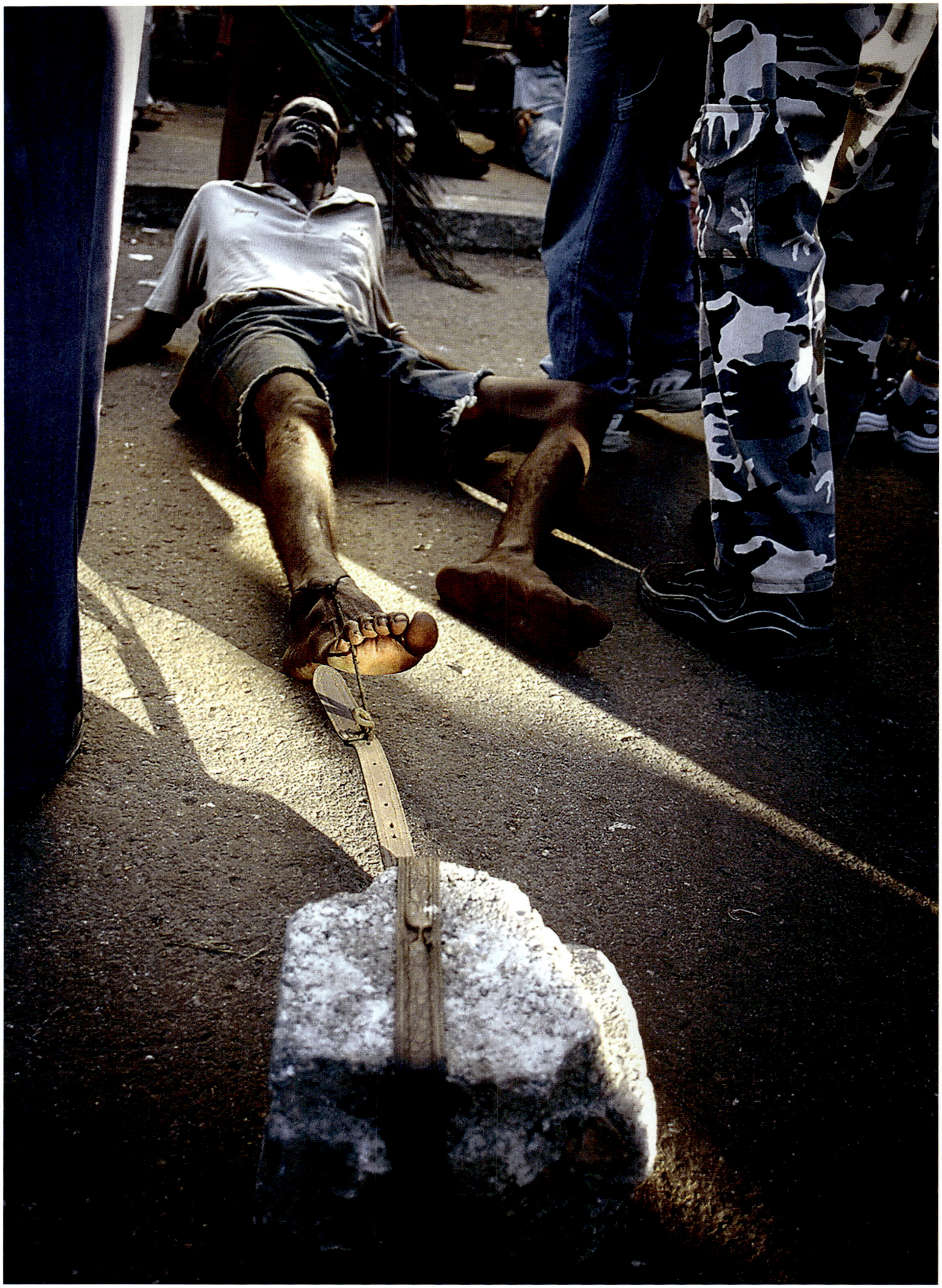

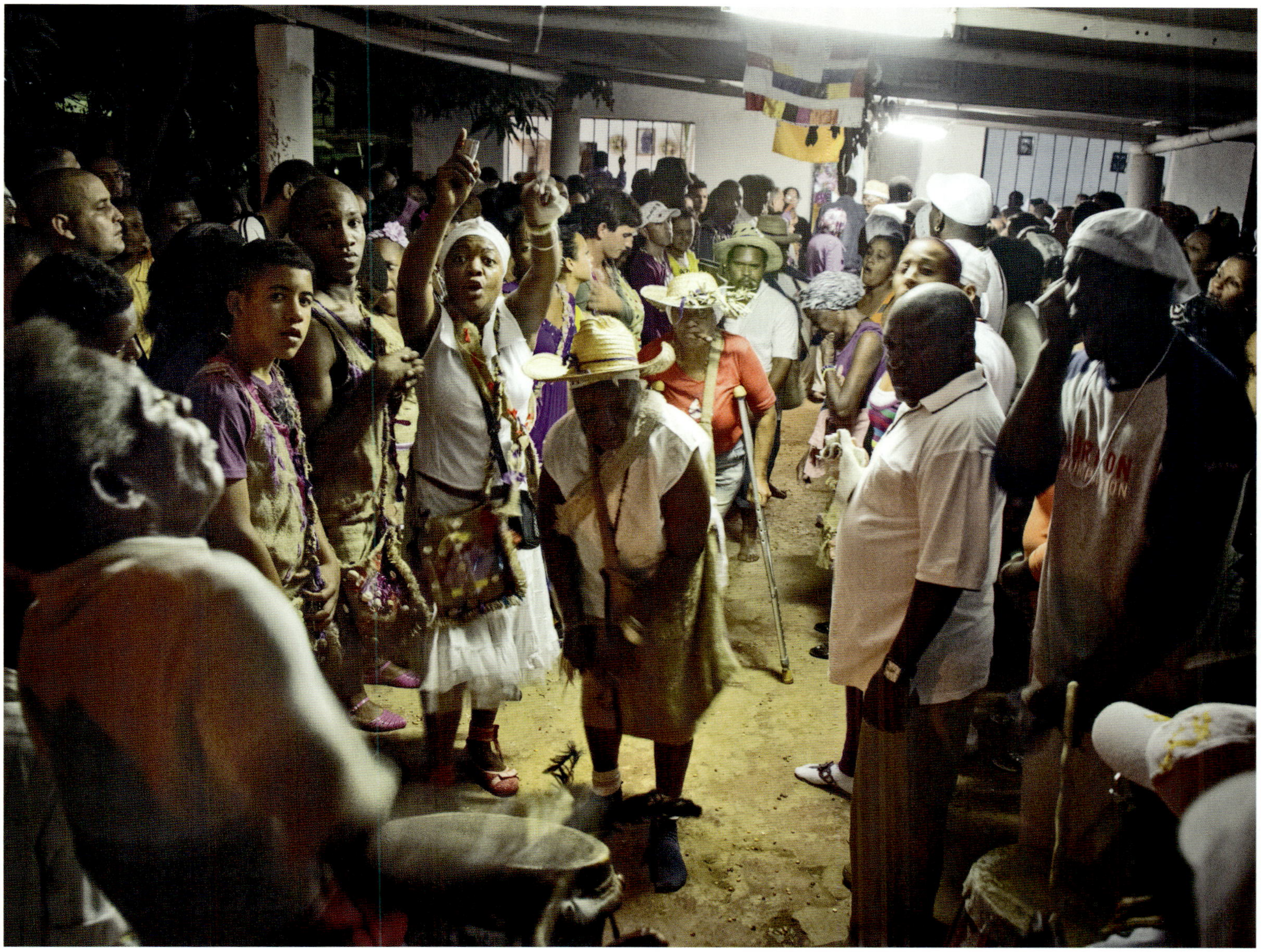

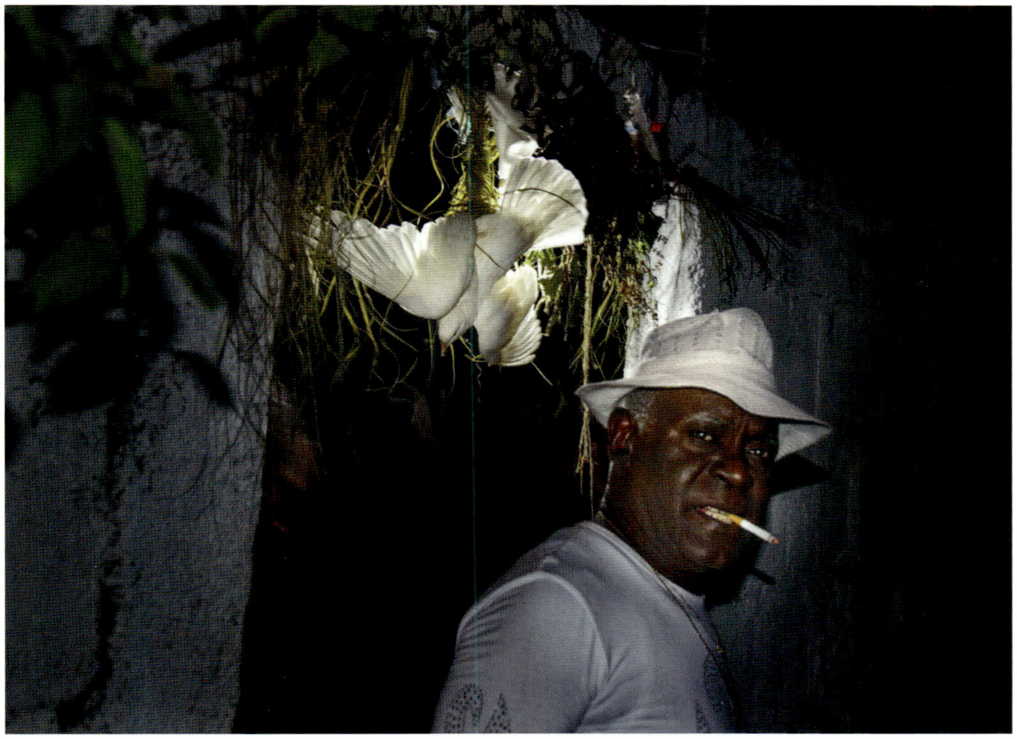

ABOVE | ARRIBA
Agramonte, Matanzas {JL}

LEFT | IZQUIERDA
Agramonte, Matanzas {CC}

OPPOSITE | PÁGINA OPUESTA
El Rincón, La Habana {JL}

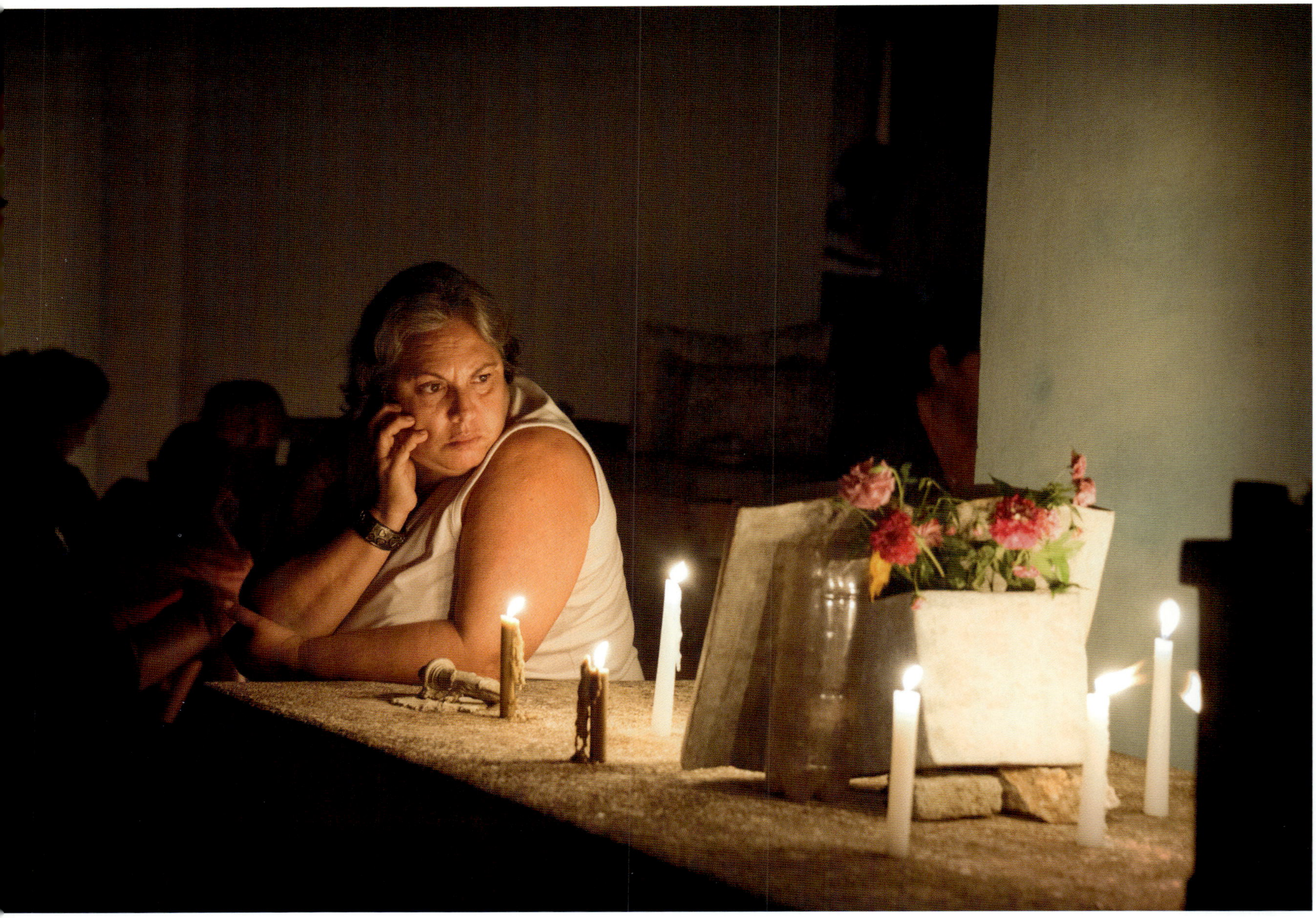

ABOVE | ARRIBA Agramonte, Matanzas {JL}

OPPOSITE | PÁGINA OPUESTA Agramonte, Matanzas {JL}

OVERLEAF | PÁGINA SIGUIENTE Mayajigua, Sancti Spiritus {CC}

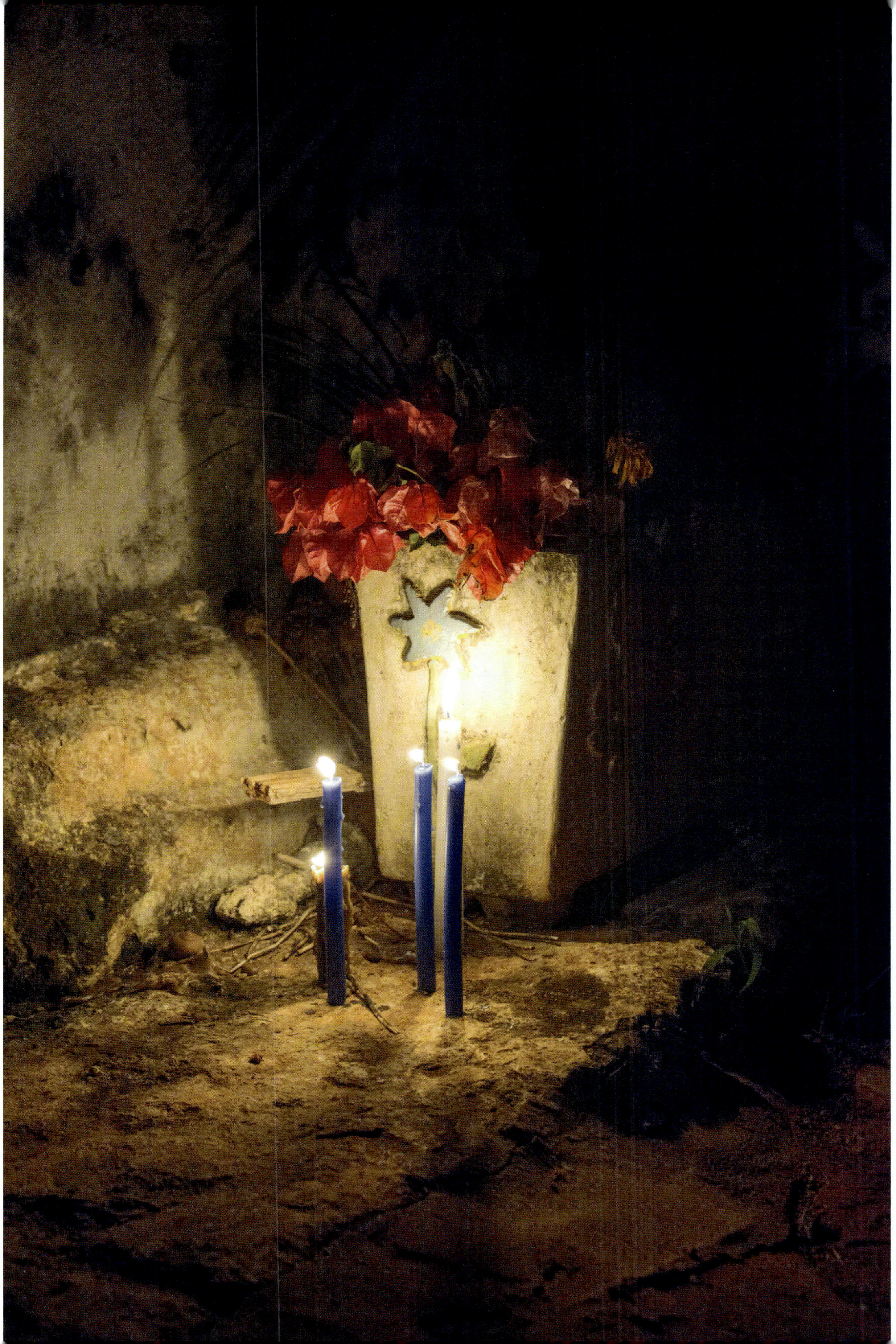

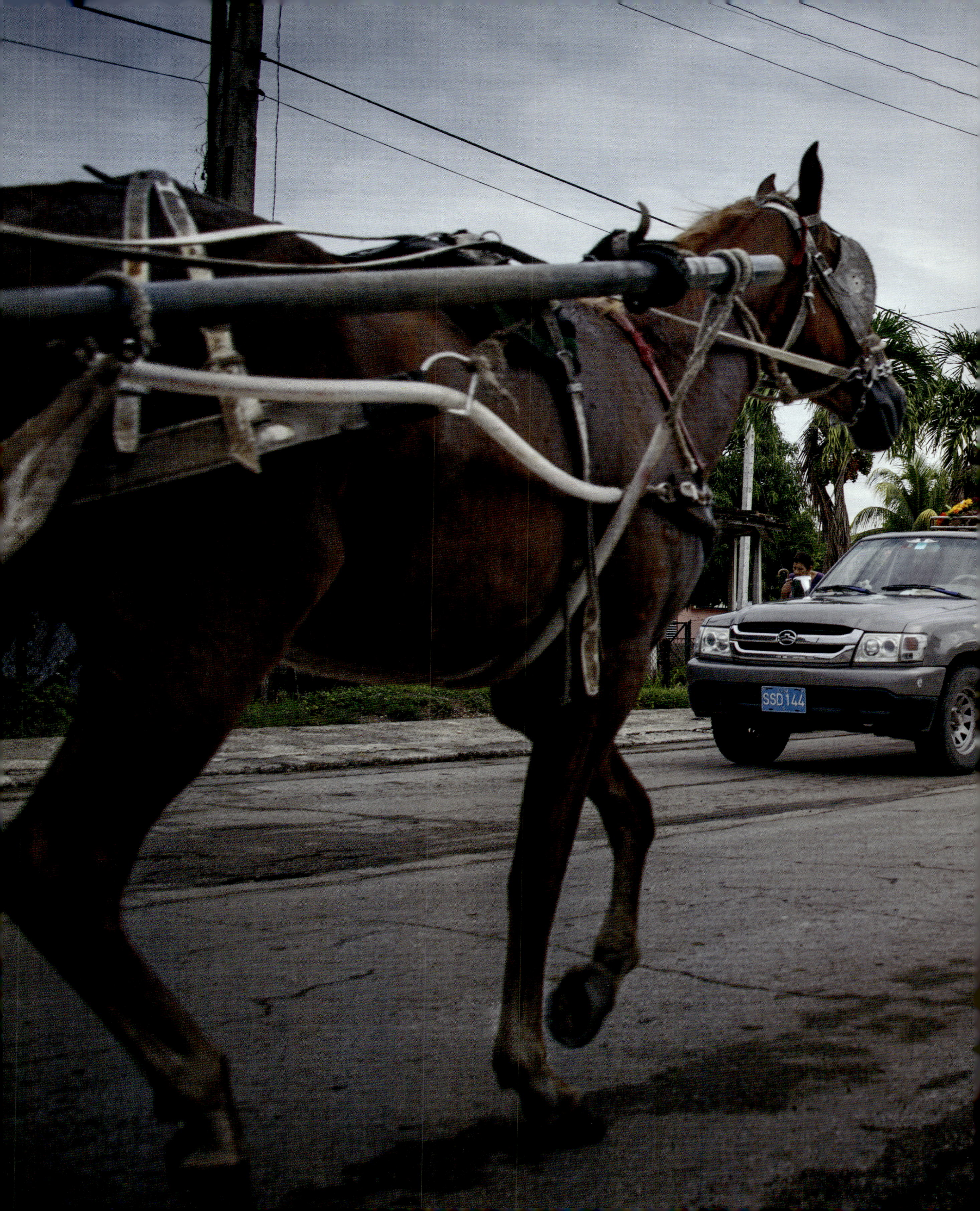
SSD 144

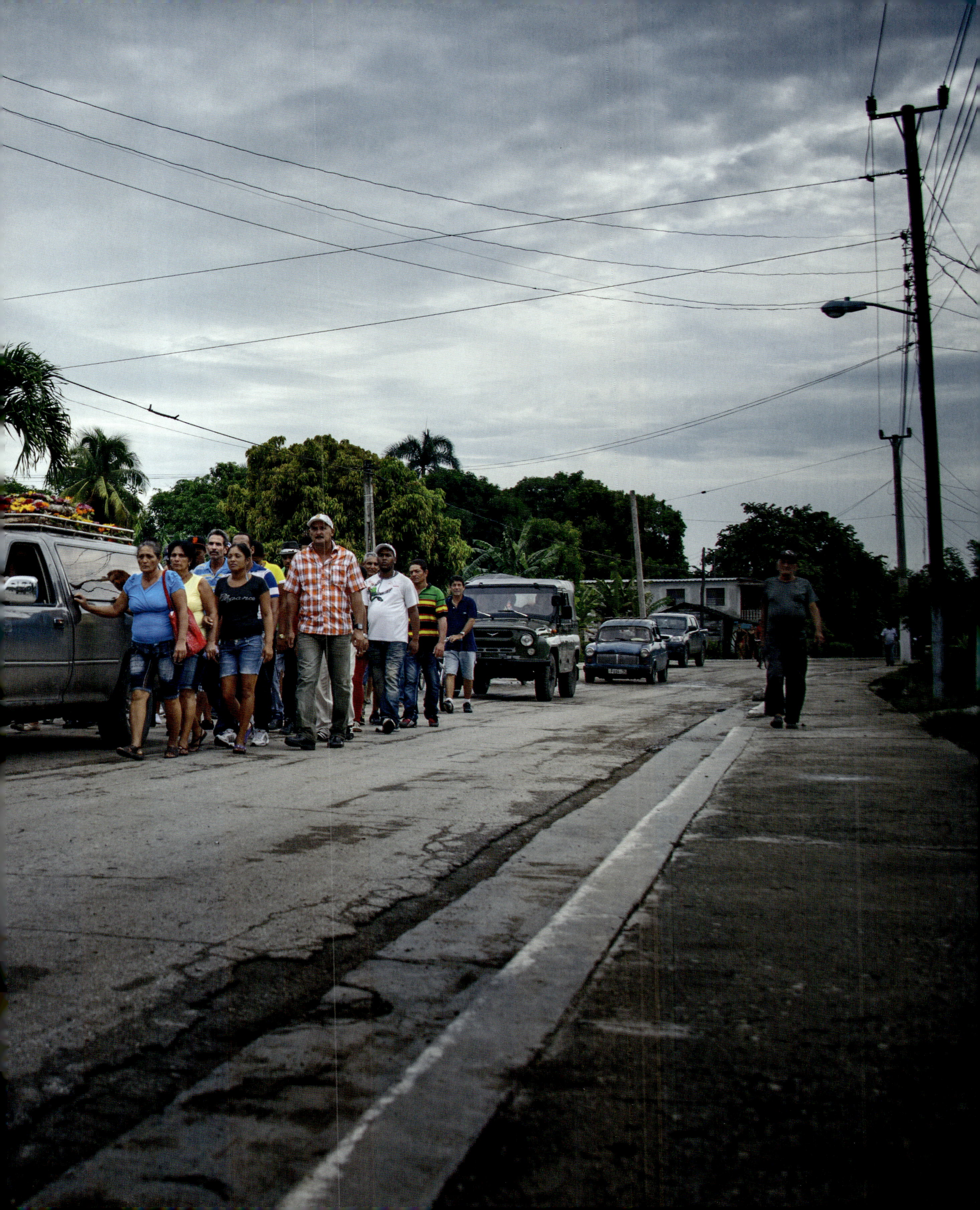

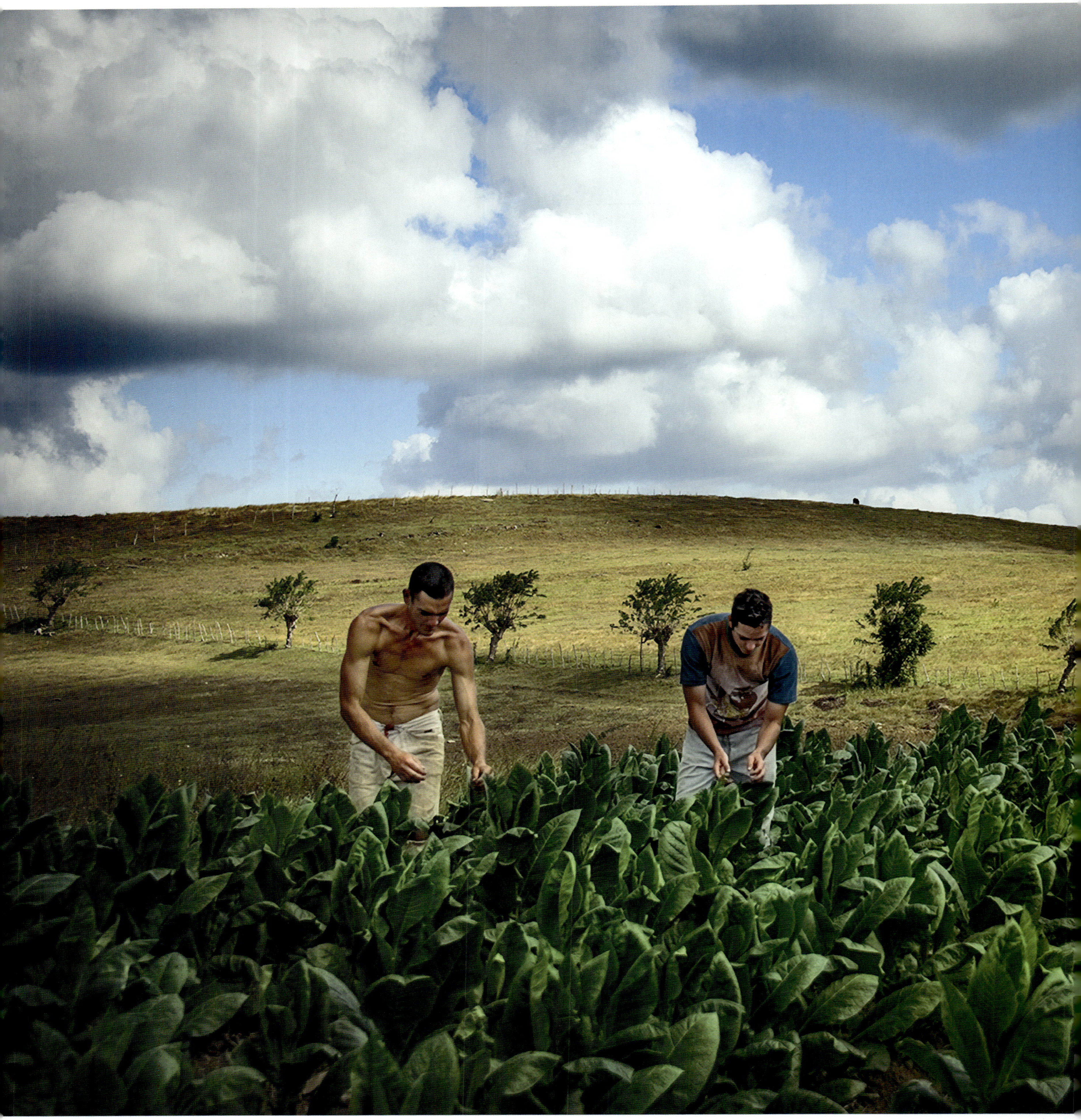

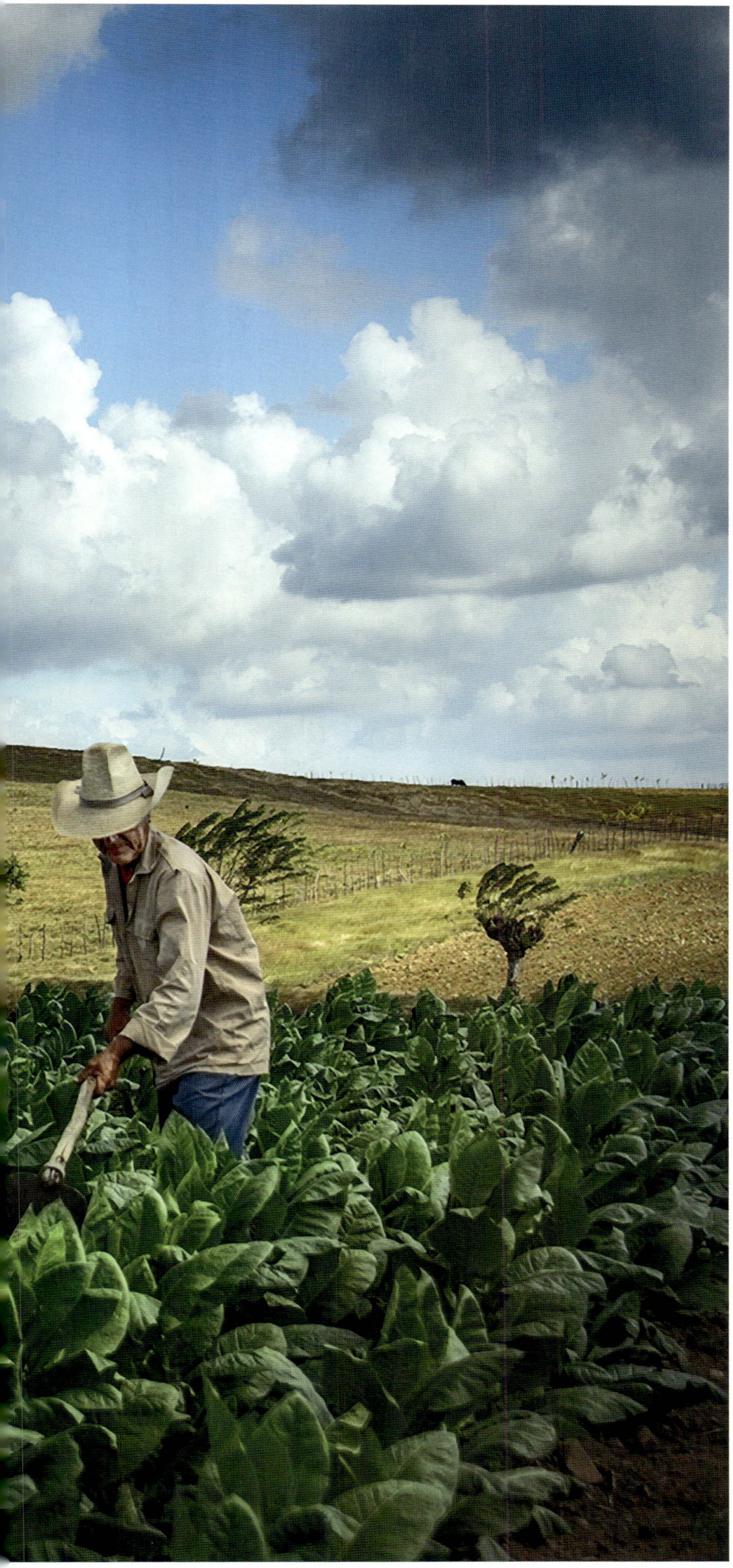

WORK
TRABAJO

The center of life for *campesinos* is work. From sunrise to sunset, men and women face the most diverse tasks: they await much-needed rain, take care of plants and animals, and protect themselves from the relentless sun with typical palm-leaf hats. Crops like sugar cane, rice, and tobacco require constant dedication under difficult weather conditions. Other chores, such as producing charcoal or making blocks and bricks for building homes, demand a lot of heavy manual labor.

El centro de la vida campesina es el trabajo. De sol a sol, hombres y mujeres realizan las más disímiles labores. Pendientes de la lluvia necesaria, se ocupan de plantas y animales, protegiéndose del sol inclemente con sombreros de yarey. Cultivos como la caña de azúcar, el arroz y el tabaco requieren de constante dedicación. Otras tareas, como la producción de carbón o de bloques y ladrillos para la construcción de viviendas, demandan un esfuerzo físico extraordinario.

LEFT | IZQUIERDA Taguasco, Sancti Spiritus {CC}

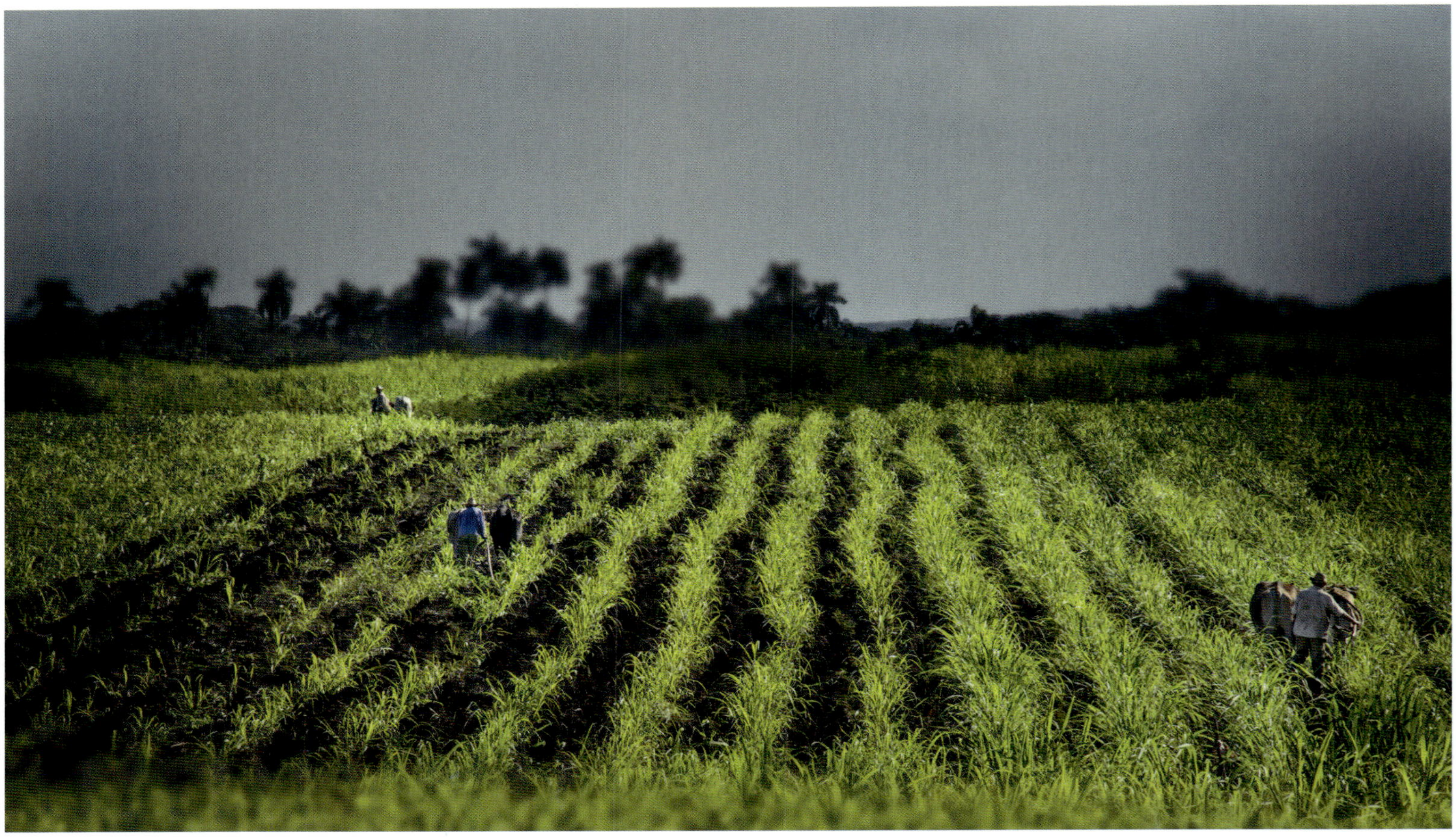

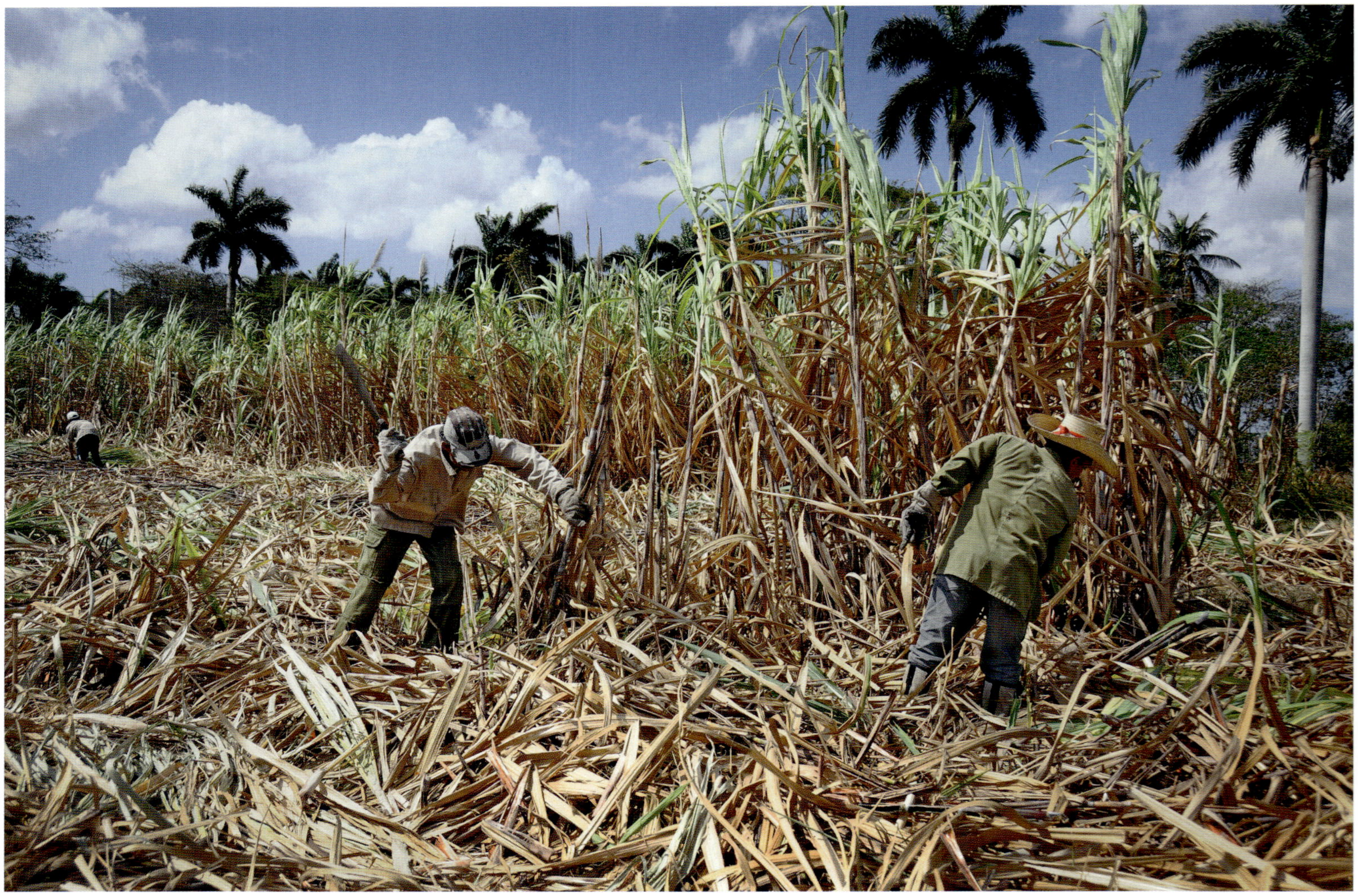

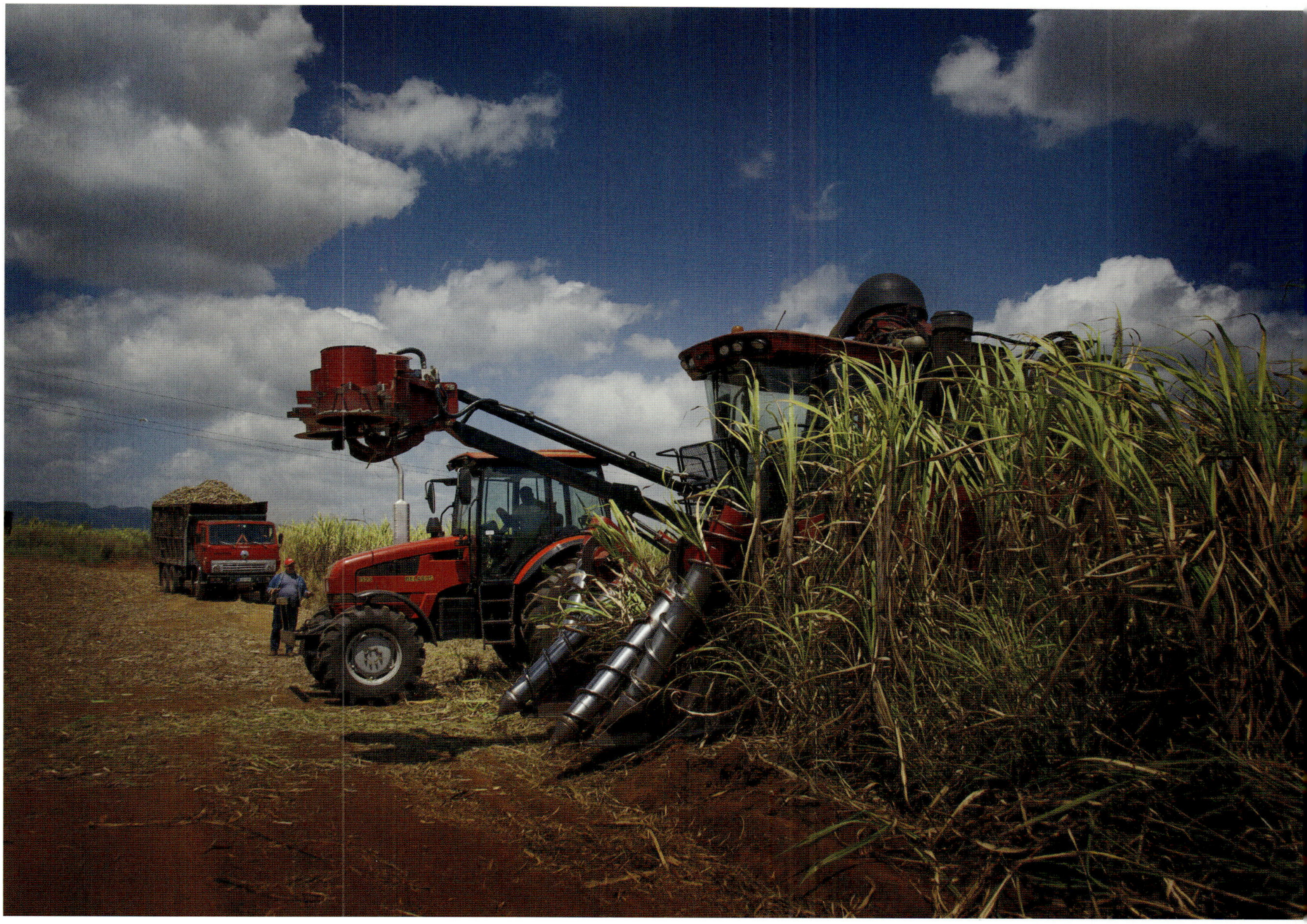

ABOVE | ARRIBA Los Palacios, Pinar del Río {CC}

OPPOSITE FROM TOP | PÁGINA OPUESTA DE ARRIBA A ABAJO
Abreus, Cienfuegos {JL}
Niquero, Granma {JL}

OVERLEAF | PÁGINA SIGUIENTE Madruga, Mayabeque {CC}

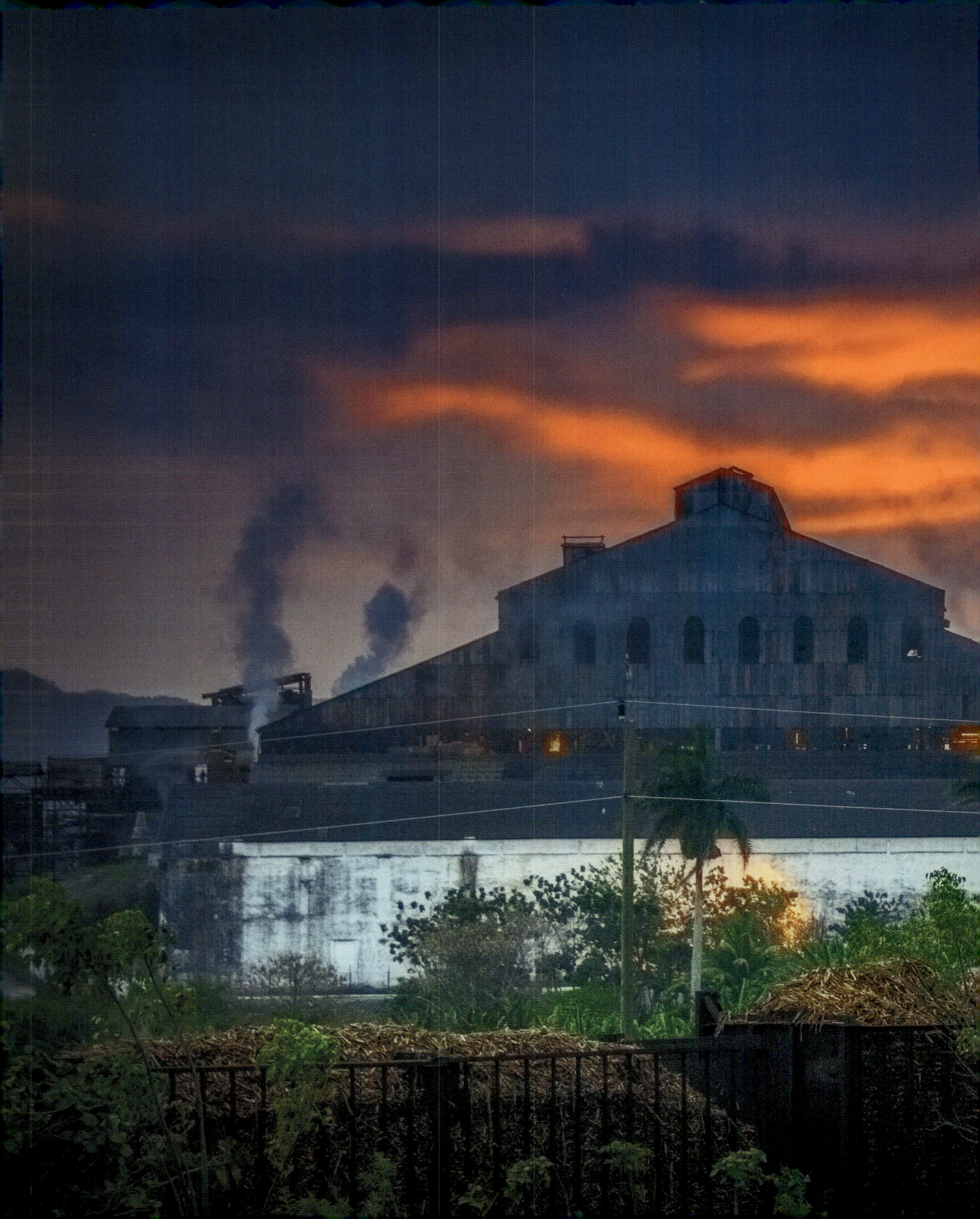

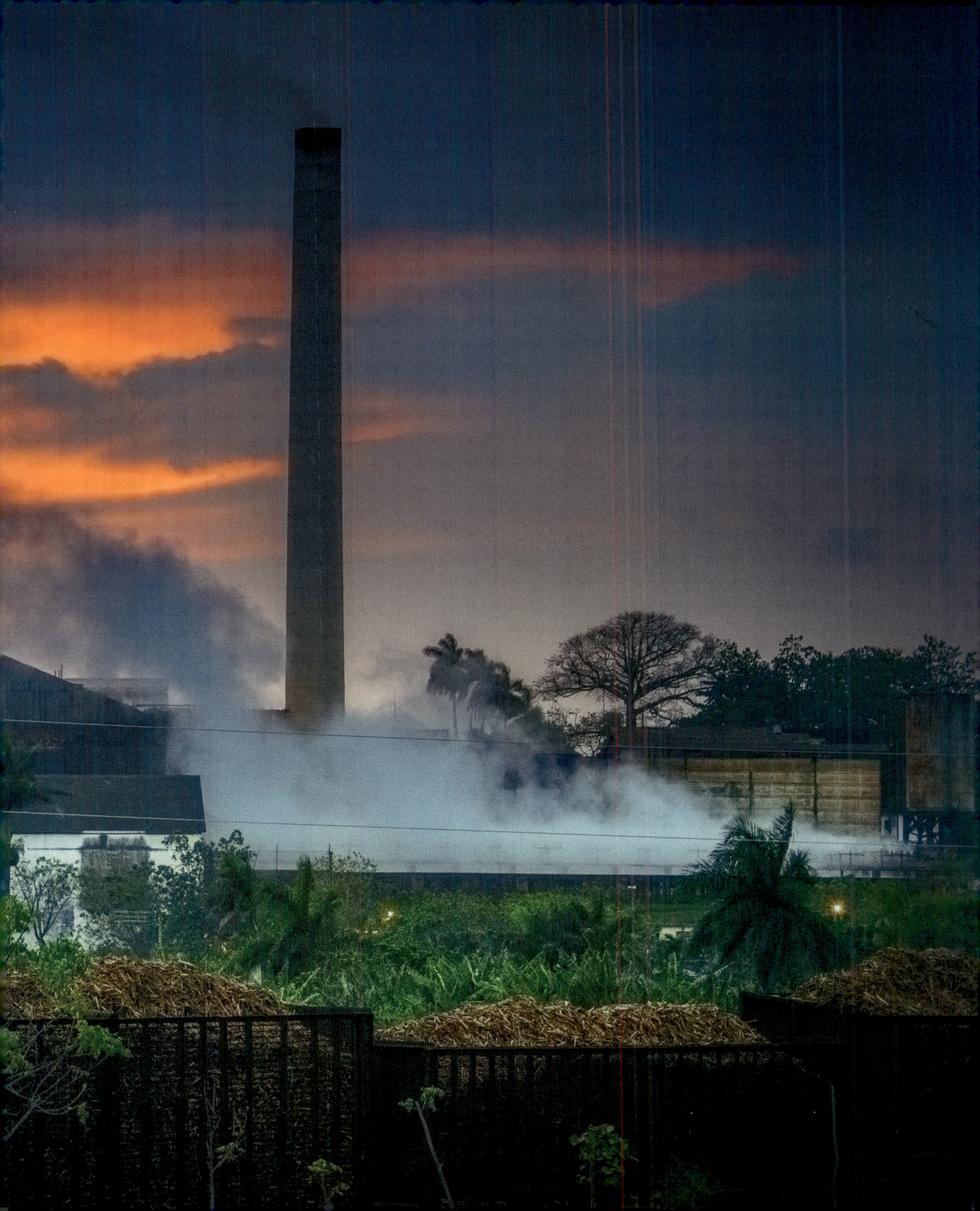

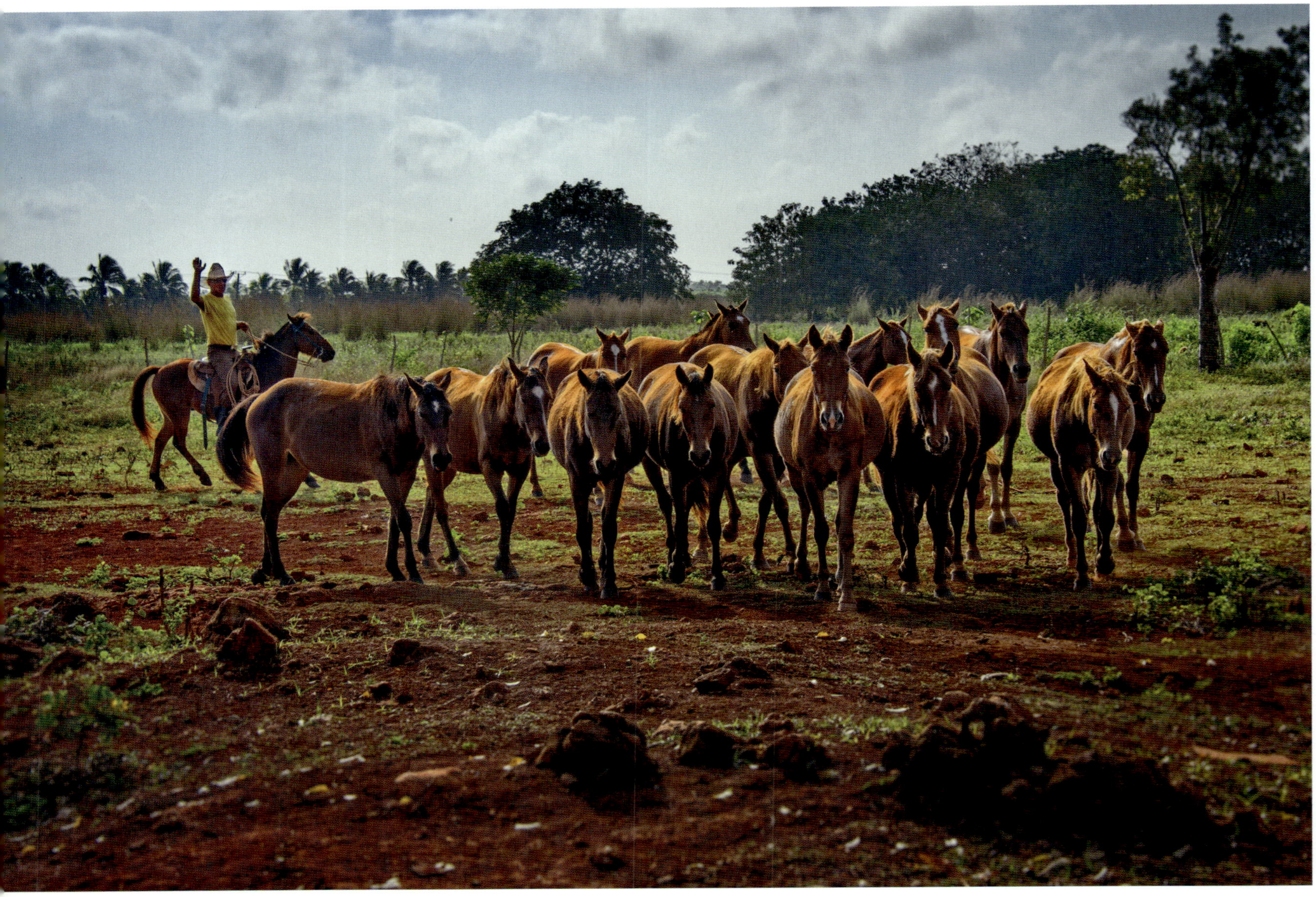

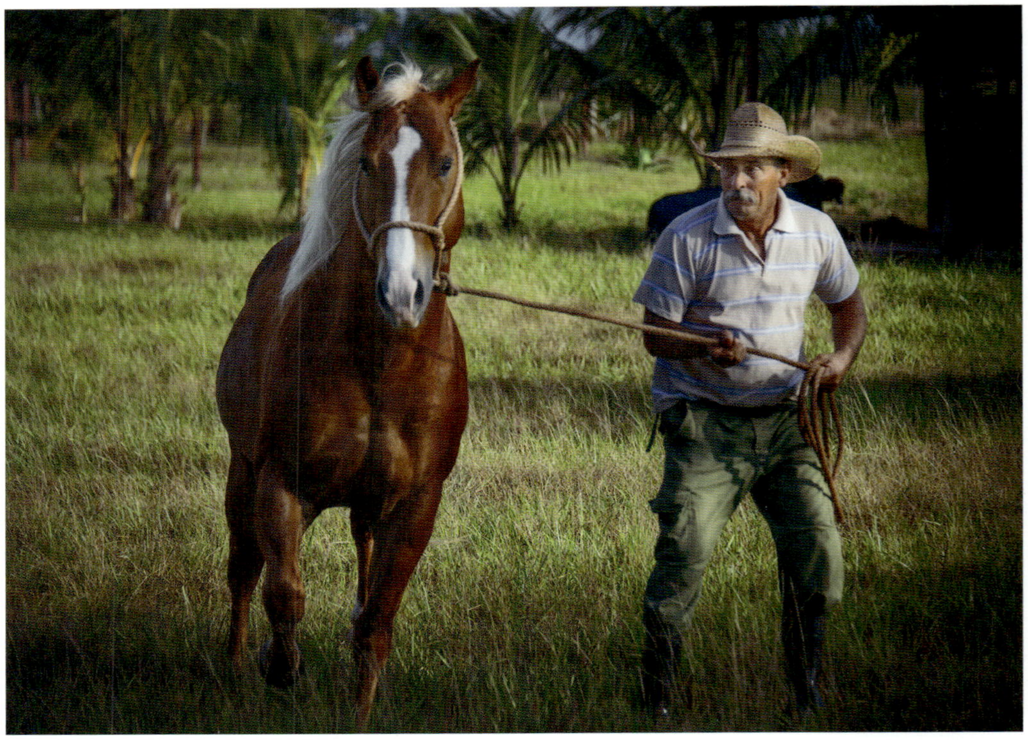

ABOVE | ARRIBA
Colón, Matanzas {CC}

RIGHT | DERECHA
René Fraga, Matanzas {CC}

OPPOSITE | PÁGINA OPUESTA
Manzanillo, Granma {JL}

OVERLEAF | PÁGINA SIGUIENTE
Buecito, Granma {CC}

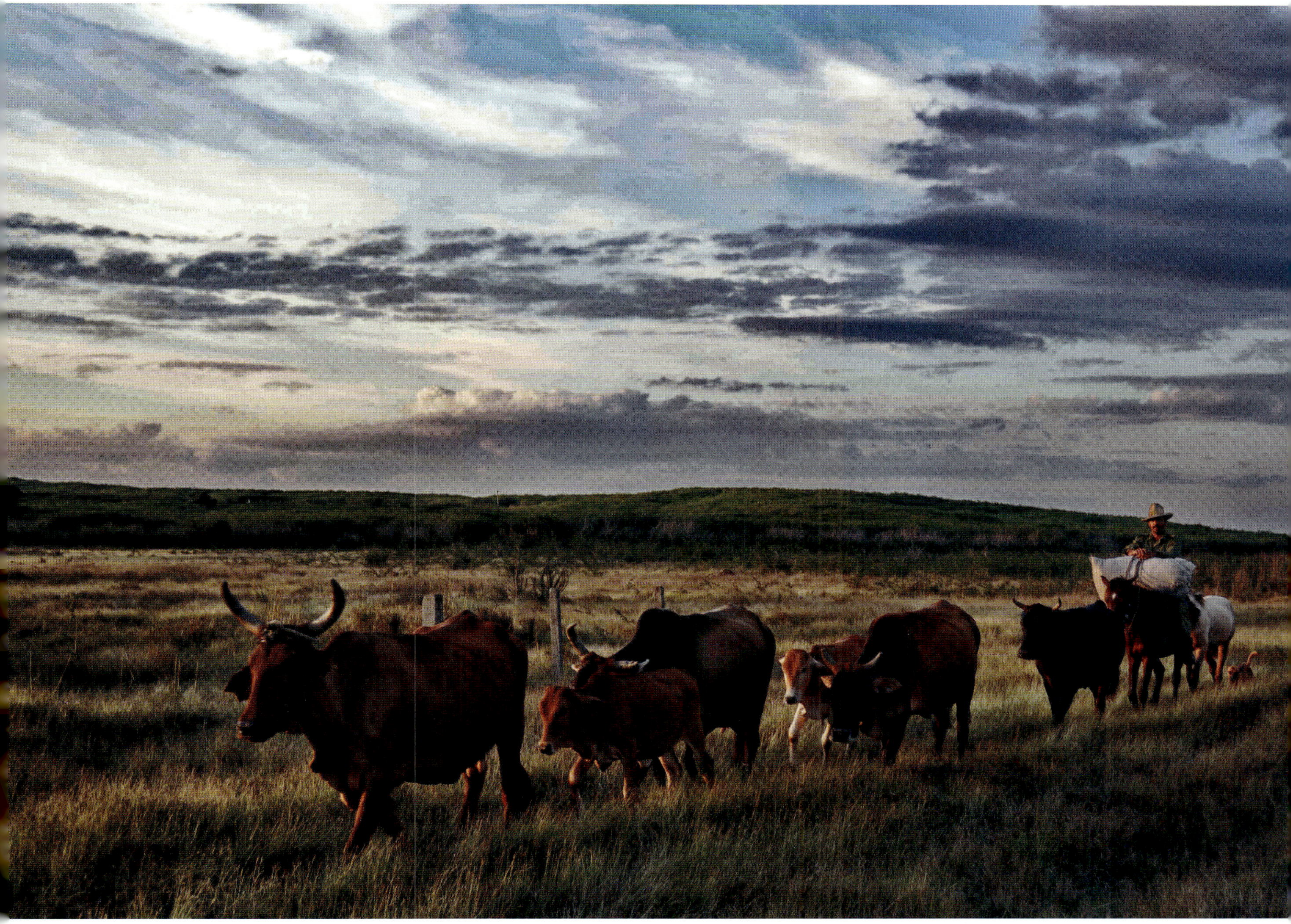

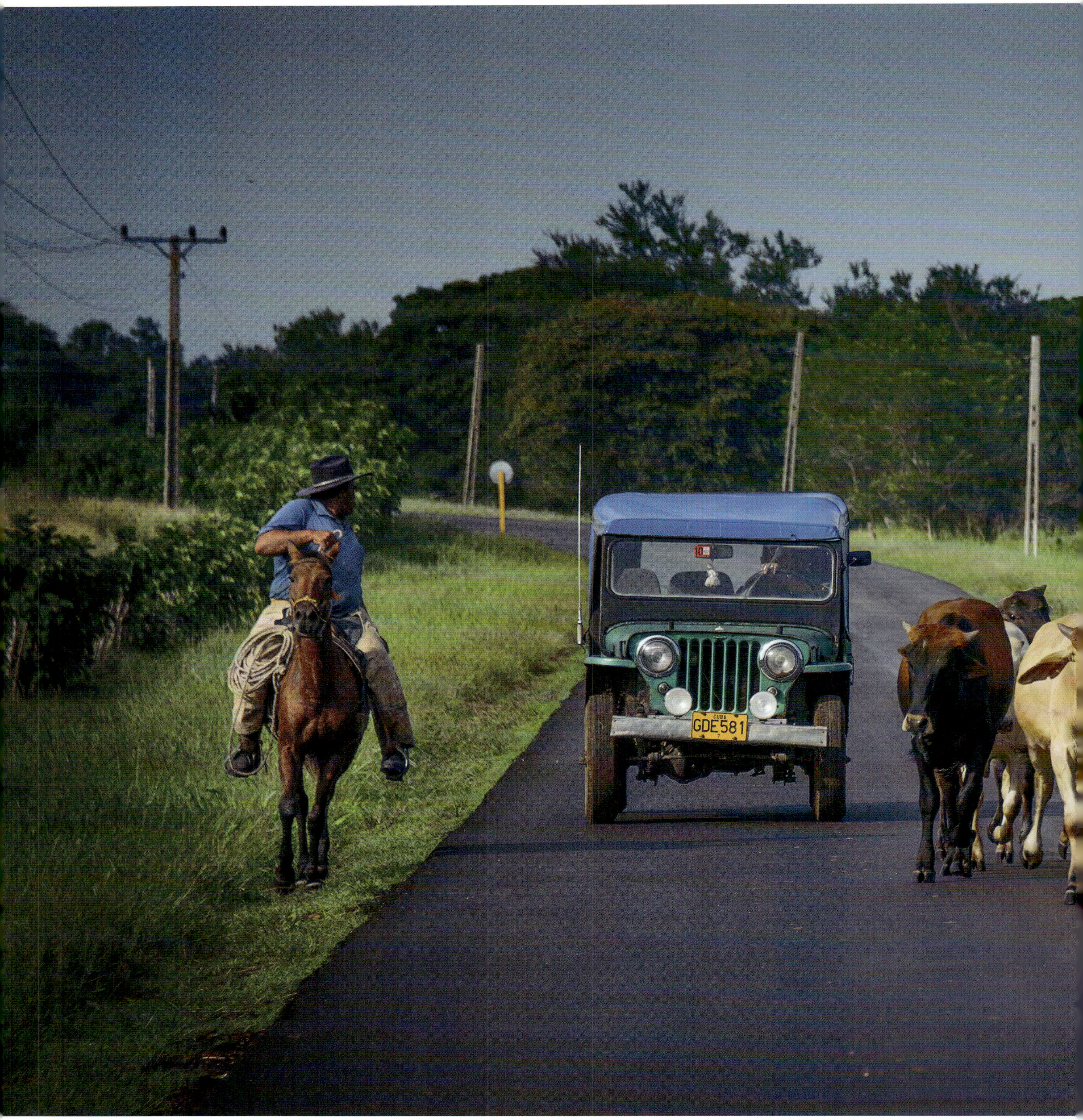
GDE 581

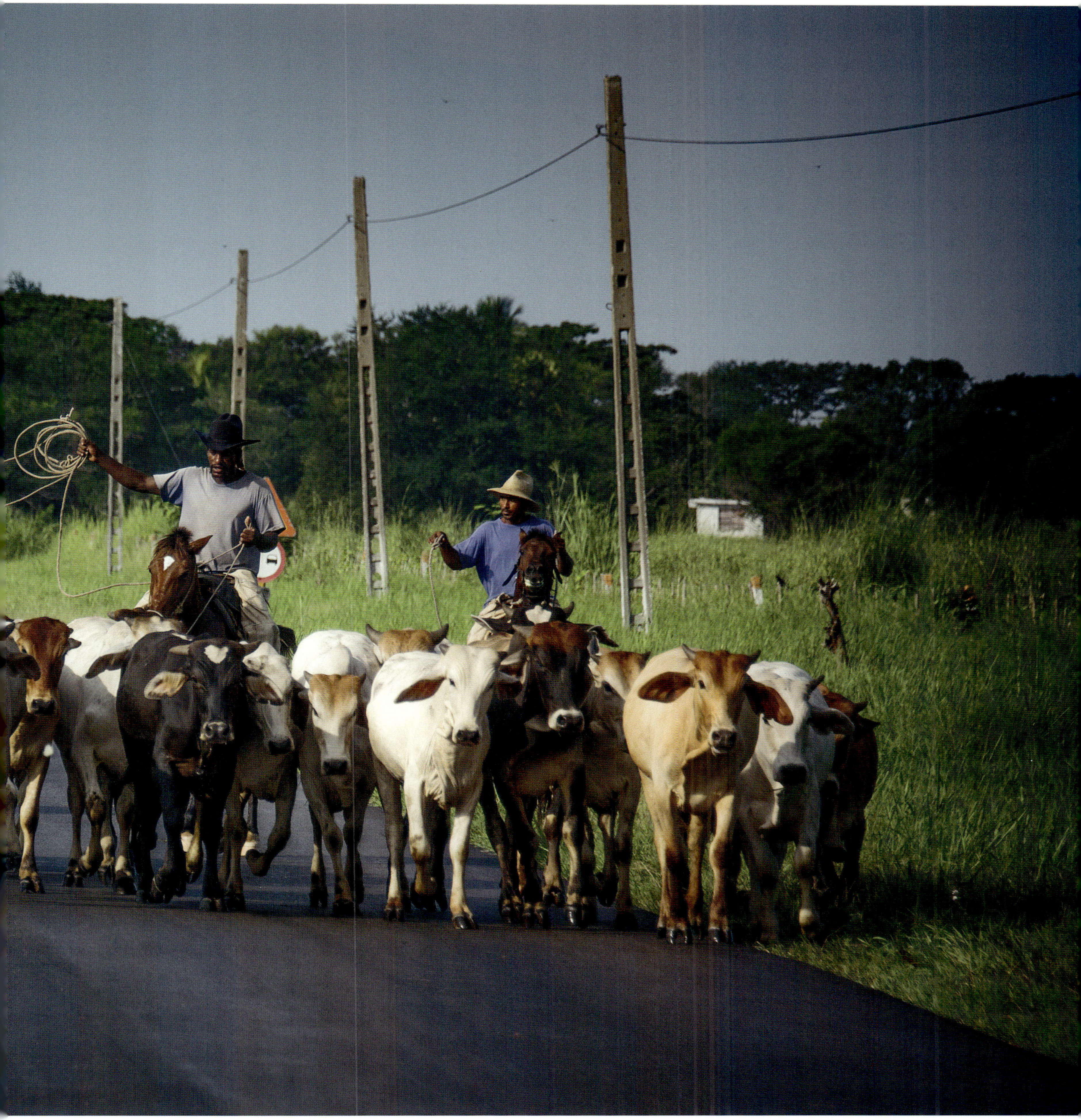

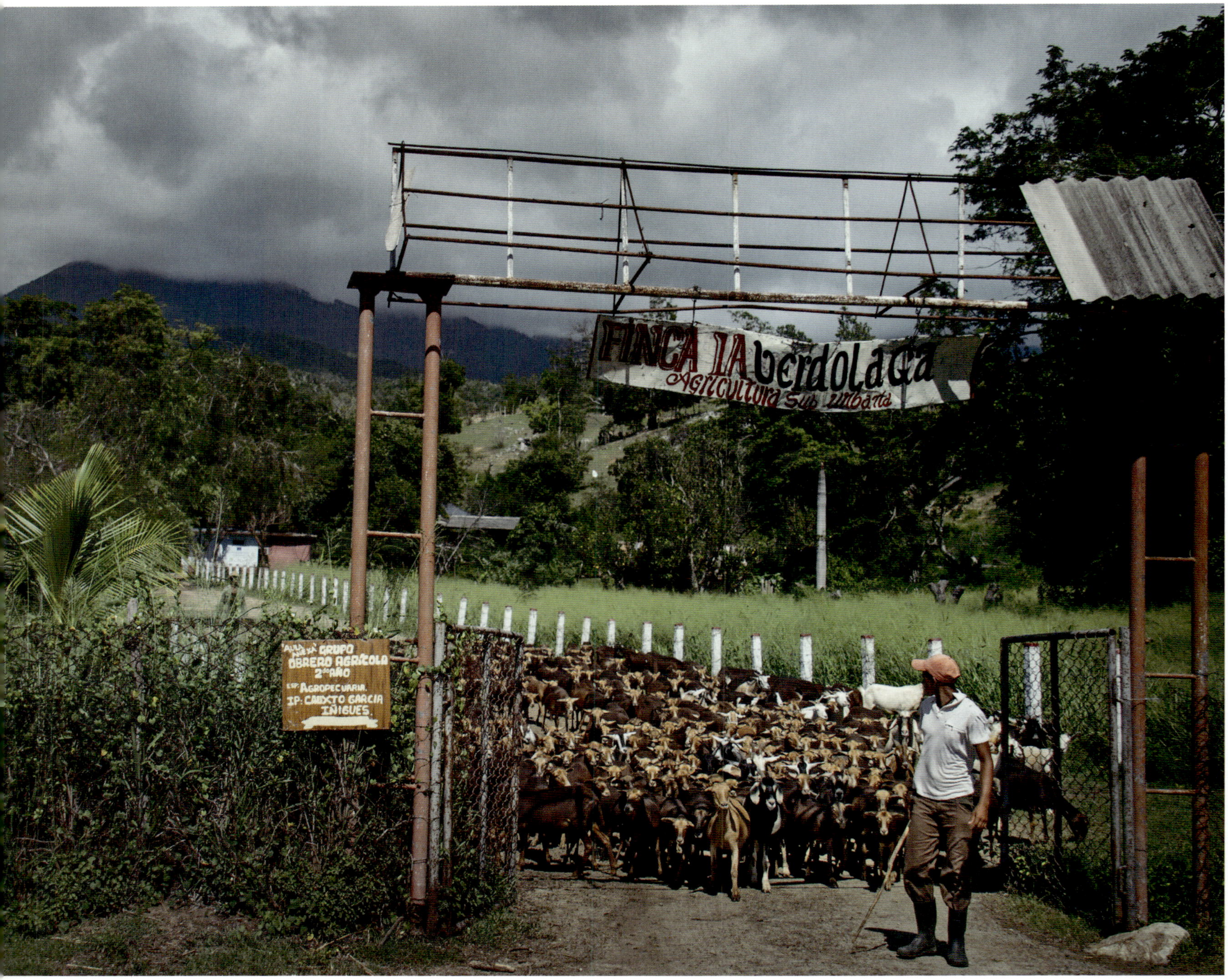
FINCA LA verdolaga
Agricultura sub urbana
GRUPO
OBRERO AGRÍCOLA
2do AÑO
AGROPECUARIA.
IÑIGUES.

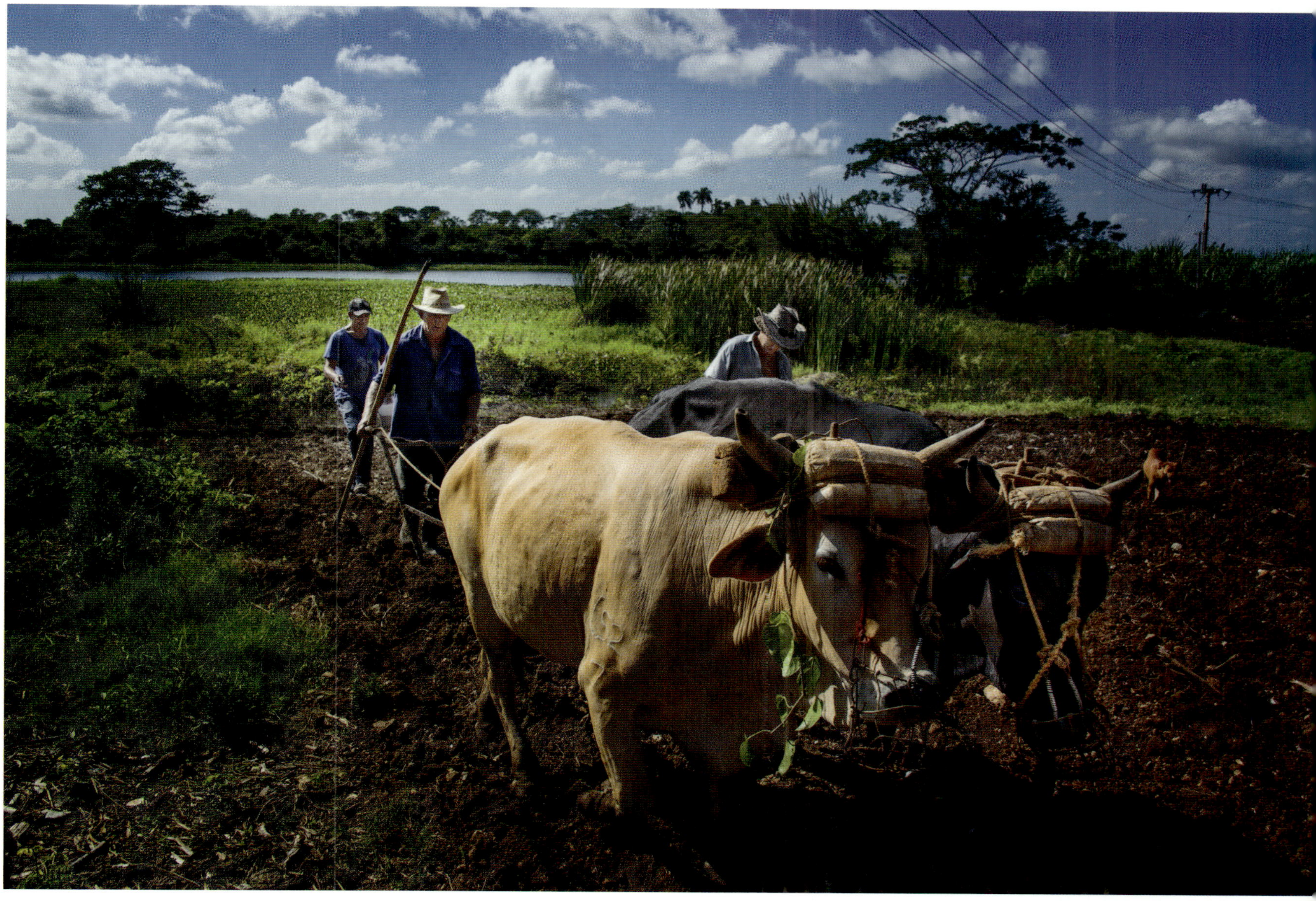

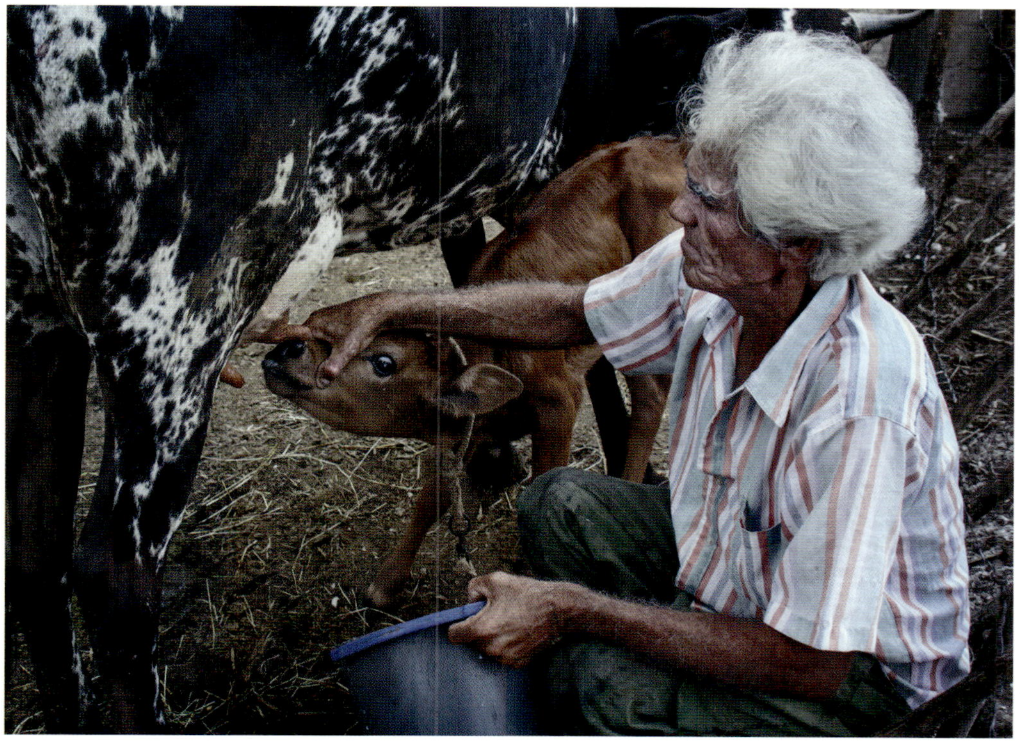

ABOVE | ARRIBA
Santa Isabel, Cienfuegos {CC}

LEFT | IZQUIERDA
Madruga, Mayabeque {JL}

OPPOSITE | PÁGINA OPUESTA
Sigua, Santiago de Cuba {JL}

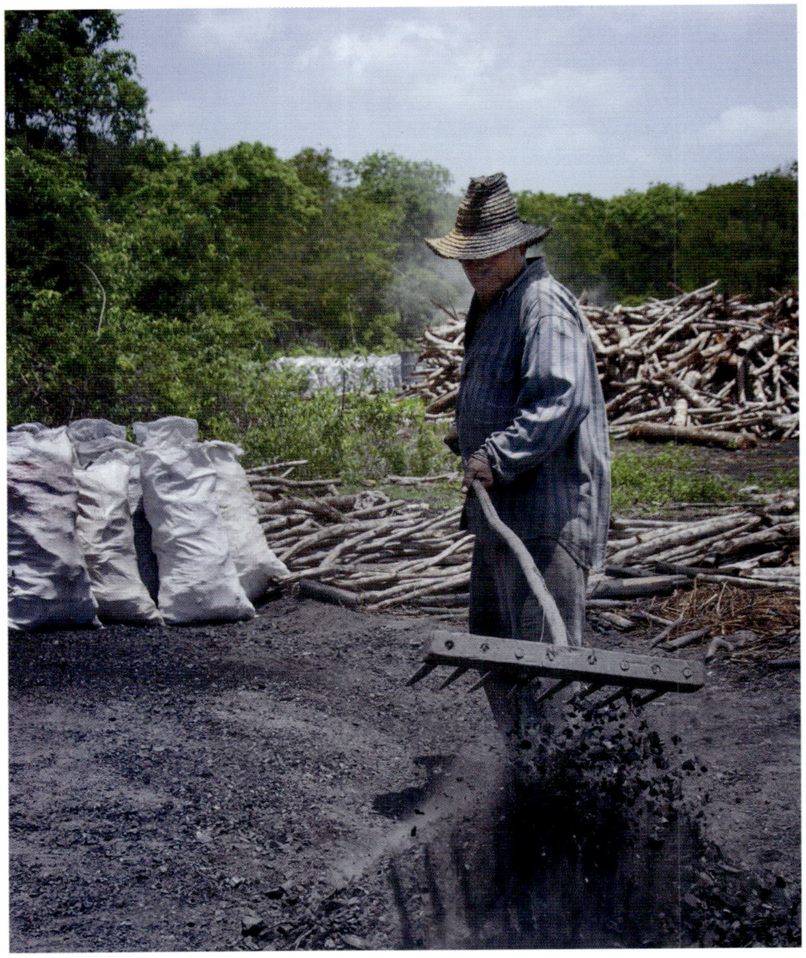
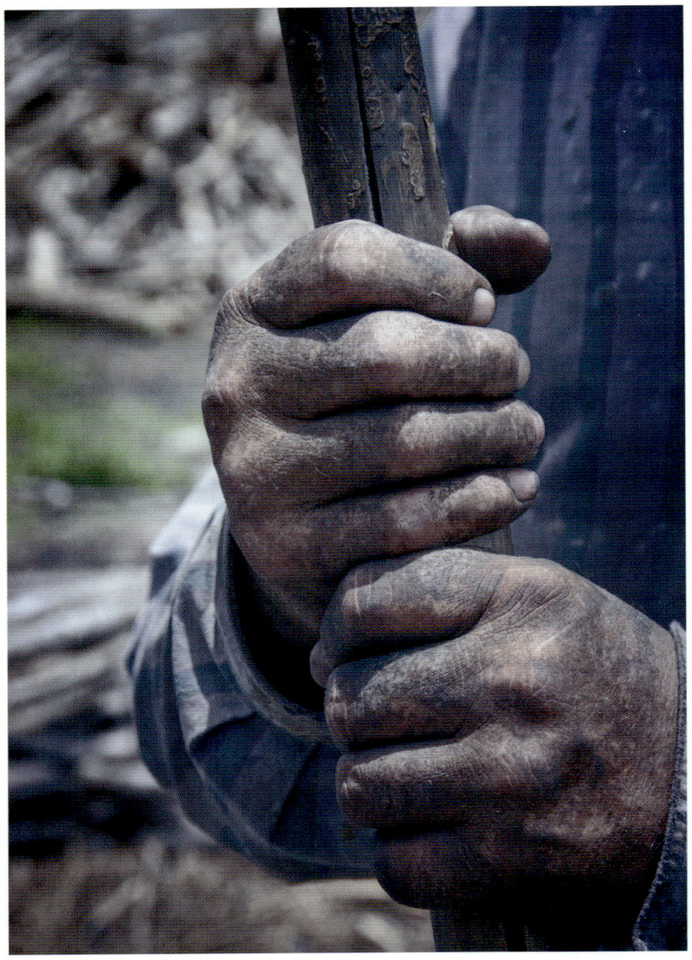
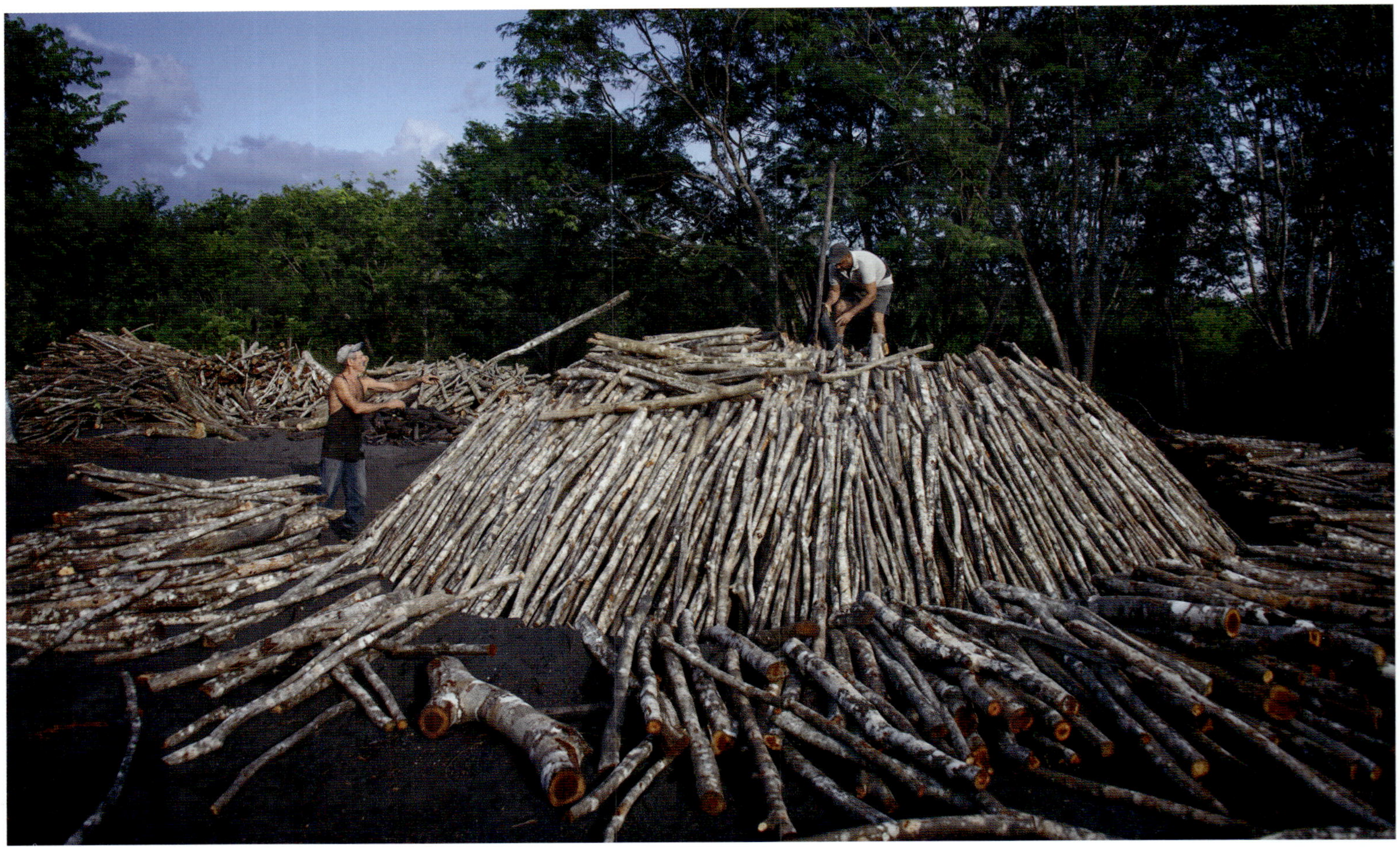

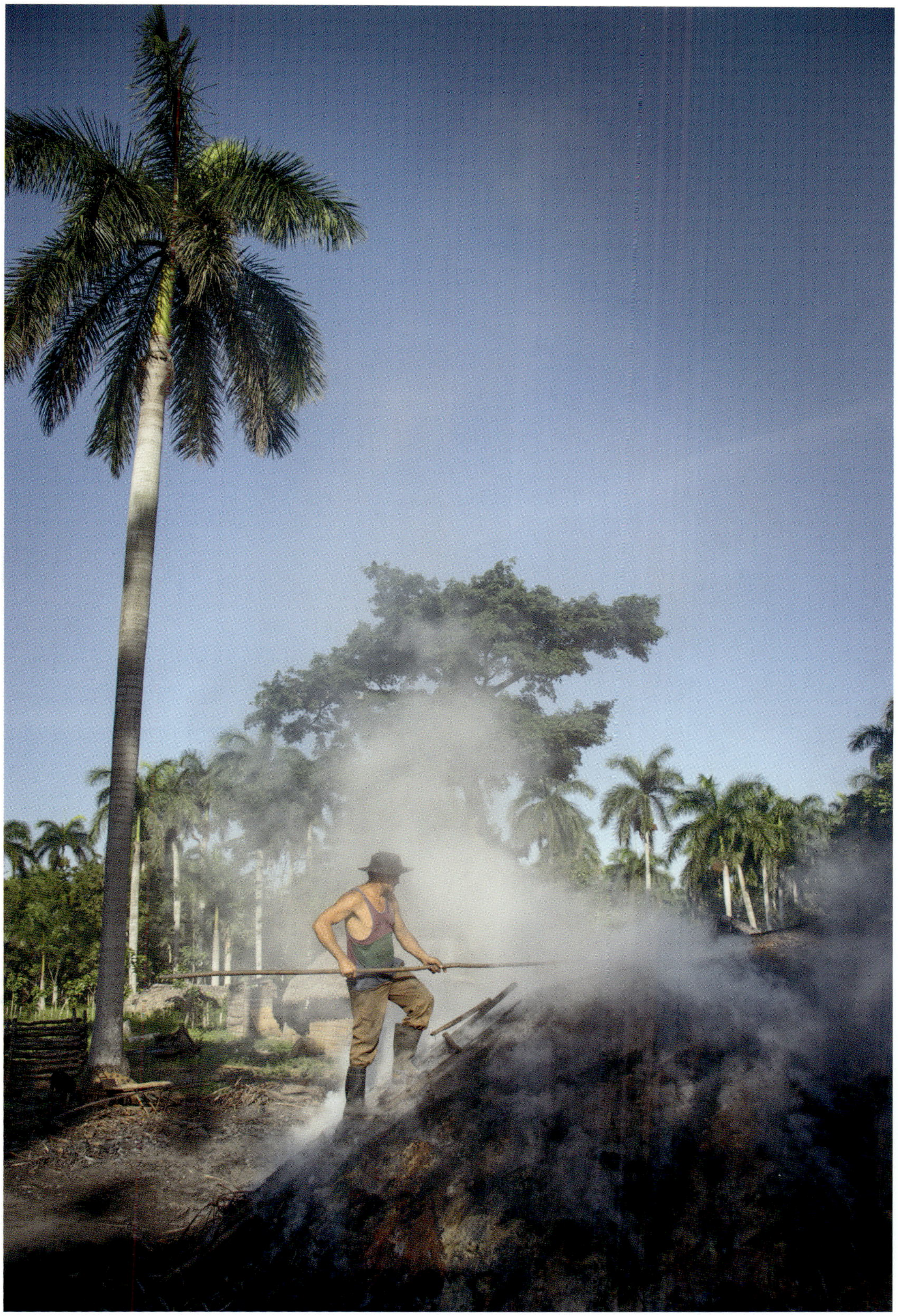

ABOVE | ARRIBA Las Terrazas, Artemisa {JL}

OPPOSITE TOP | PÁGINA OPUESTA DE ARRIBA Playa Maceo, Matanzas {JL}

OPPOSITE BOTTOM | PÁGINA OPUESTA DE ABAJO Soplillar, Matanzas {JL}

OVERLEAF | PÁGINA SIGUIENTE San Antonio, Guantánamo {JL}

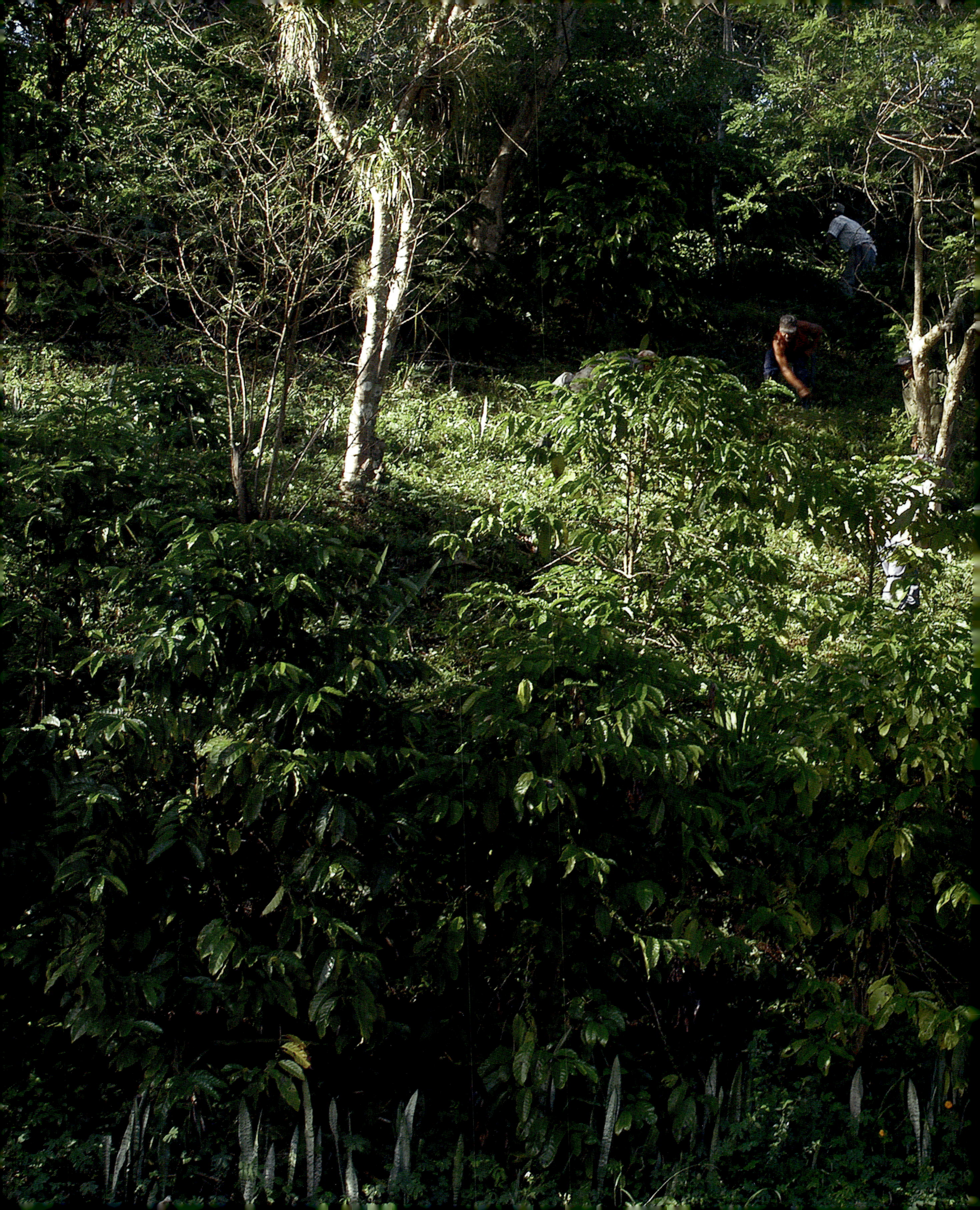

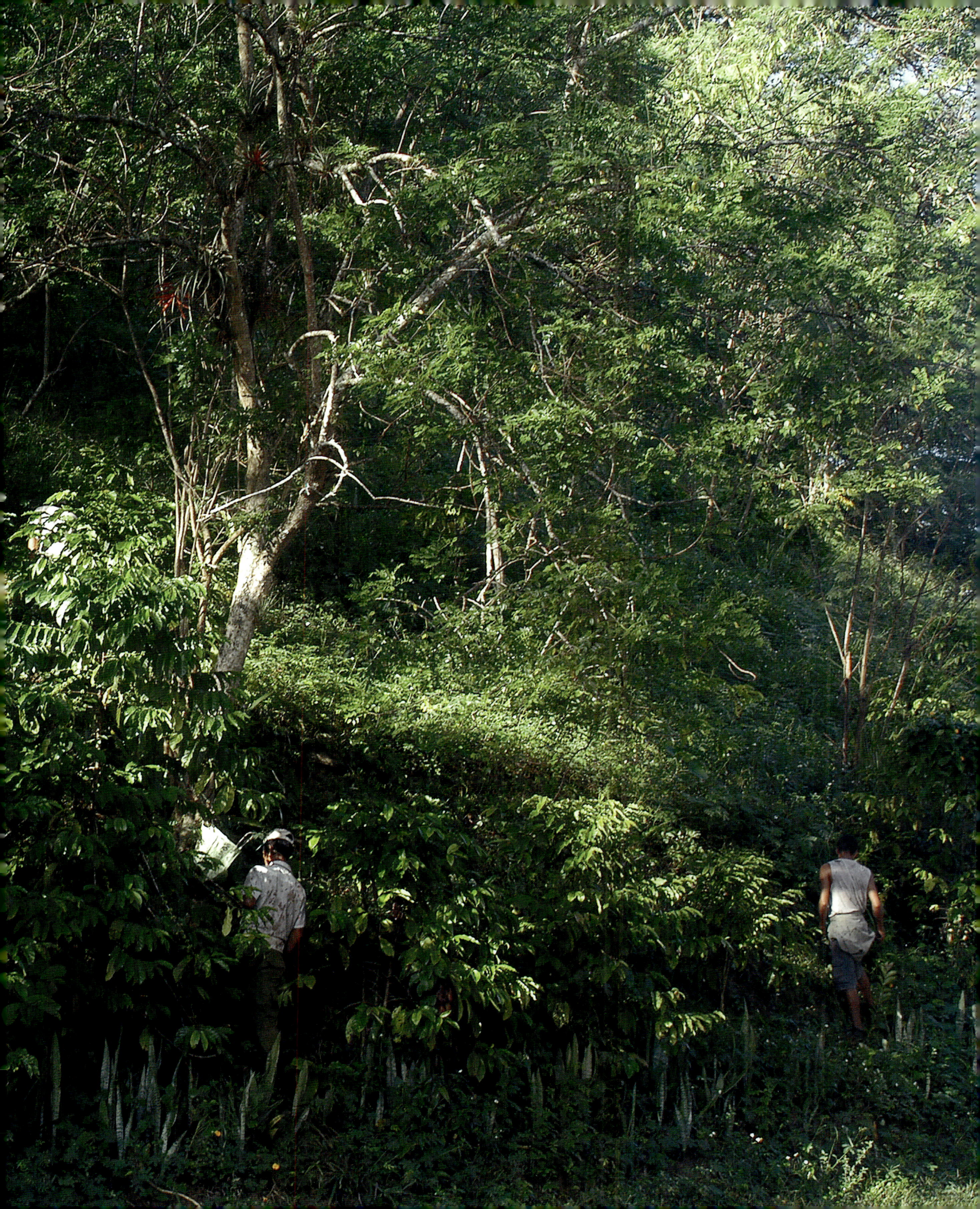

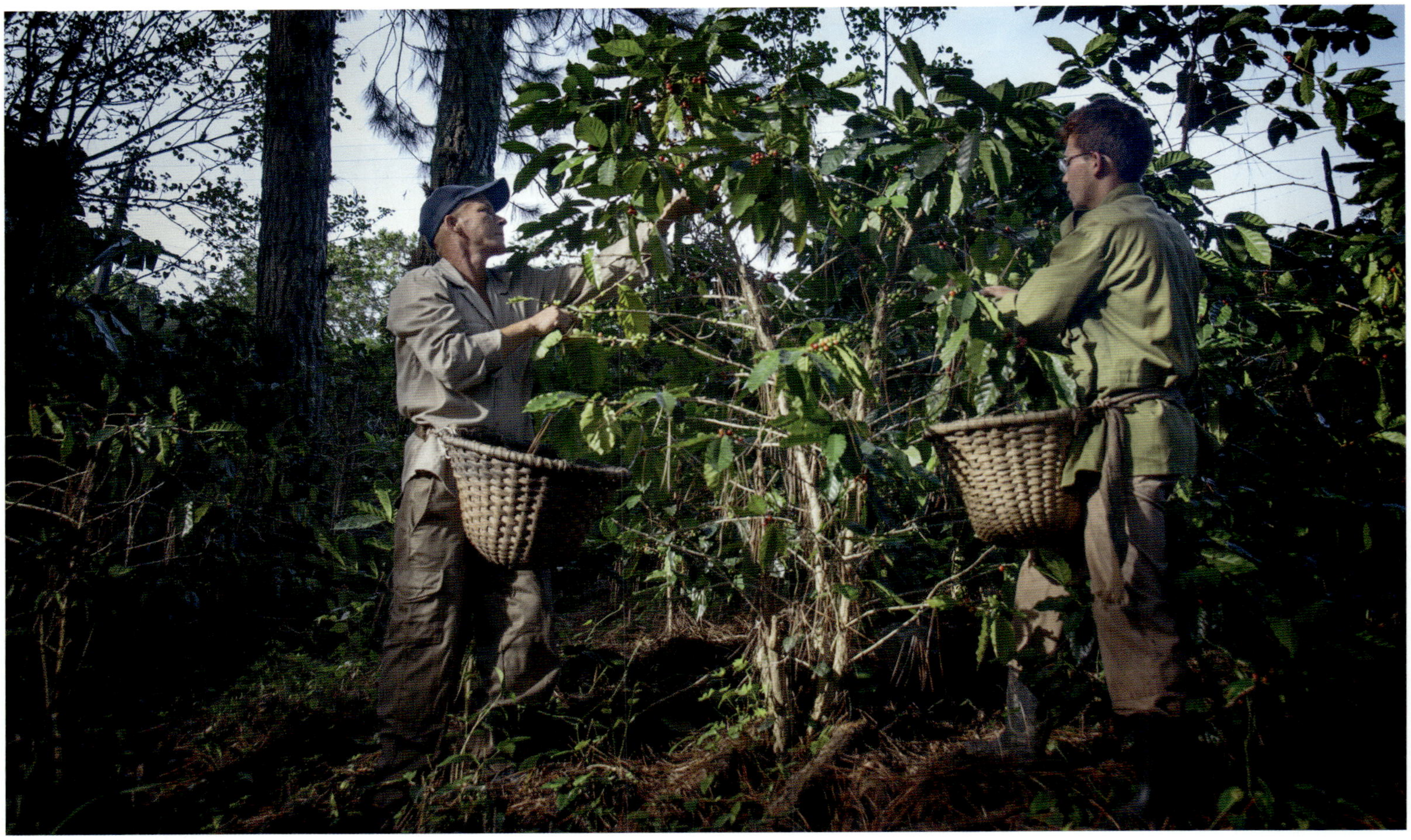

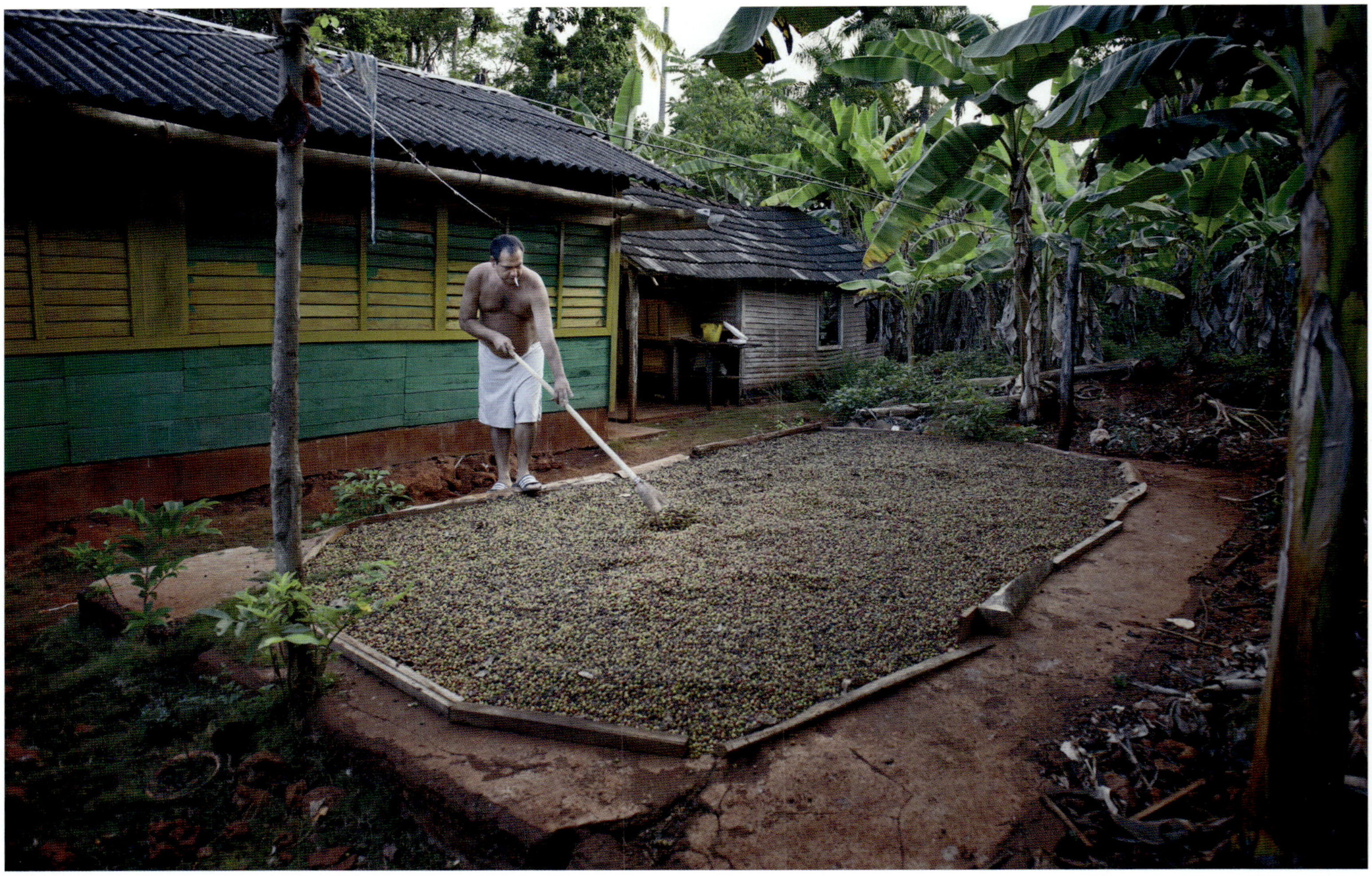

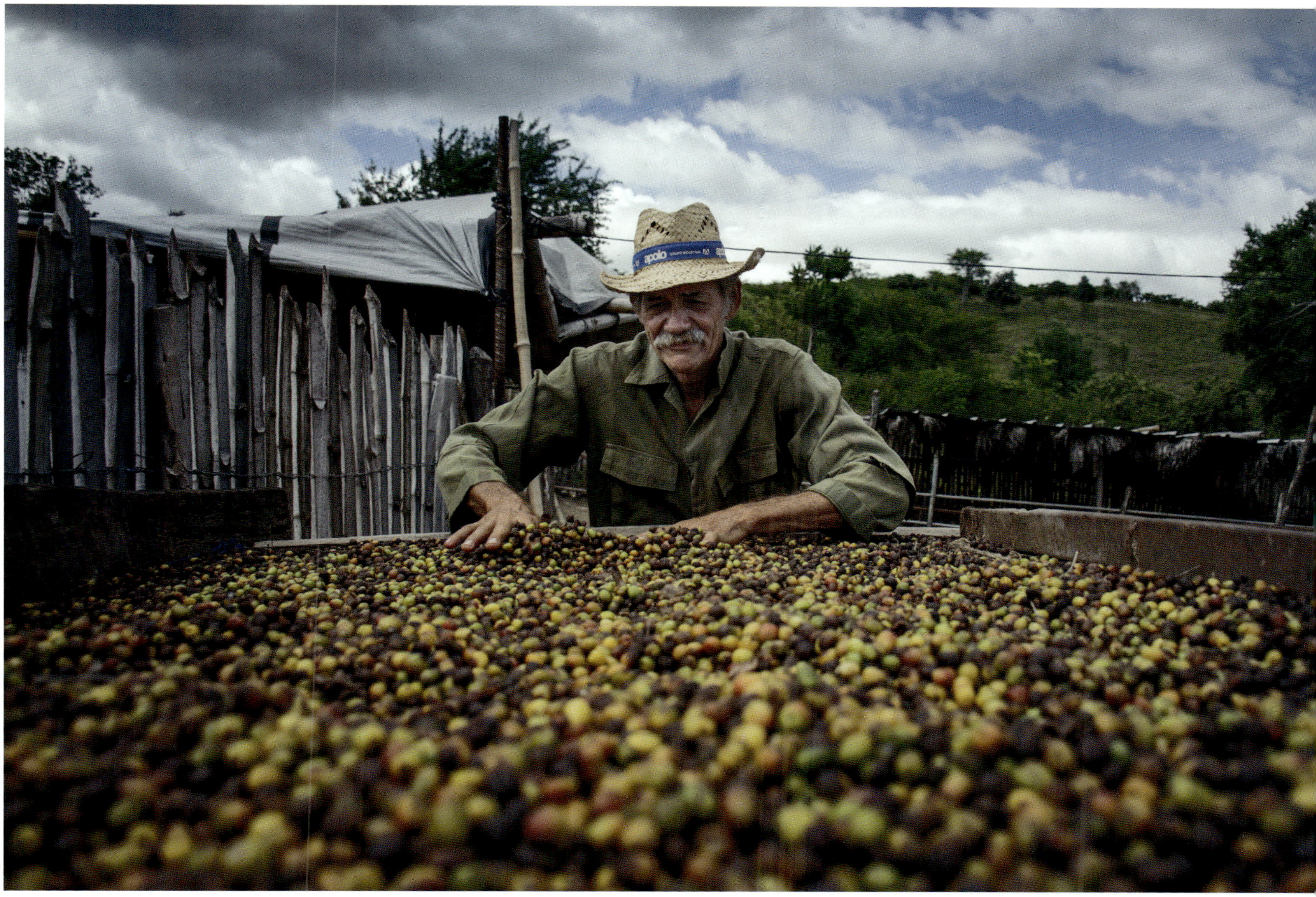

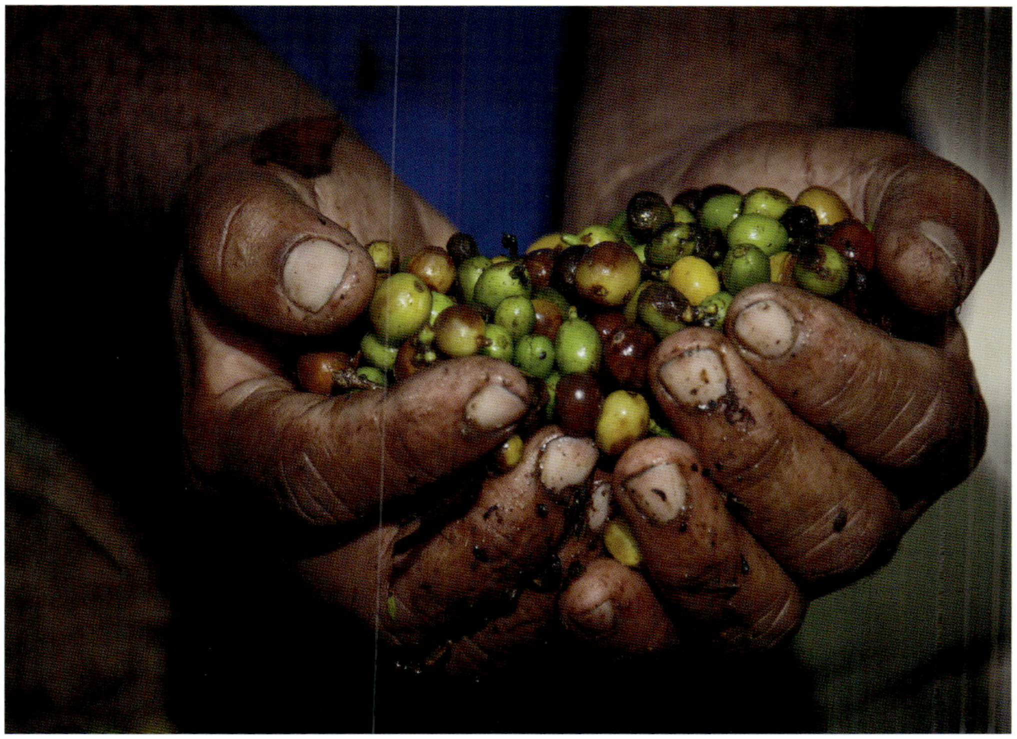

ABOVE | ARRIBA
El Caney, Santiago de Cuba {JL}

LEFT | IZQUIERDA
Buecito, Granma {CC}

OPPOSITE FROM TOP | PÁGINA OPUESTA DE ARRIBA A ABAJO
Topes de Collantes, Sancti Spiritus {JL}
Majayara, Guantánamo {CC}

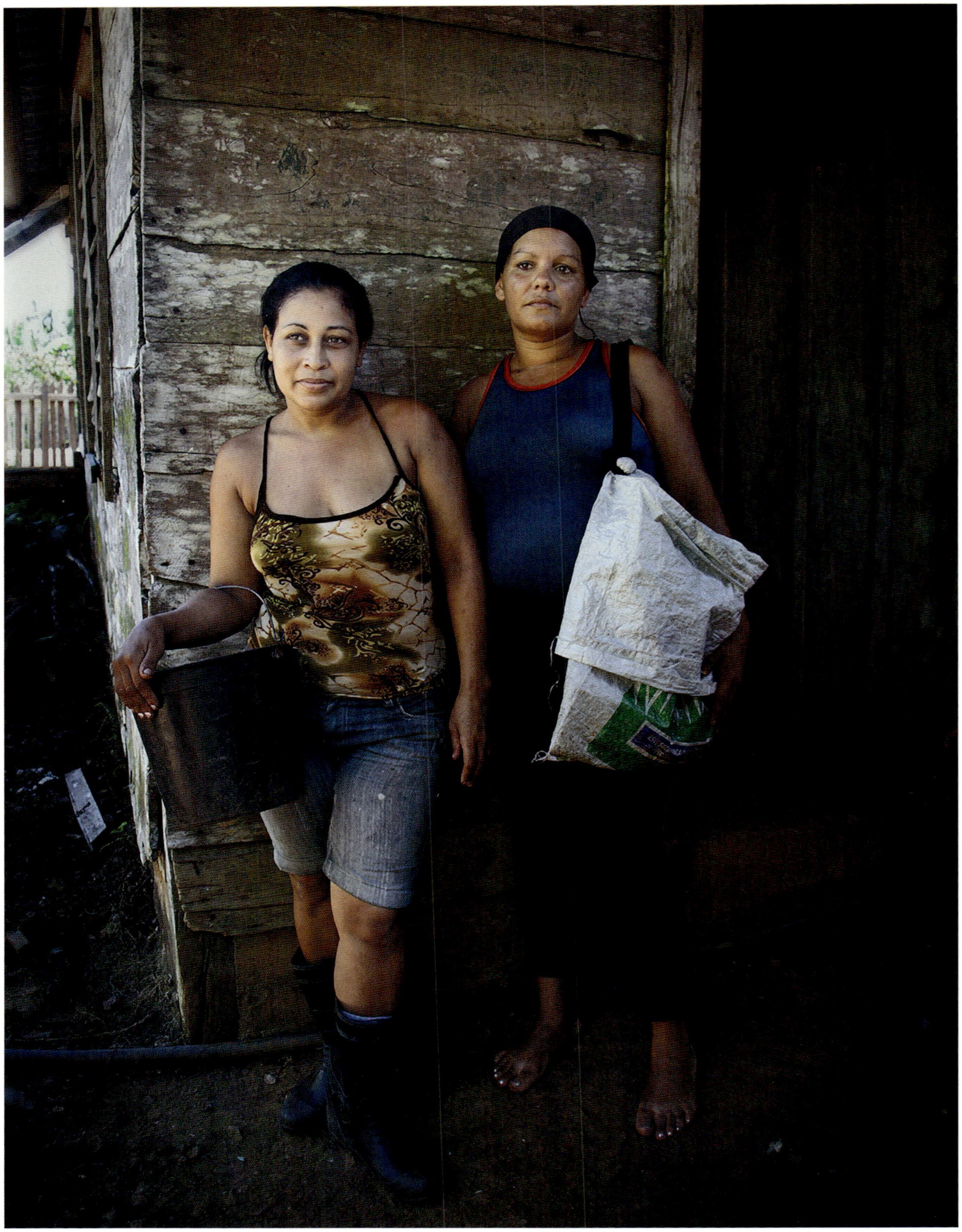

ABOVE | ARRIBA Maisí, Guantánamo {CC}

OPPOSITE FROM TOP | PÁGINA OPUESTA DE ARRIBA A ABAJO
Mandinga, Guantánamo {JL}
Buecito, Granma {JL}

OVERLEAF | PÁGINA SIGUIENTE Viñales, Pinar del Río {JL}

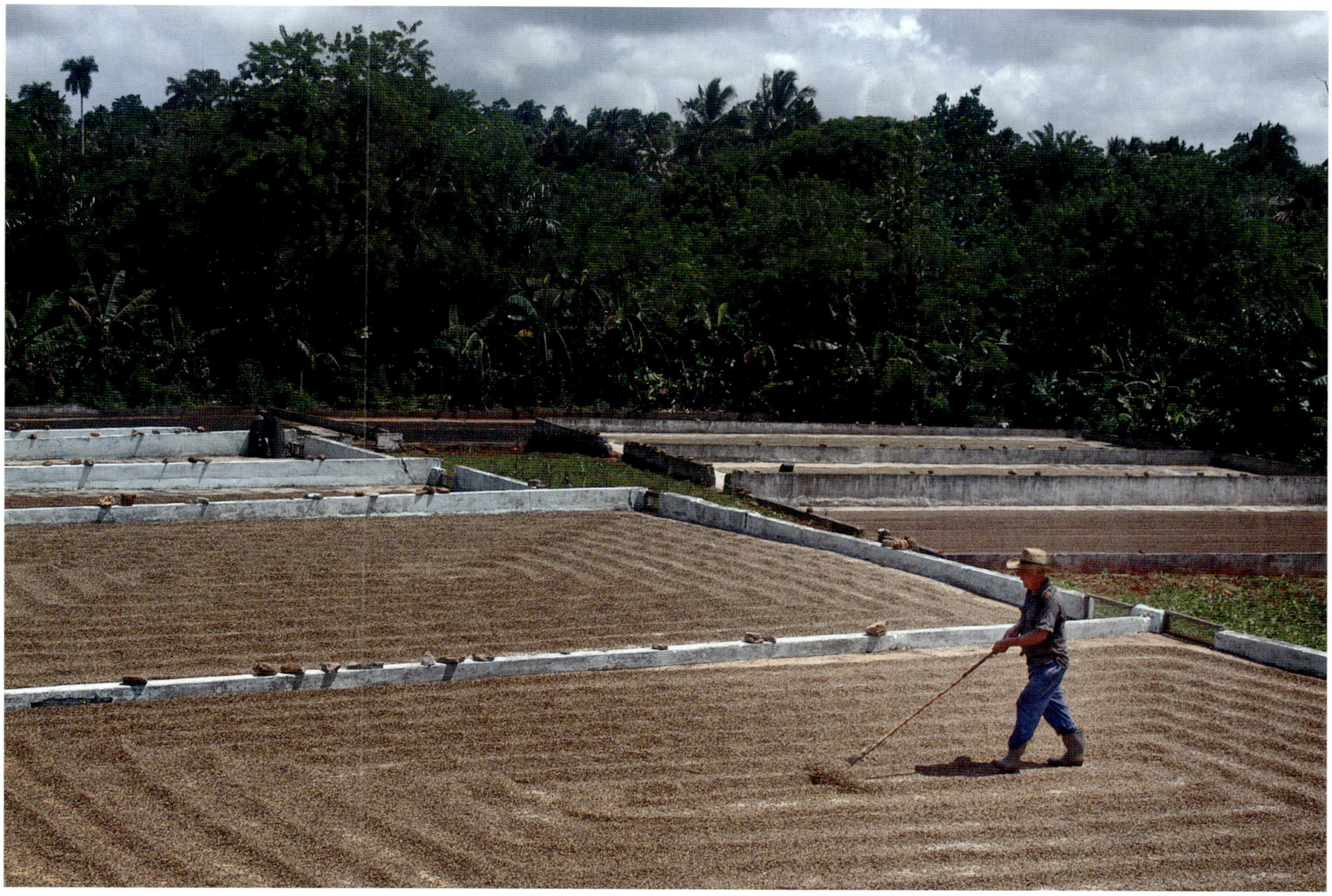

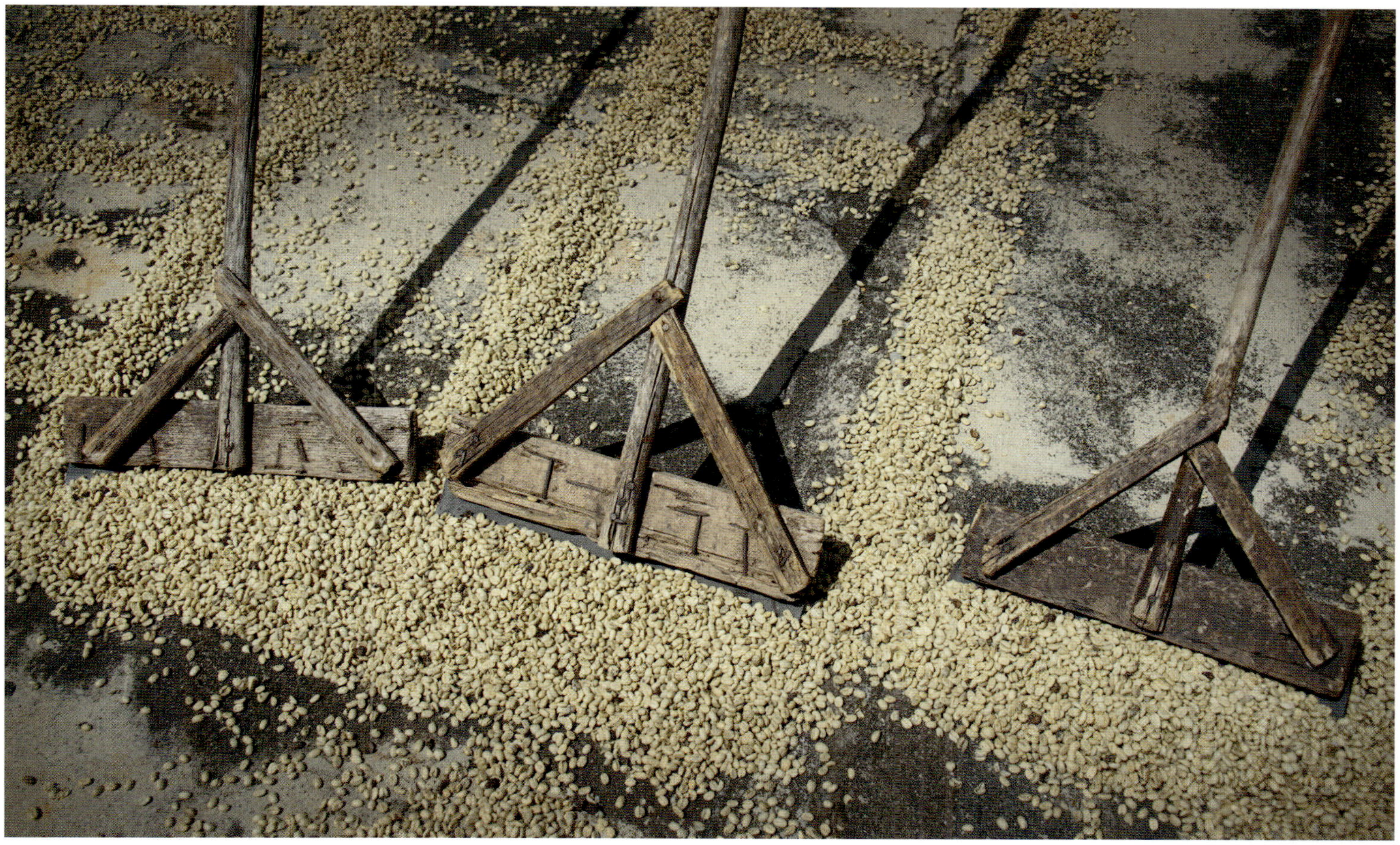

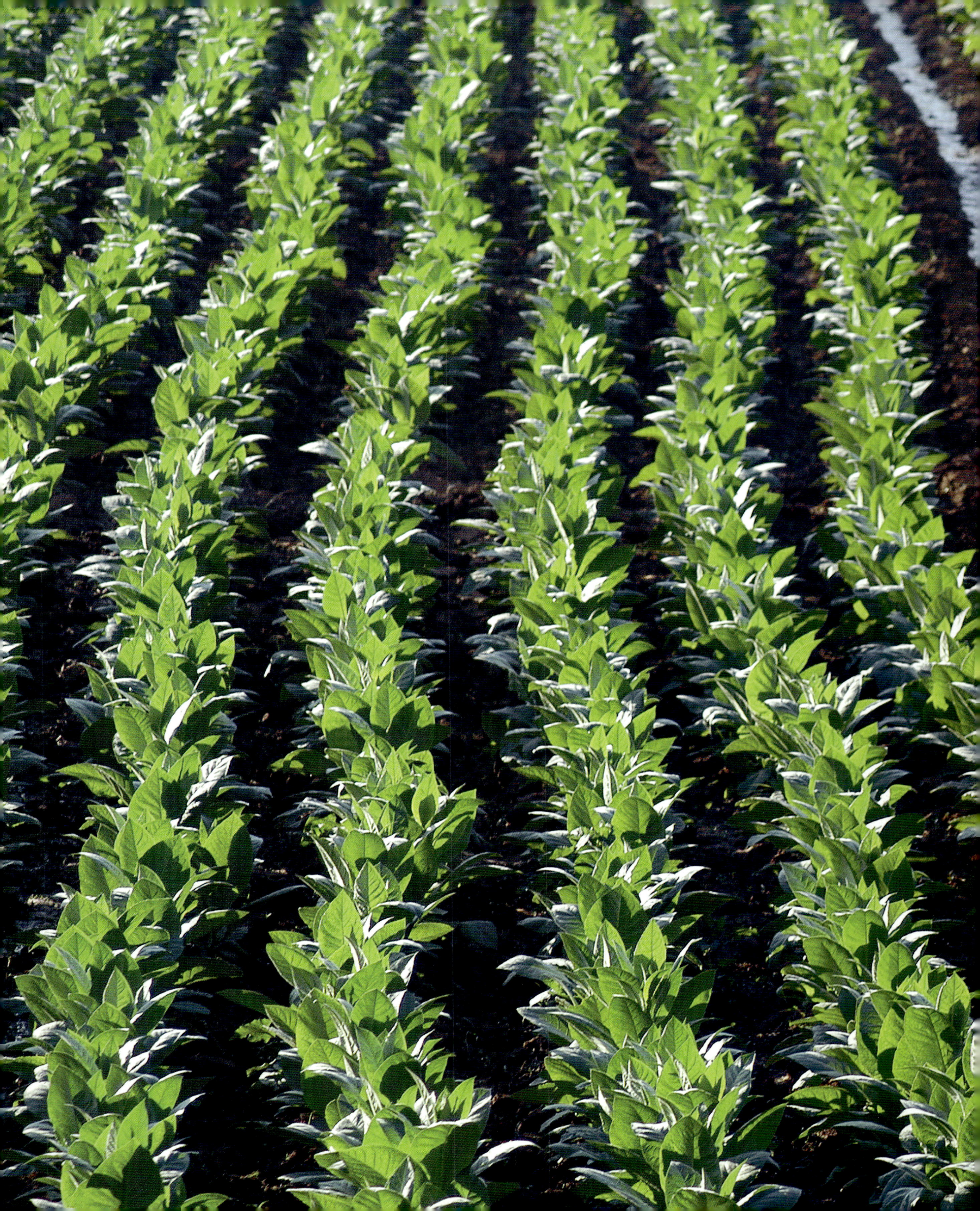

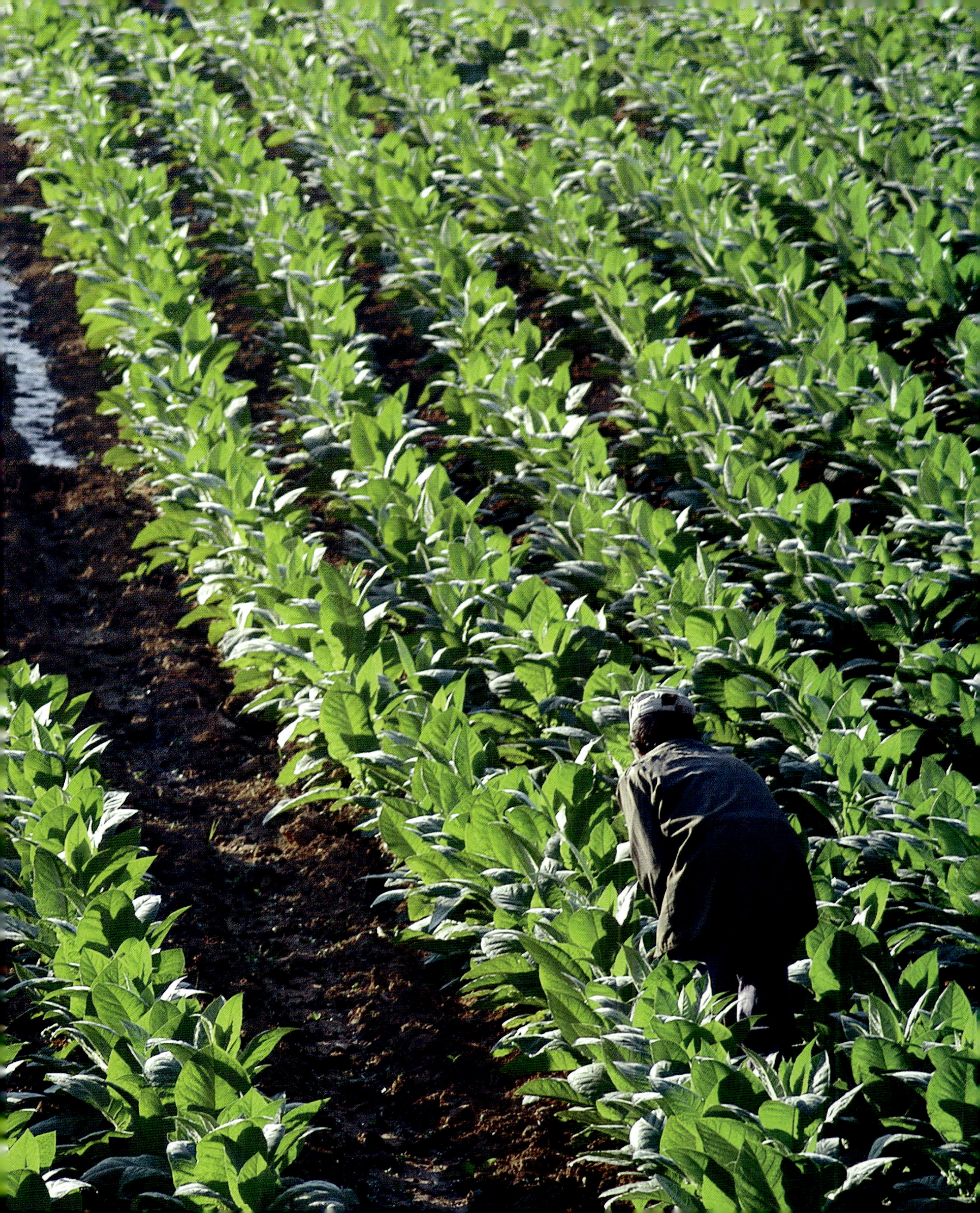

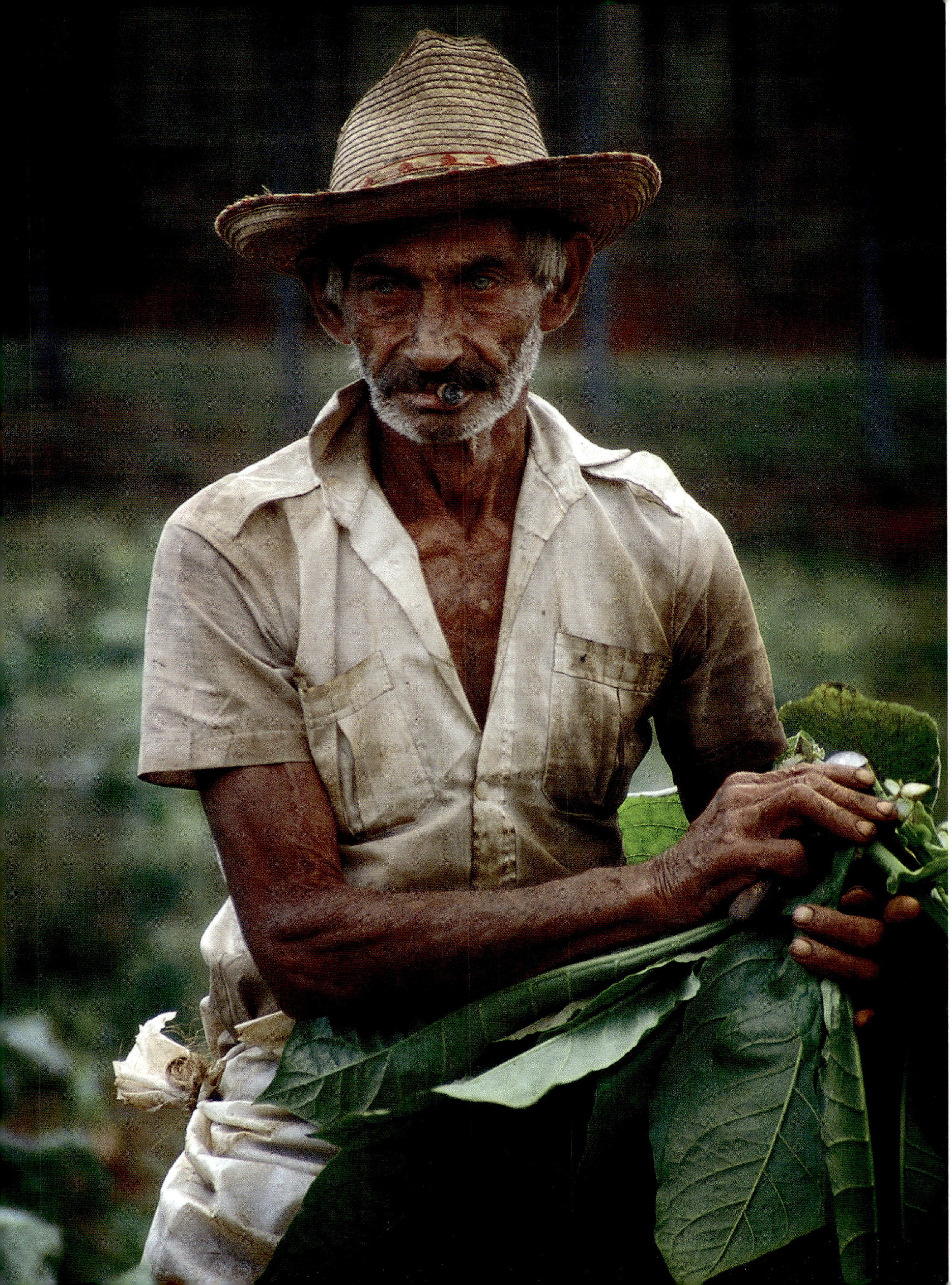

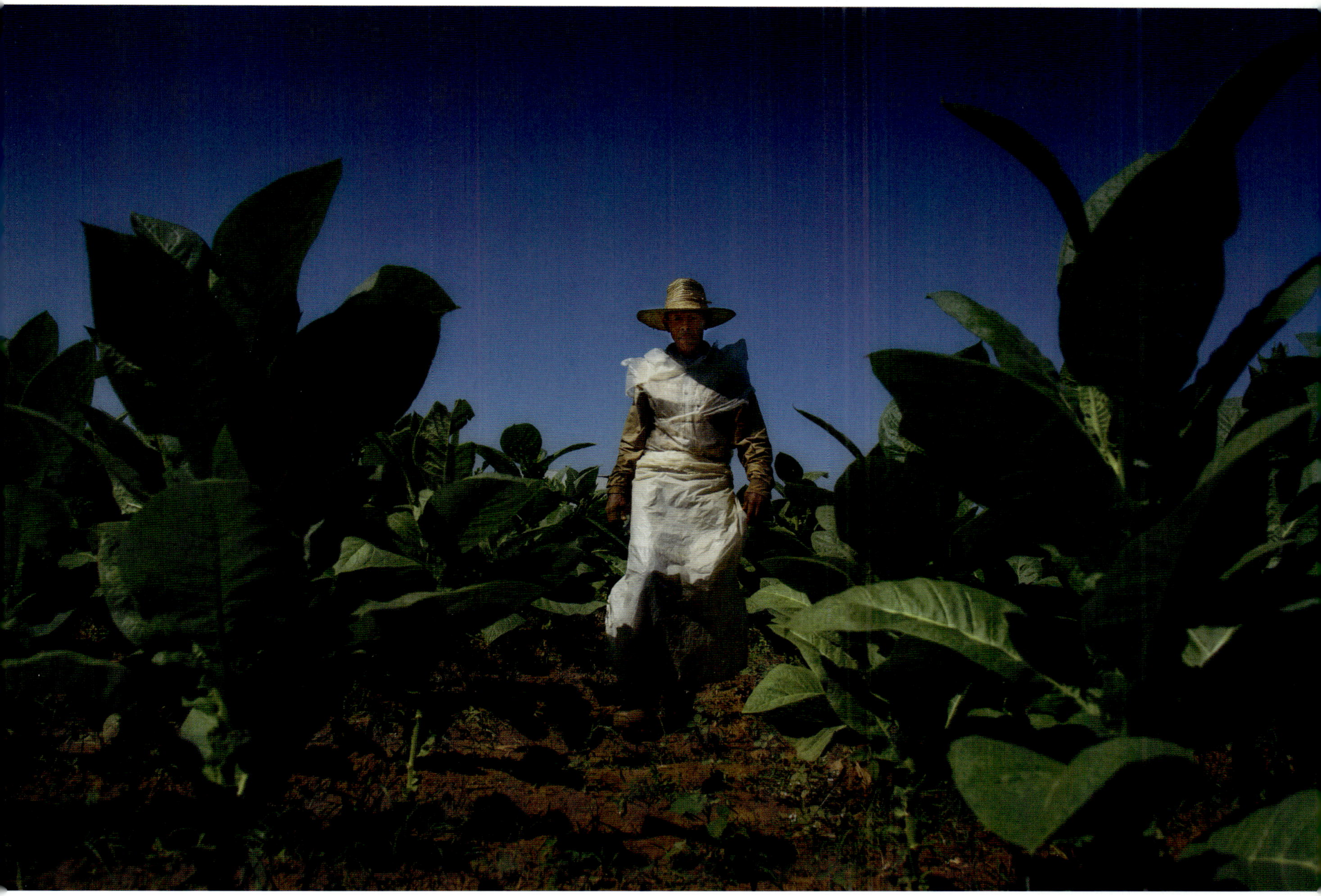

ABOVE | ARRIBA San Juan y Martínez, Pinar del Río {CC}

OPPOSITE | PÁGINA OPUESTA Viñales, Pinar del Río {JL}

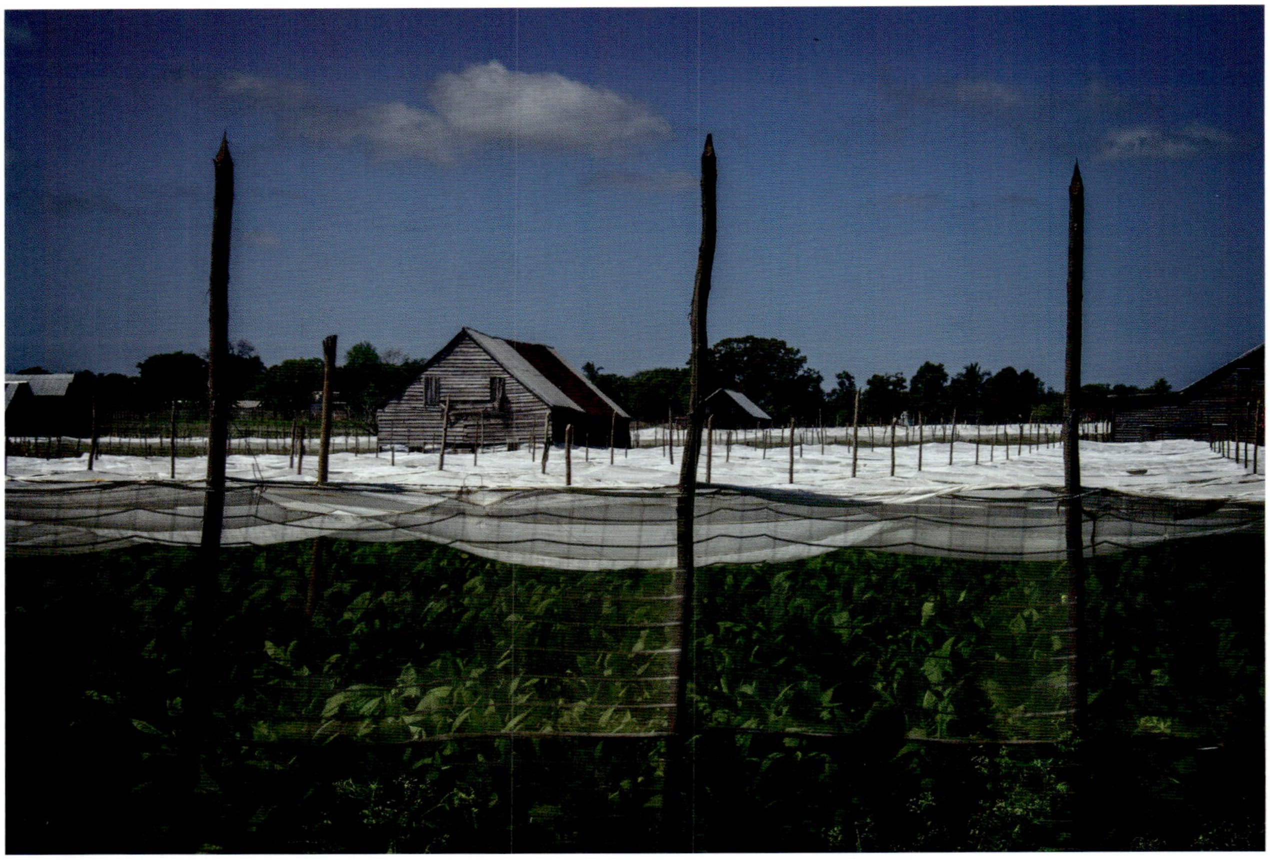

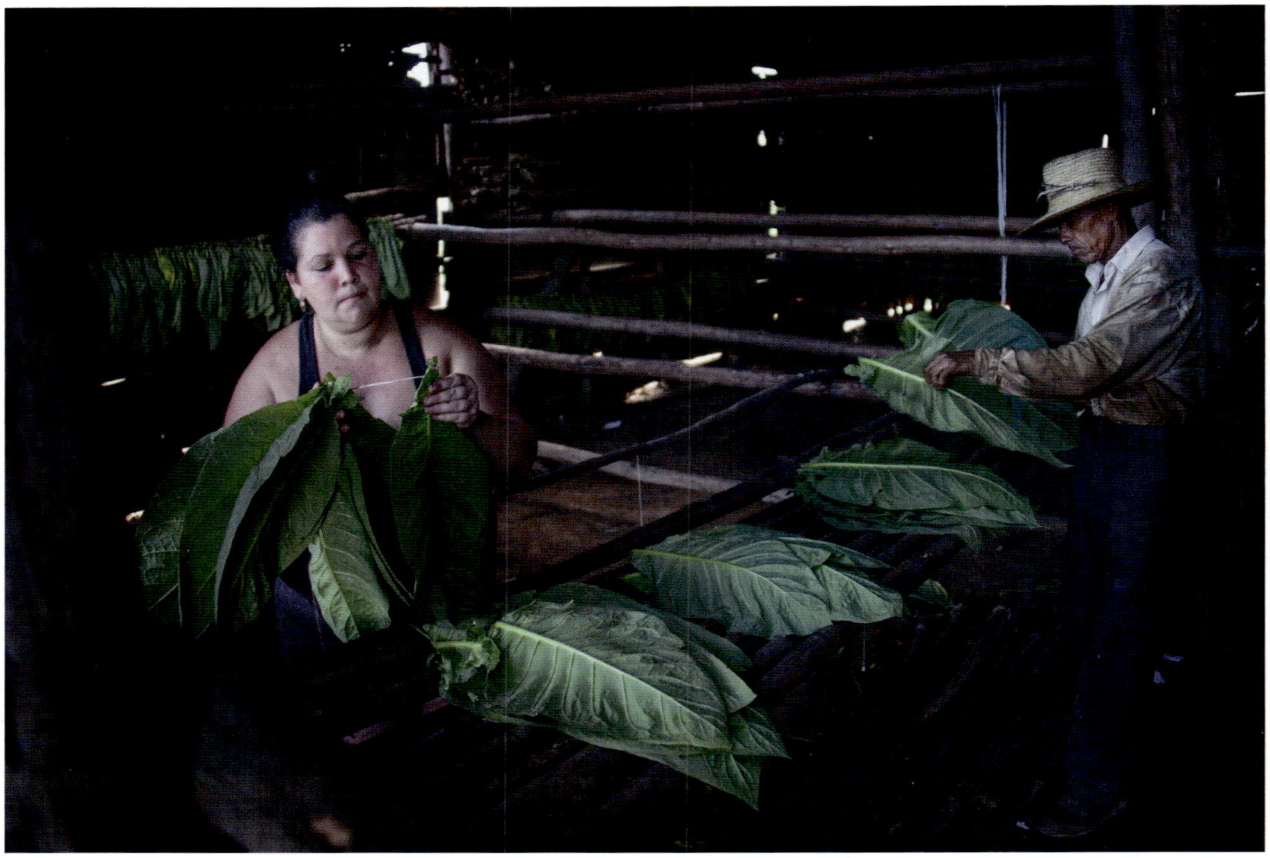

ABOVE FROM TOP | DE ARRIBA A ABAJO
San Juan y Martínez, Pinar del Río {CC}
Santa Damiana, Pinar del Río {CC}

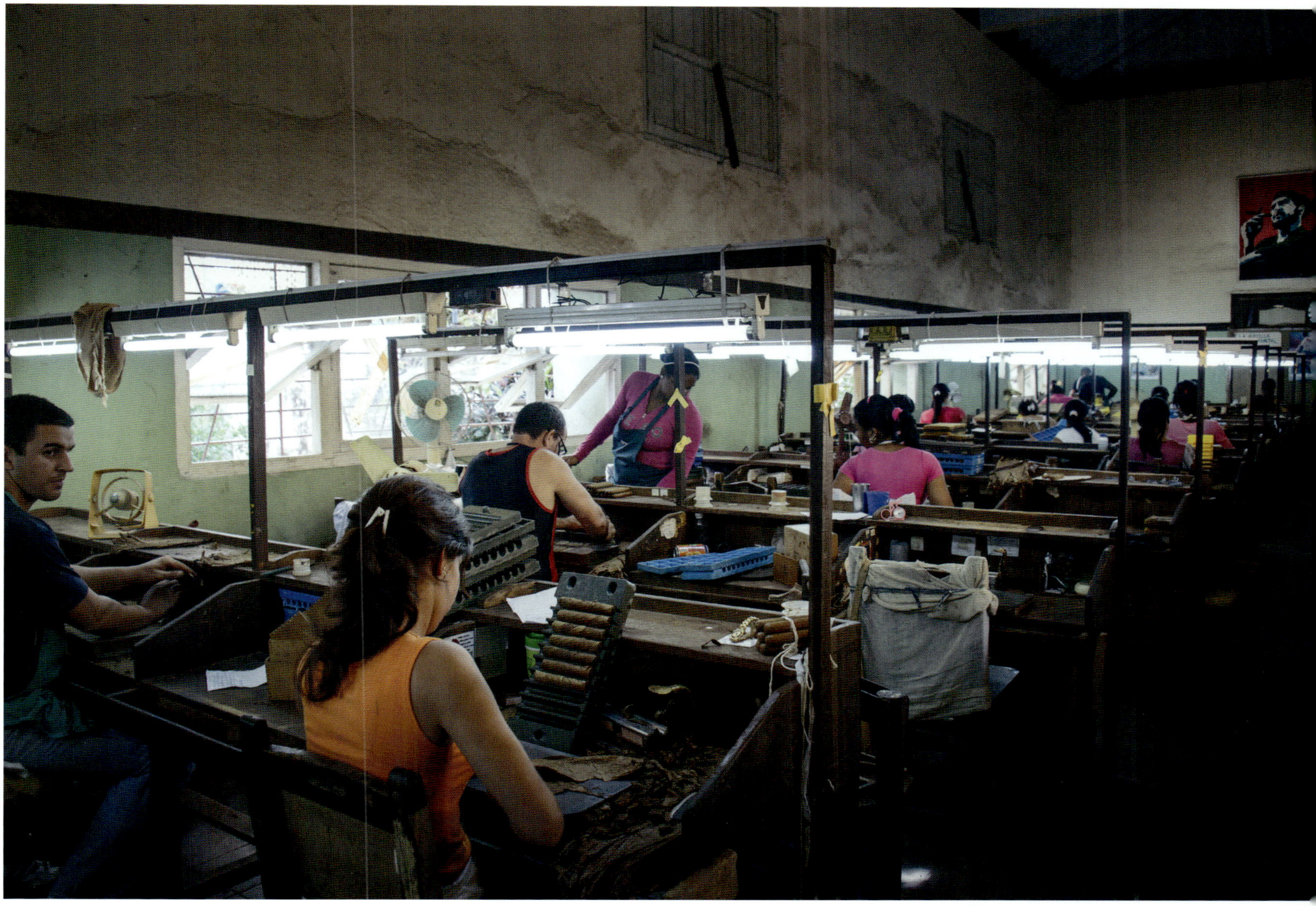

Pinar del Río {JL}

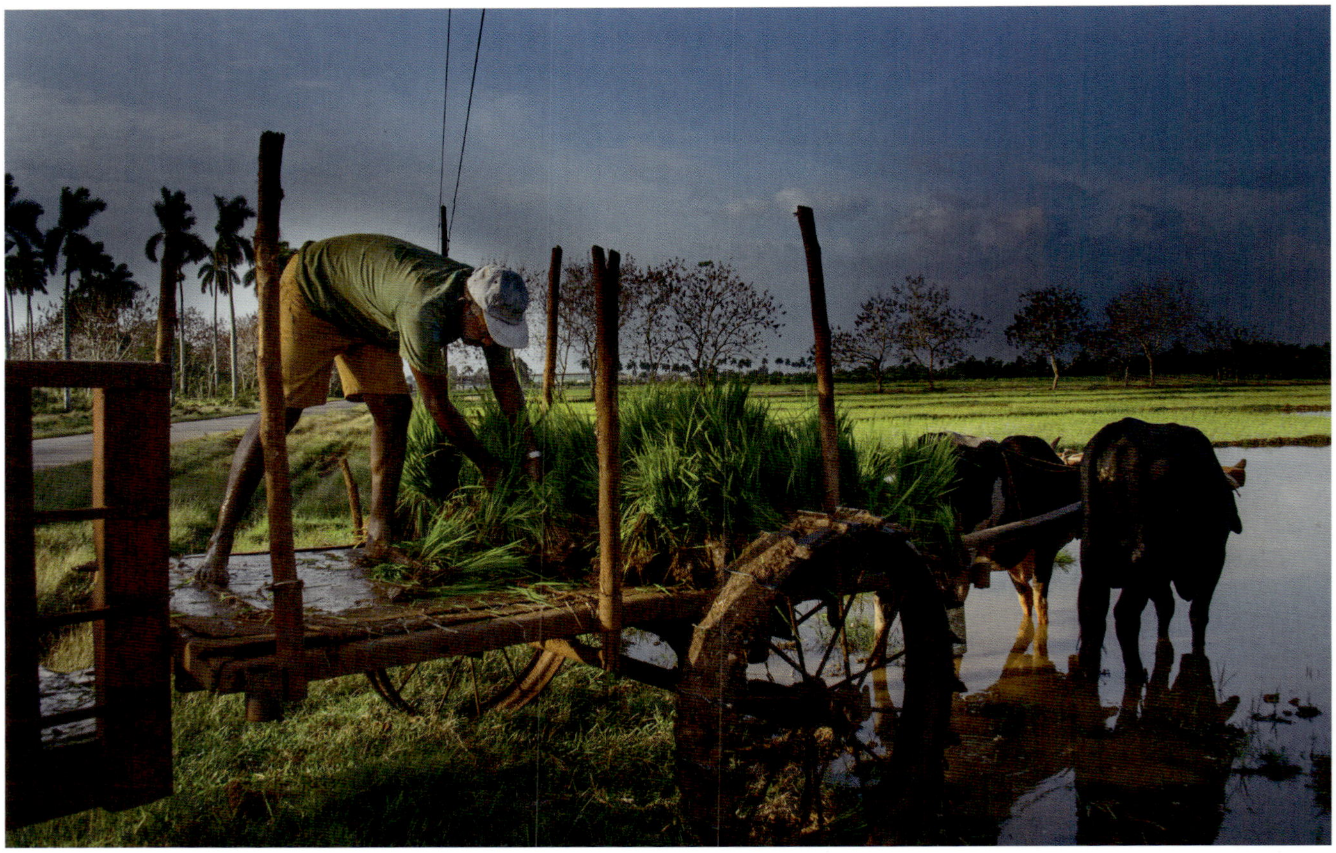

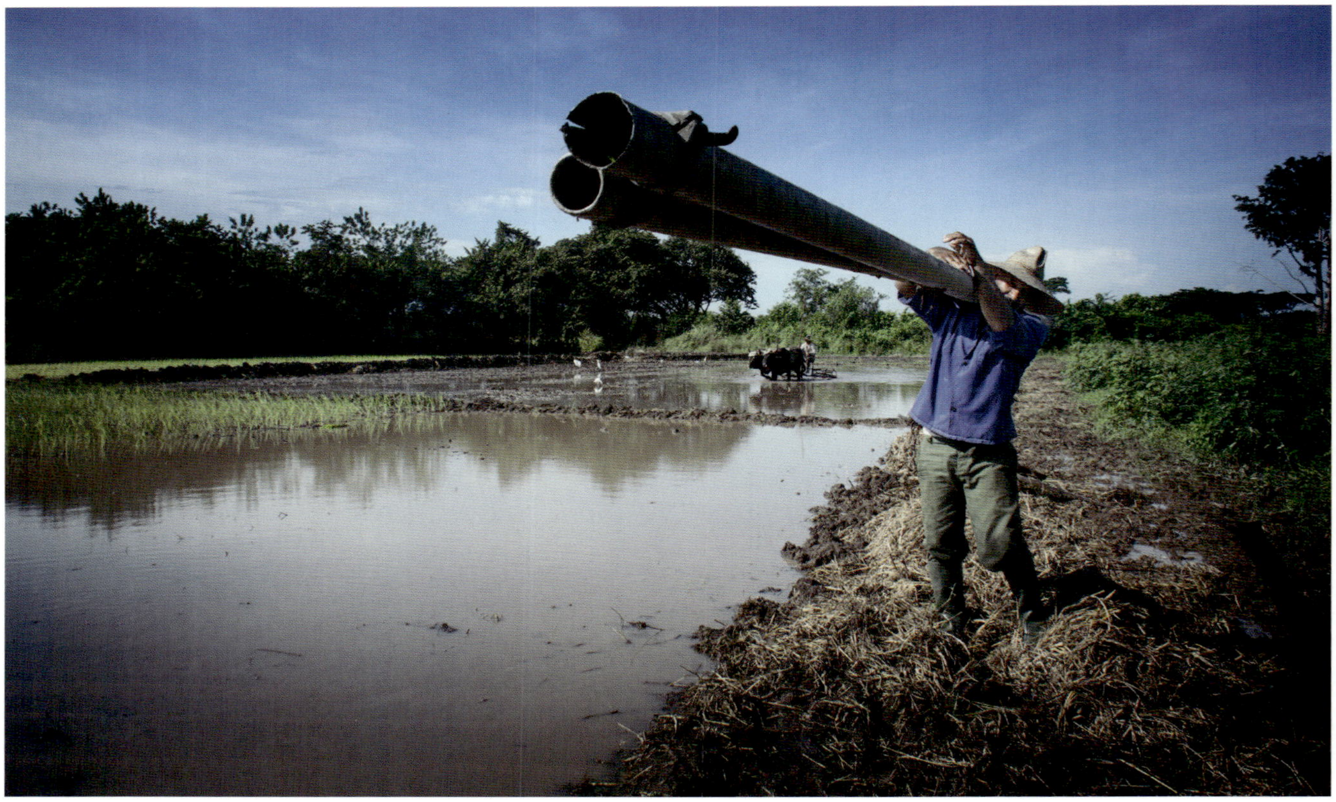

ABOVE FROM TOP | DE ARRIBA A ABAJO
Alquizar, Artemisa {CC}
Buey Arriba, Granma {JL}

OPPOSITE | PÁGINA OPUESTA Alquizar, Artemisa {CC}

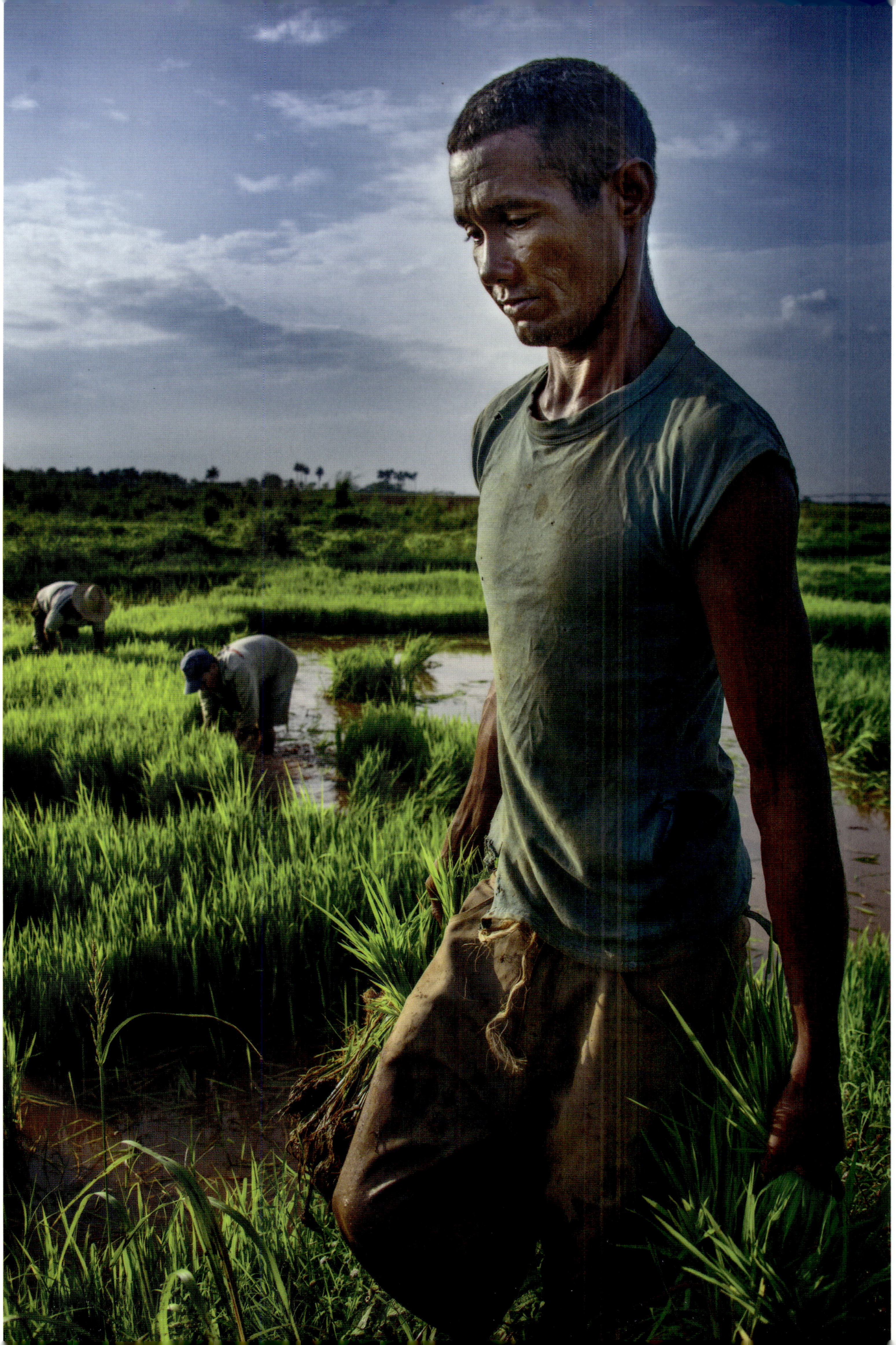

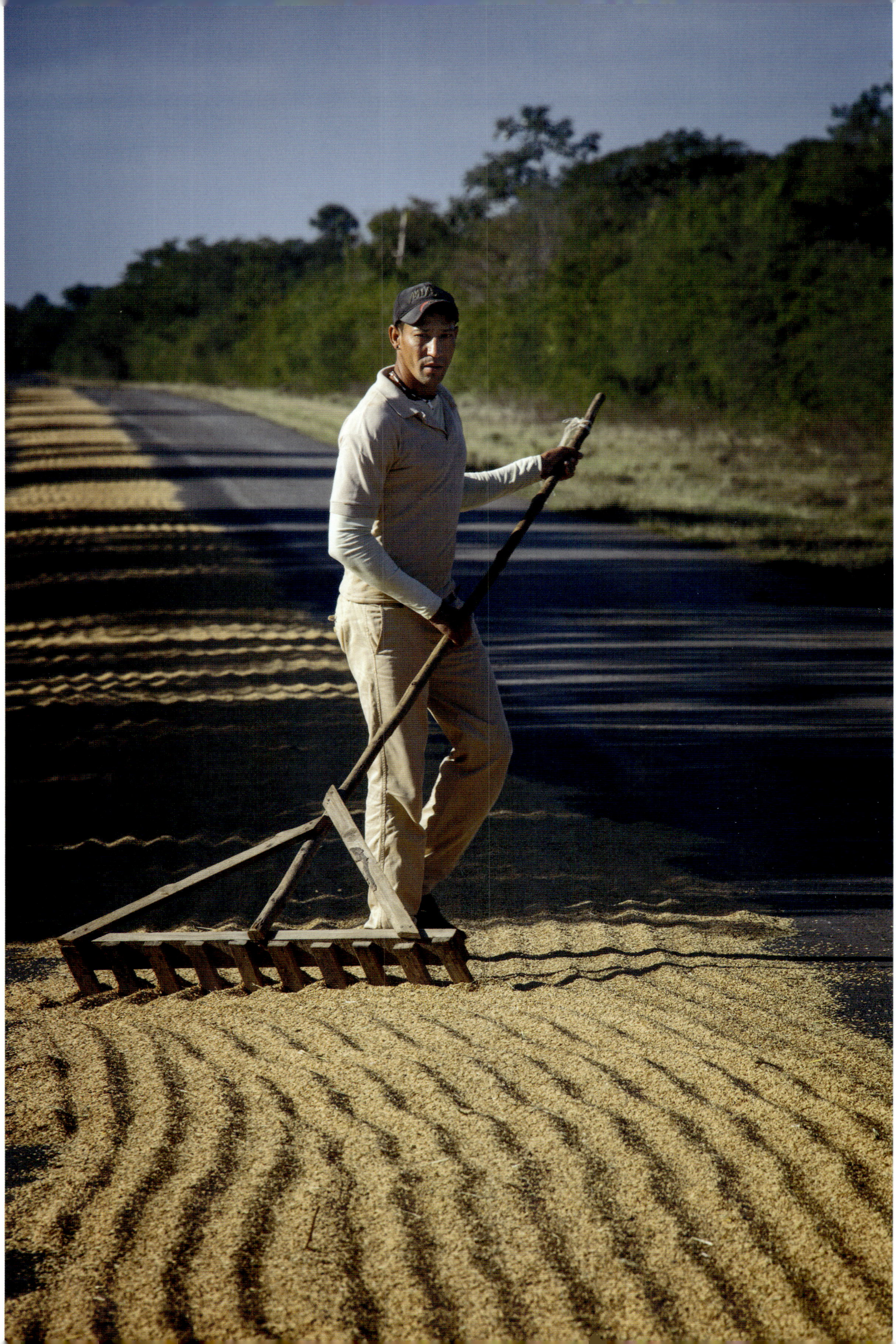

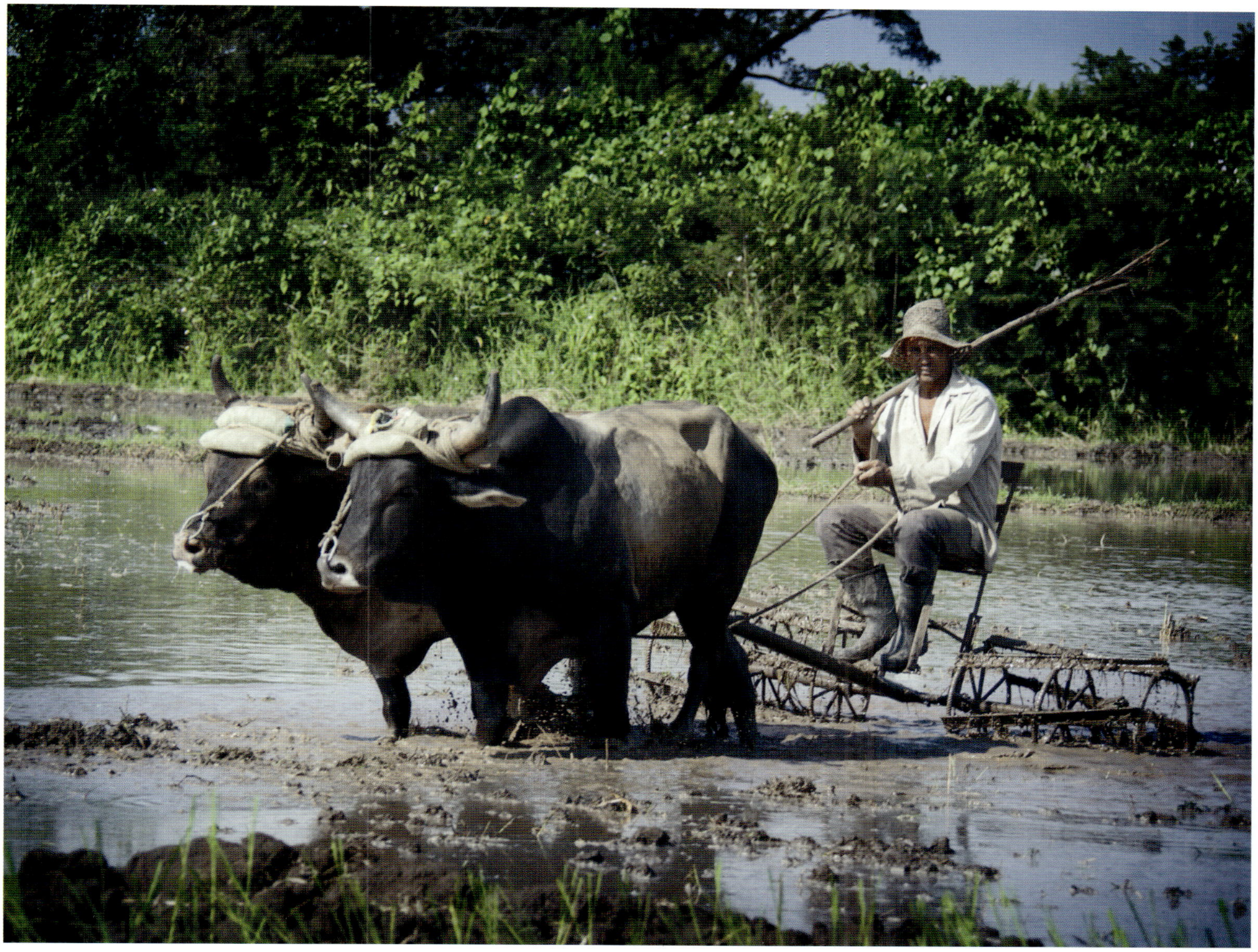

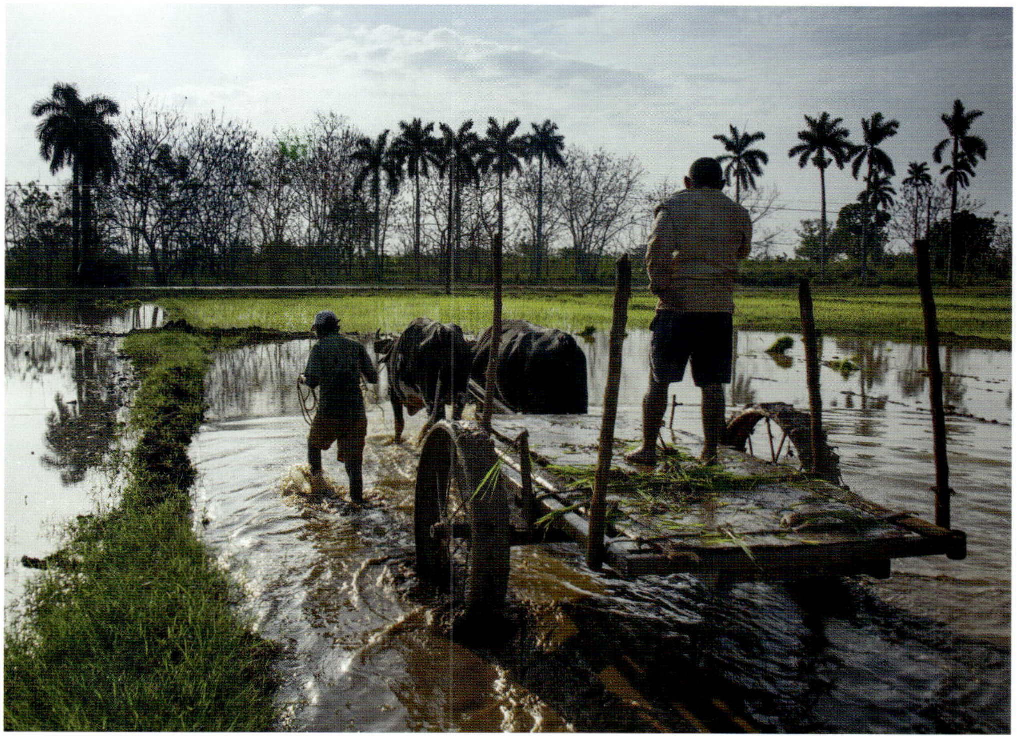

ABOVE | ARRIBA
Buey Arriba, Granma {JL}

LEFT | IZQUIERDA
Quivicán, Mayabeque {JL}

OPPOSITE | PÁGINA OPUESTA
Yaguaramas, Cienfuegos {CC}

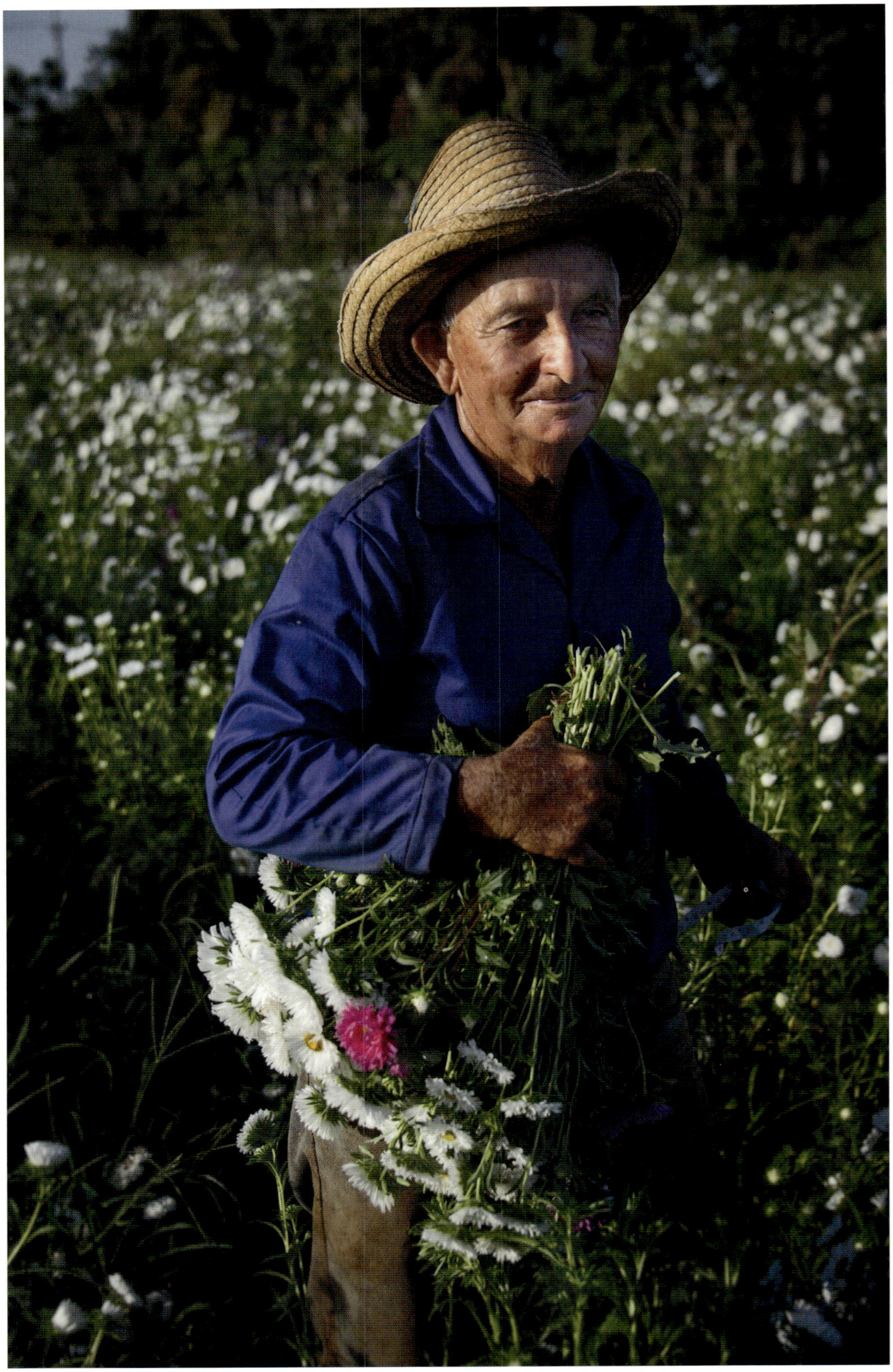

El Rincón, La Habana {CC}

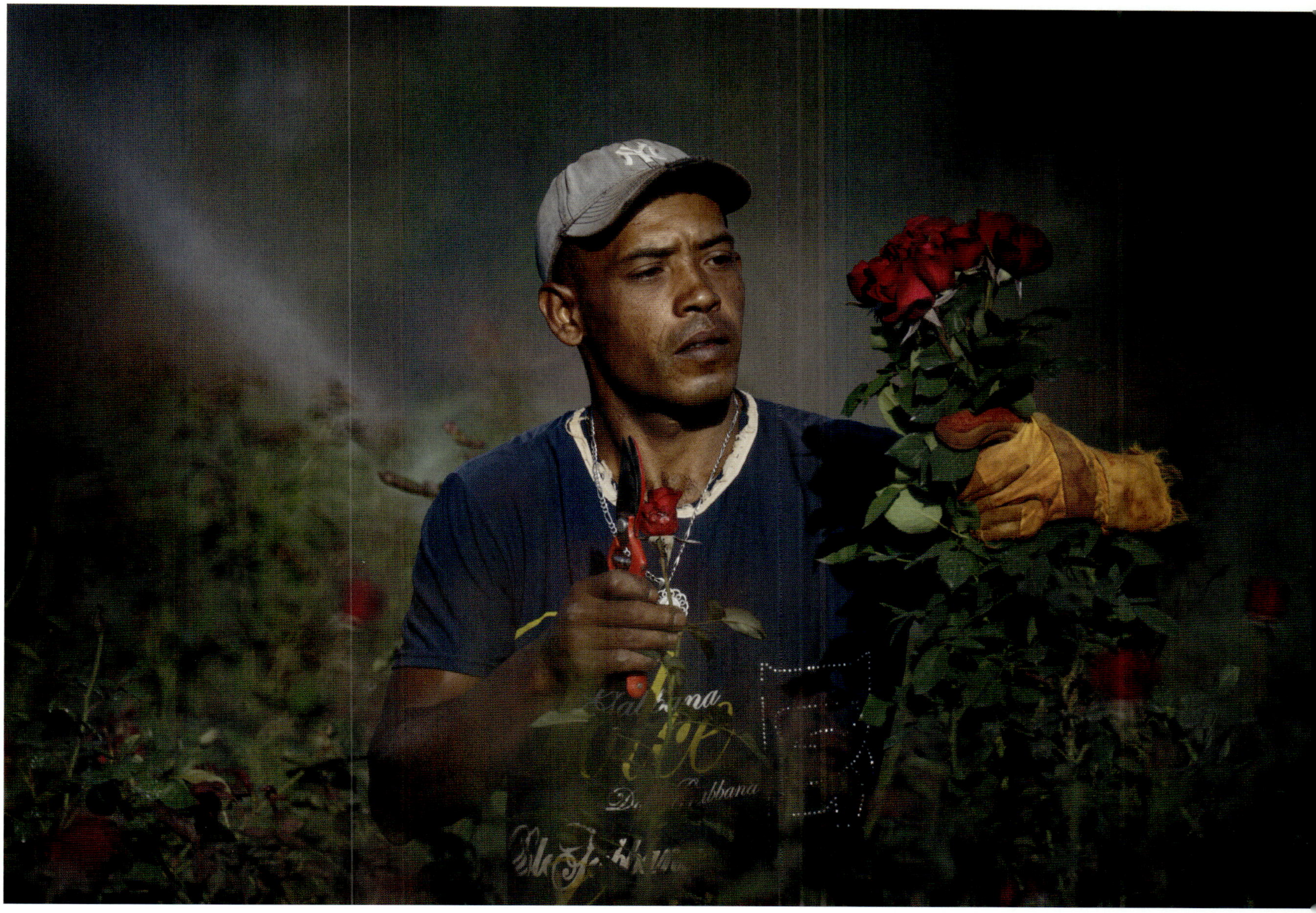

El Rincón, La Habana {CC}

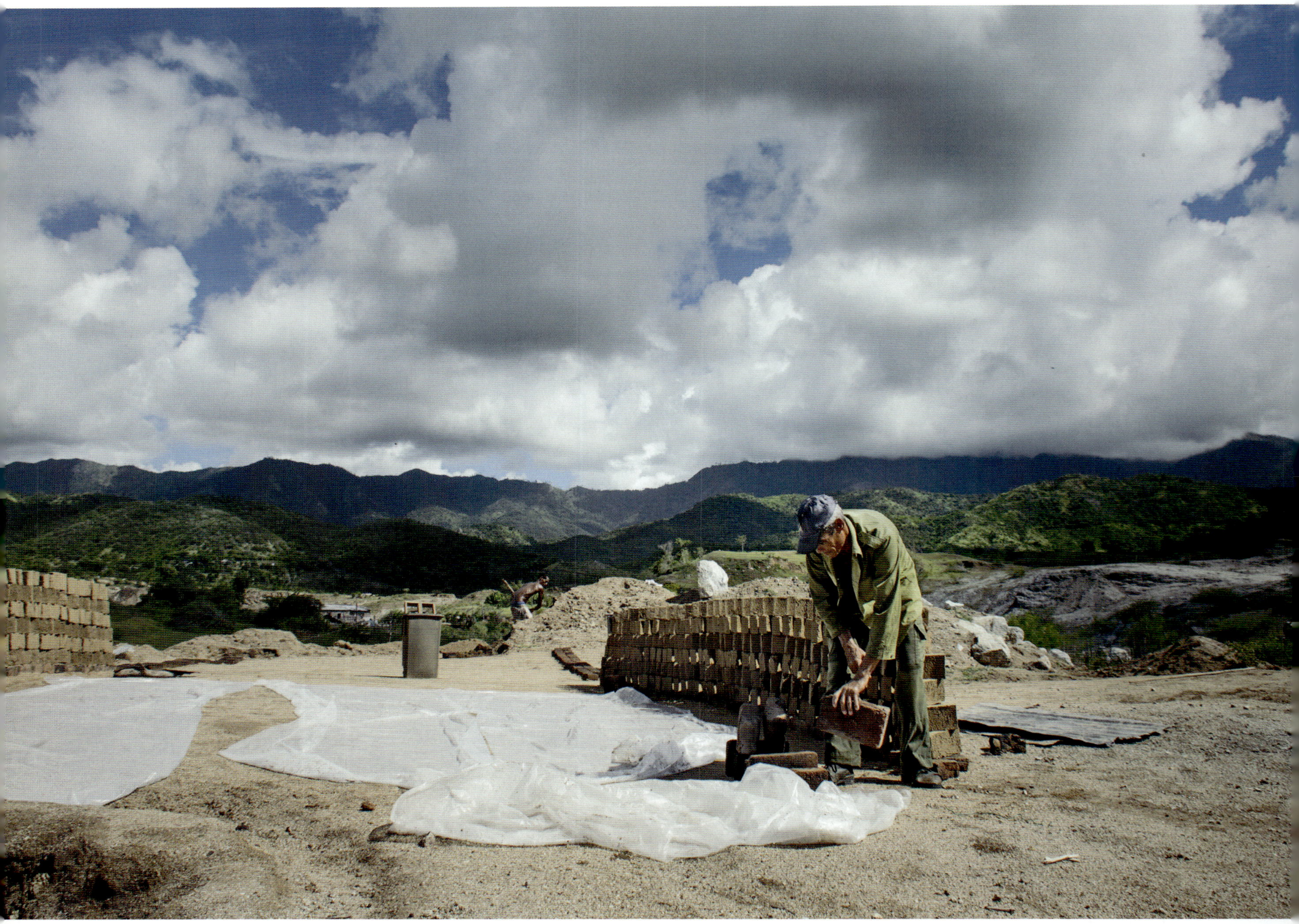

ABOVE | ARRIBA Baconao, Santiago de Cuba {JL}

OPPOSITE FROM TOP | PÁGINA OPUESTA DE ARRIBA A ABAJO
Mil Cumbres, Pinar del Río {CC}
Mil Cumbres, Pinar del Río {JL}

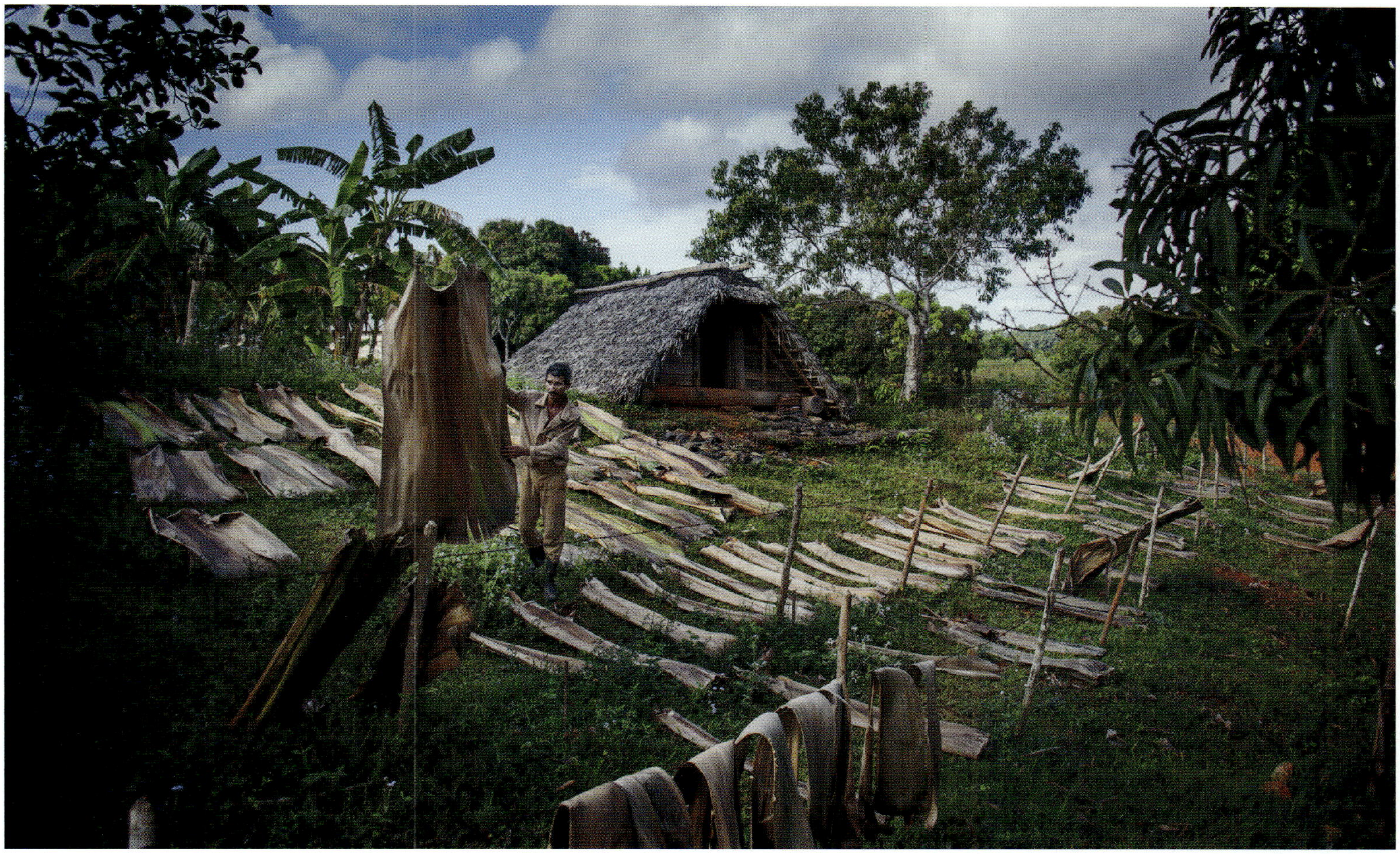

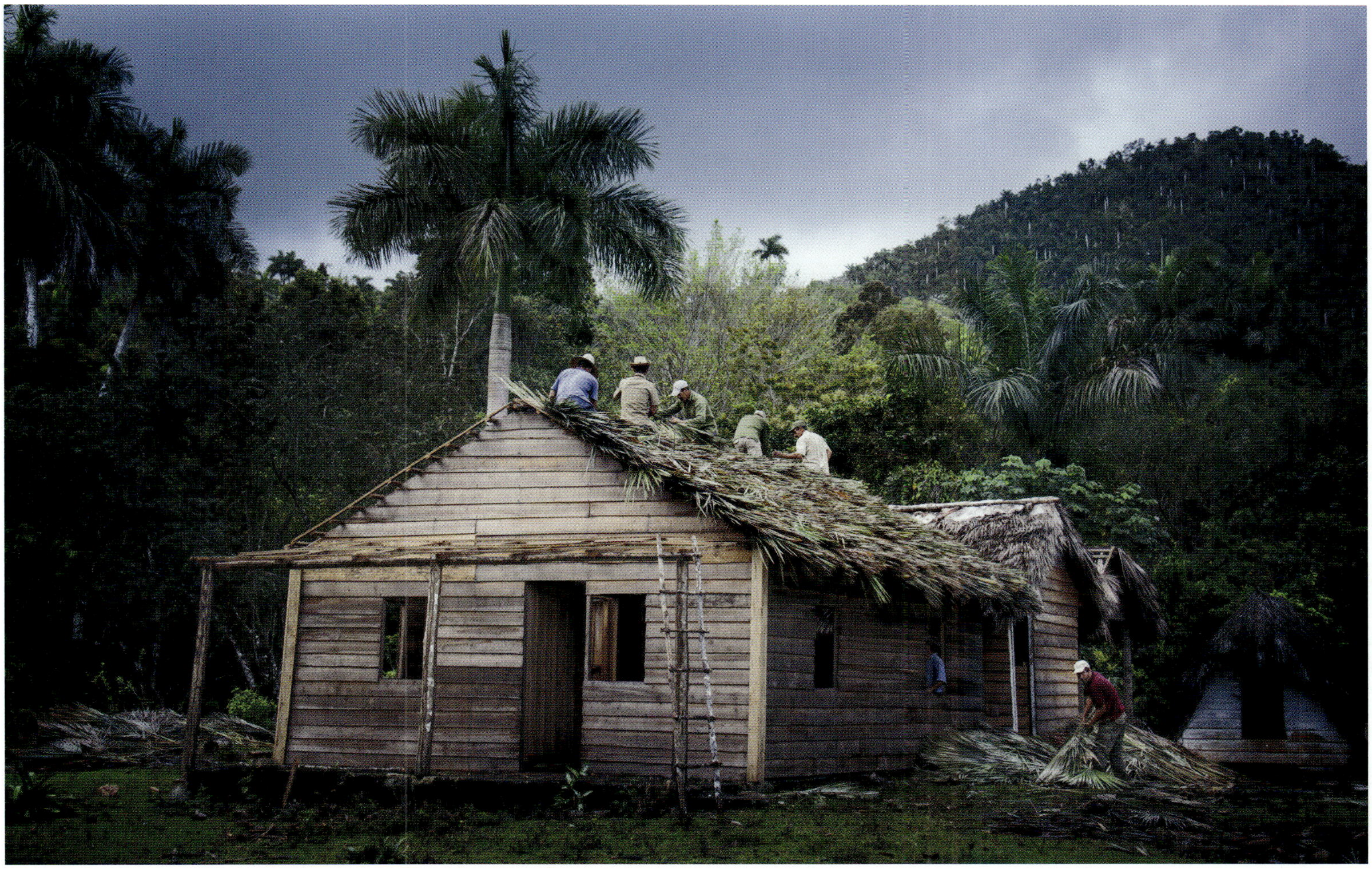

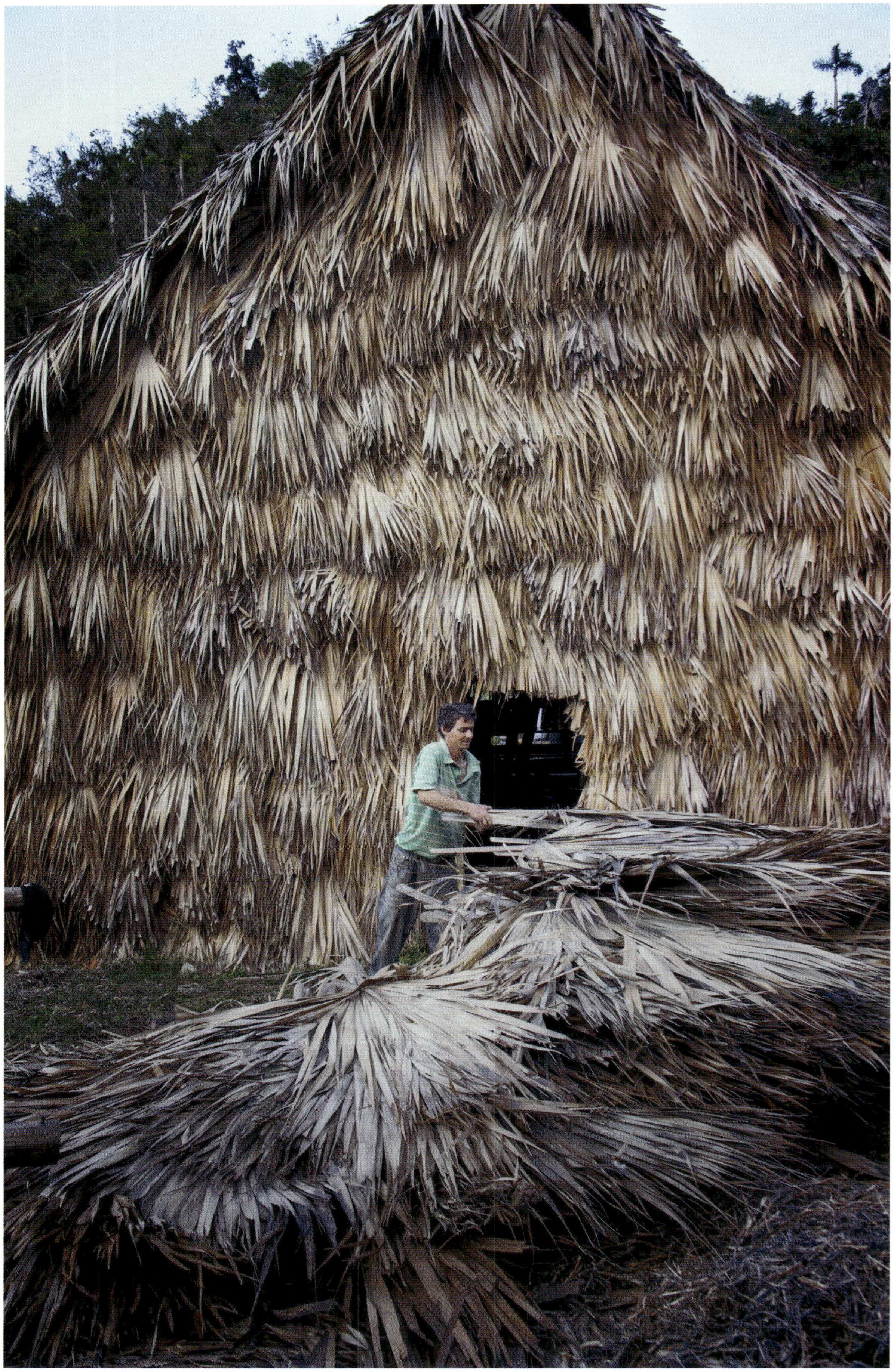

San Juan y Martínez, Pinar del Río {JL}

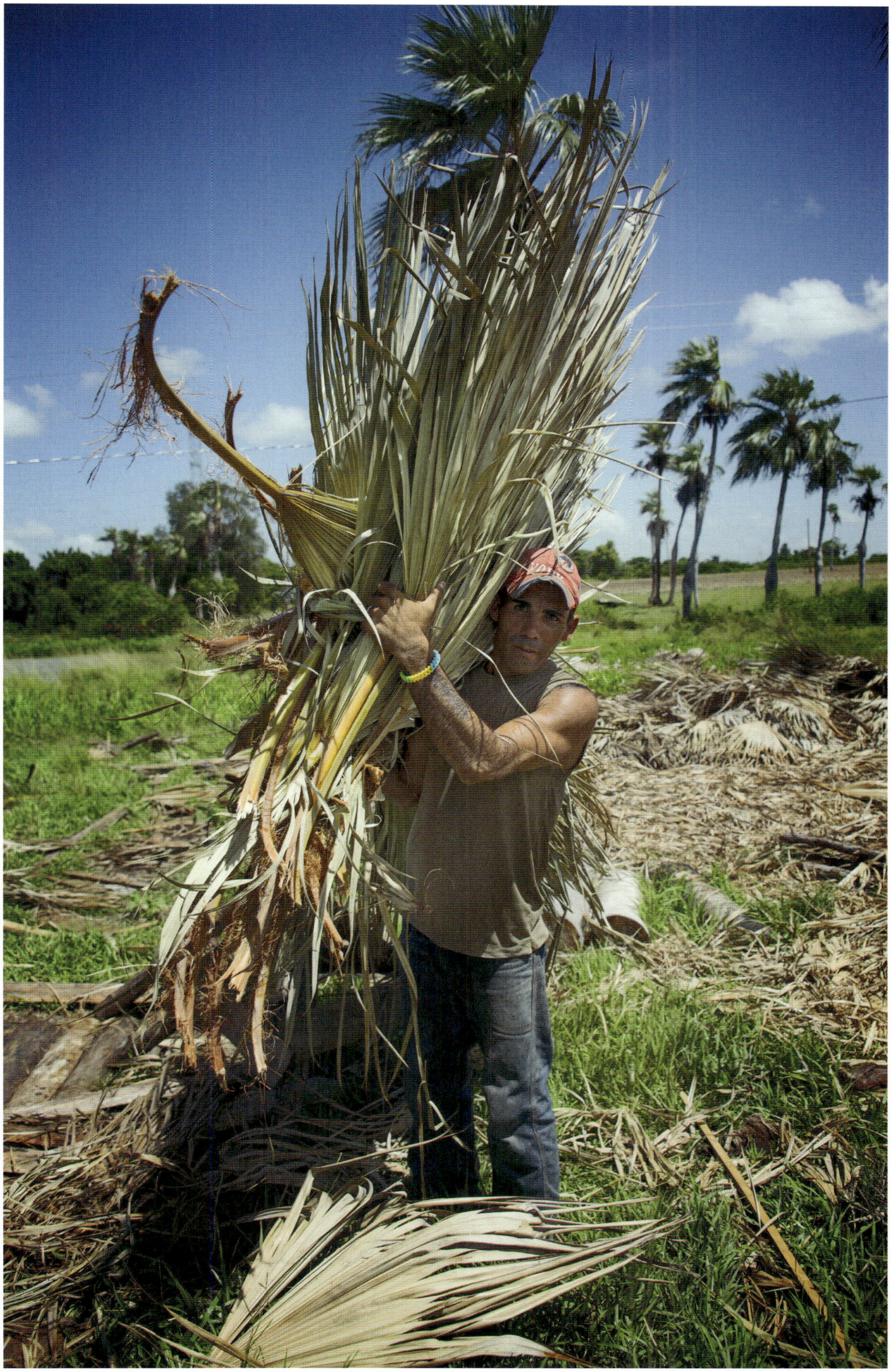

Los Palacios, Pinar del Río {JL}

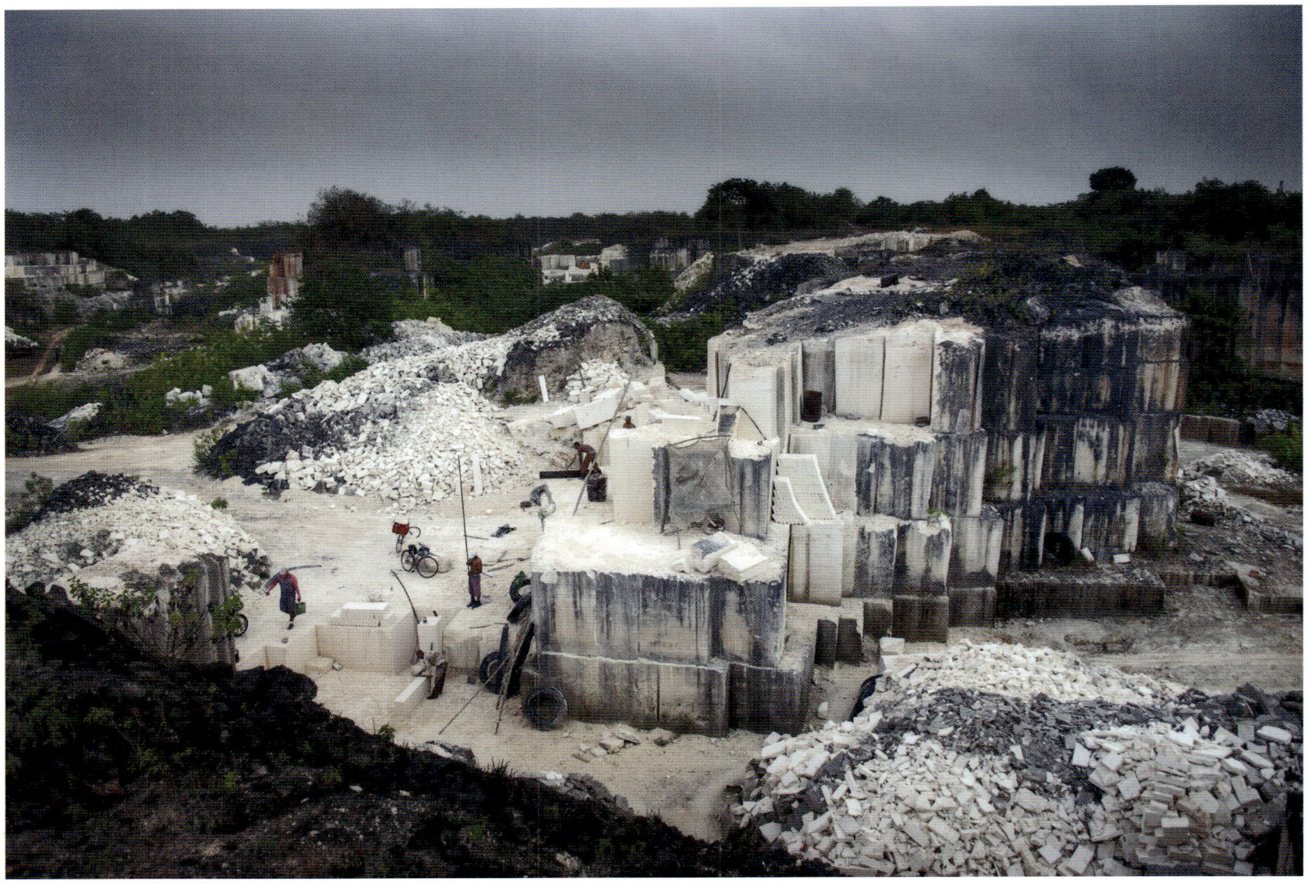

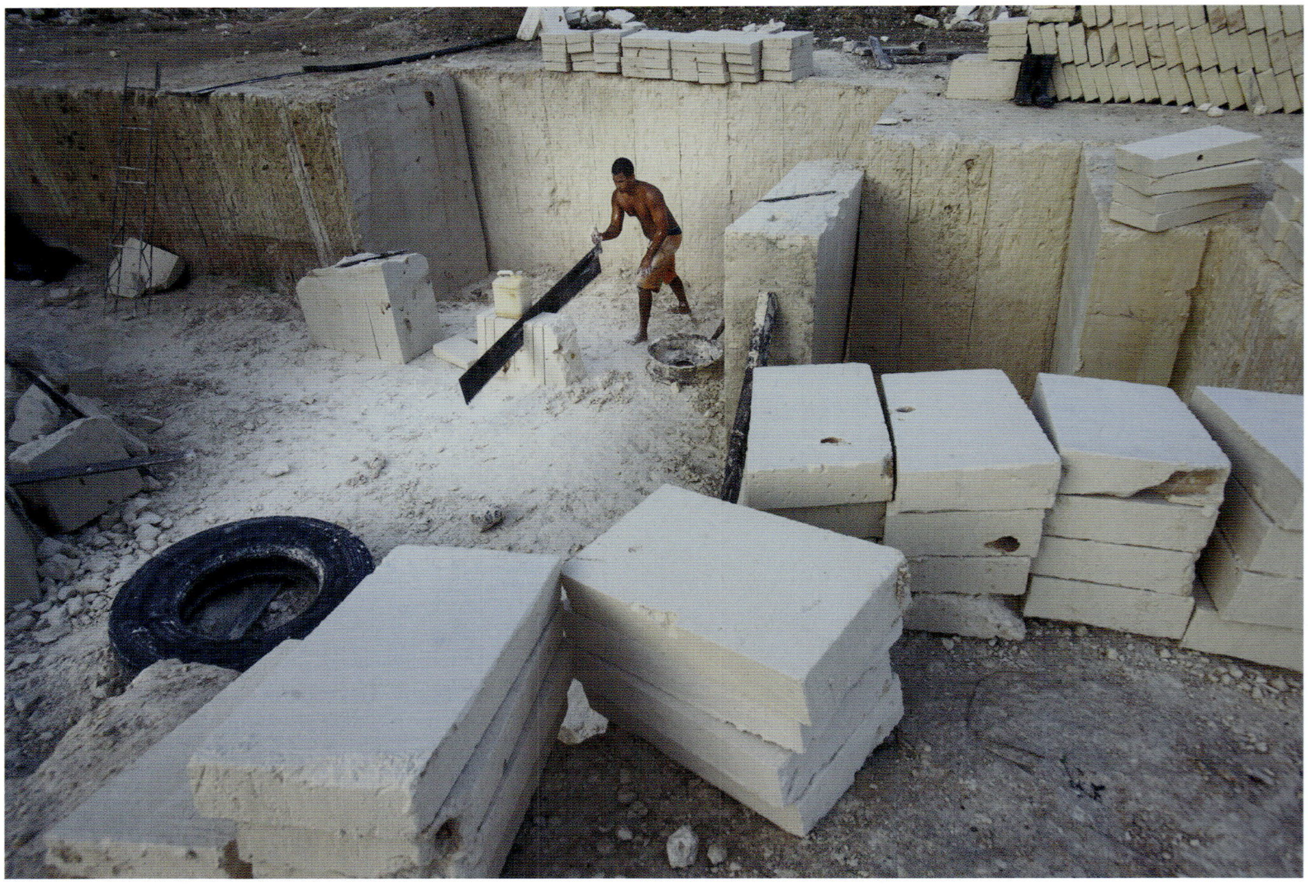

Agramonte, Matanzas {CC}

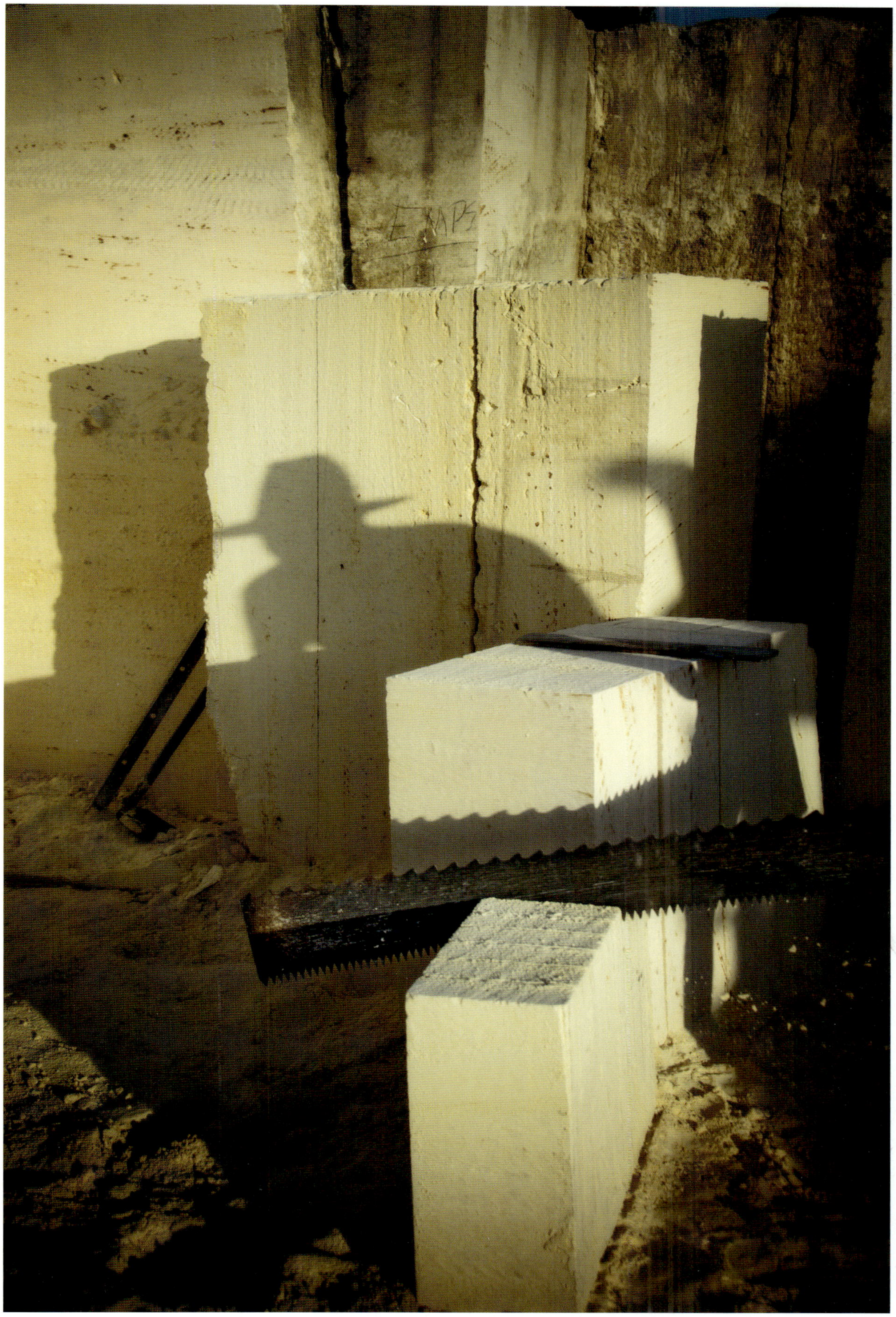

Agramonte, Matanzas {JL}

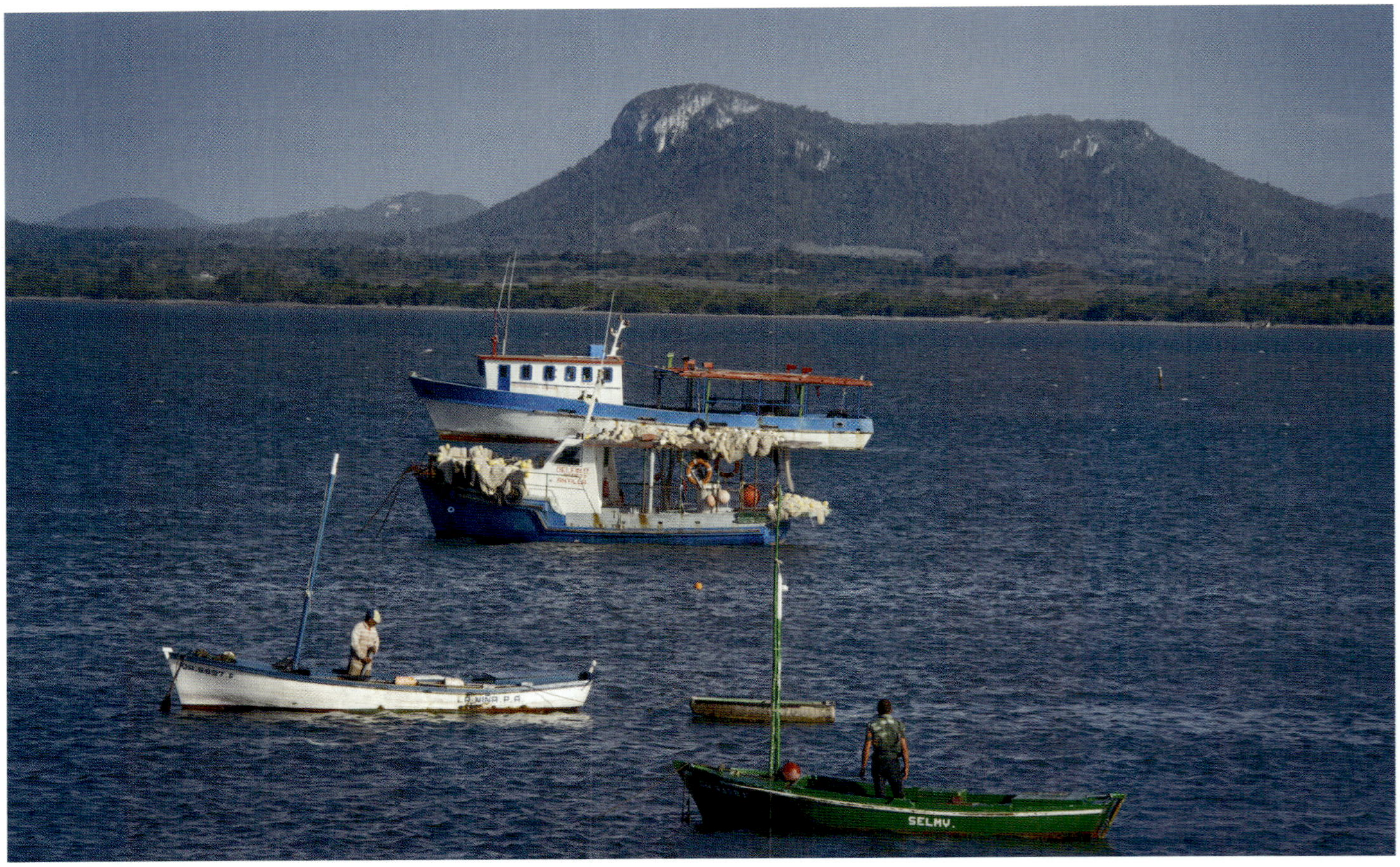

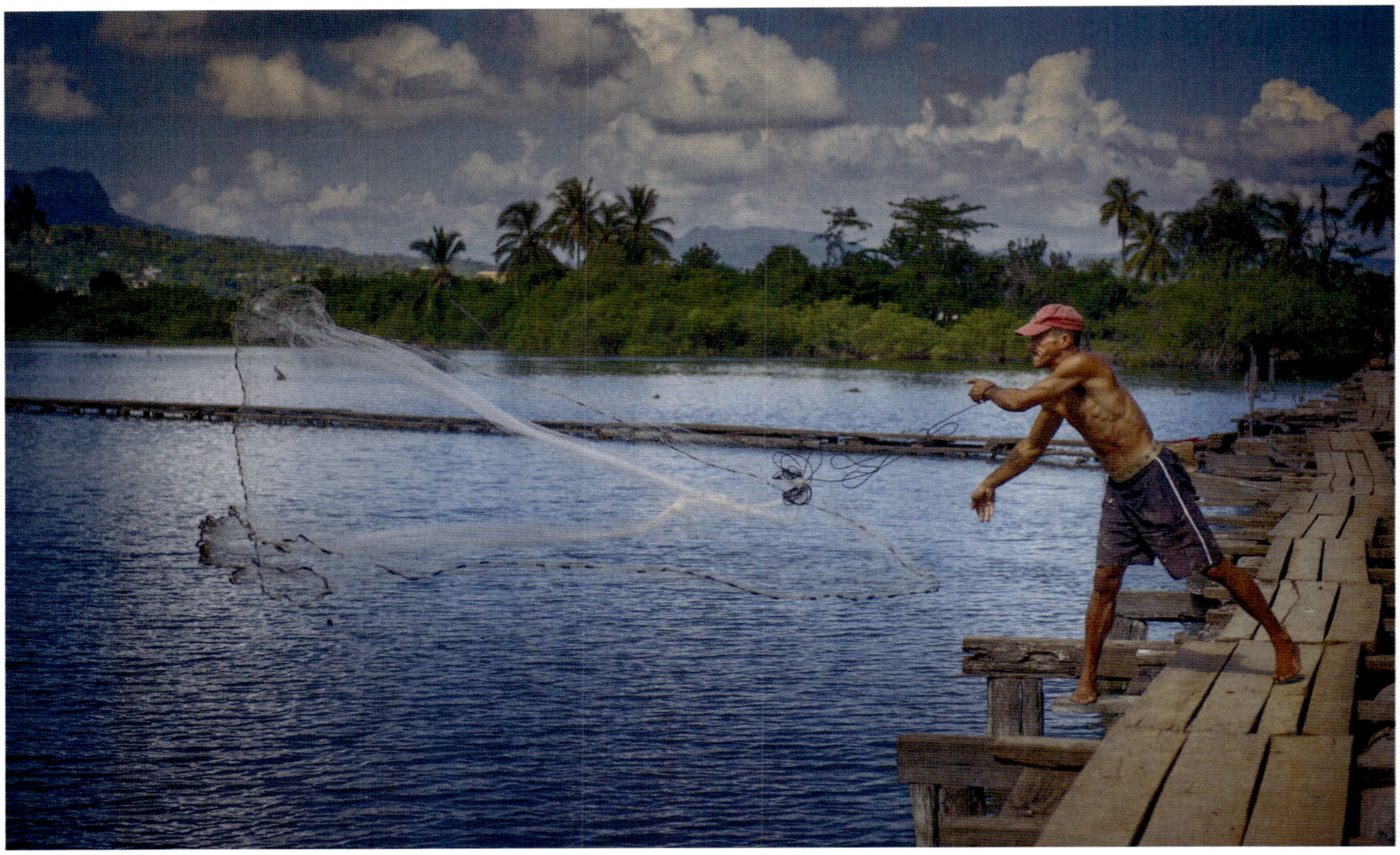

ABOVE FROM TOP | DE ARRIBA A ABAJO

Gibara, Holguín {CC}

Baracoa, Guantánamo {CC}

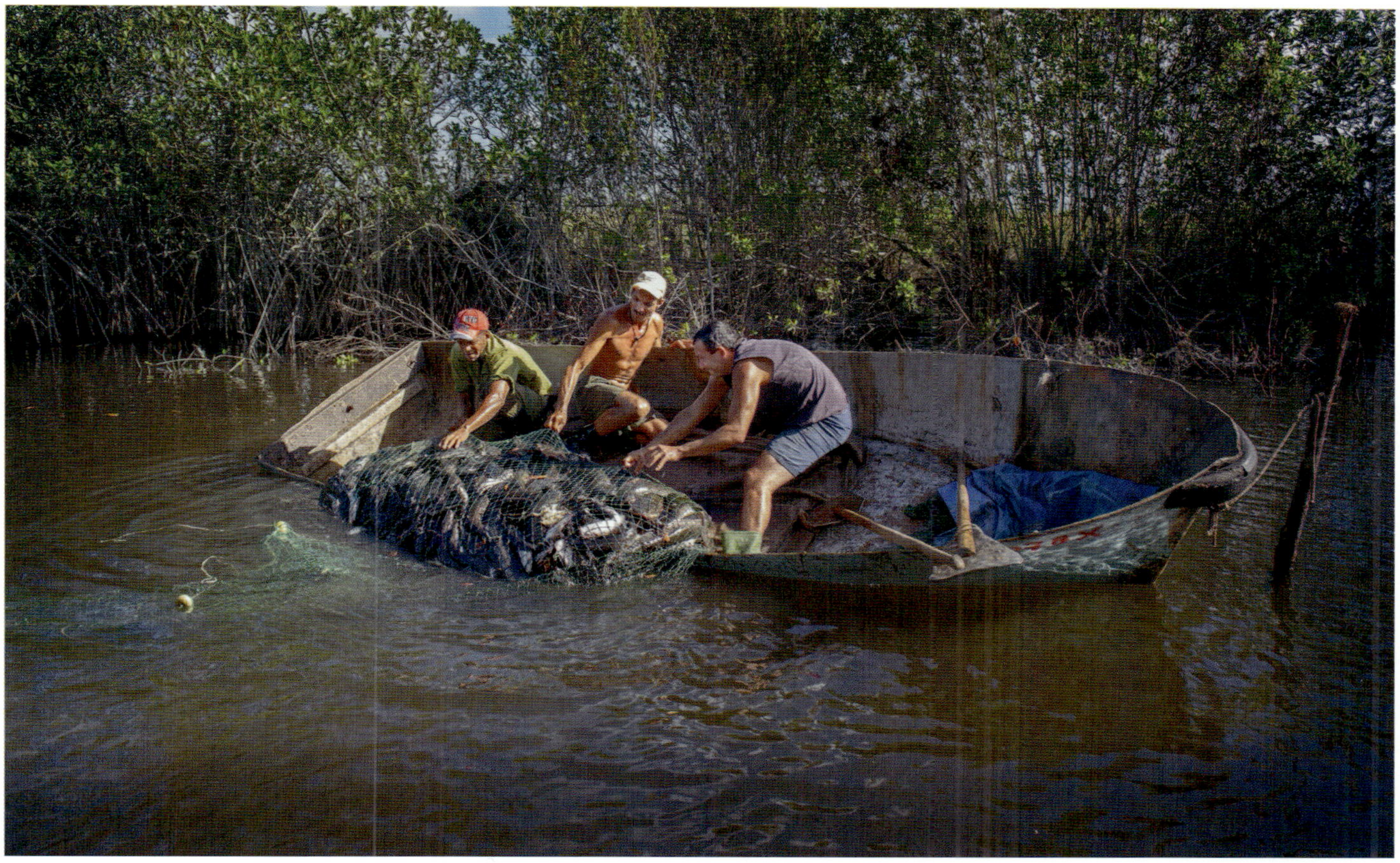

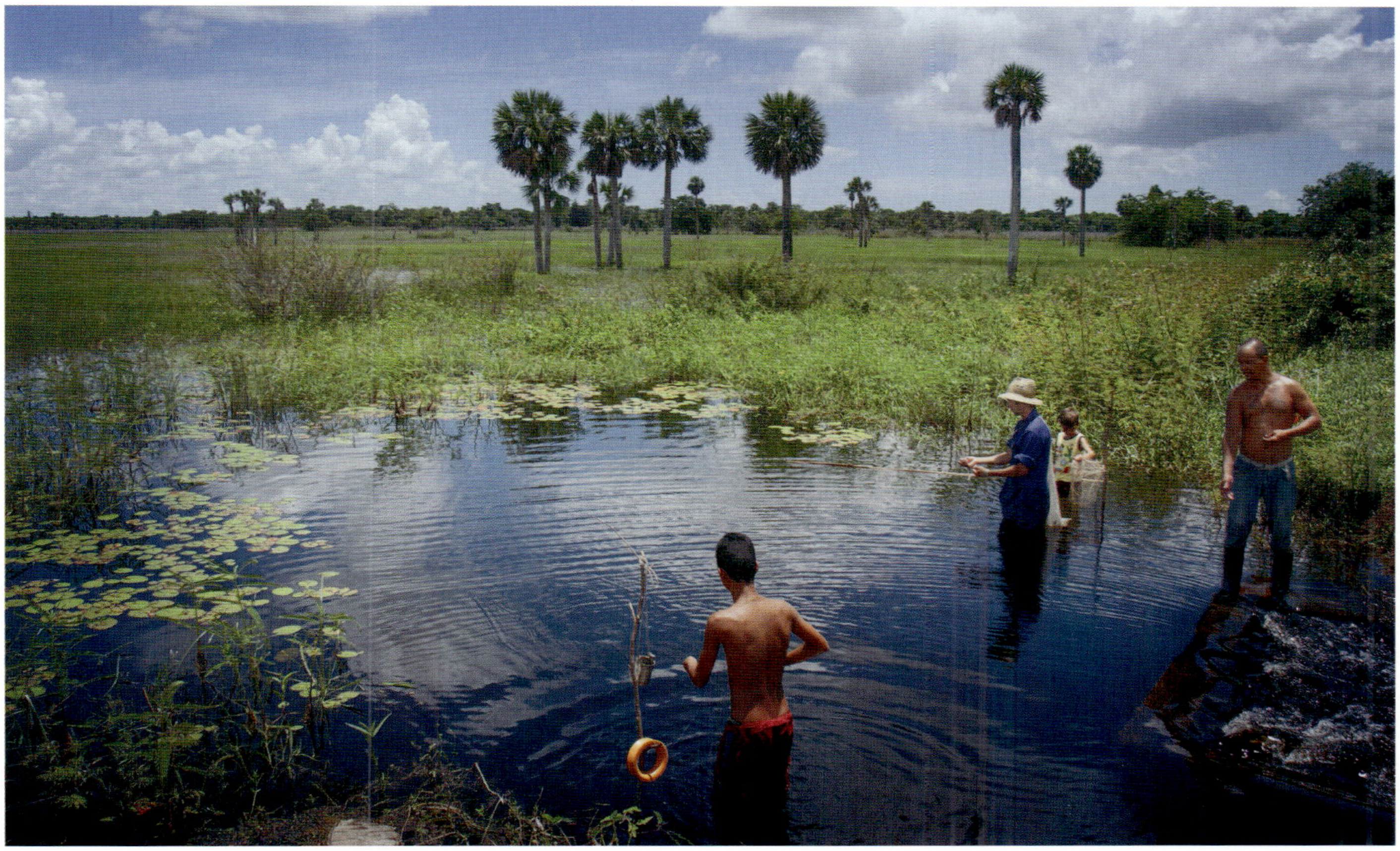

ABOVE FROM TOP | DE ARRIBA A ABAJO

Soplillar, Matanzas {JL}

Soplillar, Matanzas {JL}

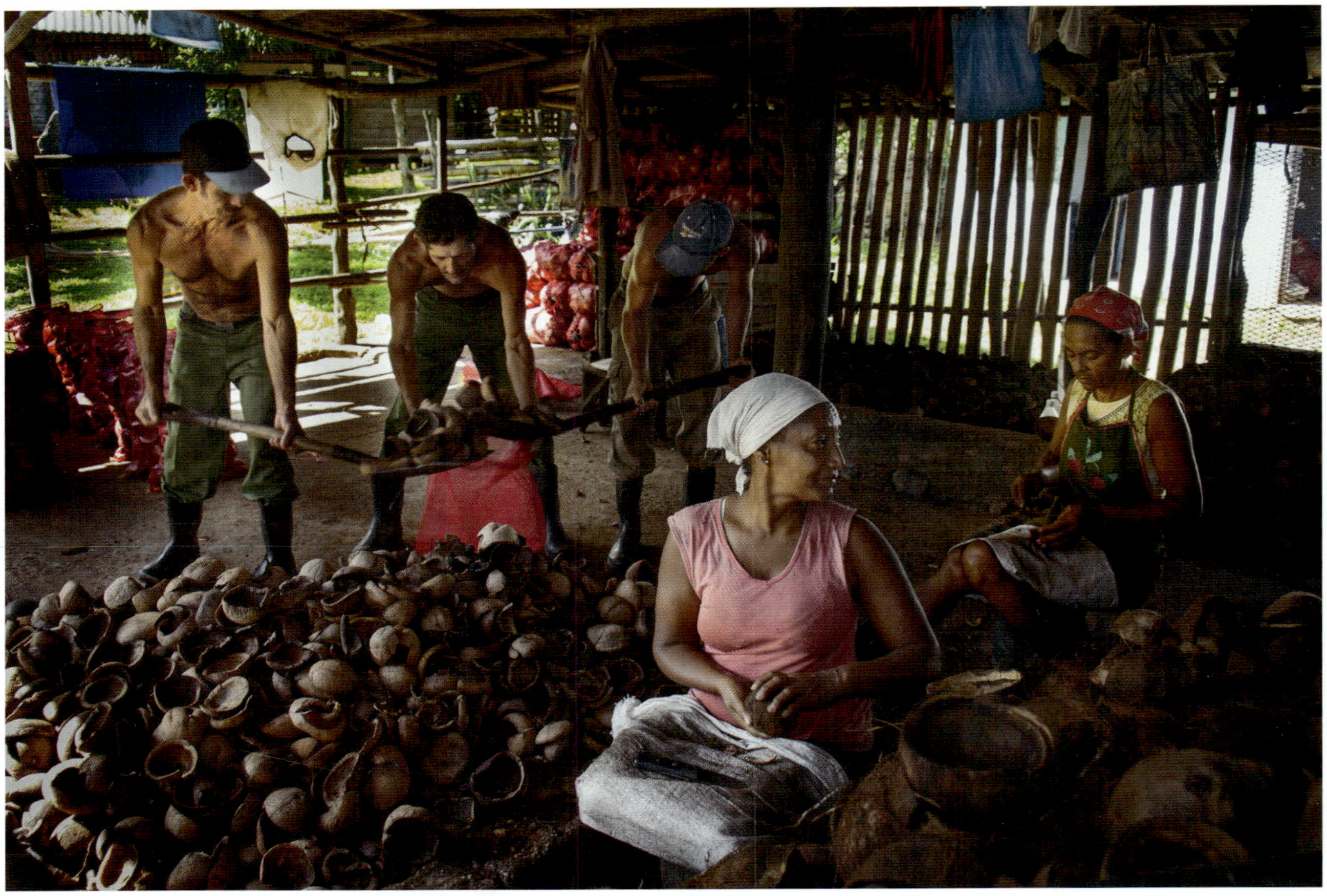

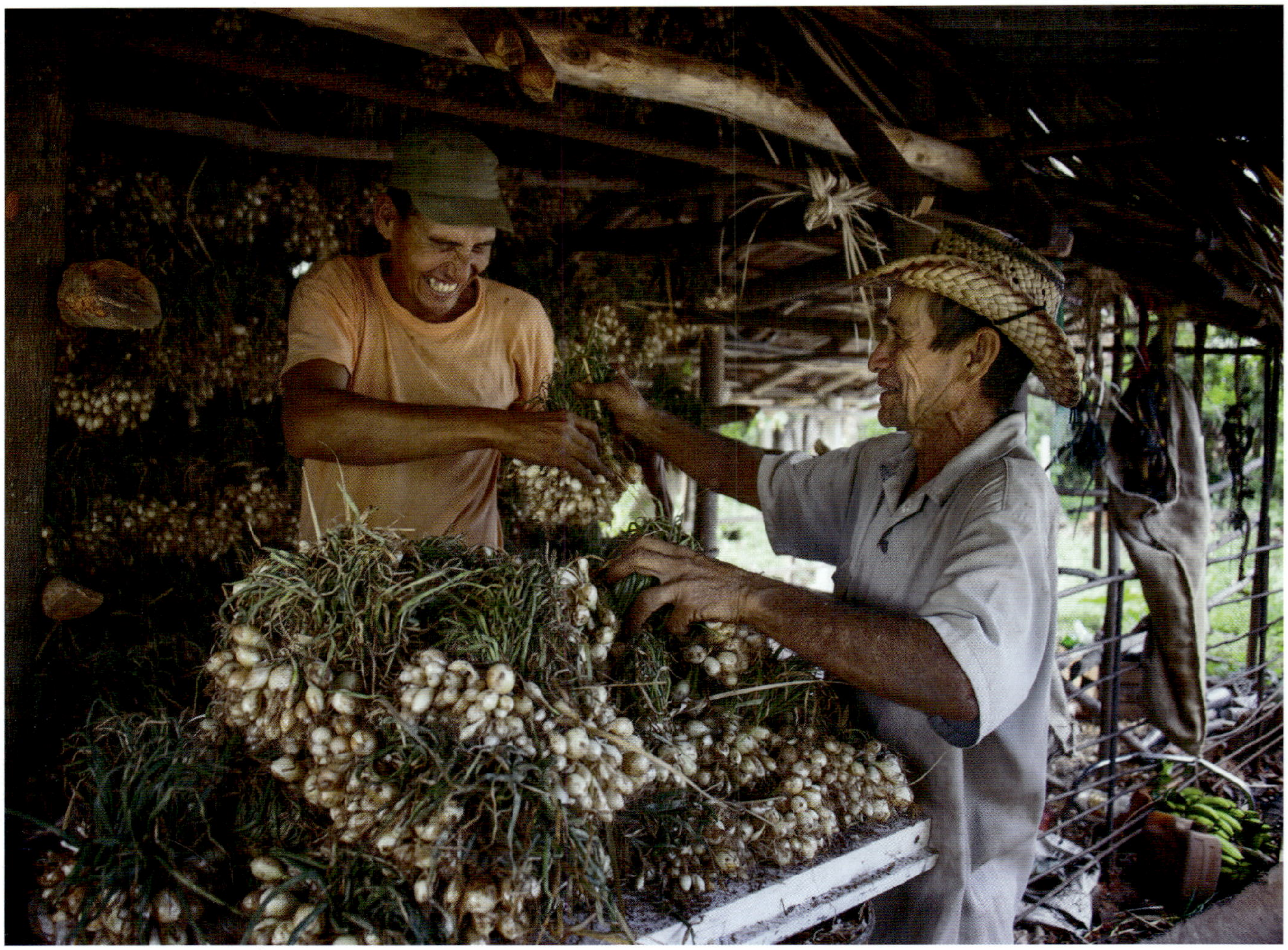

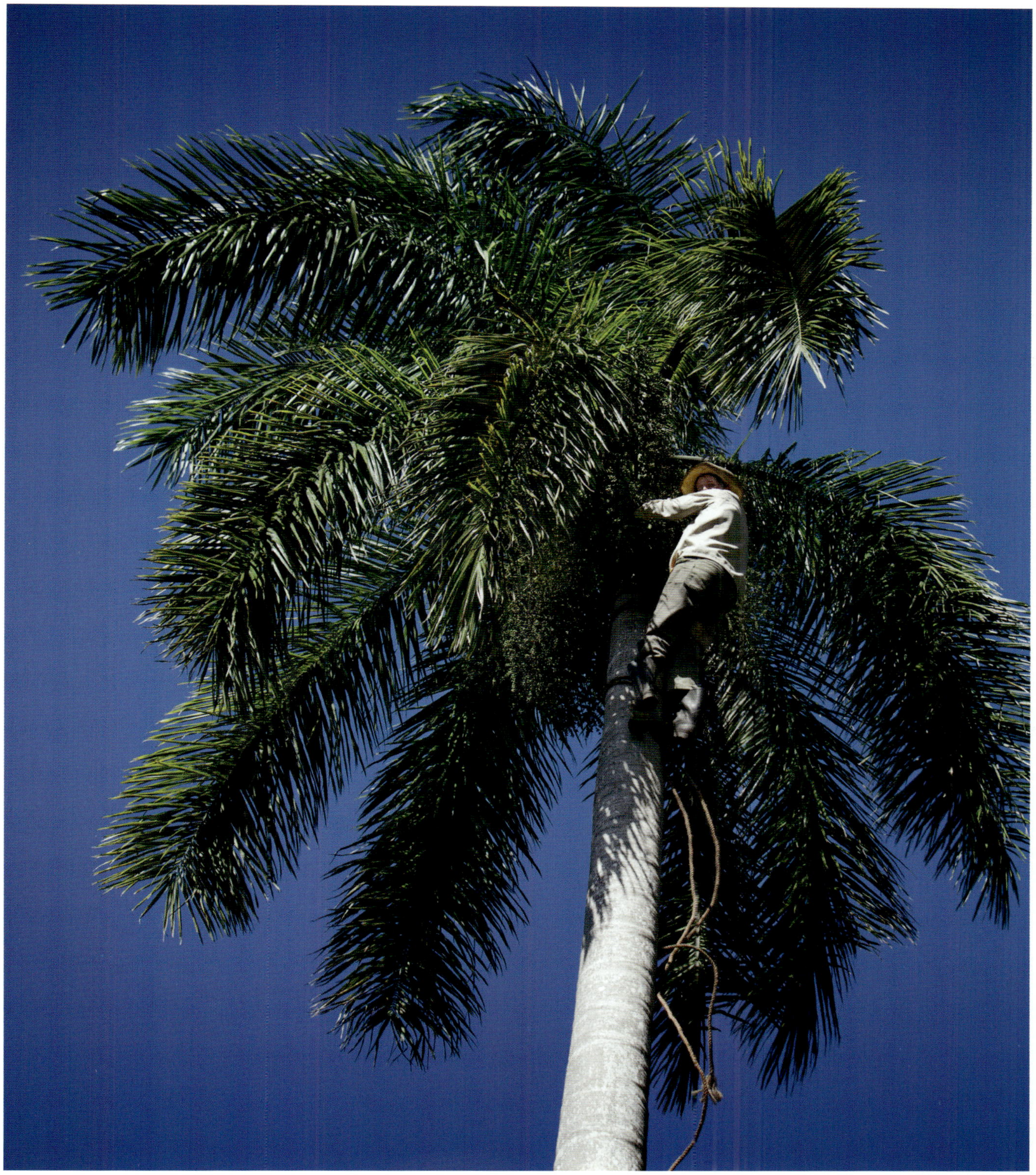

ABOVE | ARRIBA Soplillar, Matanzas {JL}

OPPOSITE FROM TOP | PÁGINA OPUESTA DE ARRIBA A ABAJO
Baracoa, Guantánamo {CC}
Banao, Sancti Spiritus {CC}

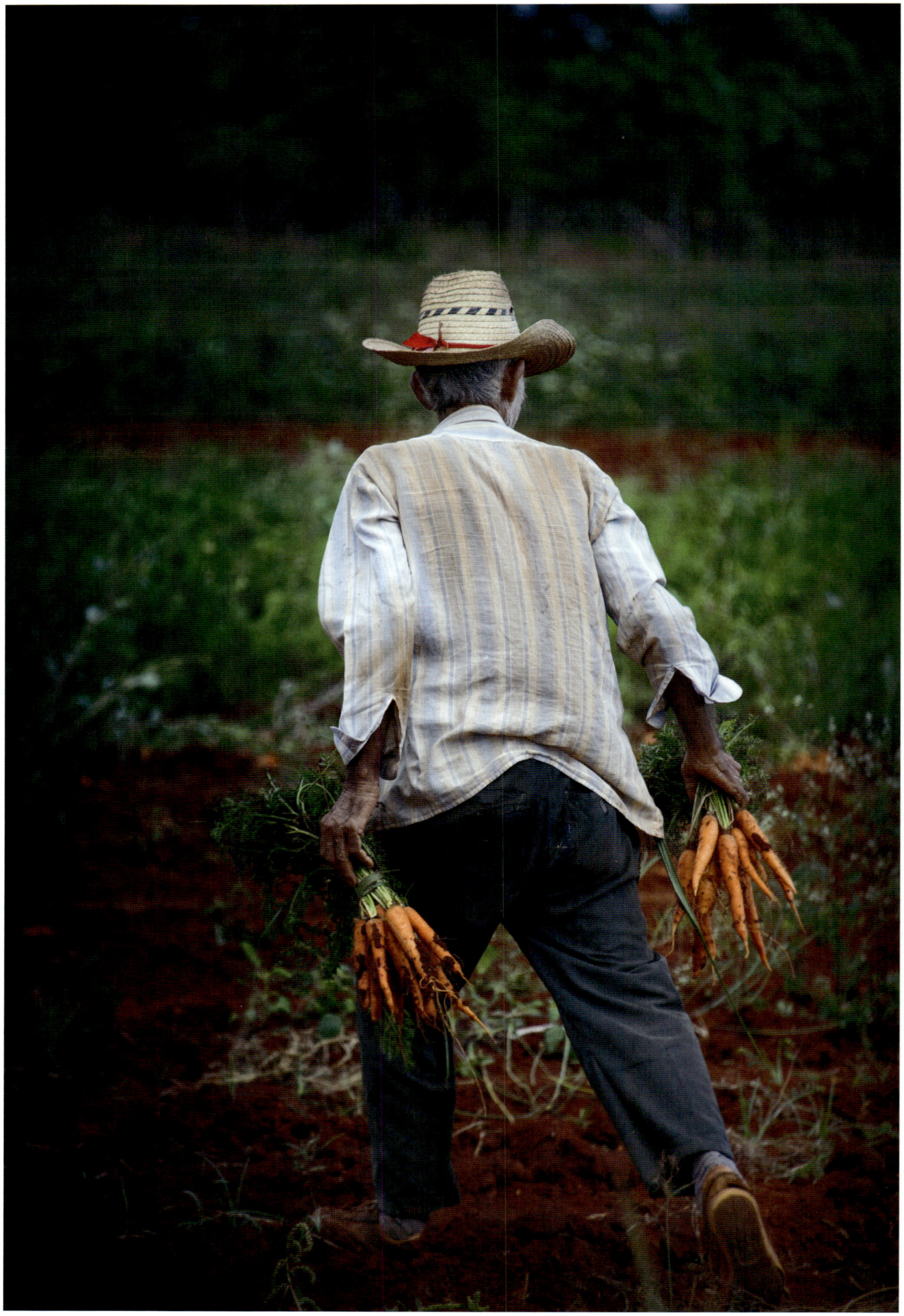

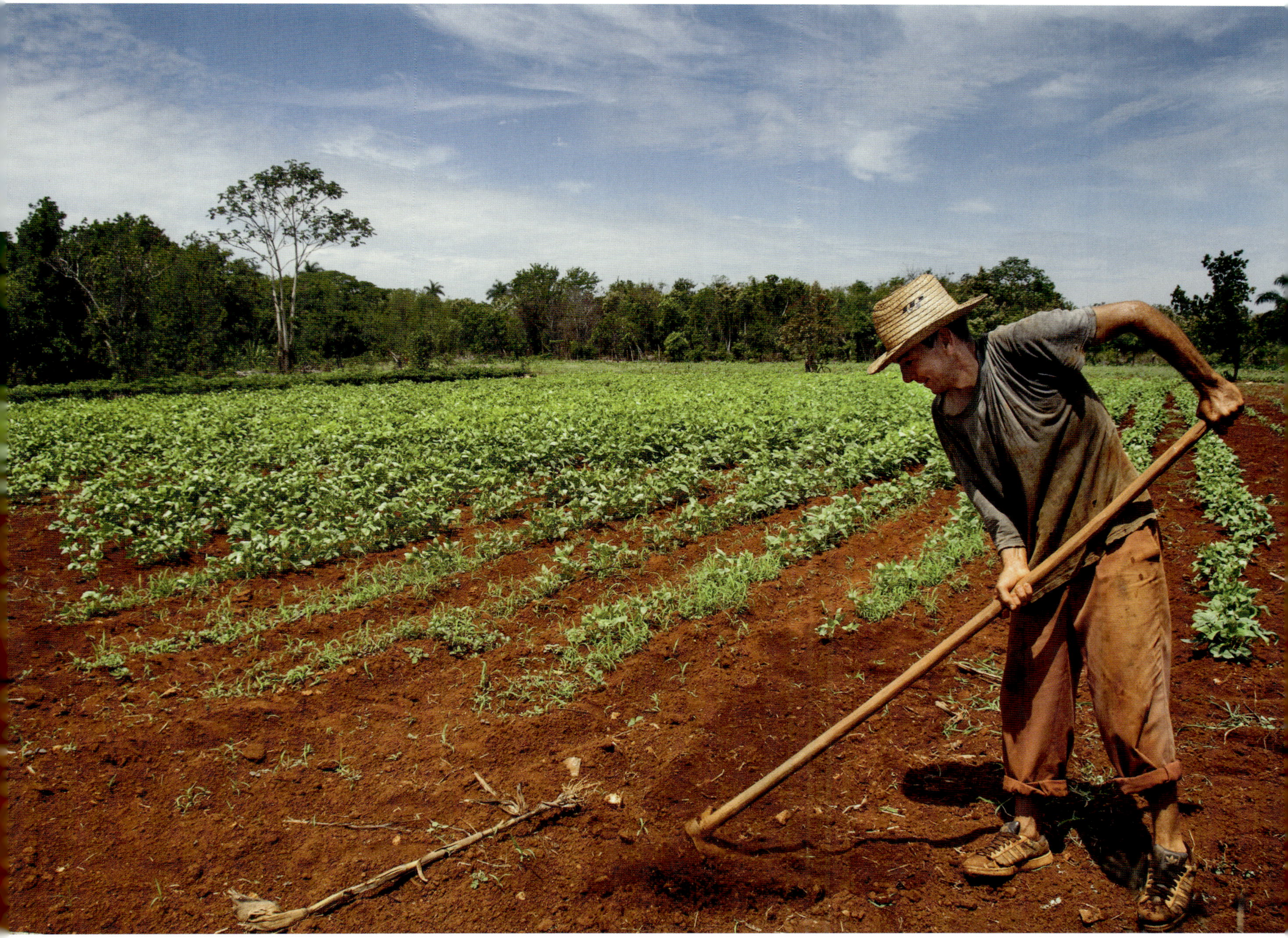

ABOVE | ARRIBA Güira de Melena, Artemisa {JL}

OPPOSITE | PÁGINA OPUESTA Melena del Sur, Mayabeque {CC}

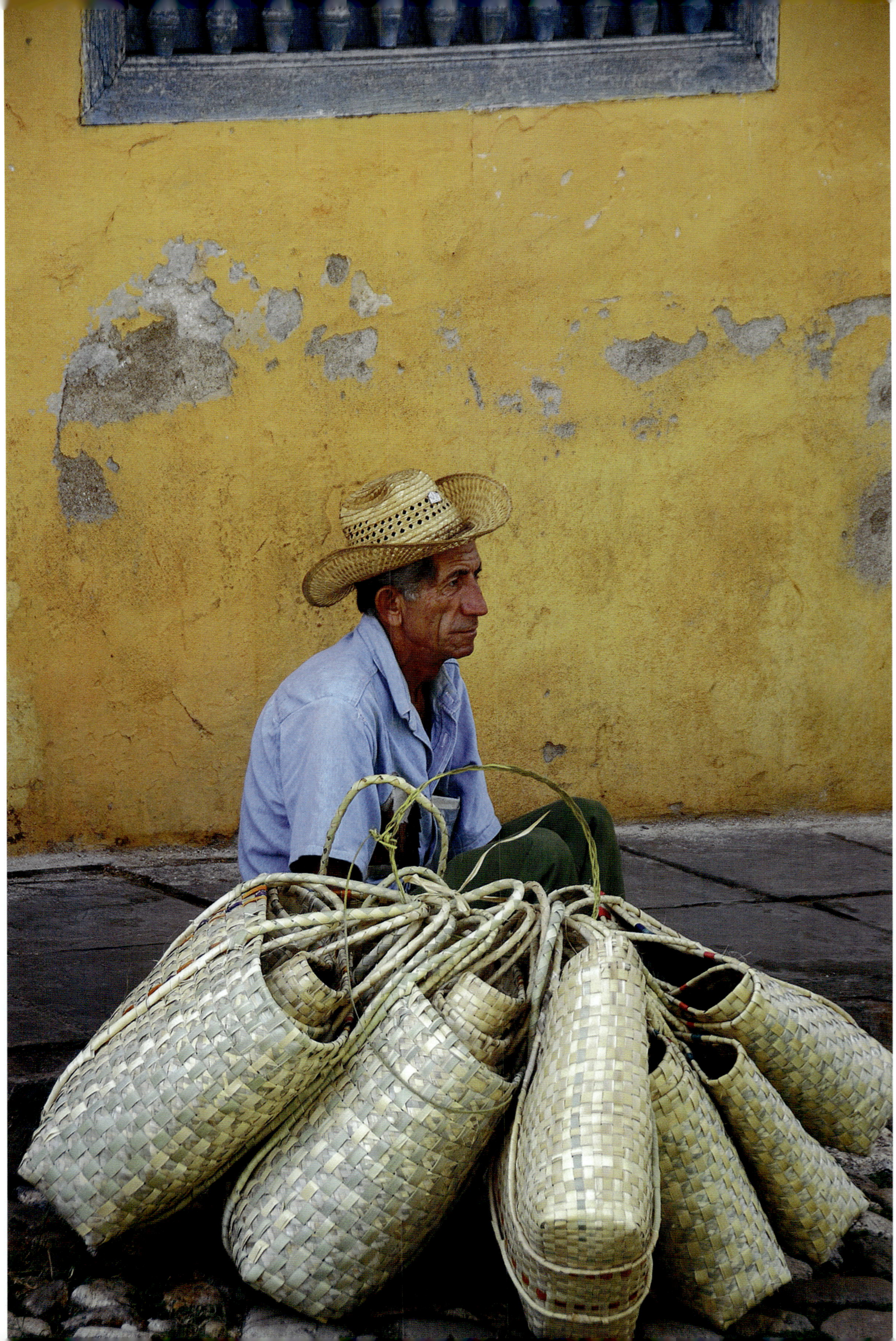

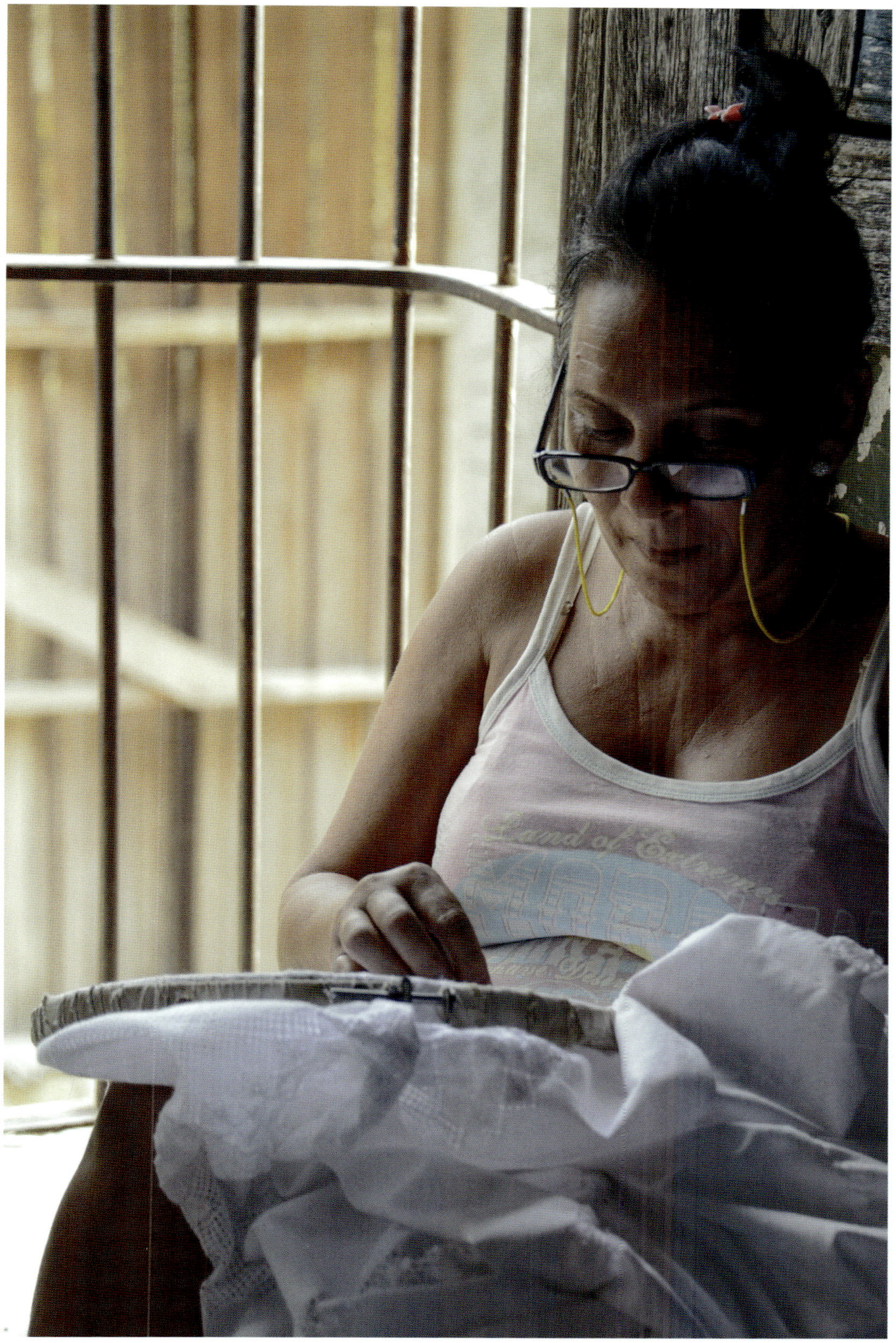

ABOVE | ARRIBA Trinidad, Sancti Spiritus {JL}

OPPOSITE | PÁGINA OPUESTA Trinidad, Sancti Spiritus {JL}

OVERLEAF | PÁGINA SIGUIENTE Jagüey Grande, Matanzas {CC}

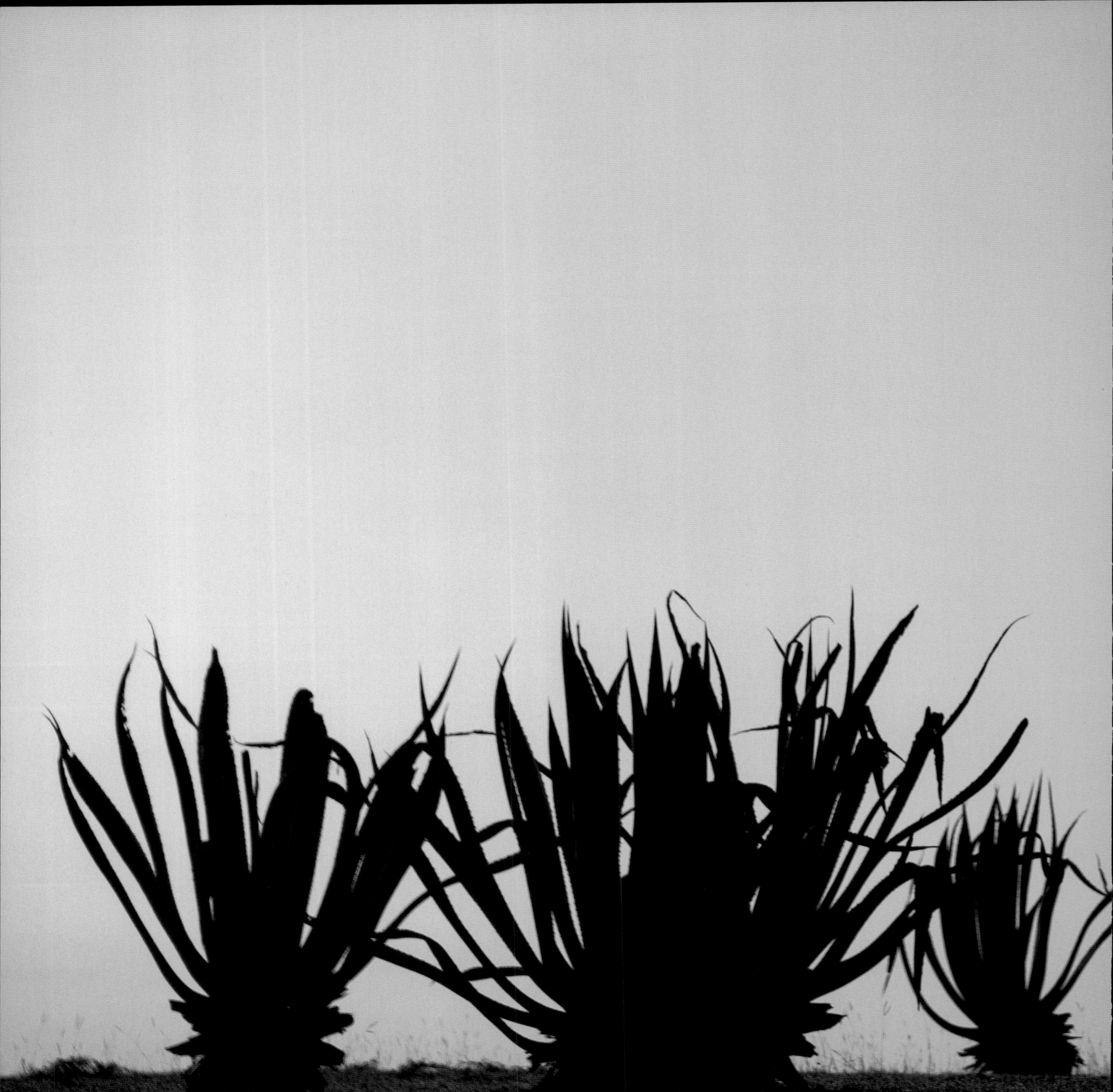

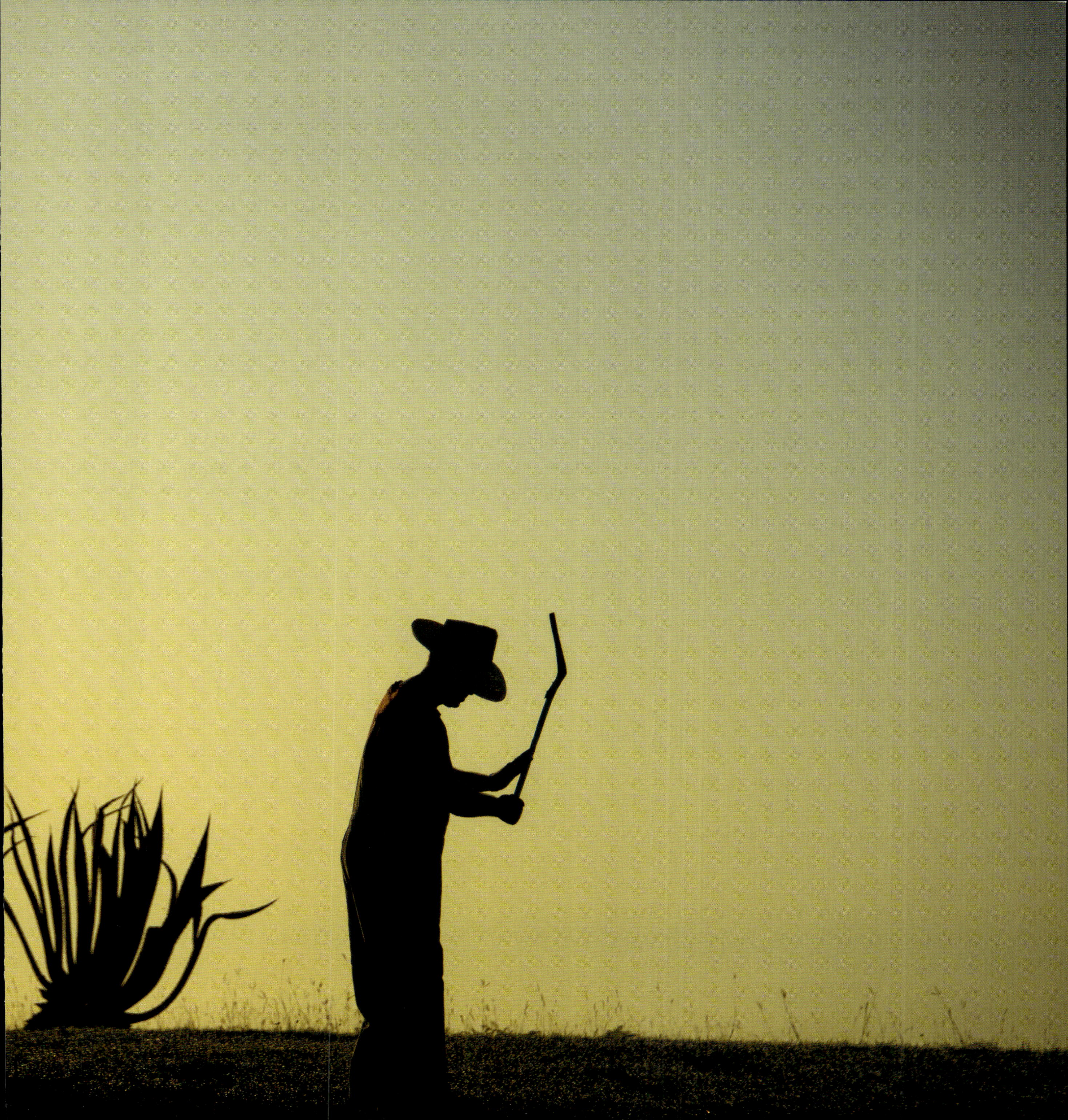

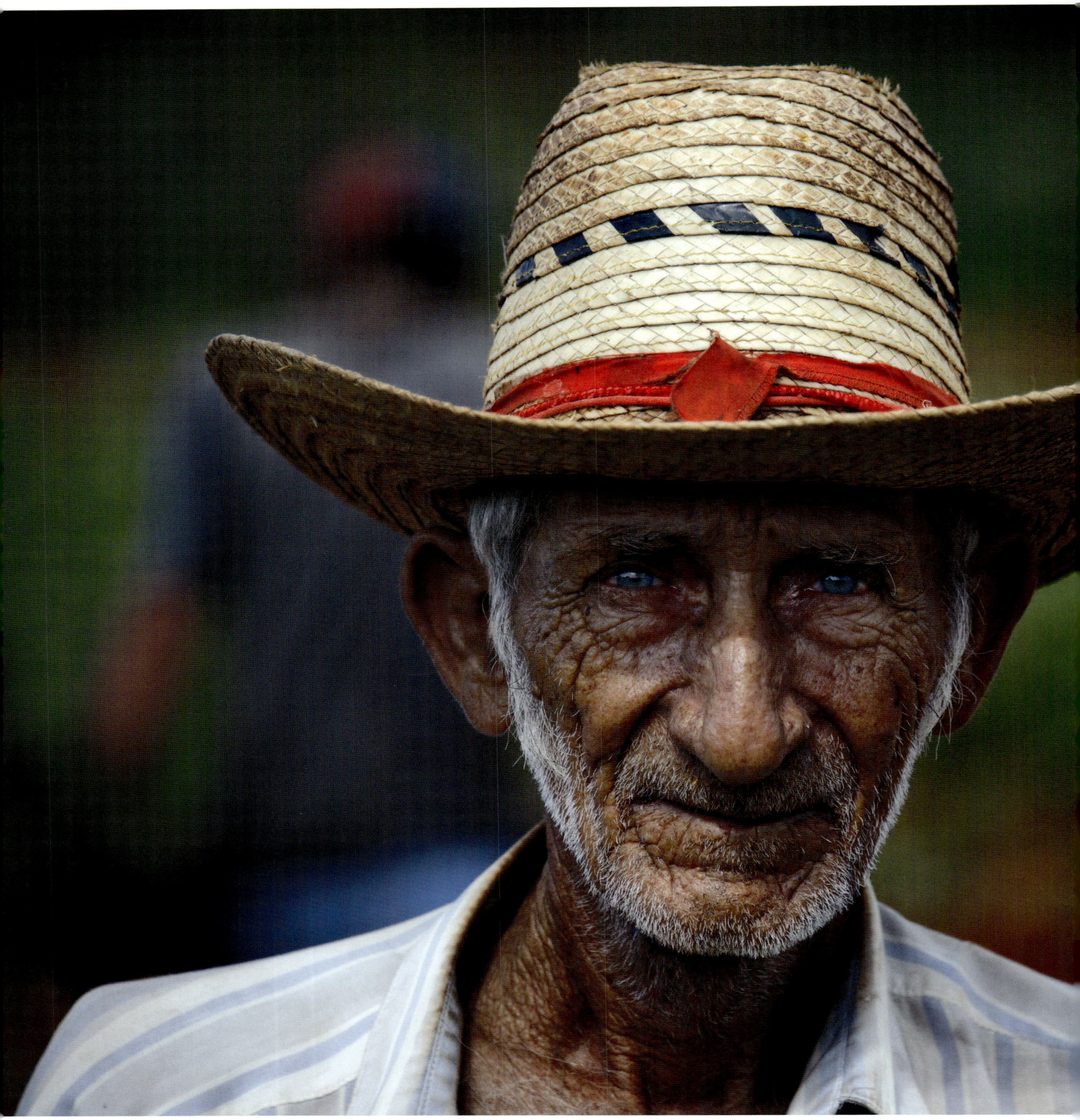

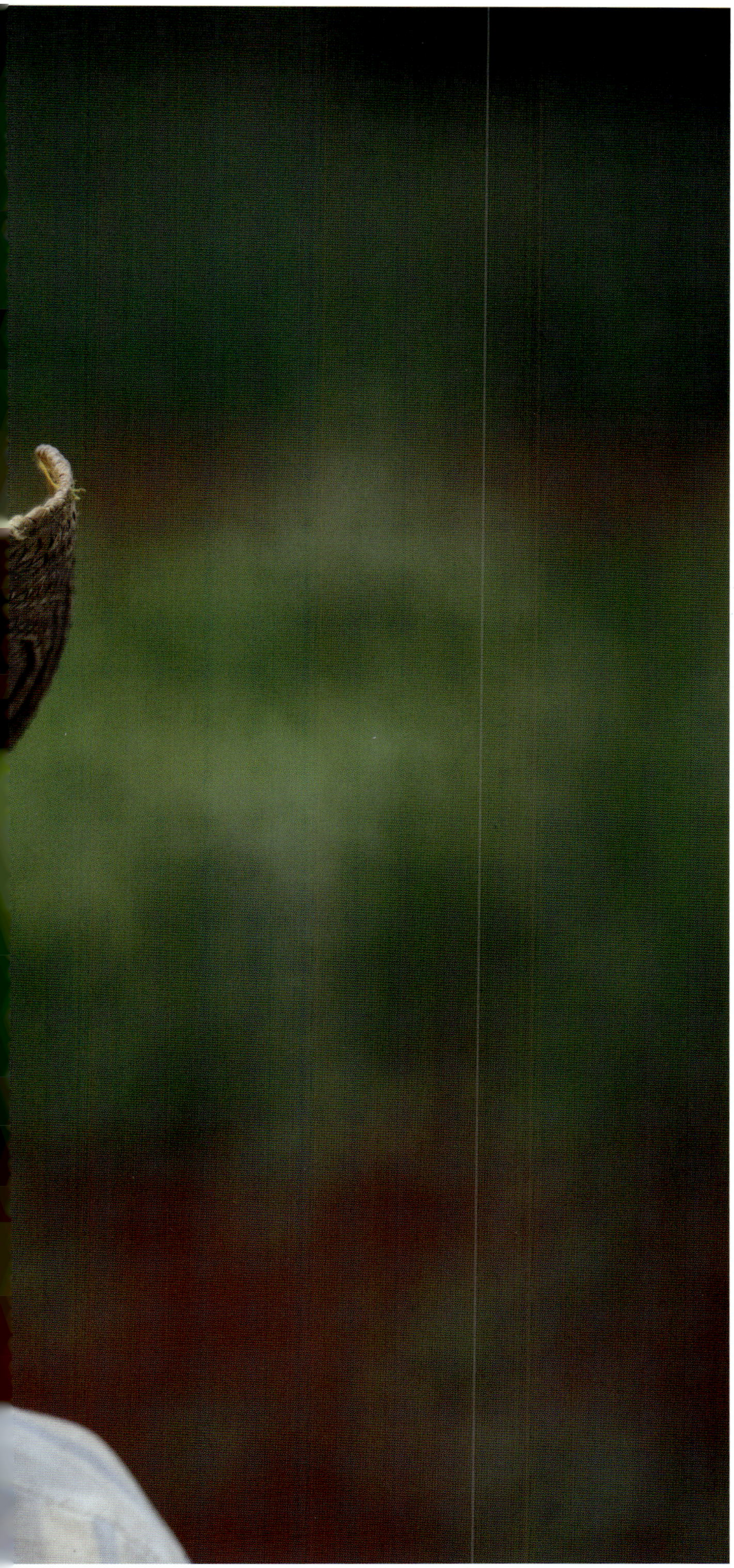

FACES
ROSTROS

Among the *campesinos* can be found a variety of peoples, as their ancestors hailed from across the globe. Their heritages range from European to African, from Asian to South American, or some combination of these. No matter where they're from, working directly in the sun takes its toll on the skin of all *campesinos*. Their still-young faces are wrinkled, and their hands are hardened by their daily toil. Despite dust from furrows, soot from coal, or mud from bricks, there is always a proud smile stretched across their faces, content with the results of their labors.

En una mezcla que representa a la nación cubana, entre los campesinos pueden encontrarse descendientes de europeos, africanos, asiáticos y amerindios. Sin importar la ascendencia, el duro laboreo al sol cobra su precio en la piel, en los rostros aún jóvenes surcados por arrugas y en las manos curtidas por el esfuerzo cotidiano. Debajo del polvo de los surcos, del tizne del carbón o del barro de los ladrillos en preparación, siempre hay una sonrisa orgullosa por el resultado del trabajo.

LEFT | IZQUIERDA Güira de Melena, Artemisa {CC}

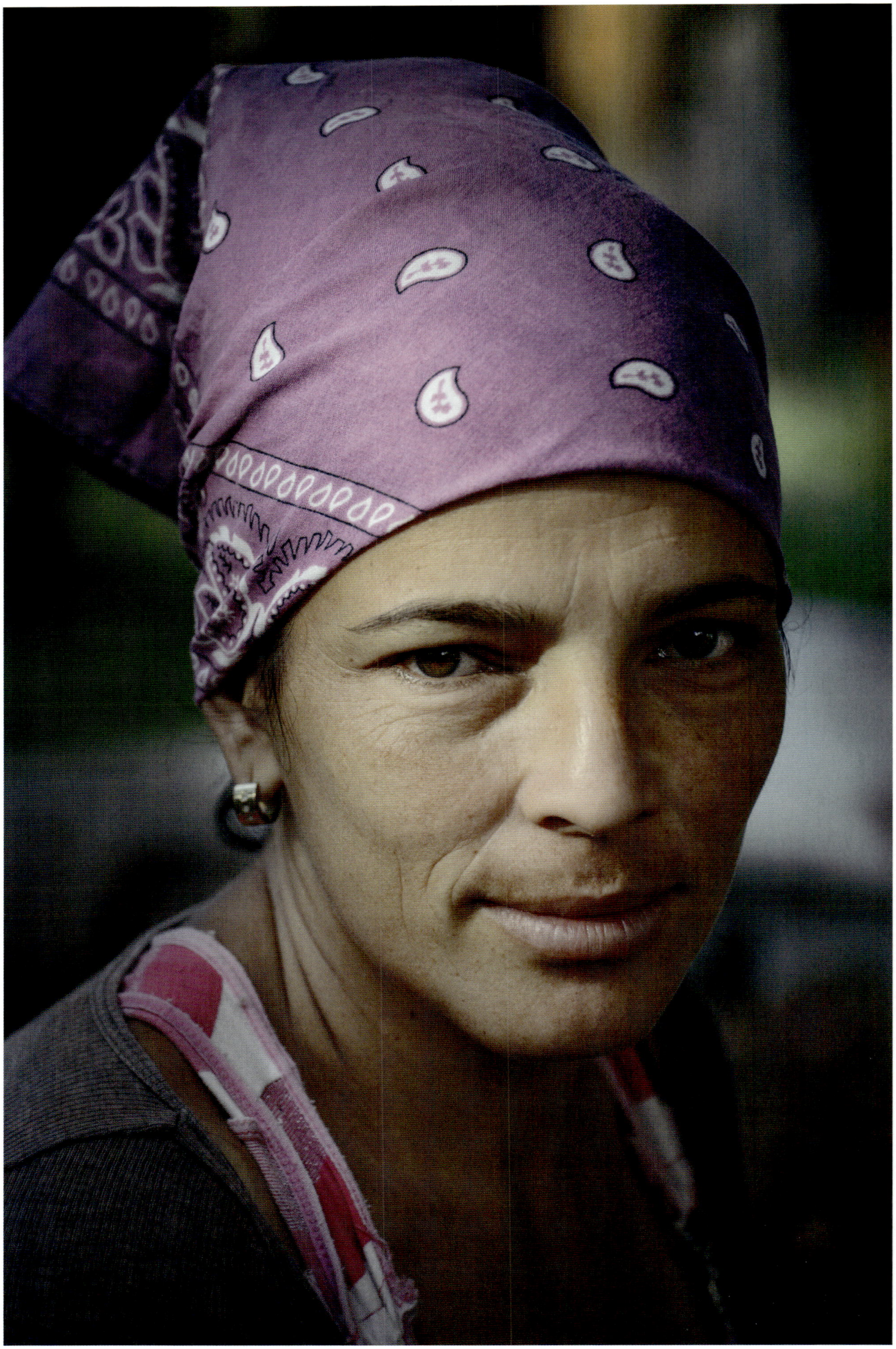

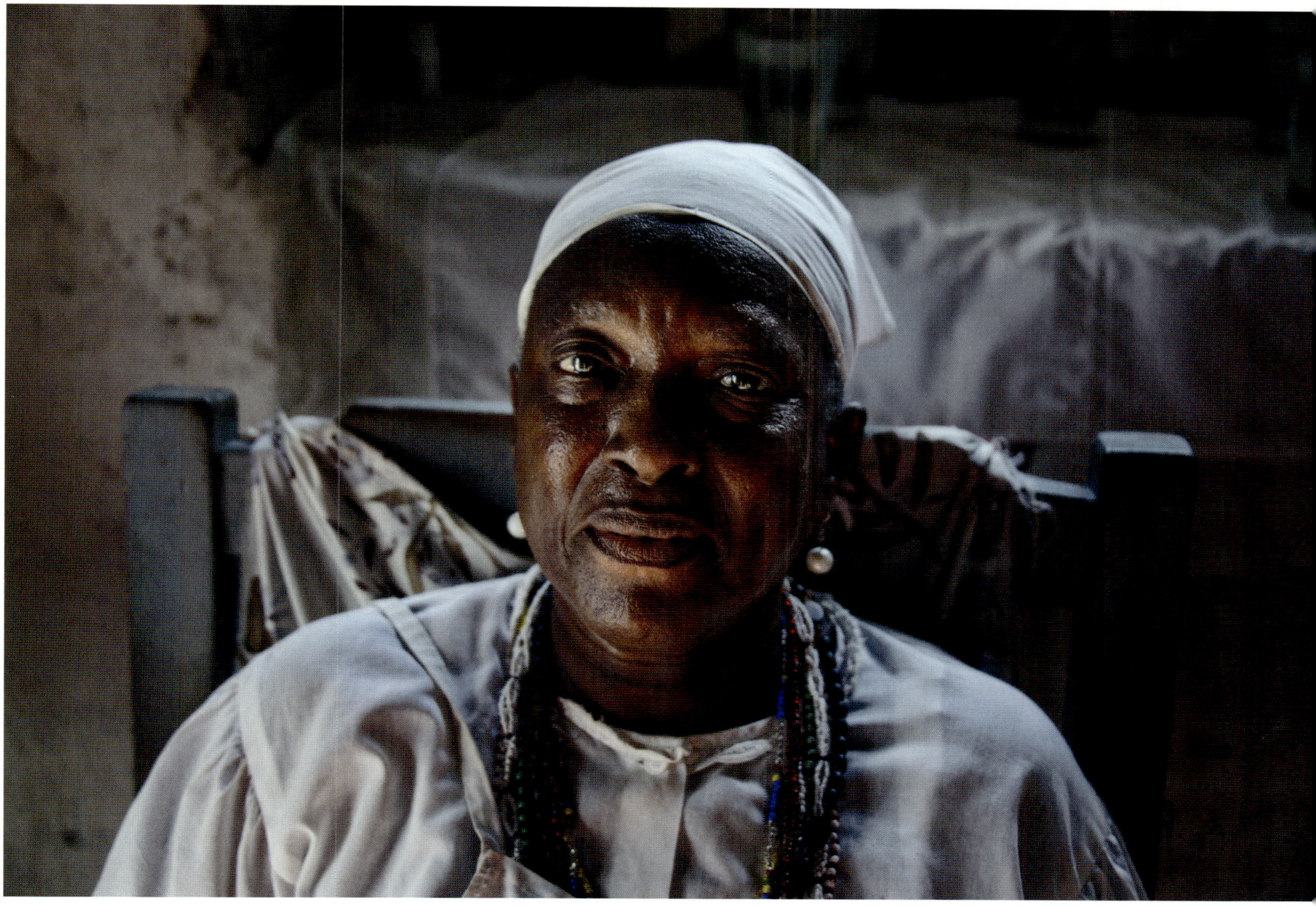

ABOVE | ARRIBA Trinidad, Sancti Spiritus {CC}

OPPOSITE | PÁGINA OPUESTA Banao, Sancti Spiritus {JL}

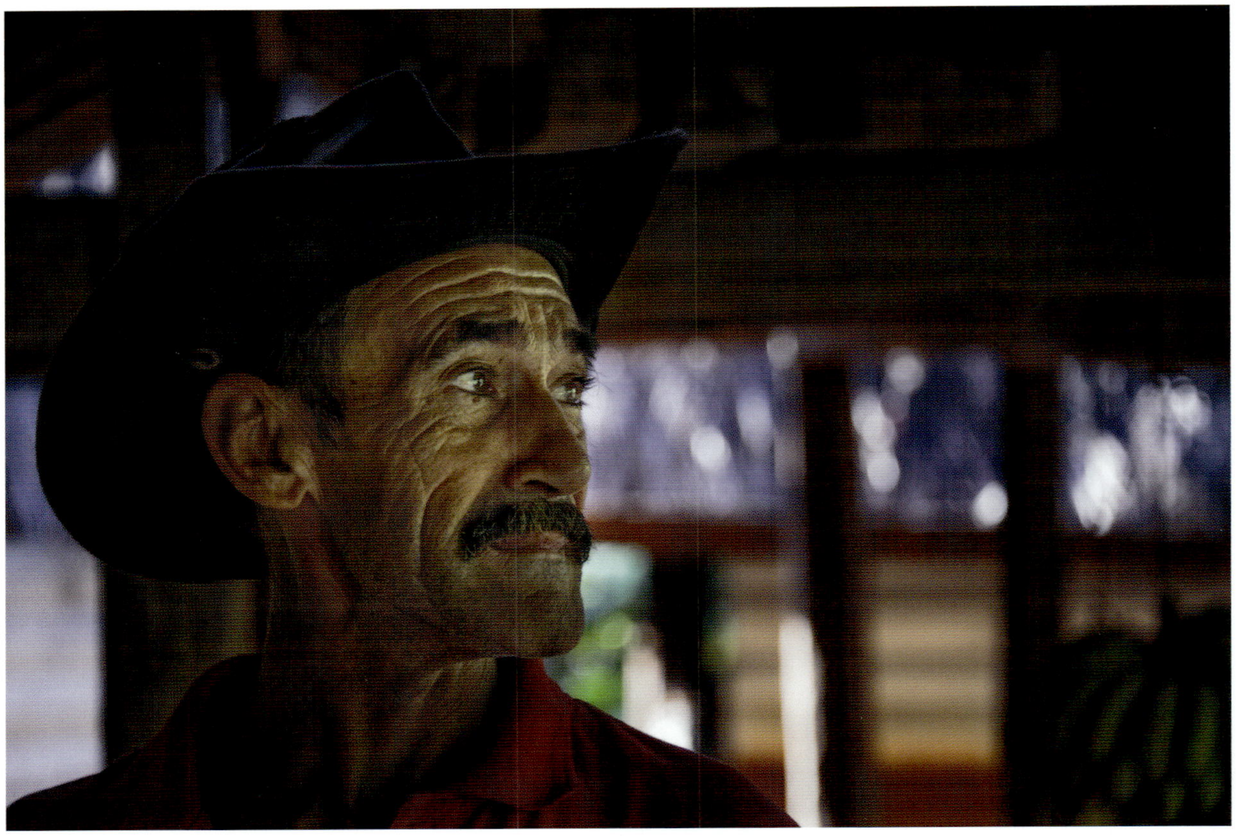

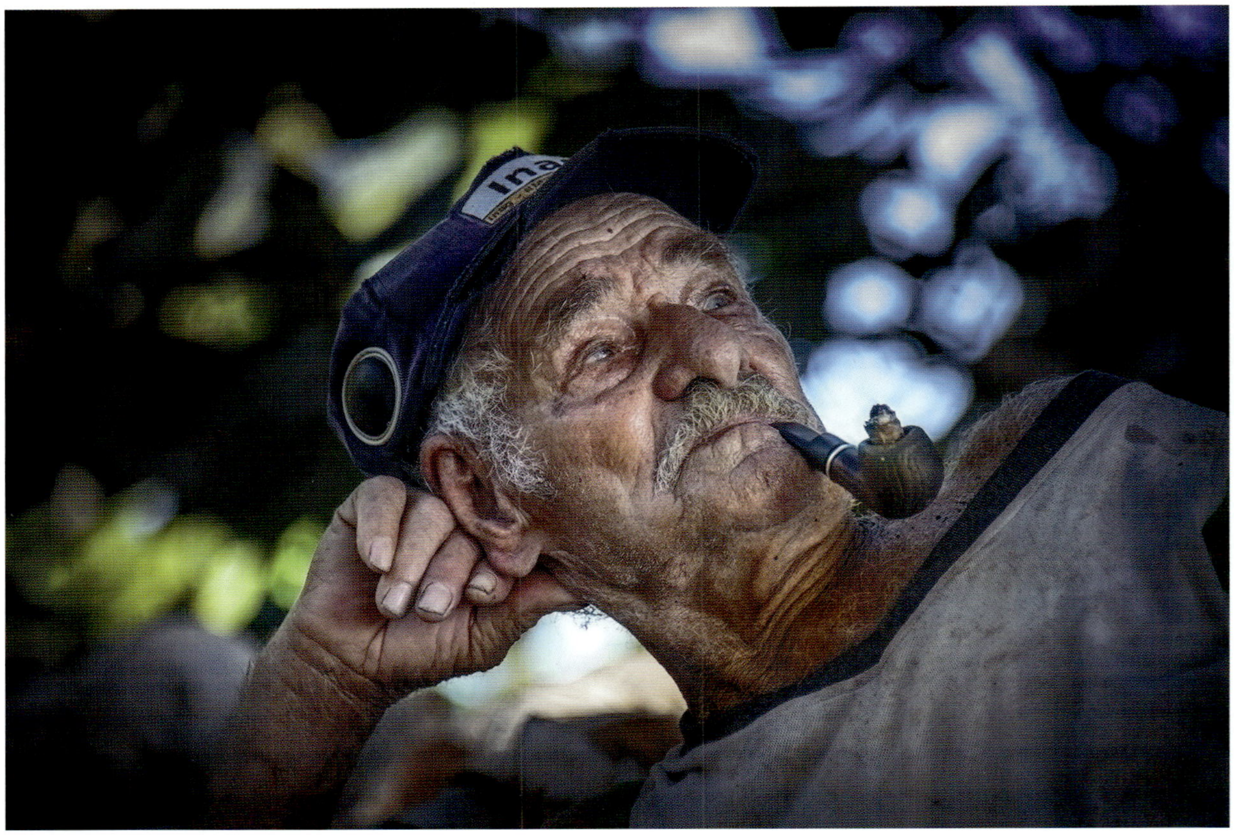

ABOVE FROM TOP | DE ARRIBA A ABAJO

Topes de Collantes, Sancti Spiritus {CC}

Baracoa, Guantánamo {CC}

OPPOSITE | PÁGINA OPUESTA Baracoa, Guantánamo {CC}

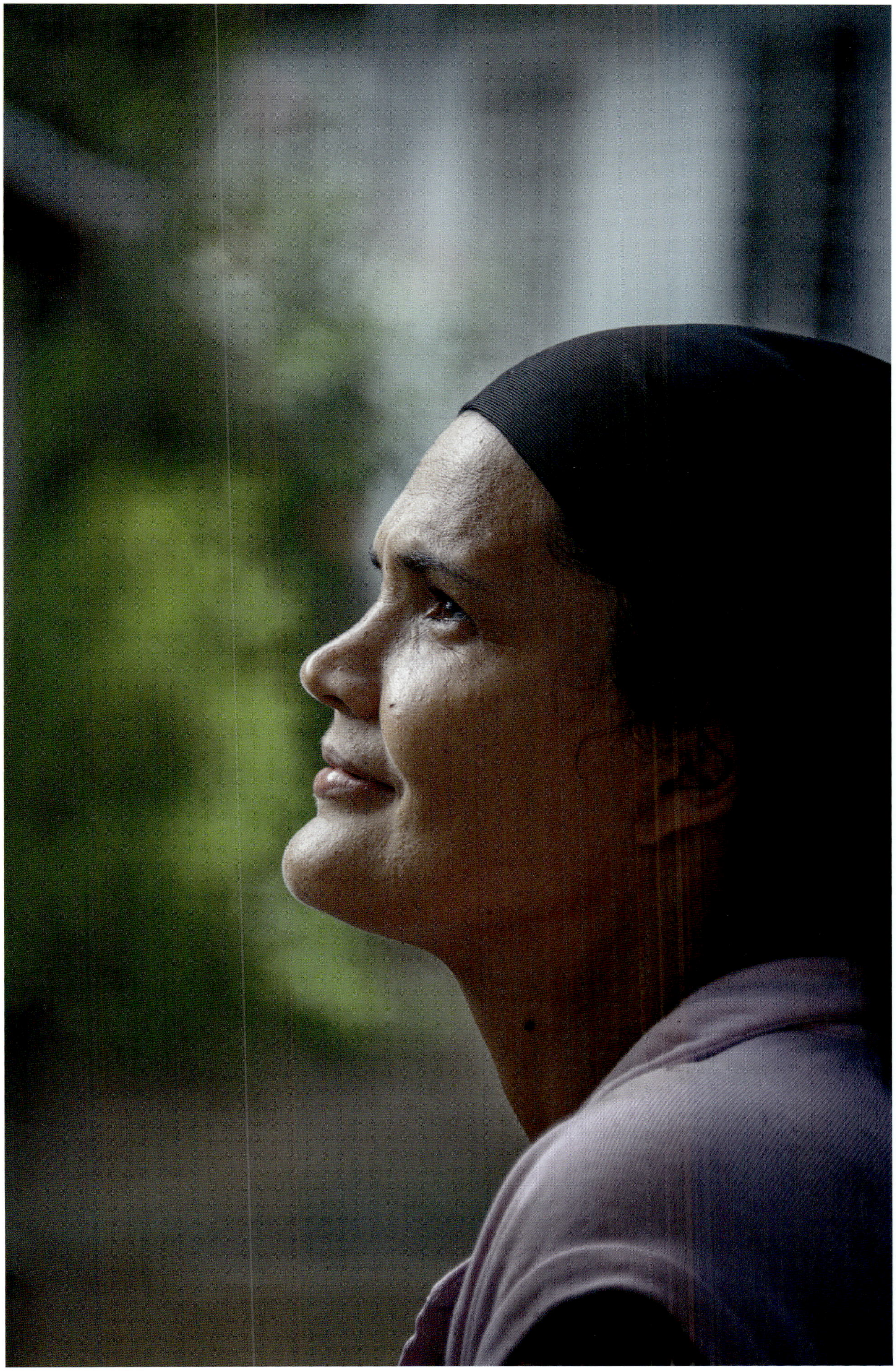

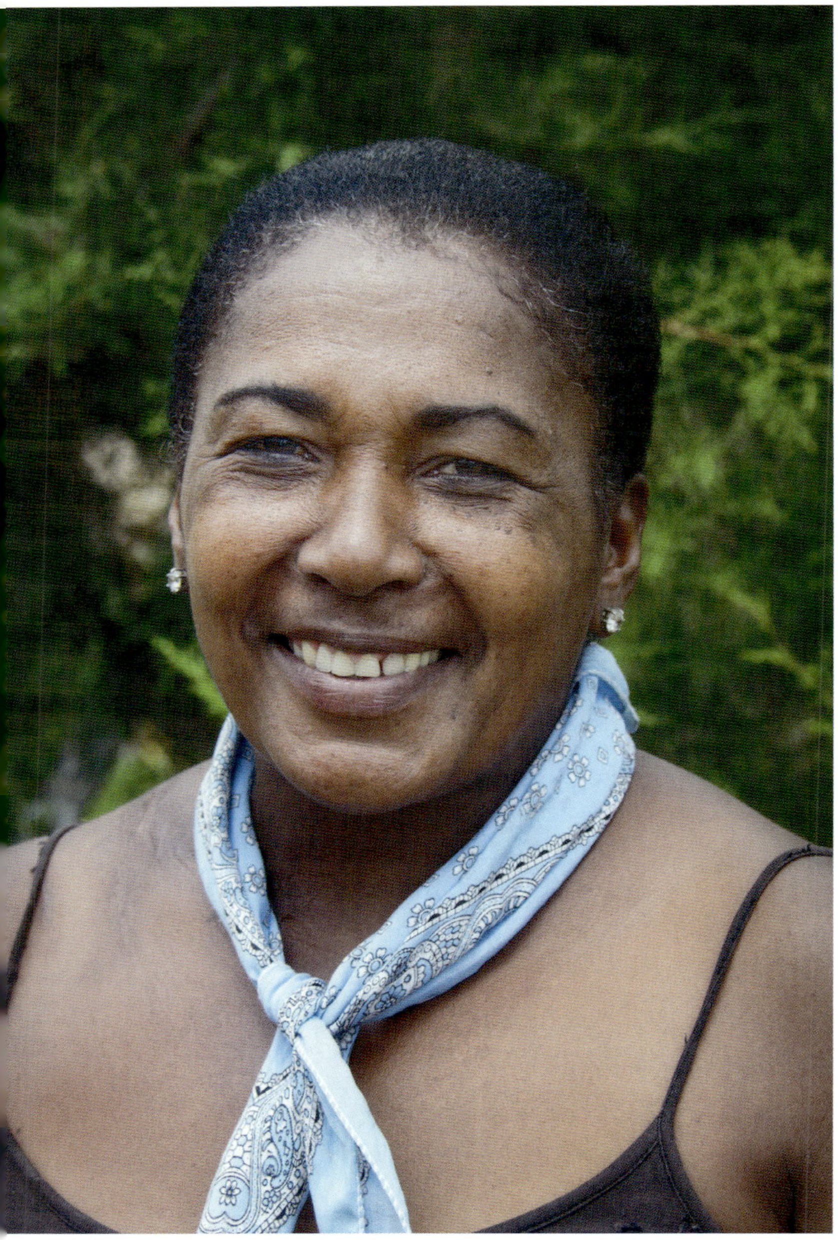

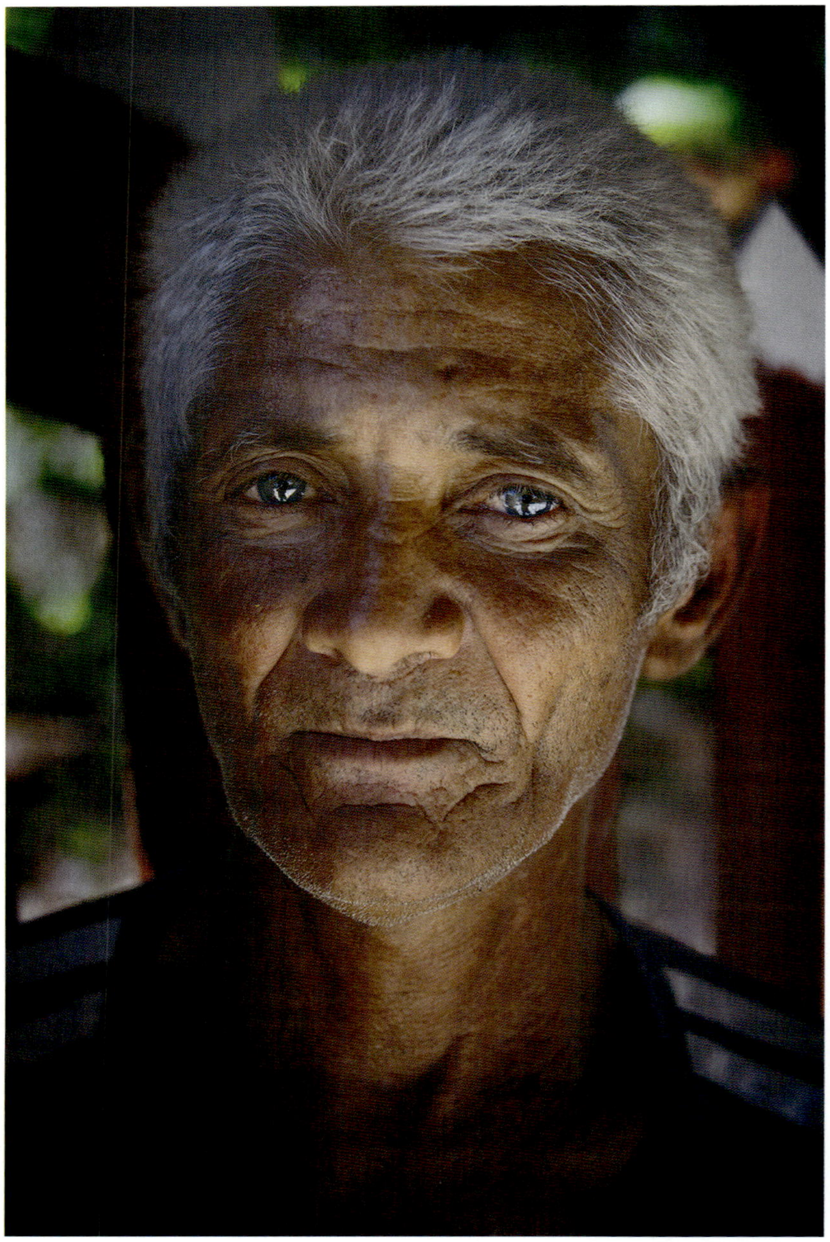

LEFT | IZQUIERDA La Gran Piedra, Santiago de Cuba {JL}

RIGHT | DERECHA Sigua, Santiago de Cuba {CC}

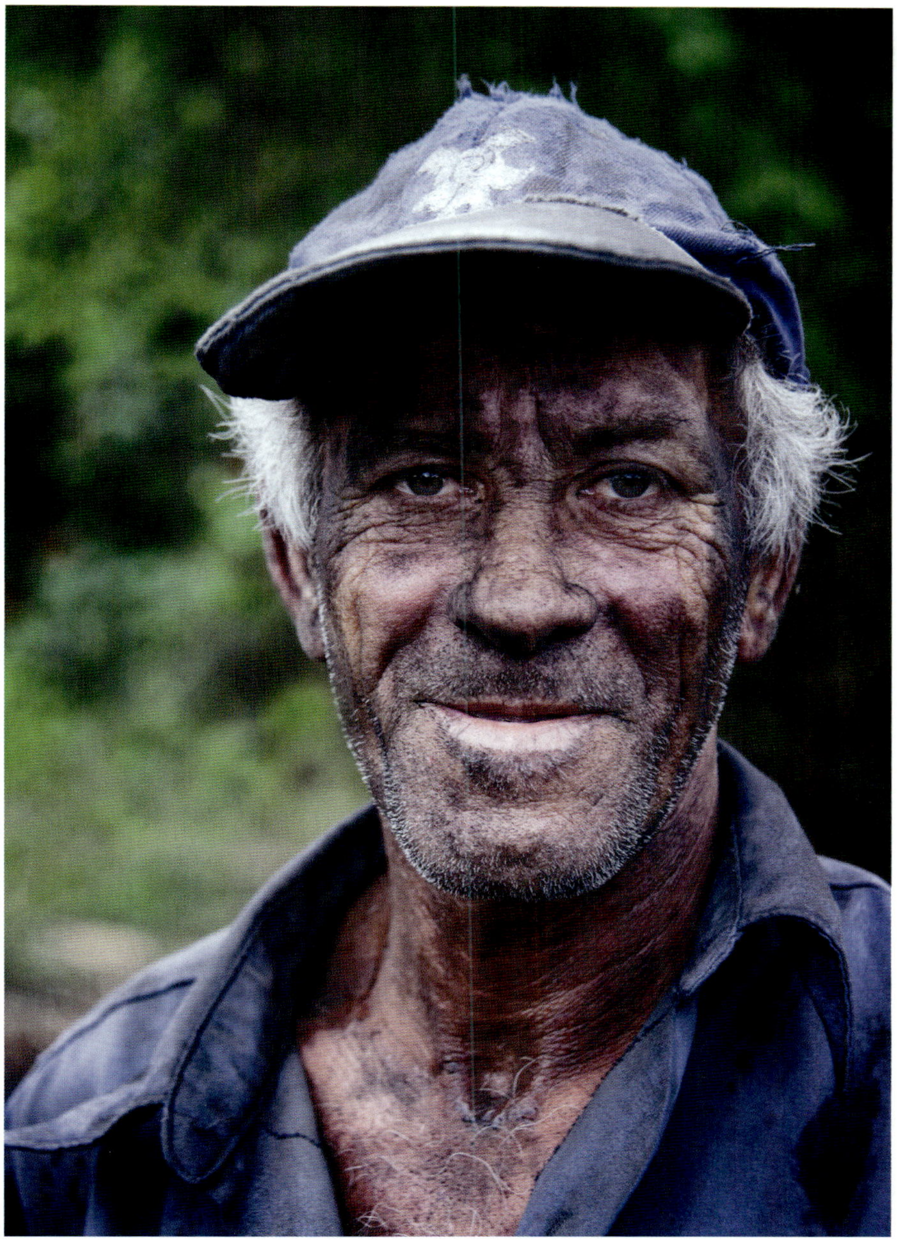

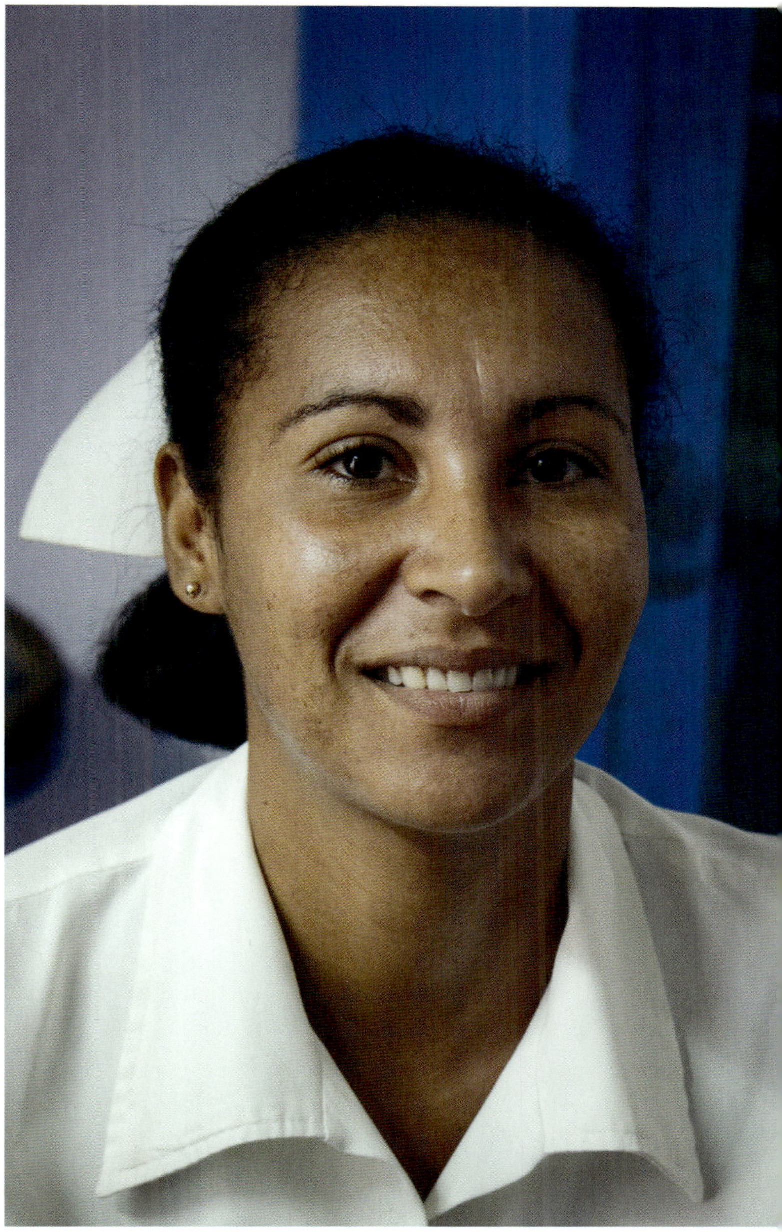

LEFT | IZQUIERDA Santo Tomás, Matanzas {JL}

RIGHT | DERECHA Las Terrazas, Artemisa {JL}

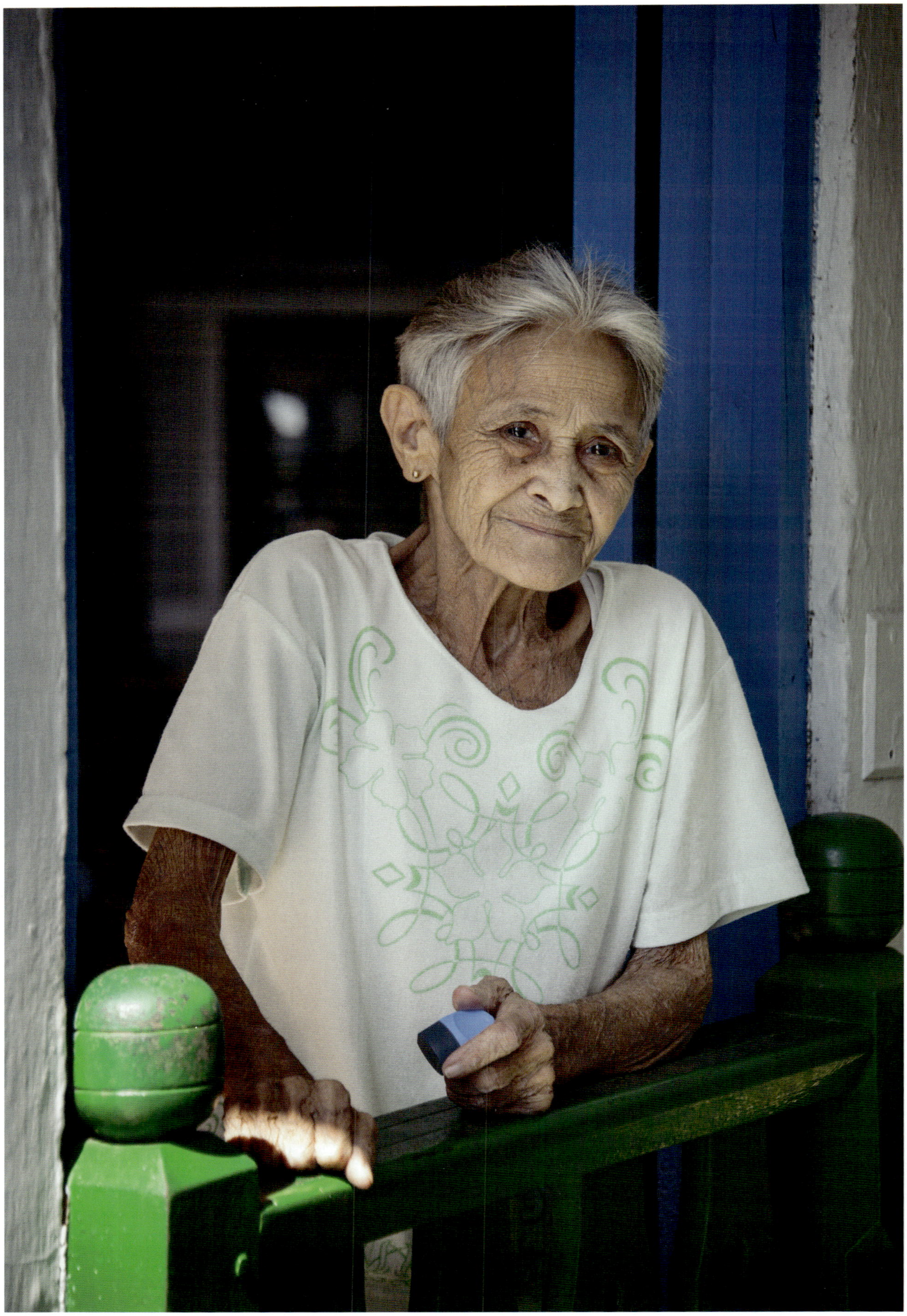

Las Terrazas, Artemisa {JL}

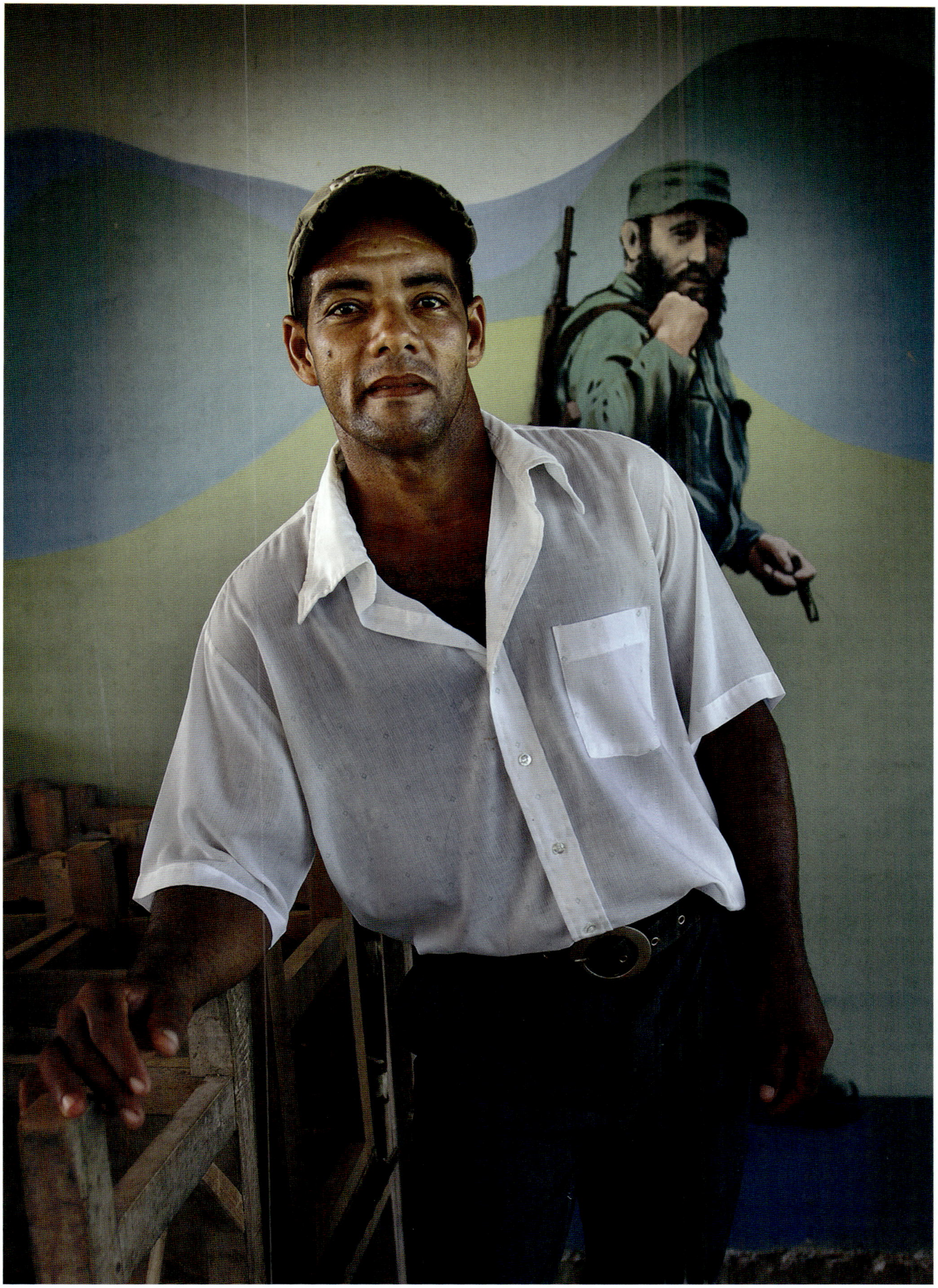

Baconao, Santiago de Cuba {CC}

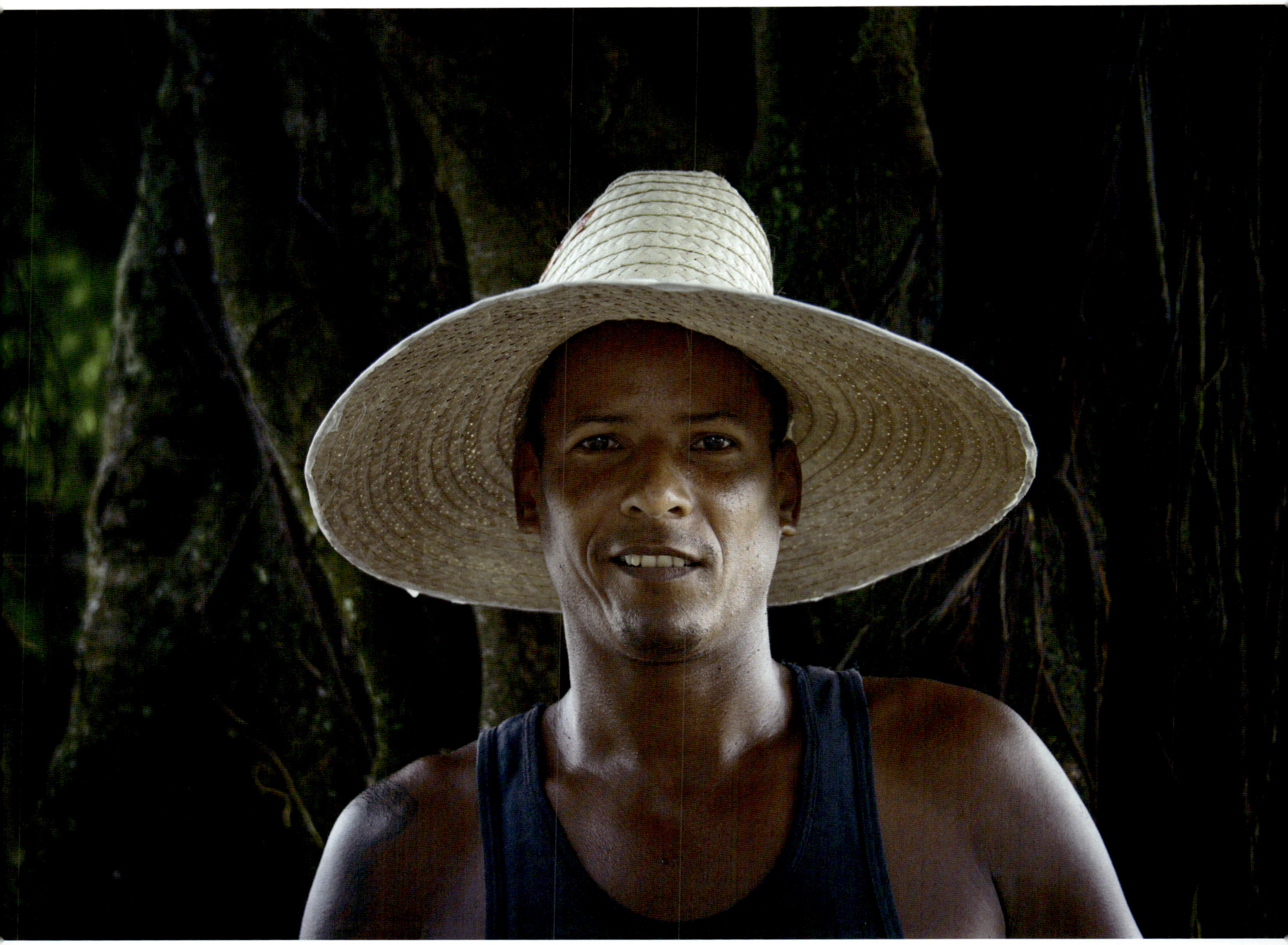

Sancti Spiritus {CC}

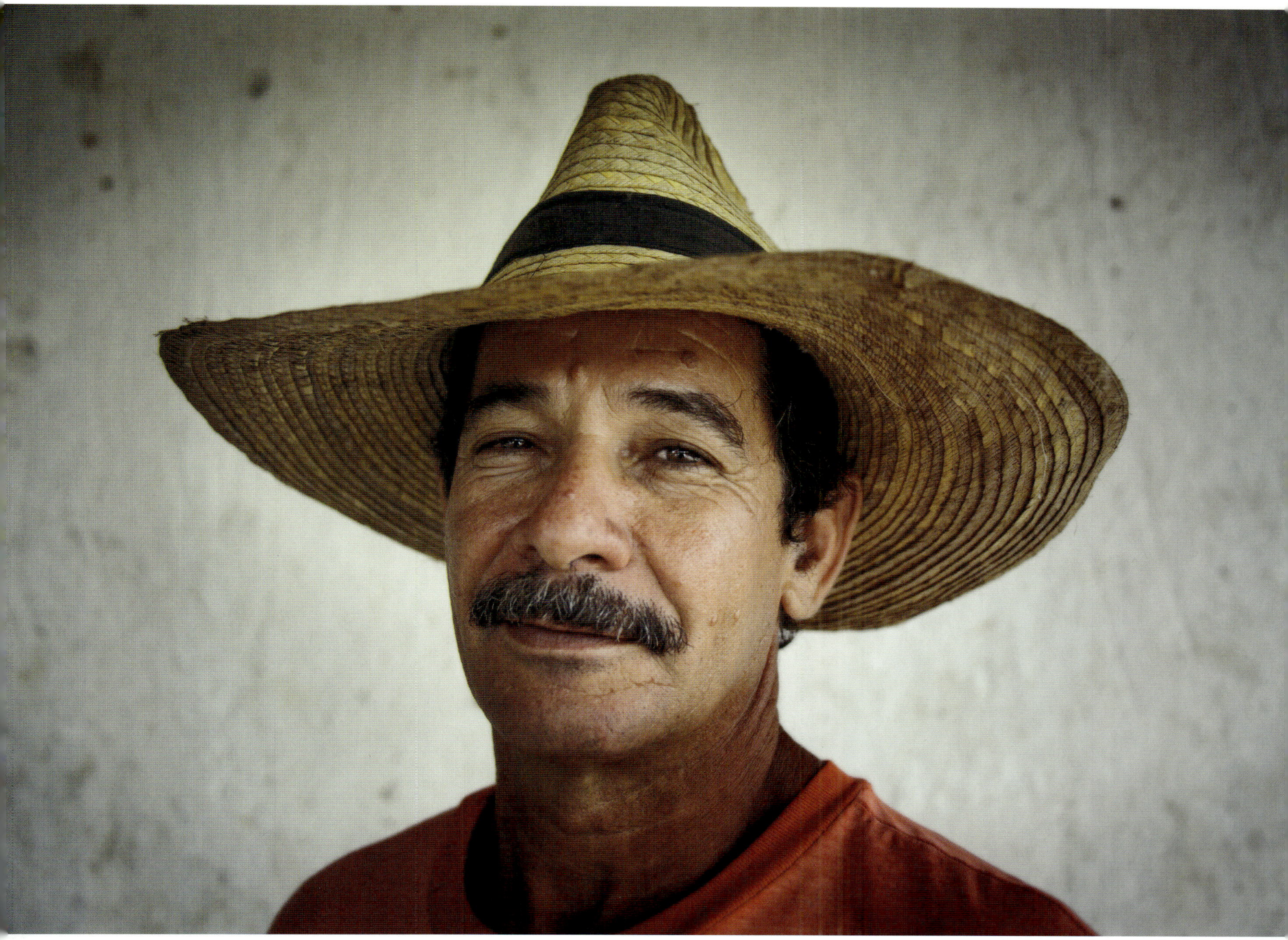

Mayajigua, Sancti Spiritus {CC}

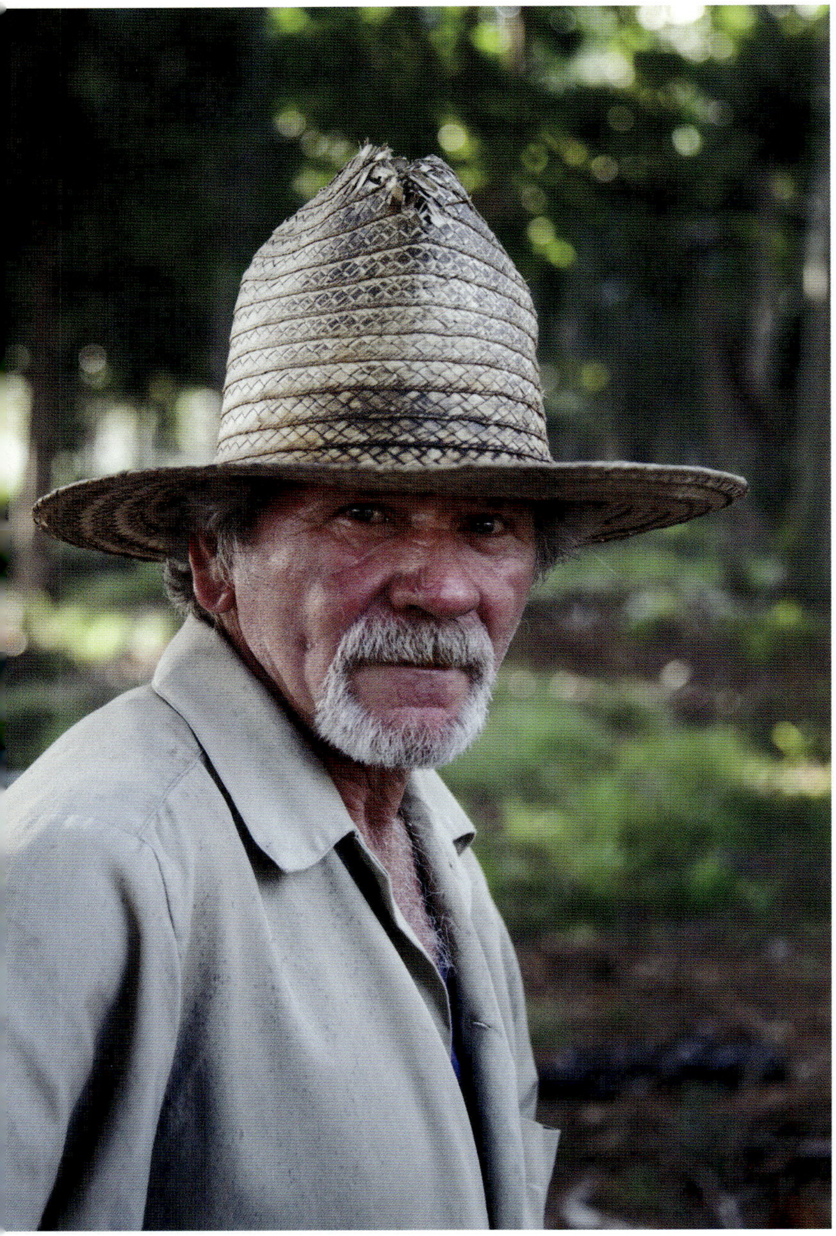

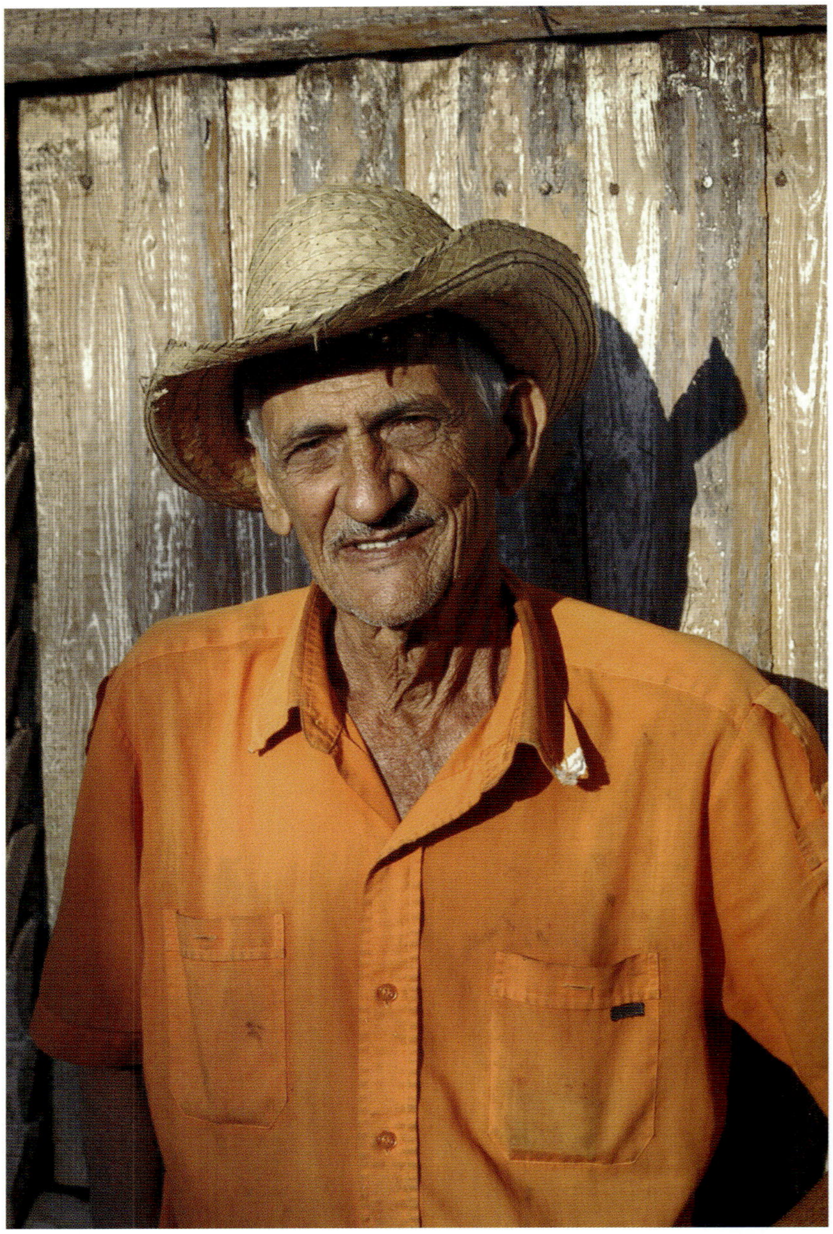

LEFT | IZQUIERDA Jagüey Grande, Matanzas {JL}

RIGHT | DERECHA Viñales, Pinar del Río {JL}

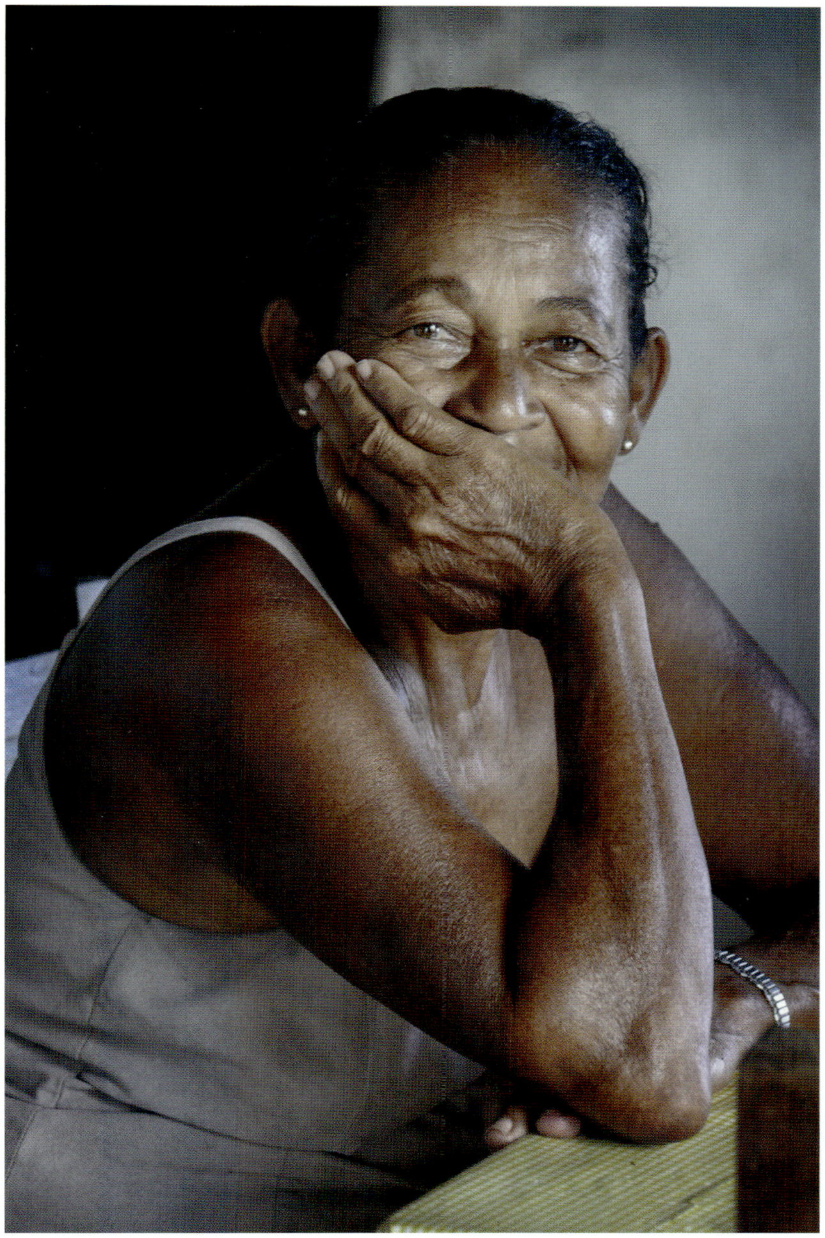

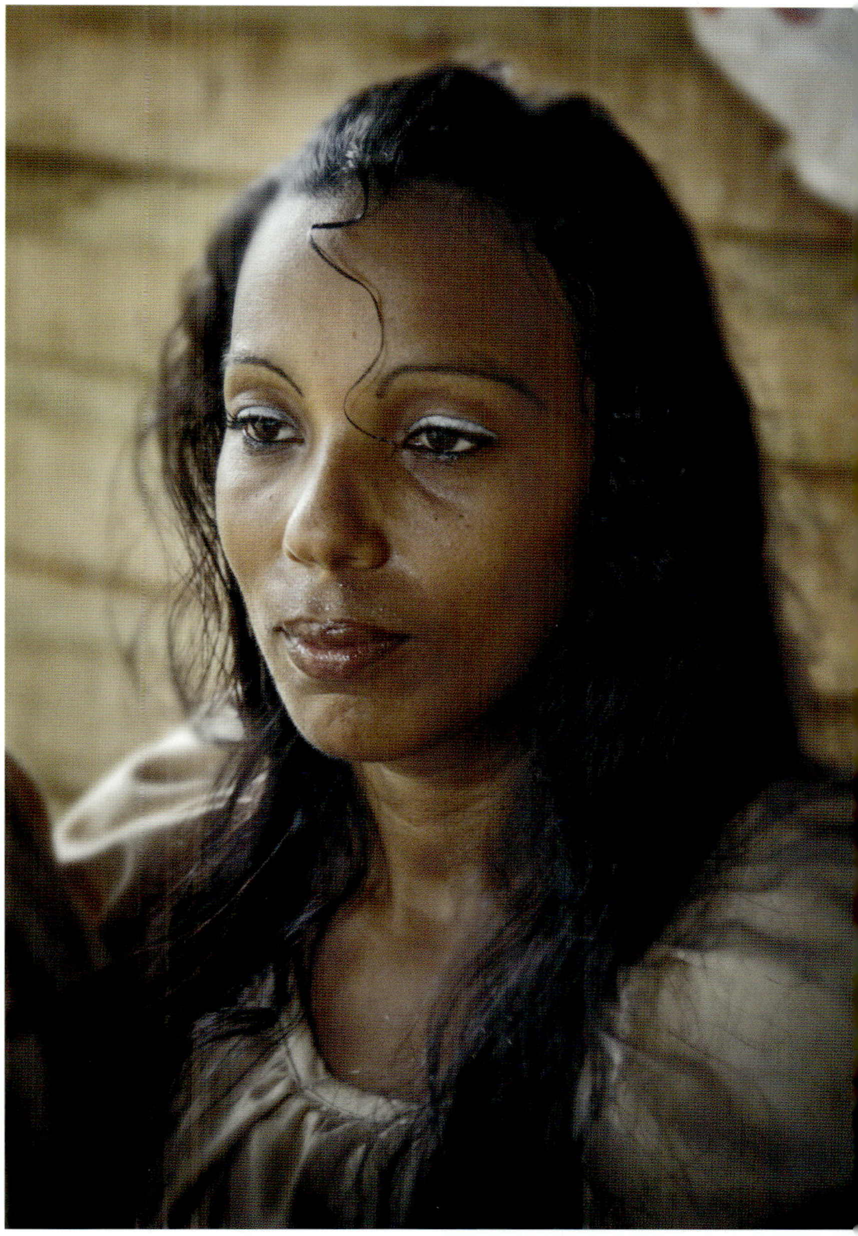

LEFT | IZQUIERDA Baconao, Santiago de Cuba {JL}

RIGHT | DERECHA Baracoa, Guantánamo {CC}

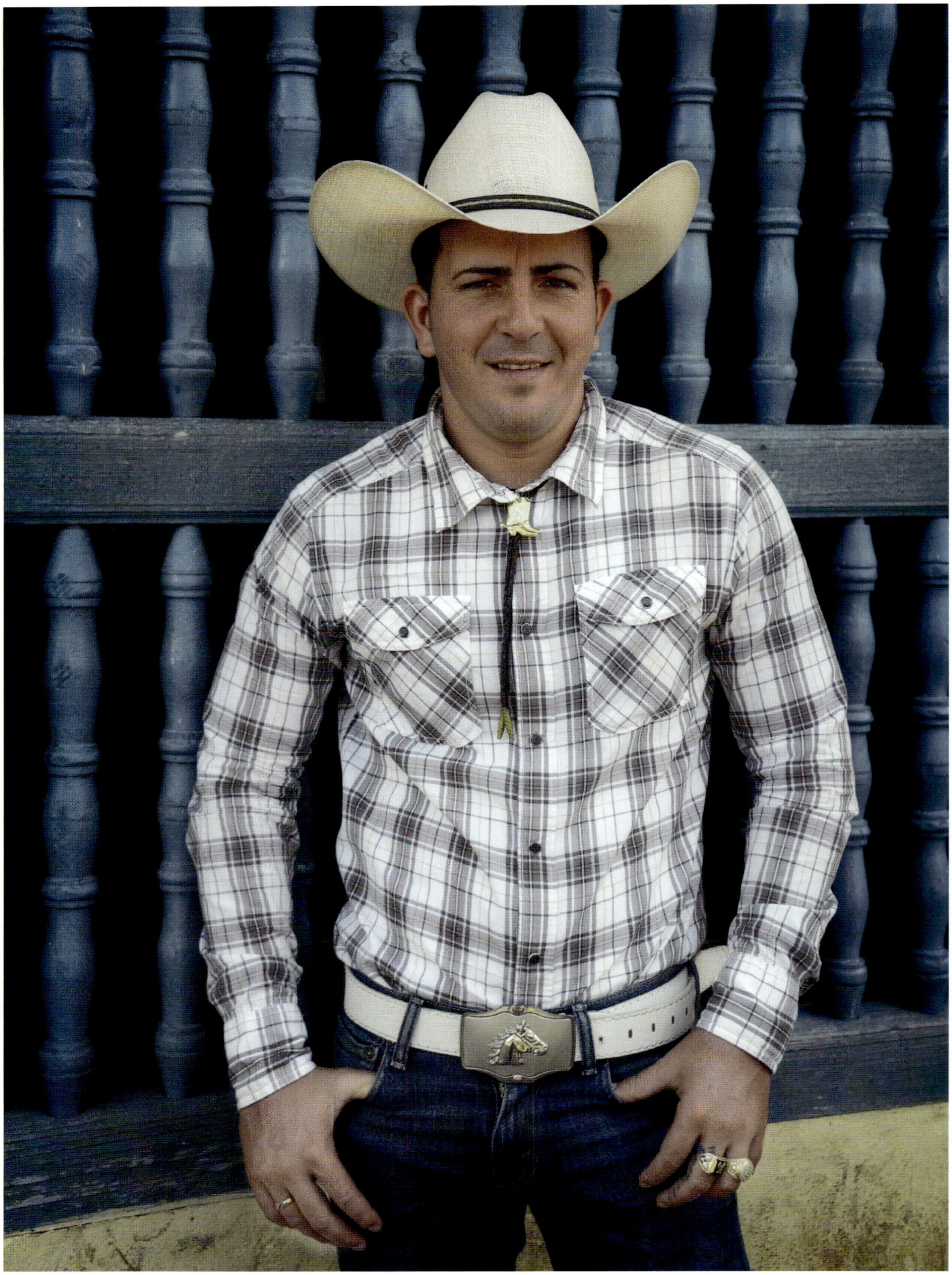

Trinidad, Sancti Spiritus {JL}

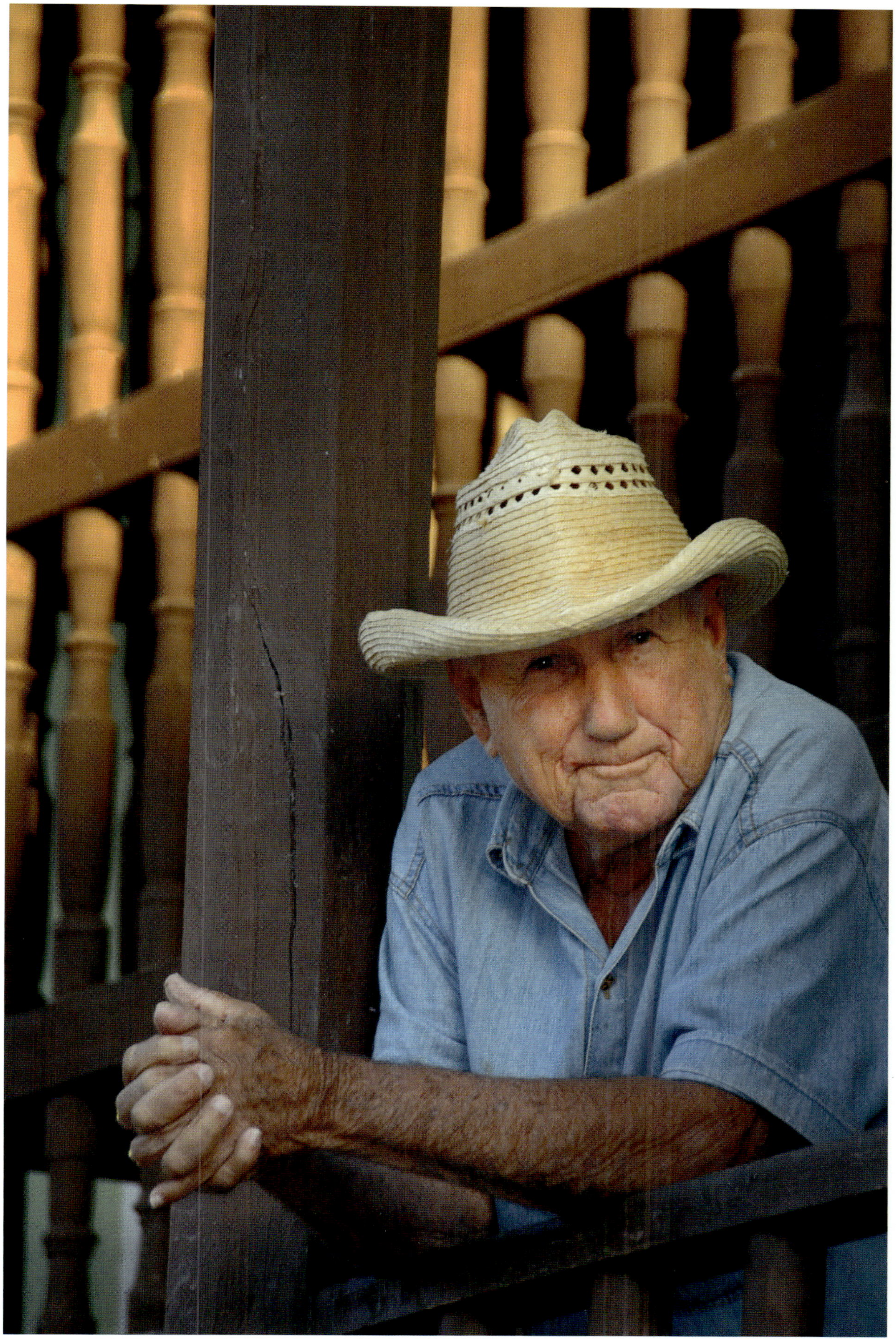

Trinidad, Sancti Spiritus {JL}

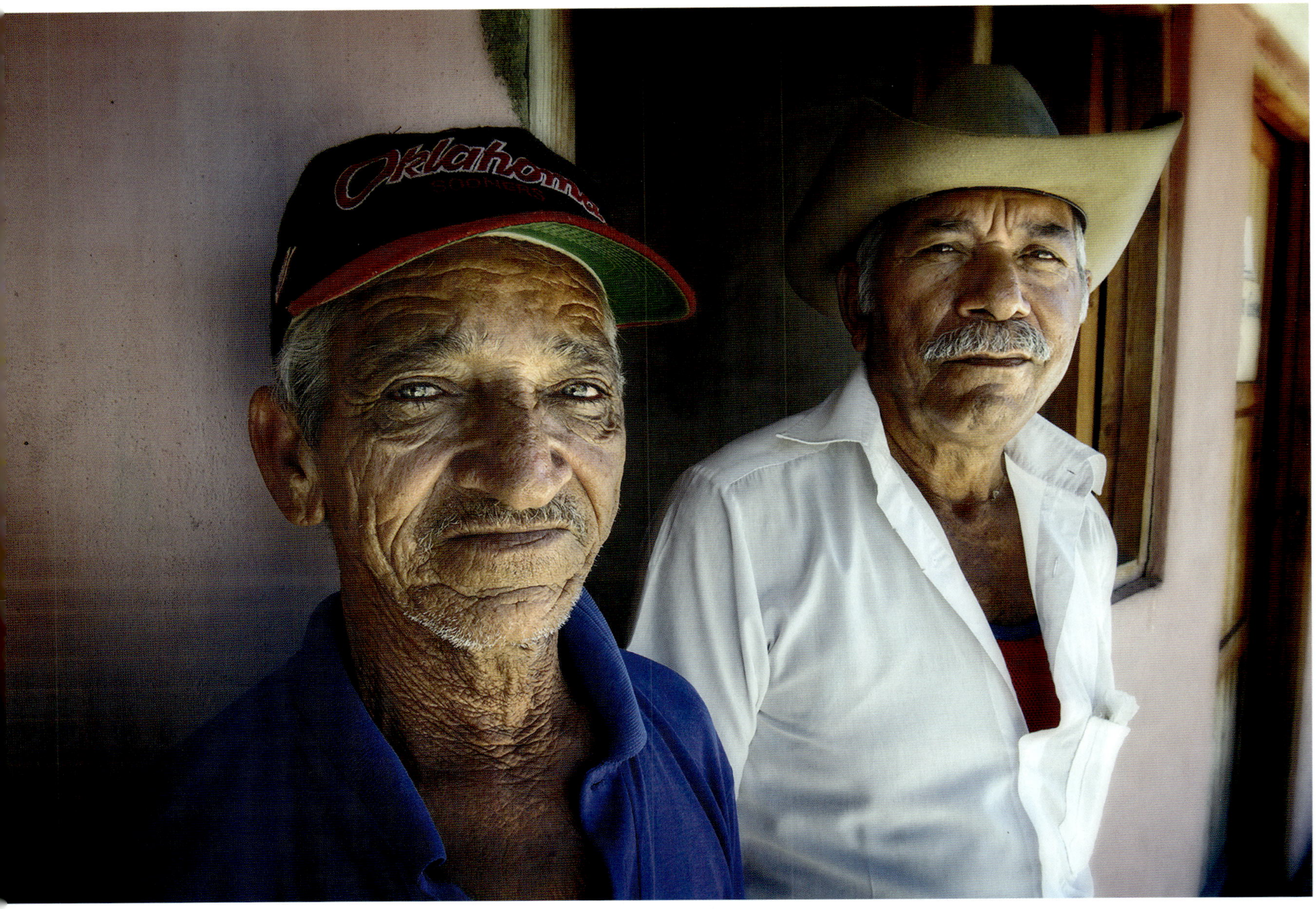

ABOVE | ARRIBA Baconao, Santiago de Cuba {CC}

OPPOSITE FROM TOP | PÁGINA OPUESTA DE ARRIBA A ABAJO
Trinidad, Sancti Spiritus {CC}
Baracoa, Guantánamo {CC}

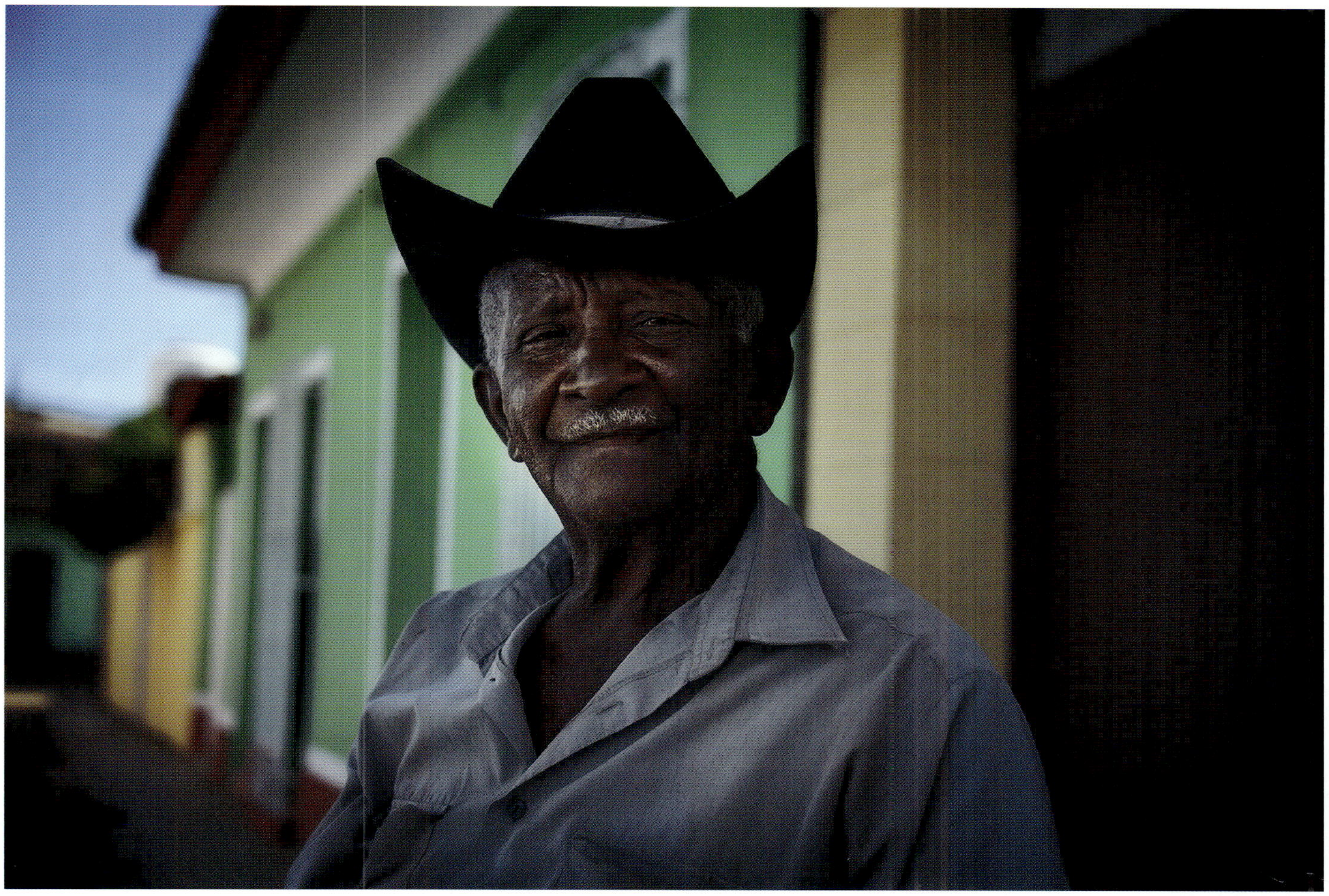

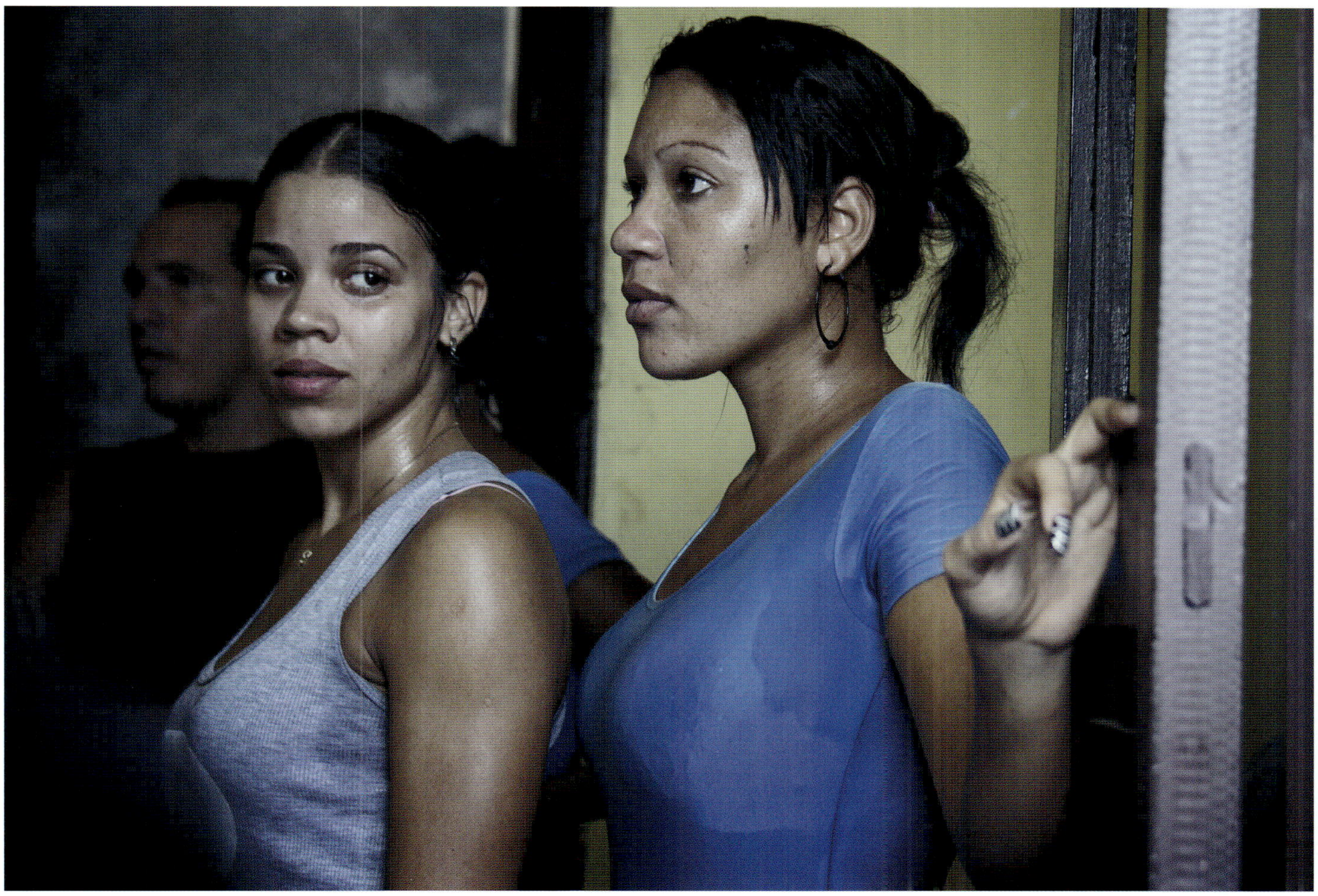

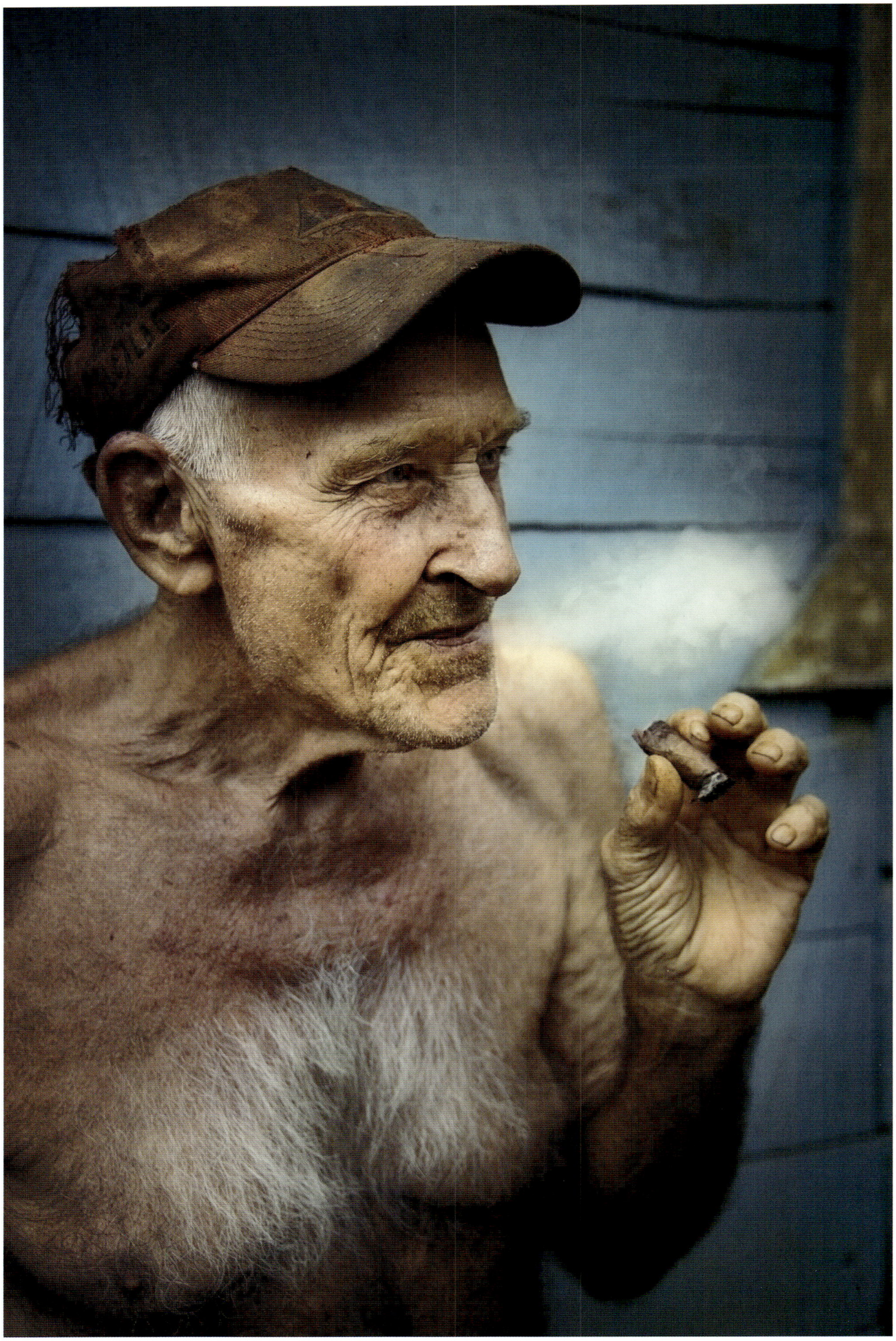

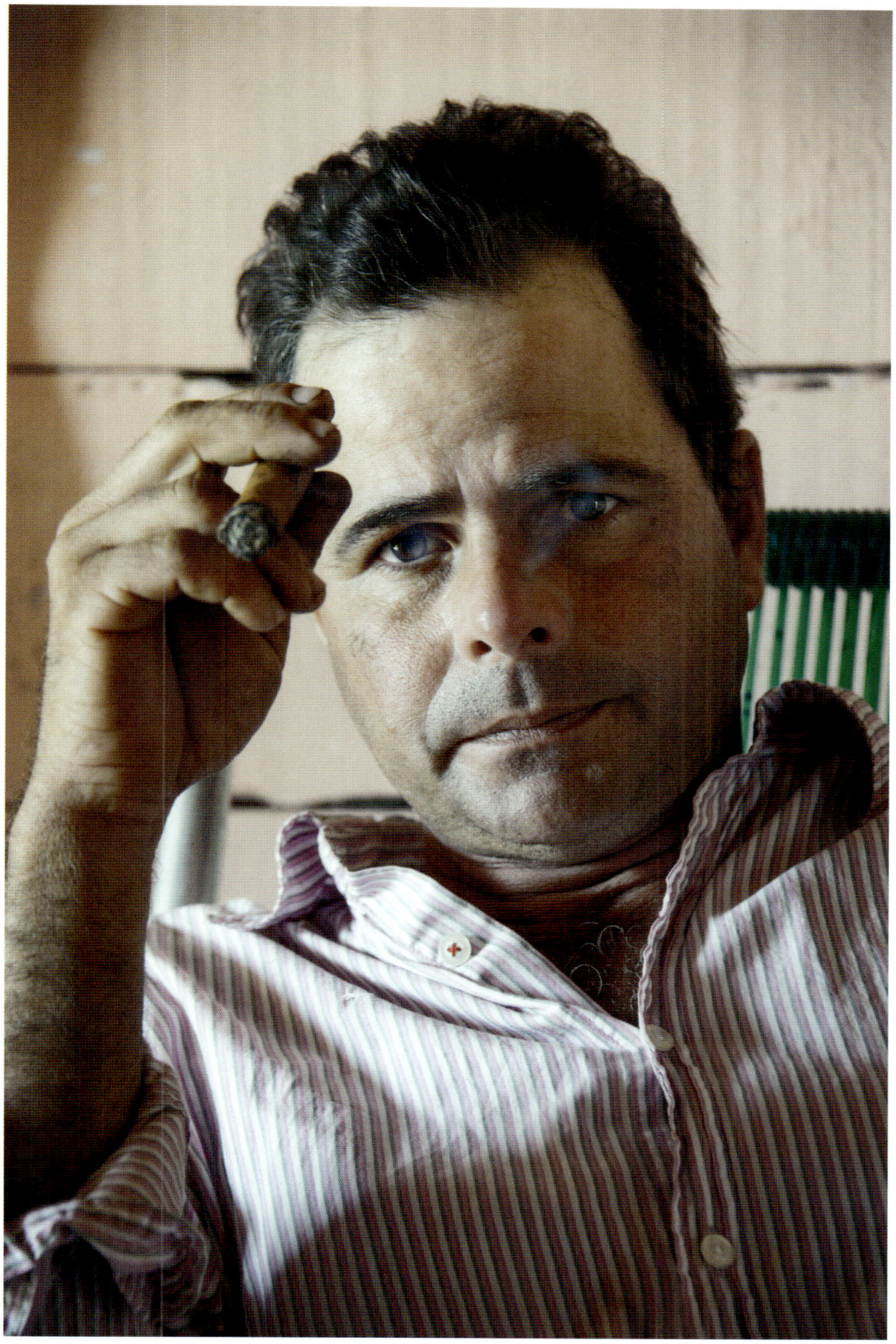

ABOVE | ARRIBA Viñales, Pinar del Río {JL}

OPPOSITE | PÁGINA OPUESTA San Antonio, Guantánamo {CC}

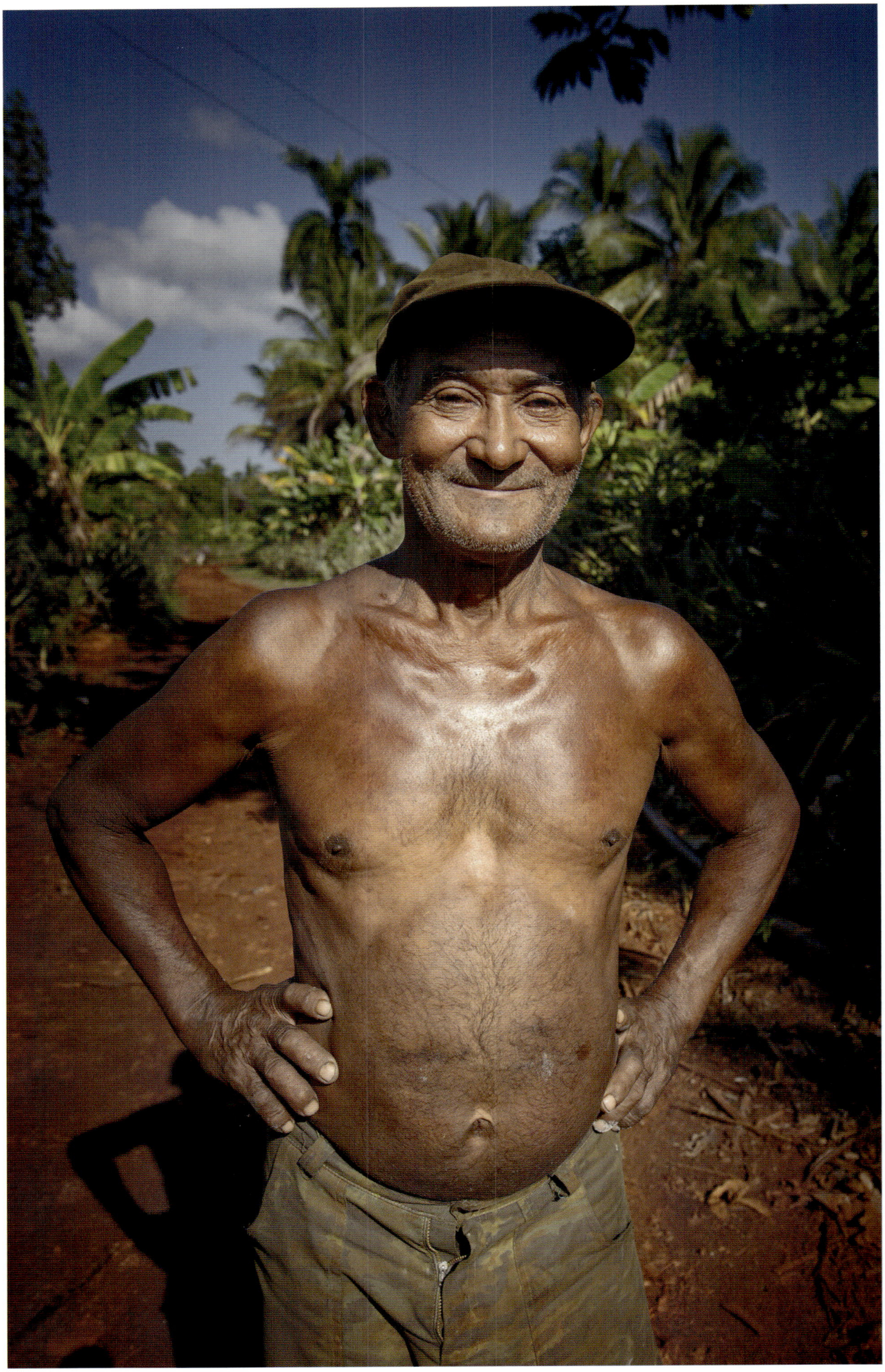

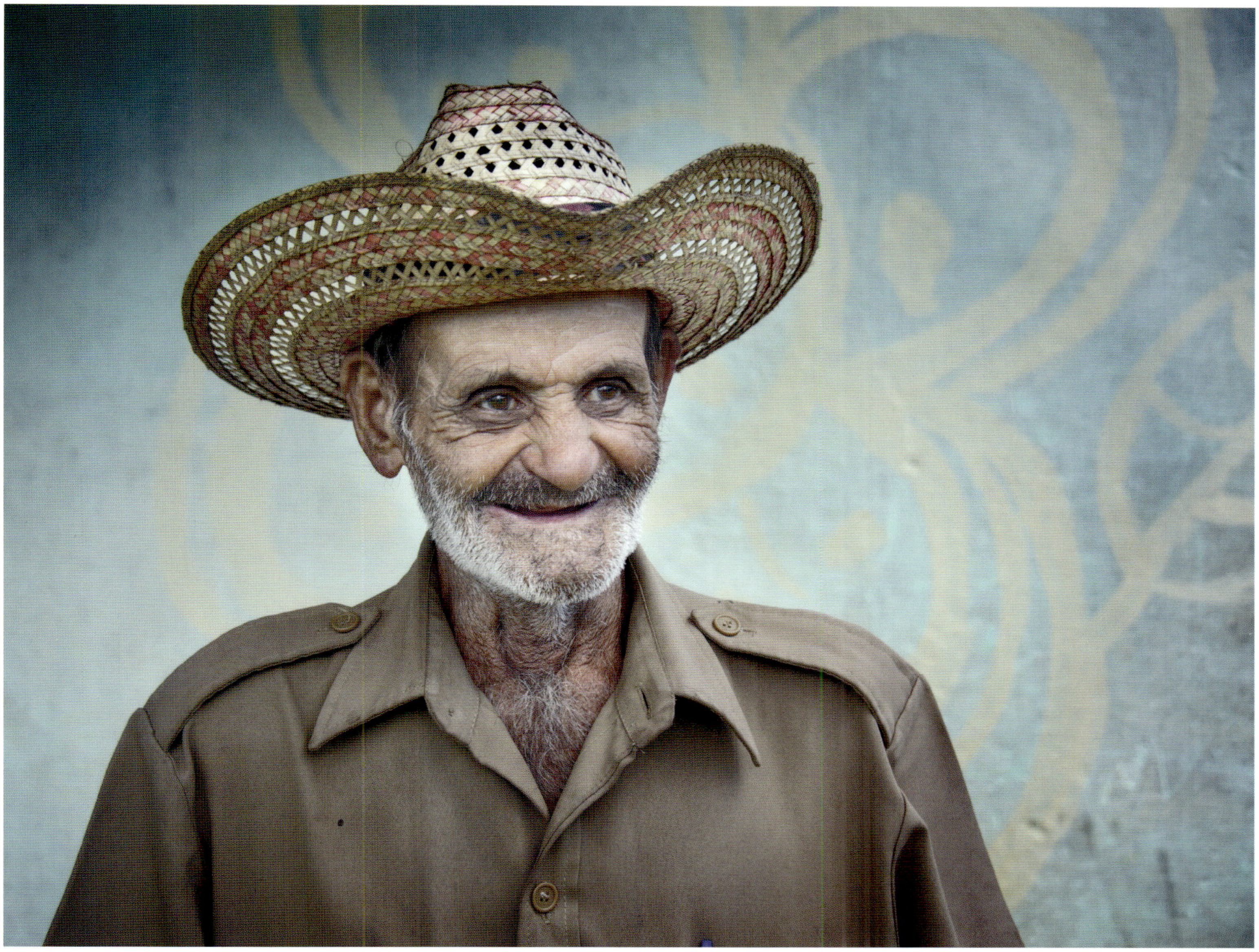

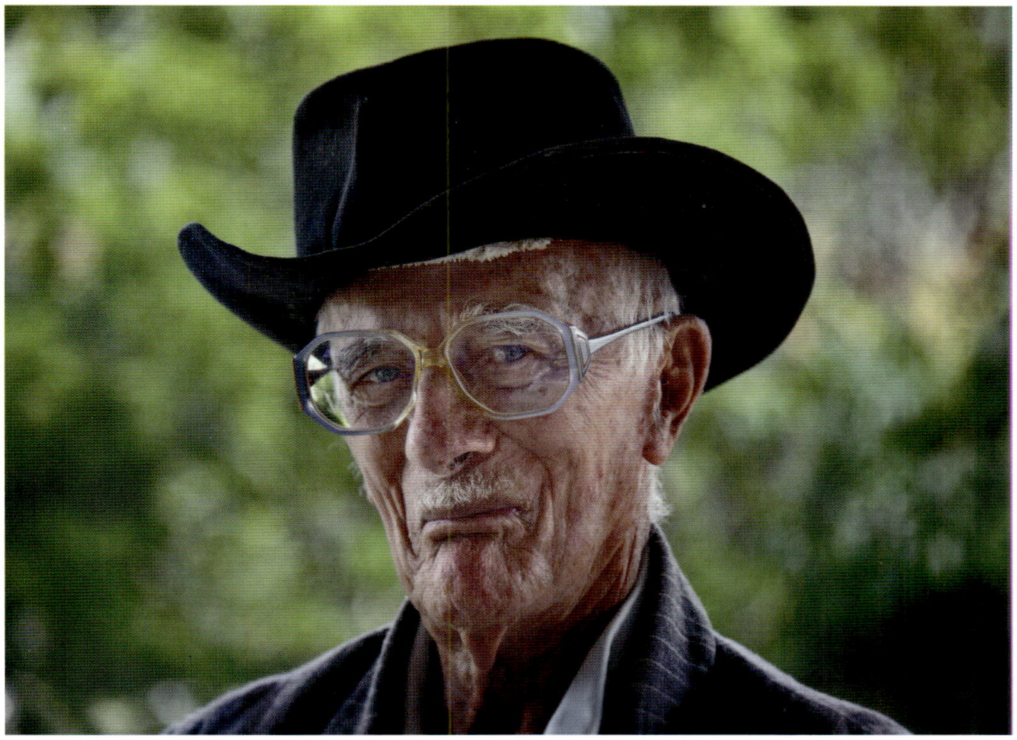

ABOVE | ARRIBA
Topes de Collantes, Sancti Spiritus {JL}

LEFT | IZQUIERDA
Las Terrazas, Artemisa {CC}

OPPOSITE | PÁGINA OPUESTA
Baracoa, Guantánamo {CC}

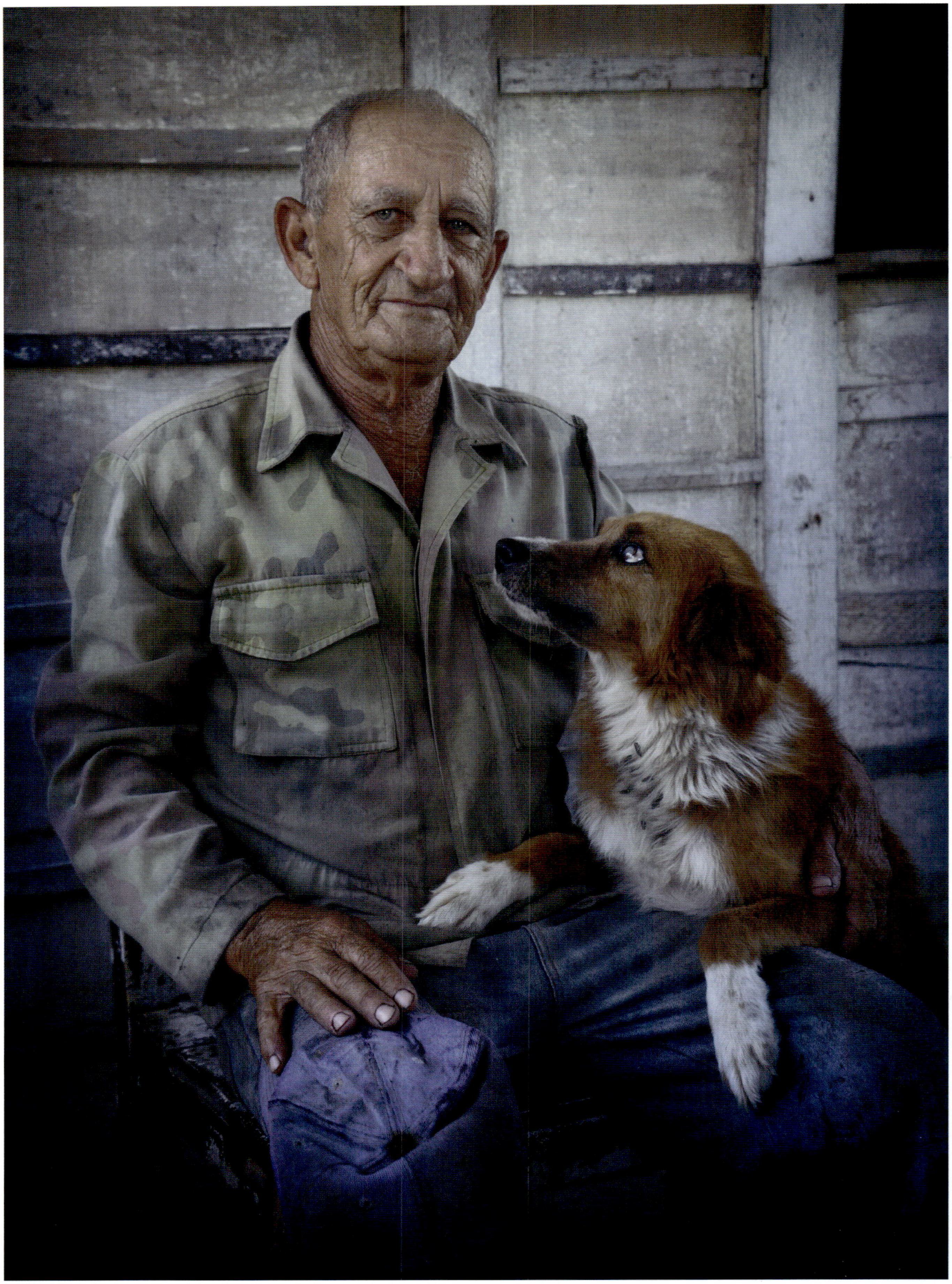

Santo Tomás, Matanzas {JL}

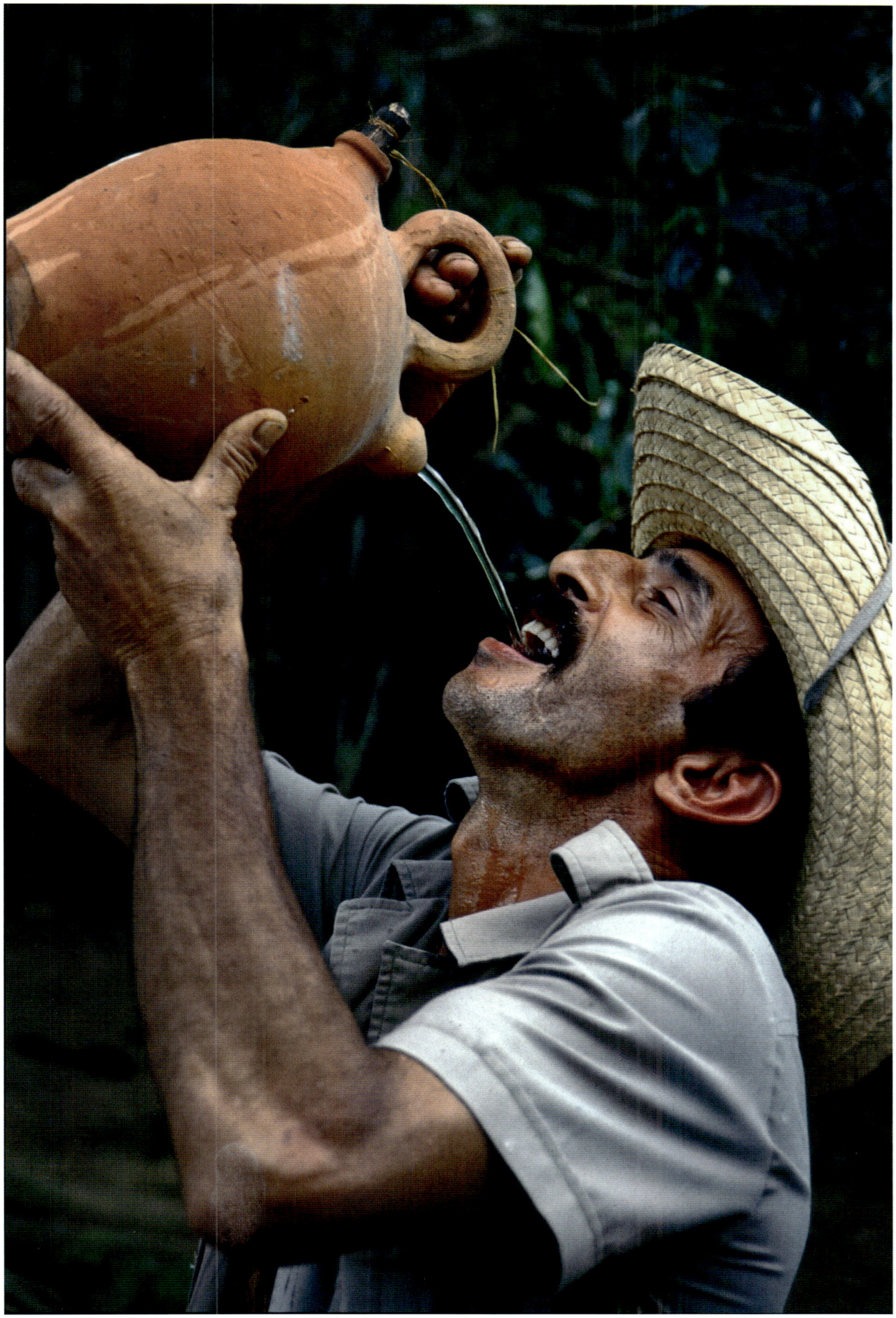

Escambray, Sancti Spiritus {JL}

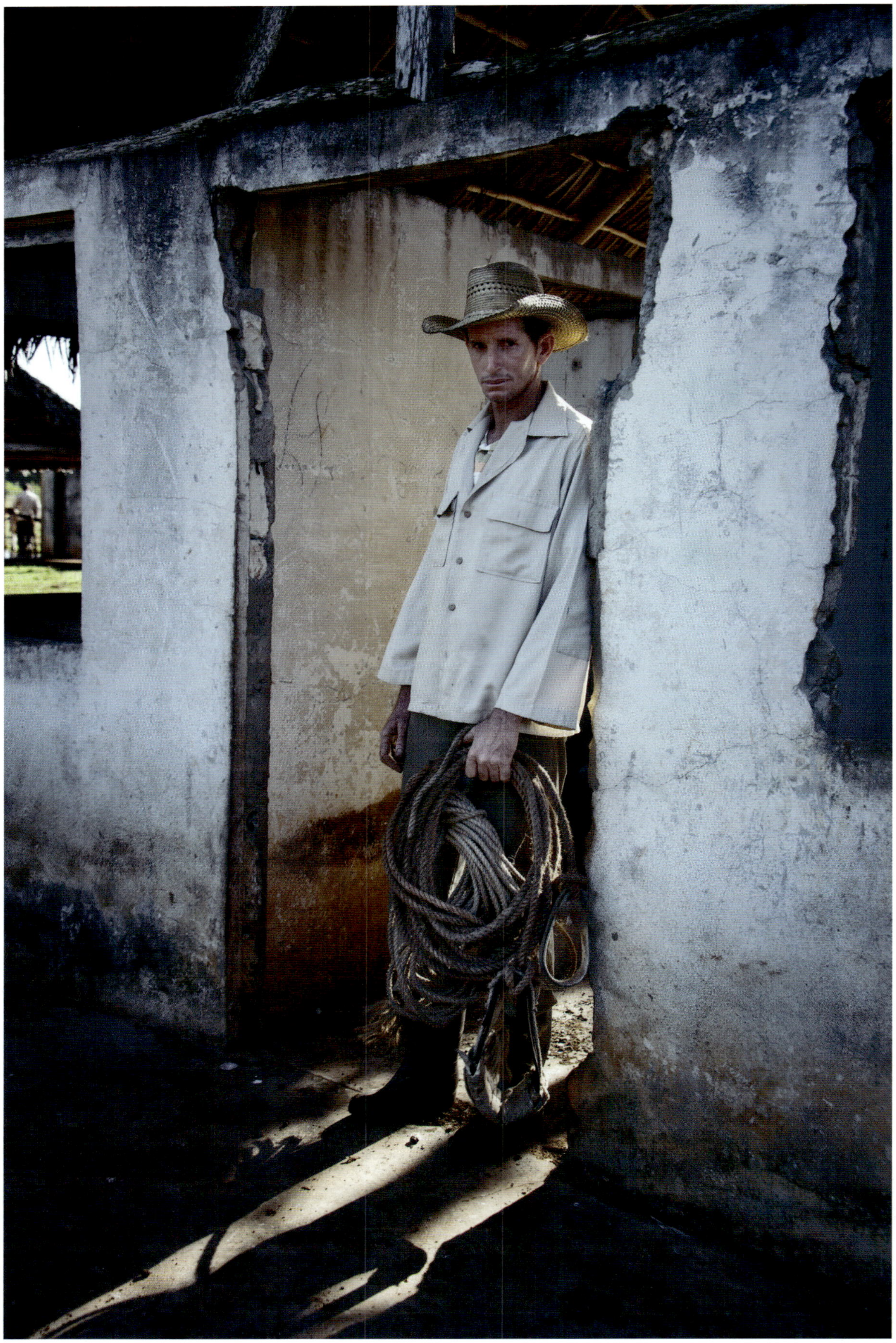

ABOVE | ARRIBA Soplillar, Matanzas {JL}

OPPOSITE | PÁGINA OPUESTA Guantánamo {CC}

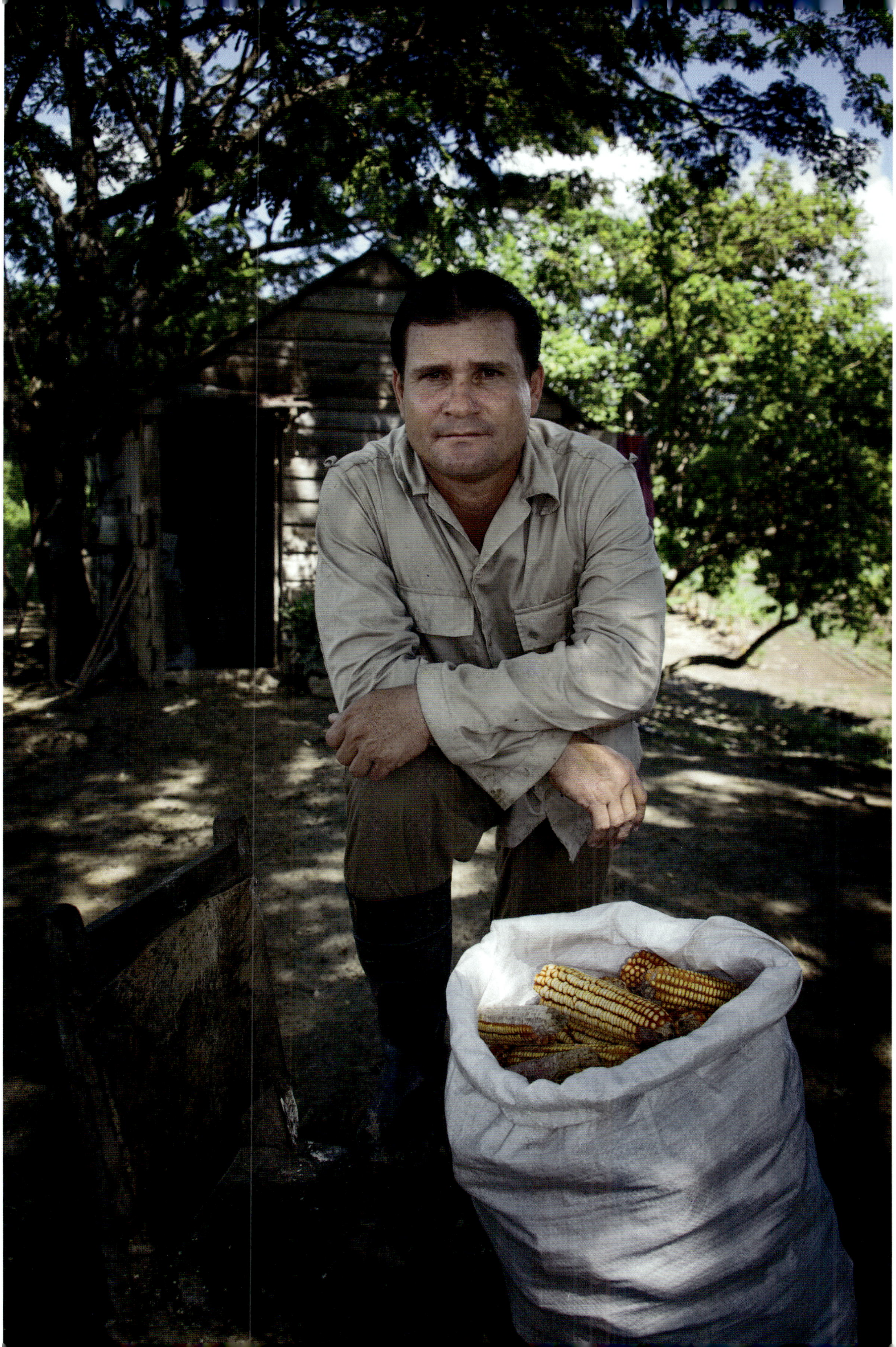

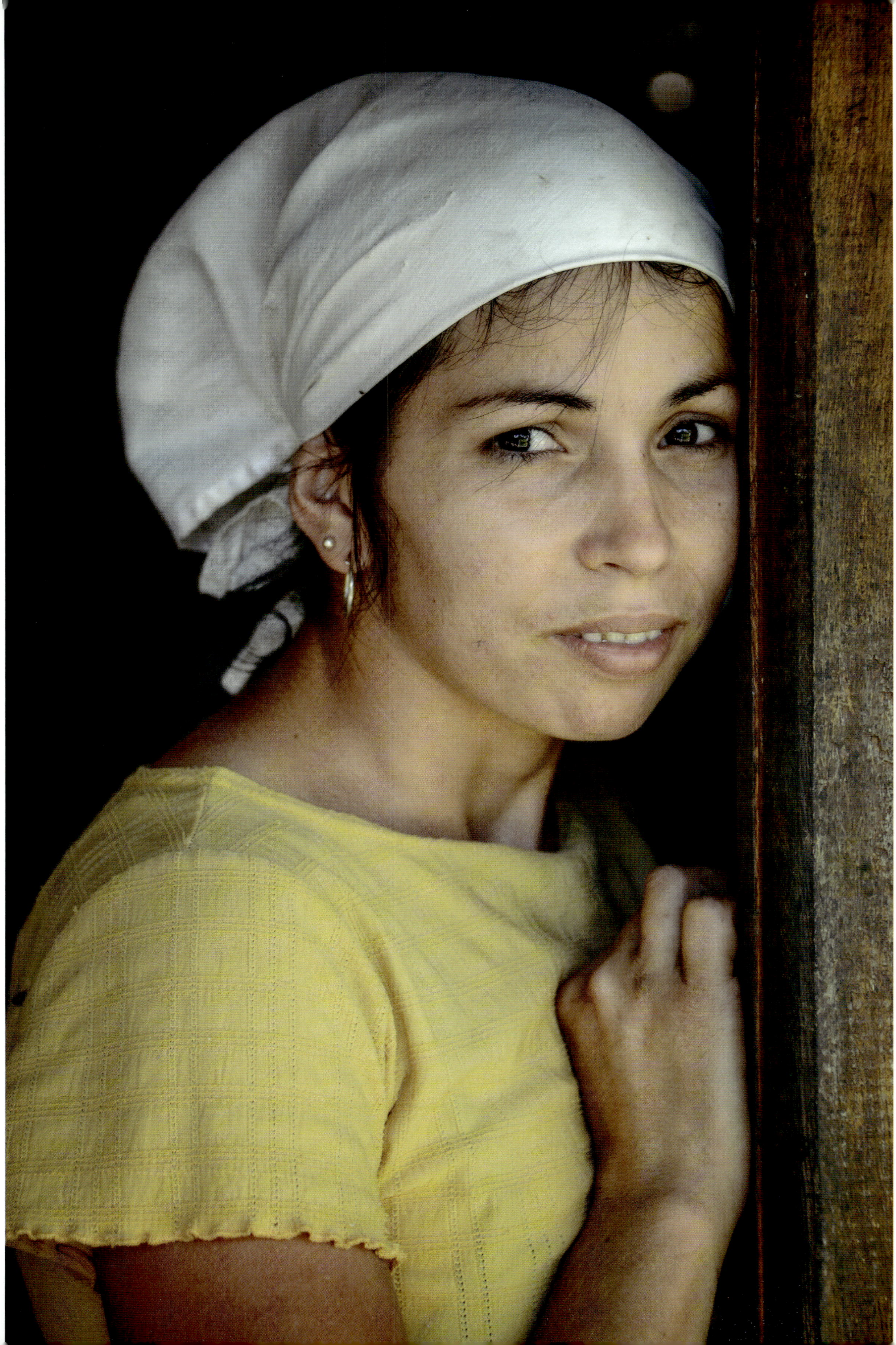

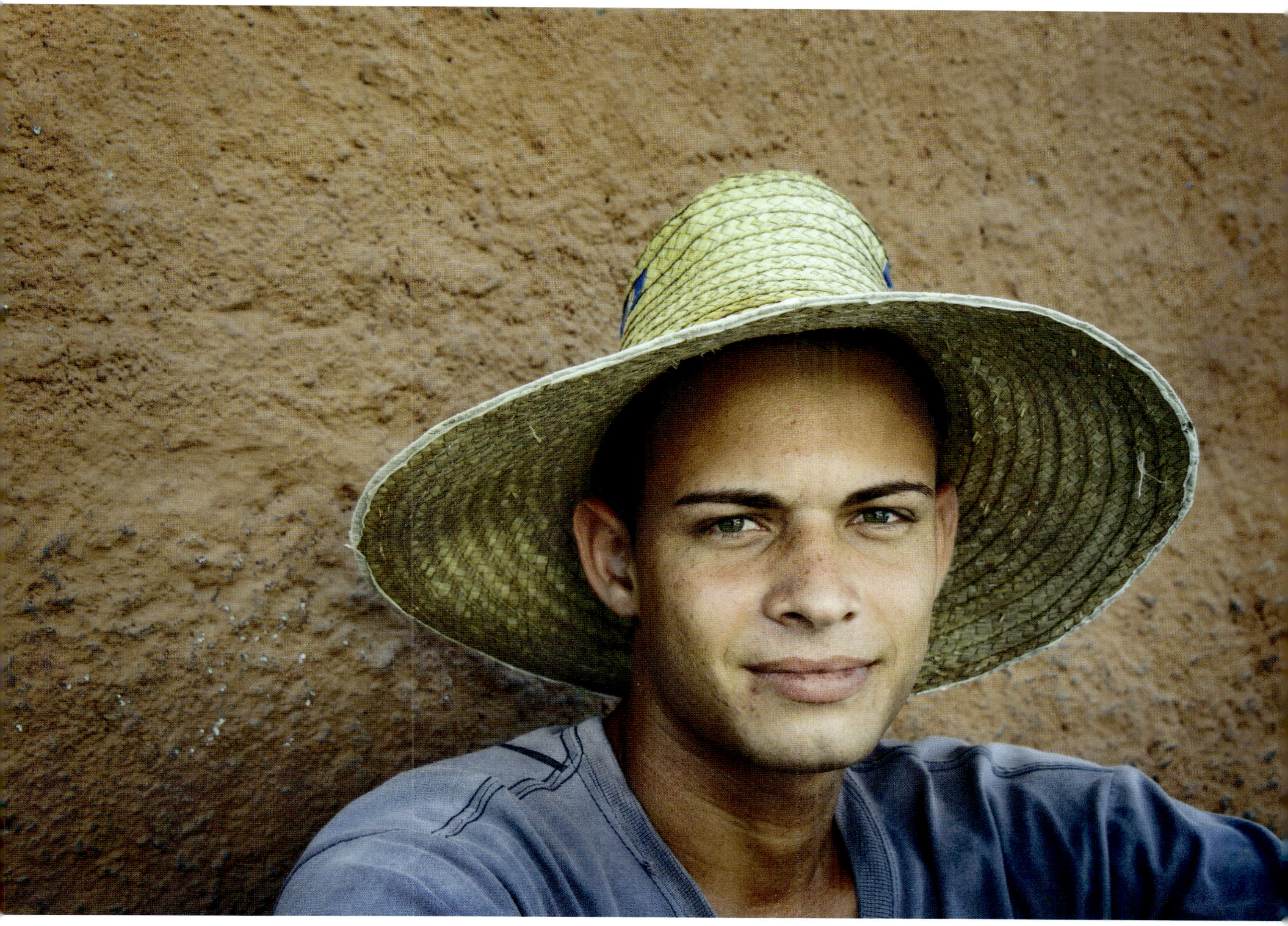

ABOVE | ARRIBA Escambray, Sancti Spiritus {JL}

OPPOSITE | PÁGINA OPUESTA Pilón, Granma {JL}

OVERLEAF | PÁGINA SIGUIENTE Trinidad {CC}

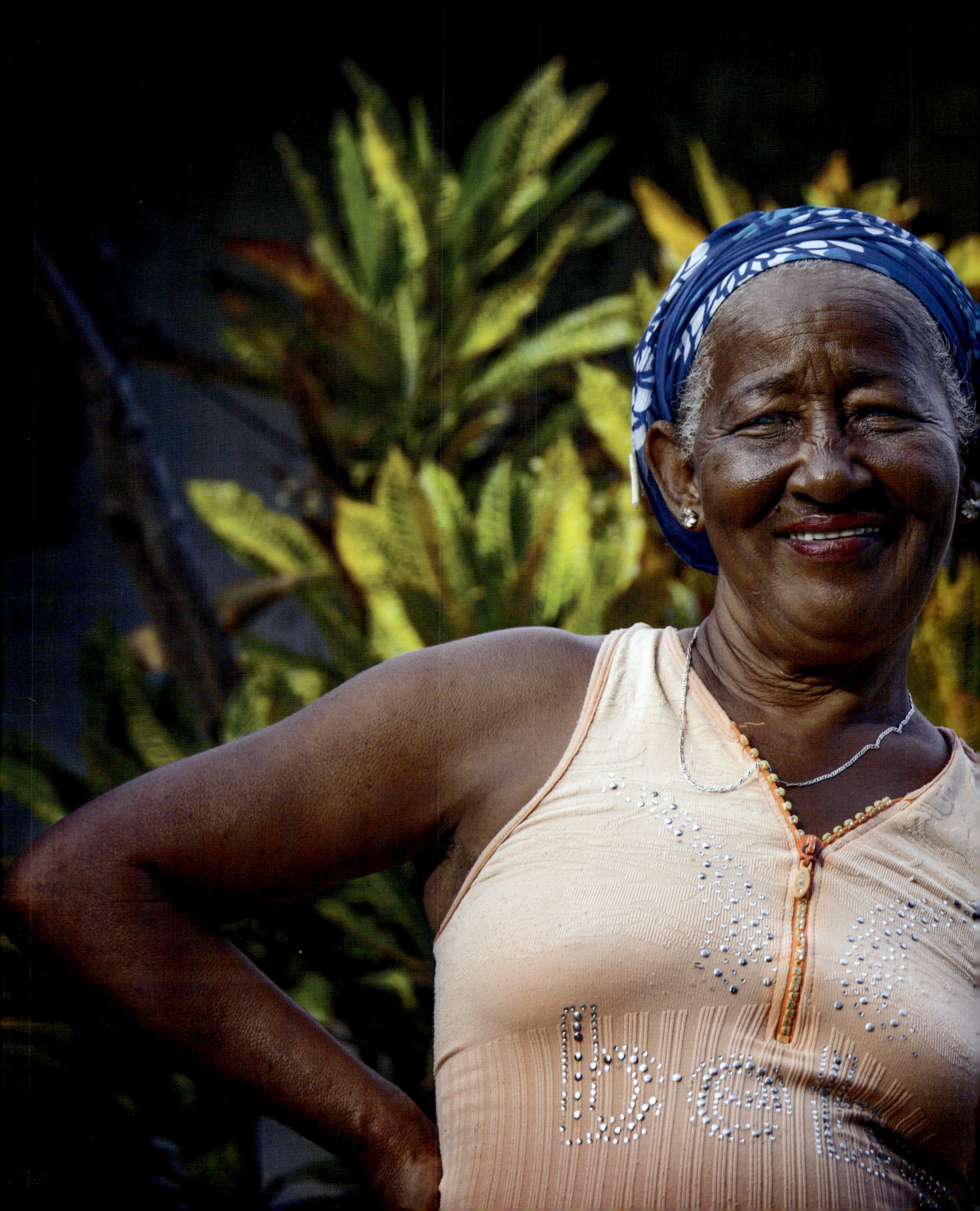

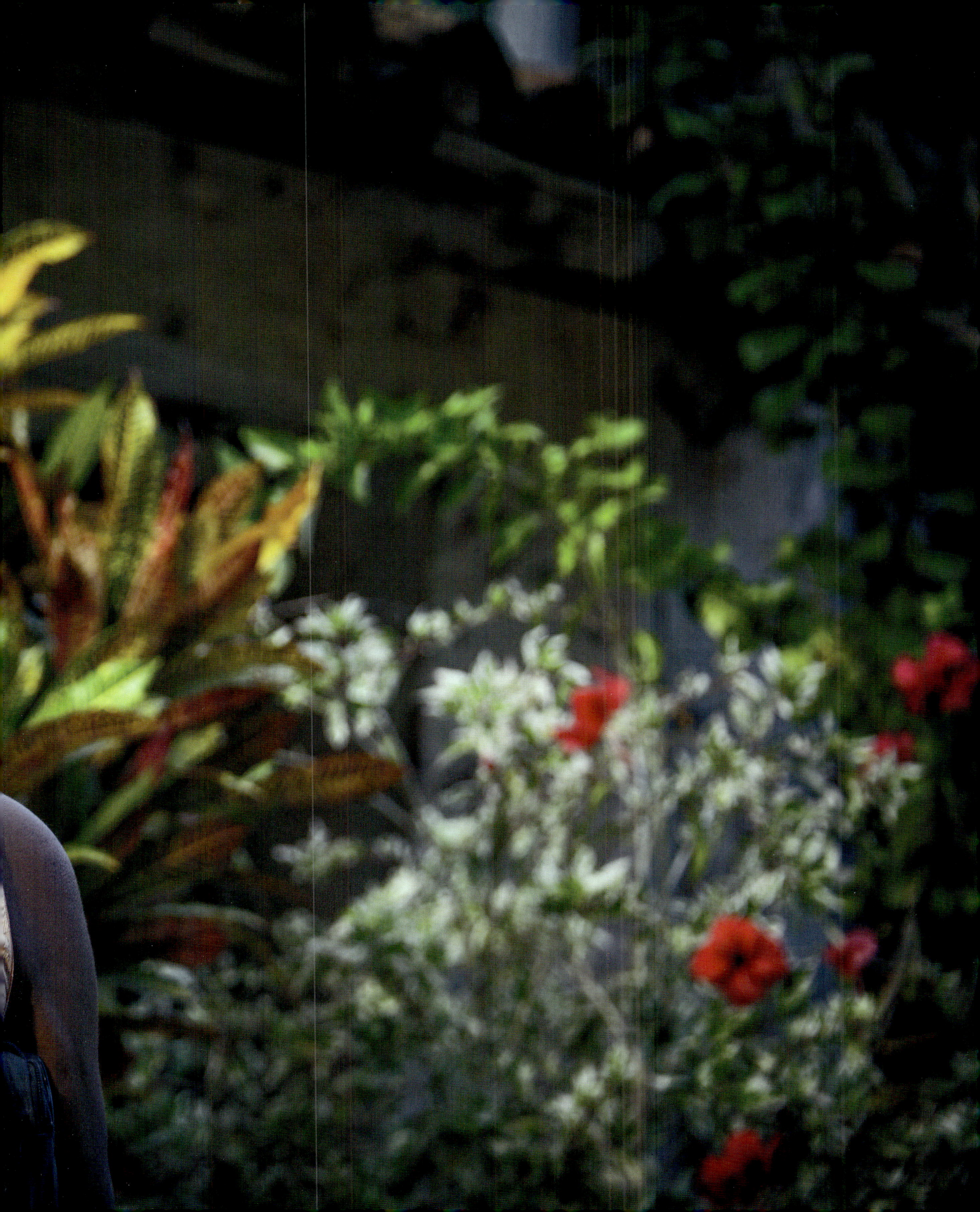

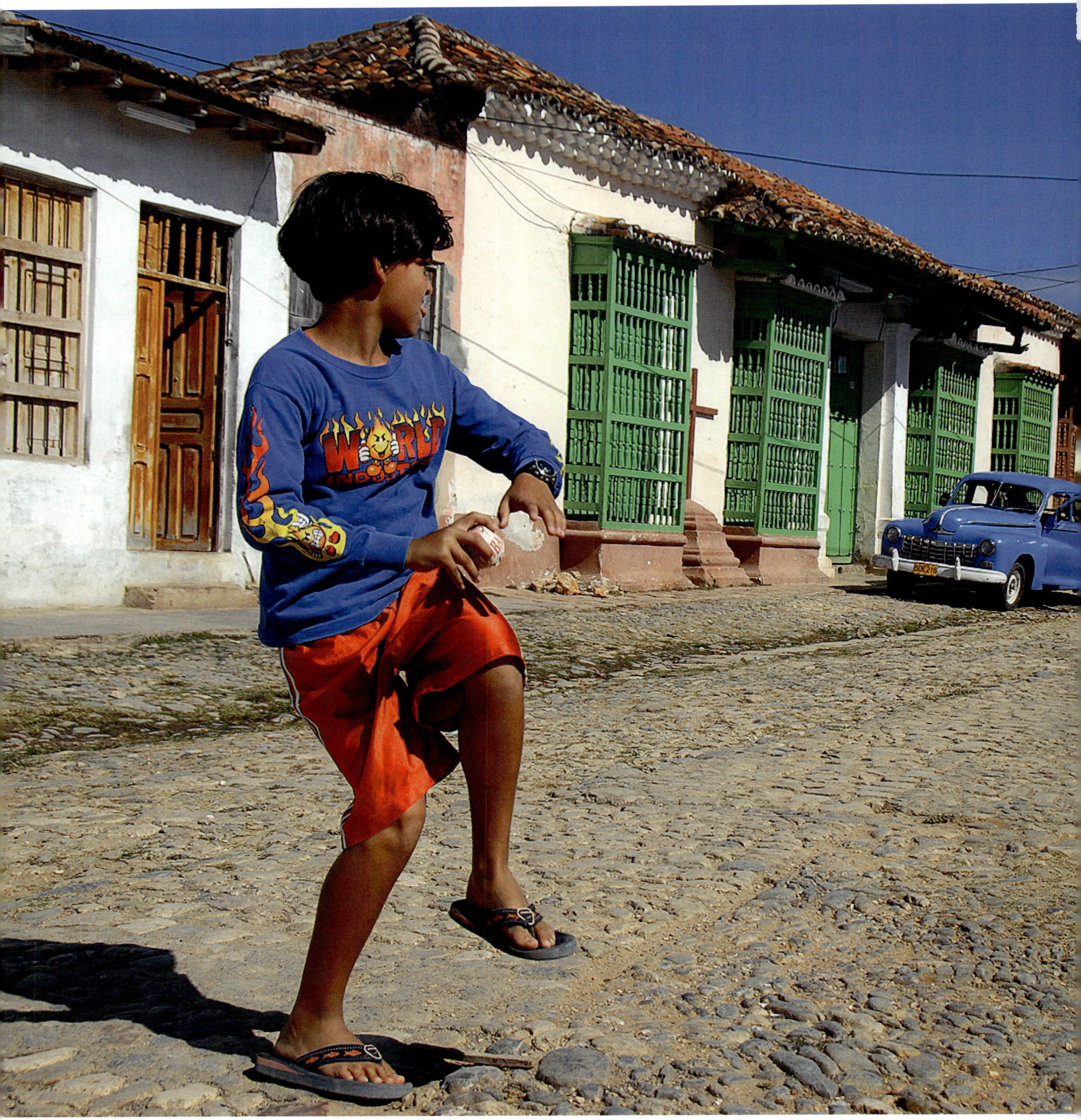

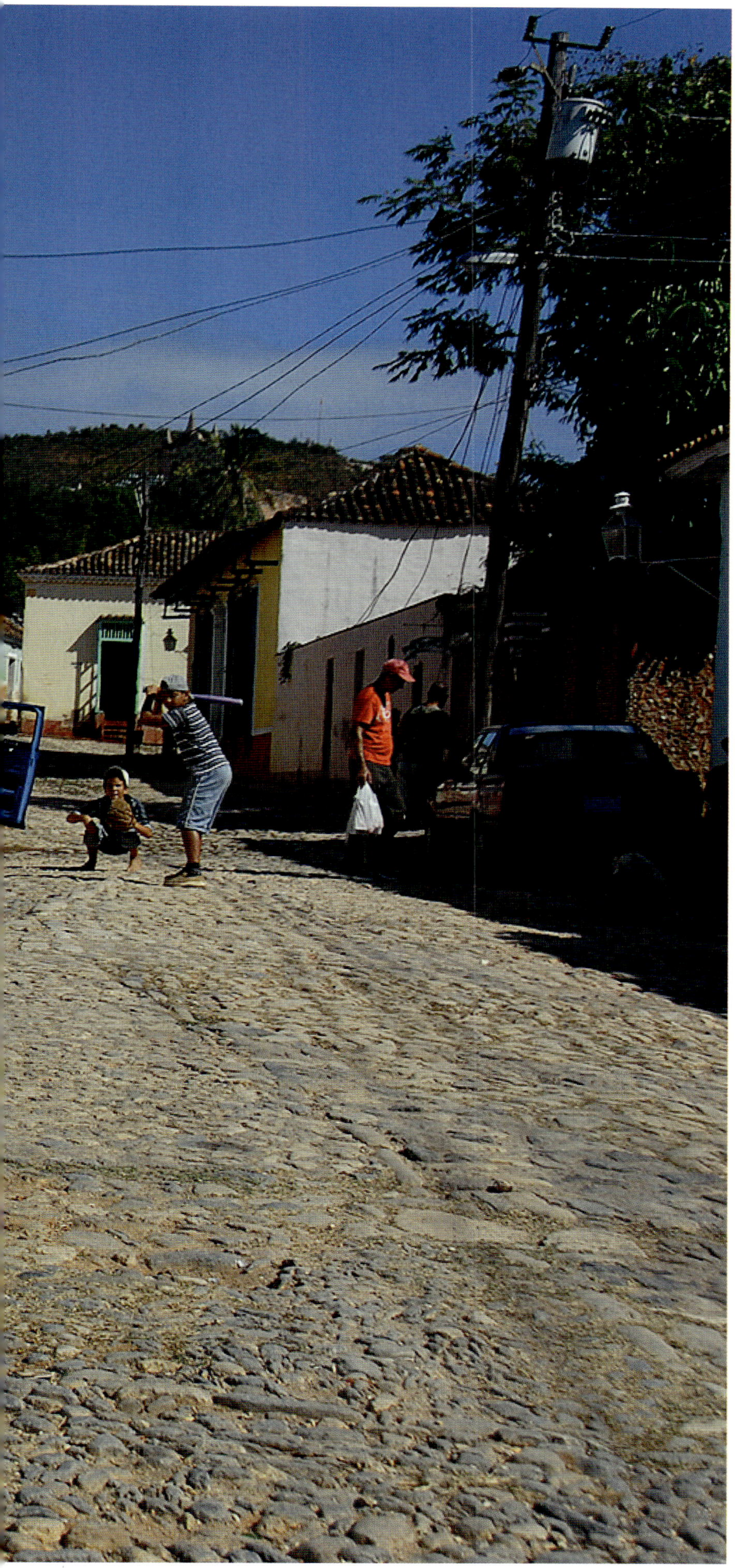

CHILDREN
NIÑOS

Just like other countries in the world, games play an essential part in the lives of *campesinos* children. In Cuba children enjoy different kinds of entertainments in addition to traditional toys, such as bathing in the river, fruit picking, horseback riding, and many other self-invented games. In recent history, *campesinos* had many children, one reason being the need for more hands to work the land. Today, children are born with the right to an education, and families have an obligation to send their children to school. It's a beautiful sight in the mornings to see *campesinos* children on their way to school wearing bright uniforms, traveling with their parents in a variety of vehicles, all while greeting one another along the way.

Como en cualquier lugar, el juego es fundamental en la vida de los hijos de los campesinos, quienes, aparte de los juguetes tradicionales, disfrutan de otras diversiones: los baños en el río, la recolección de frutas de los árboles, la monta de caballos y muchos juegos inventados por ellos. En épocas no tan lejanas, la prole era numerosa, entre otras razones, para tener más brazos que trabajaran la tierra. Hoy los niños nacen con el derecho a estudiar y la familia tiene la obligación de enviarlos a la escuela. Es hermoso ver en las mañanas a los padres llevando hasta las aulas a sus hijos, de reluciente uniforme, en todo tipo de transporte, mientras se saludan entre sí por el camino.

LEFT | IZQUIERDA Trinidad, Sancti Spiritus {JL}

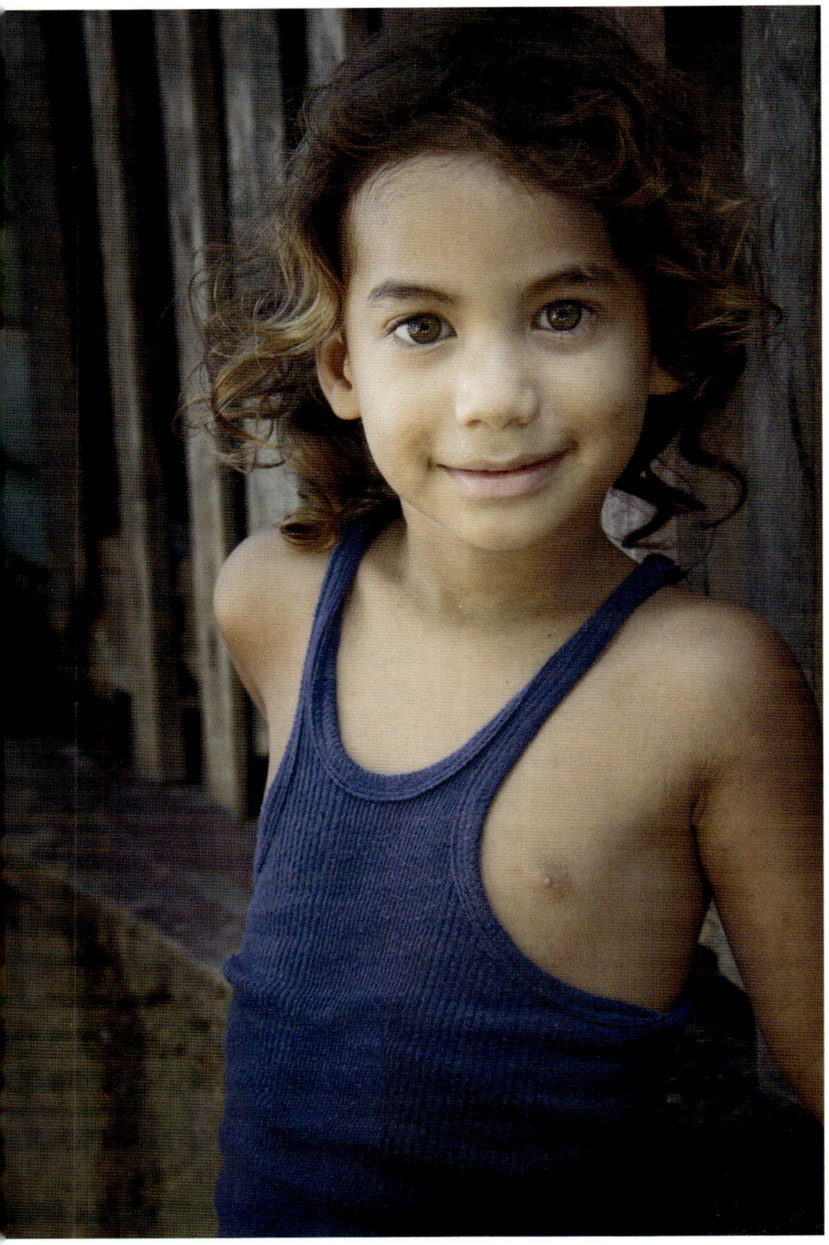 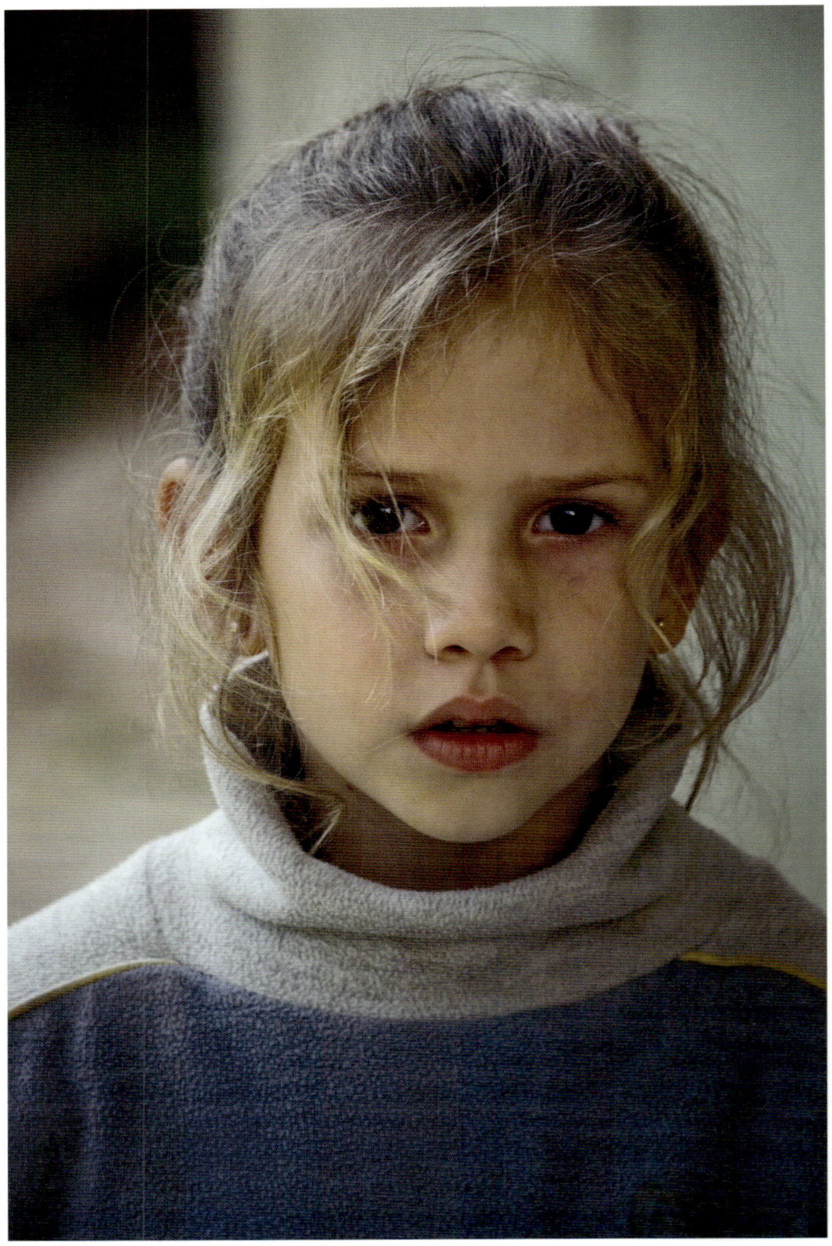

LEFT | IZQUIERDA Baracoa, Guantánamo {JL}

RIGHT | DERECHA Topes de Collantes, Sancti Spiritus {CC}

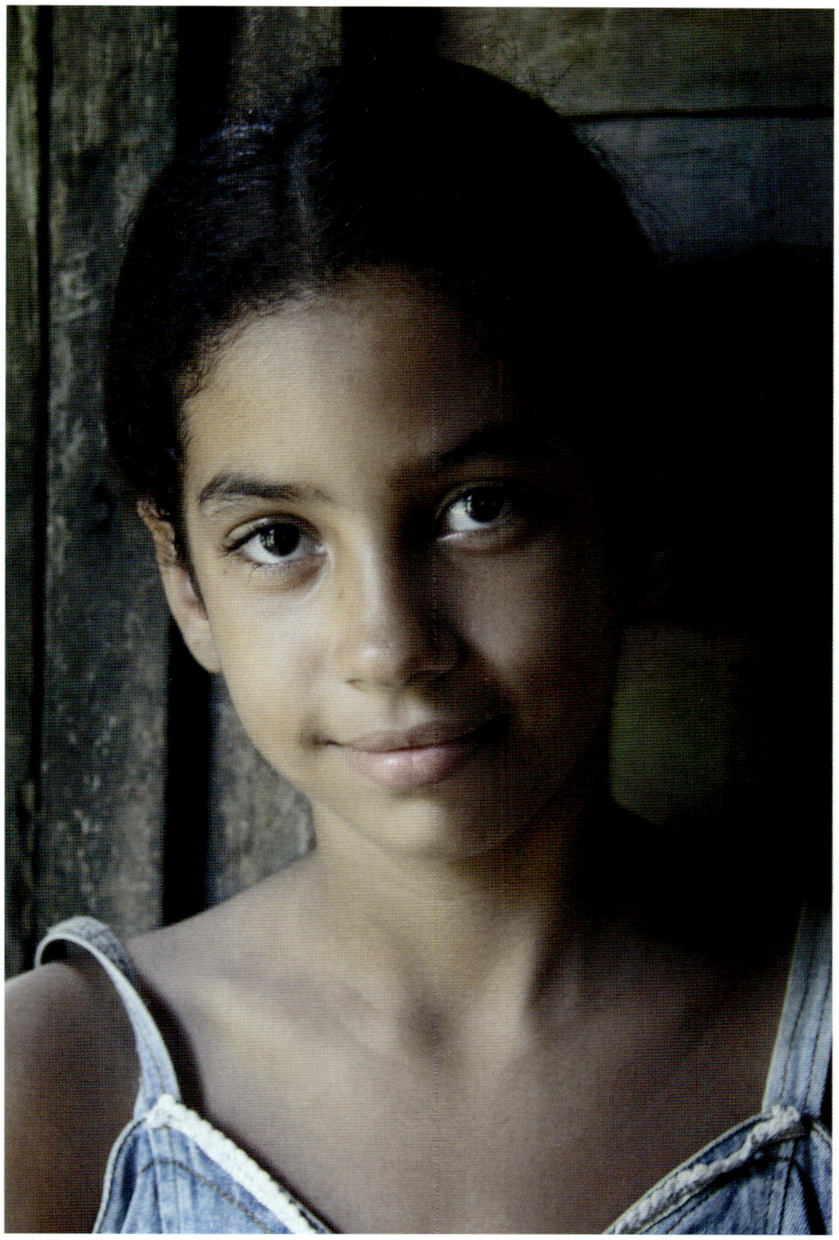 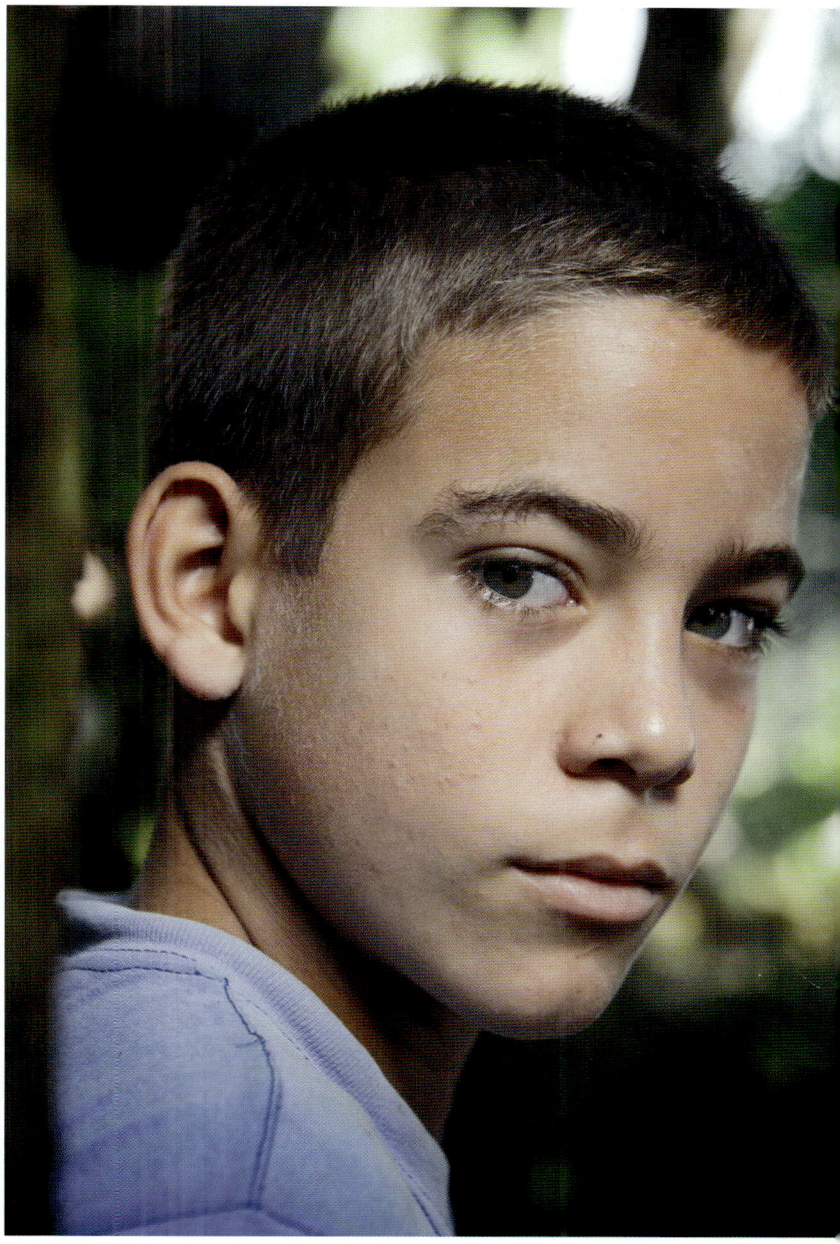

LEFT | IZQUIERDA Topes de Collantes, Sancti Spiritus {JL}

RIGHT | DERECHA Jamaica, Guantánamo {JL}

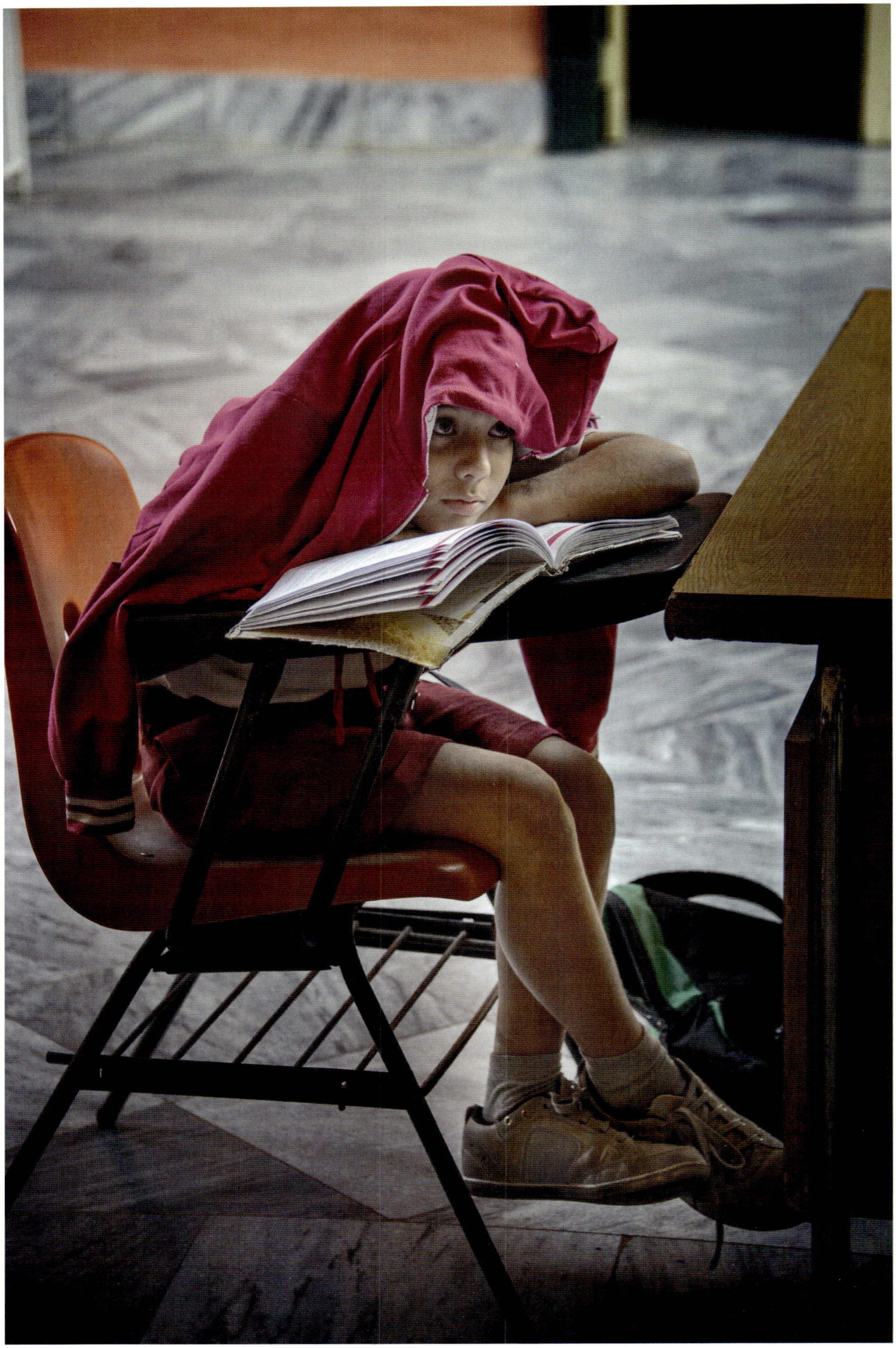

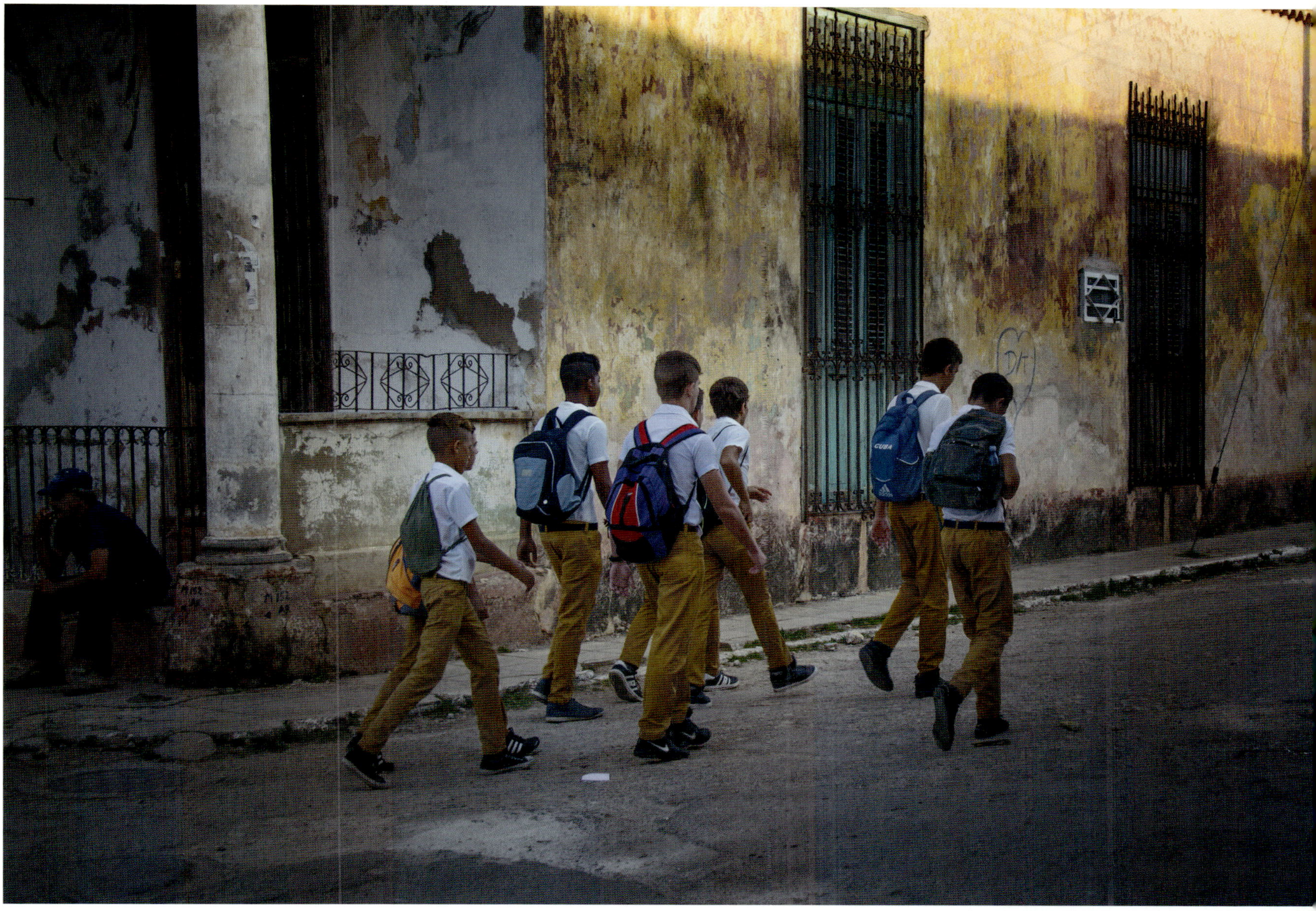

ABOVE | ARRIBA San Antonio de los Baños, Artemisa {CC}

OPPOSITE | PÁGINA OPUESTA La Habana {CC}

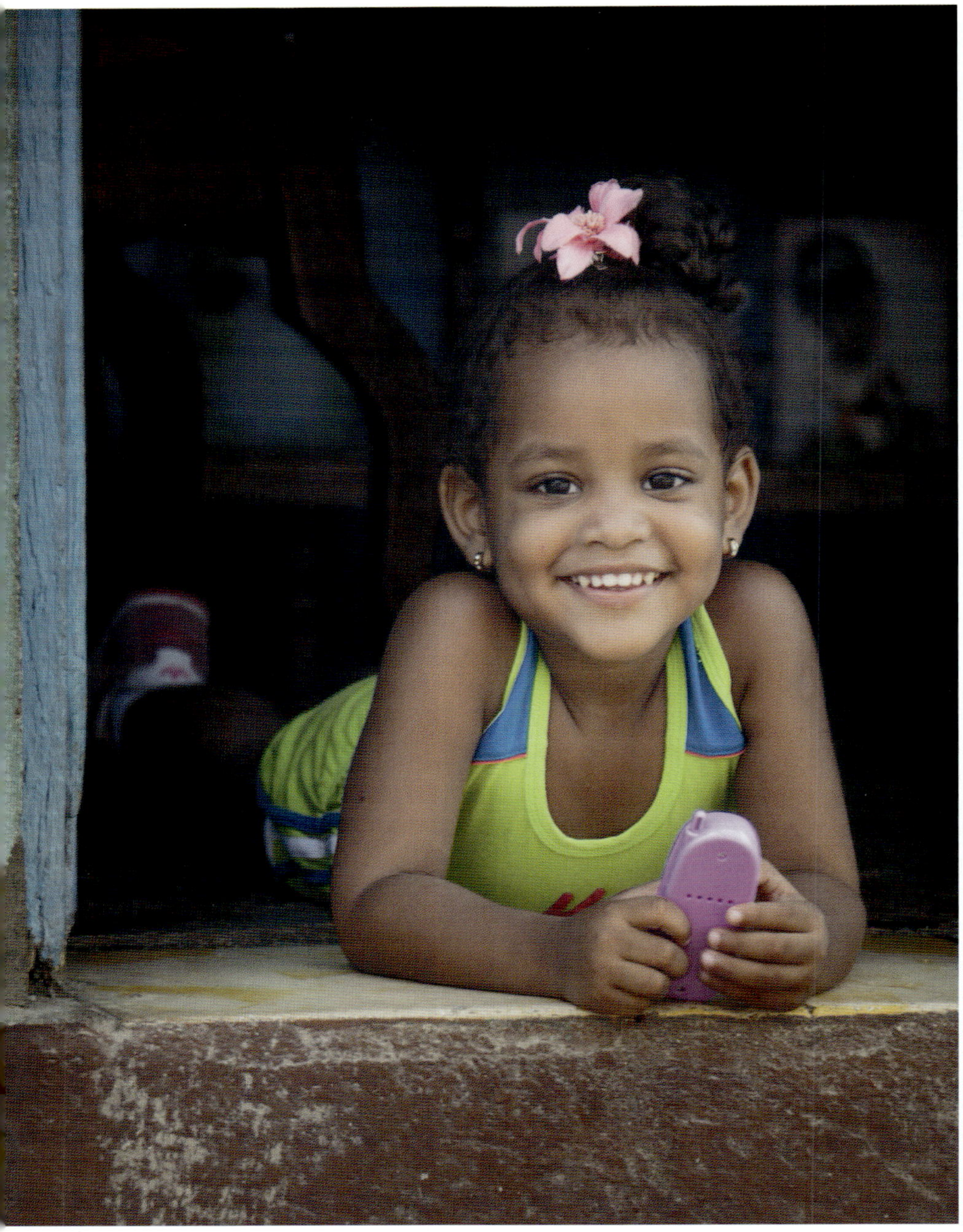 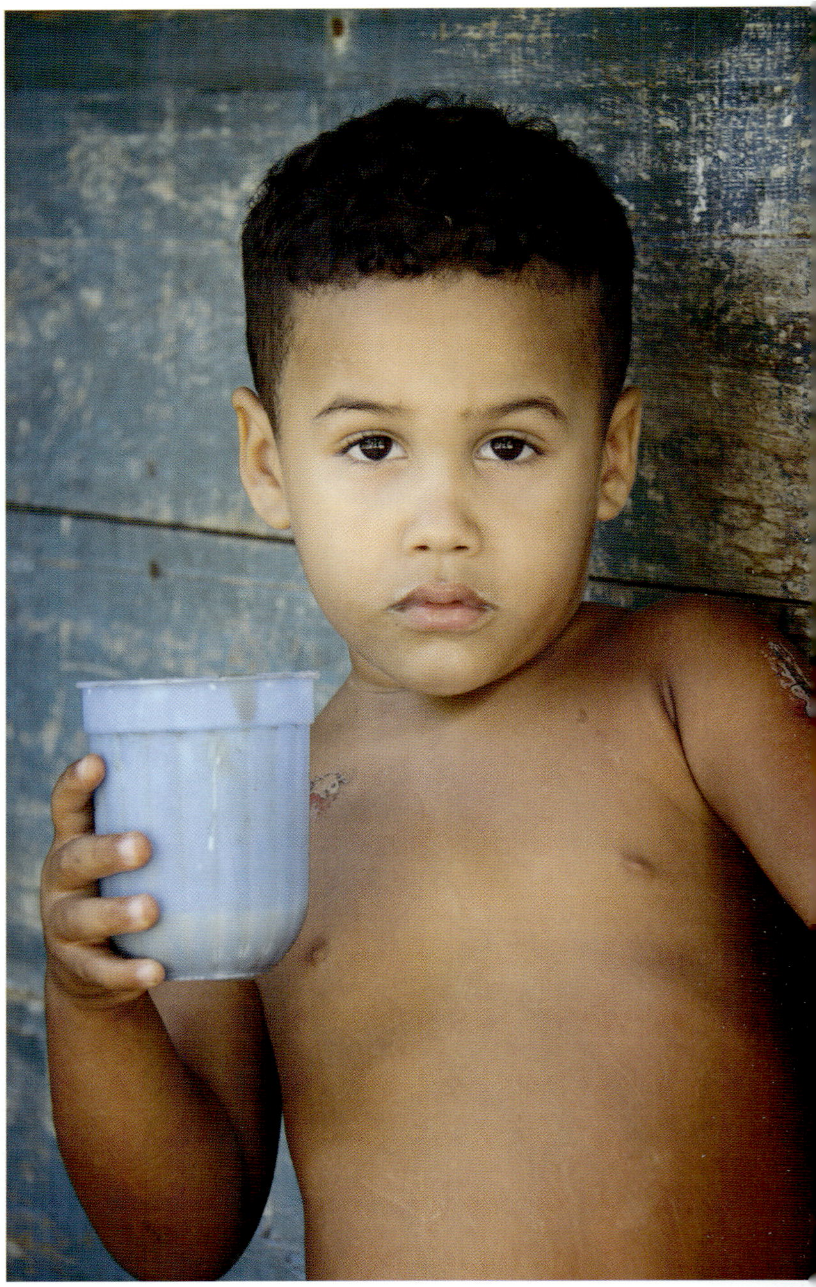

LEFT | IZQUIERDA Trinidad, Sancti Spiritus {JL}

RIGHT | DERECHA Baracoa, Guantánamo {JL}

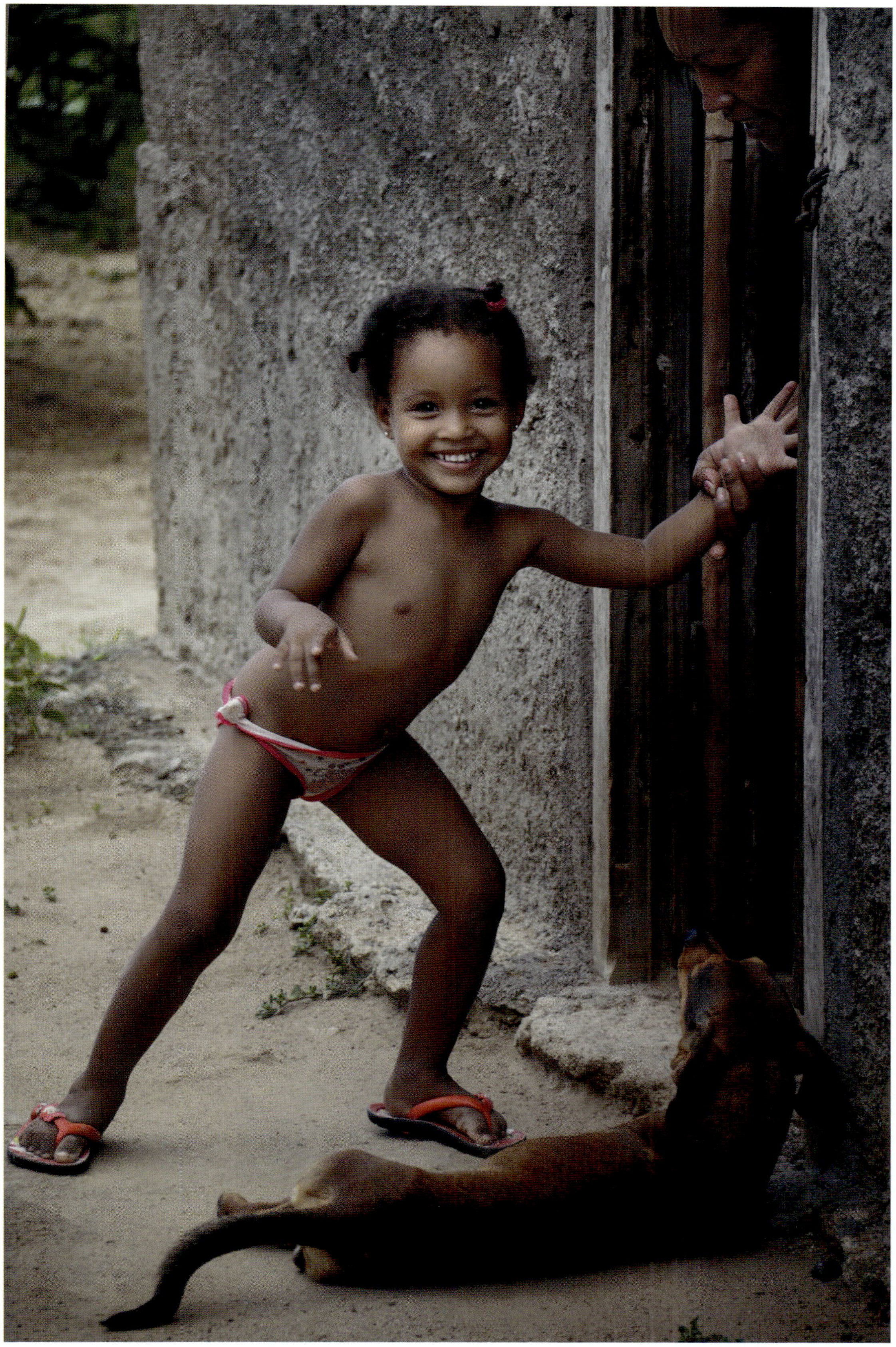

Baconao, Santiago de Cuba {JL}

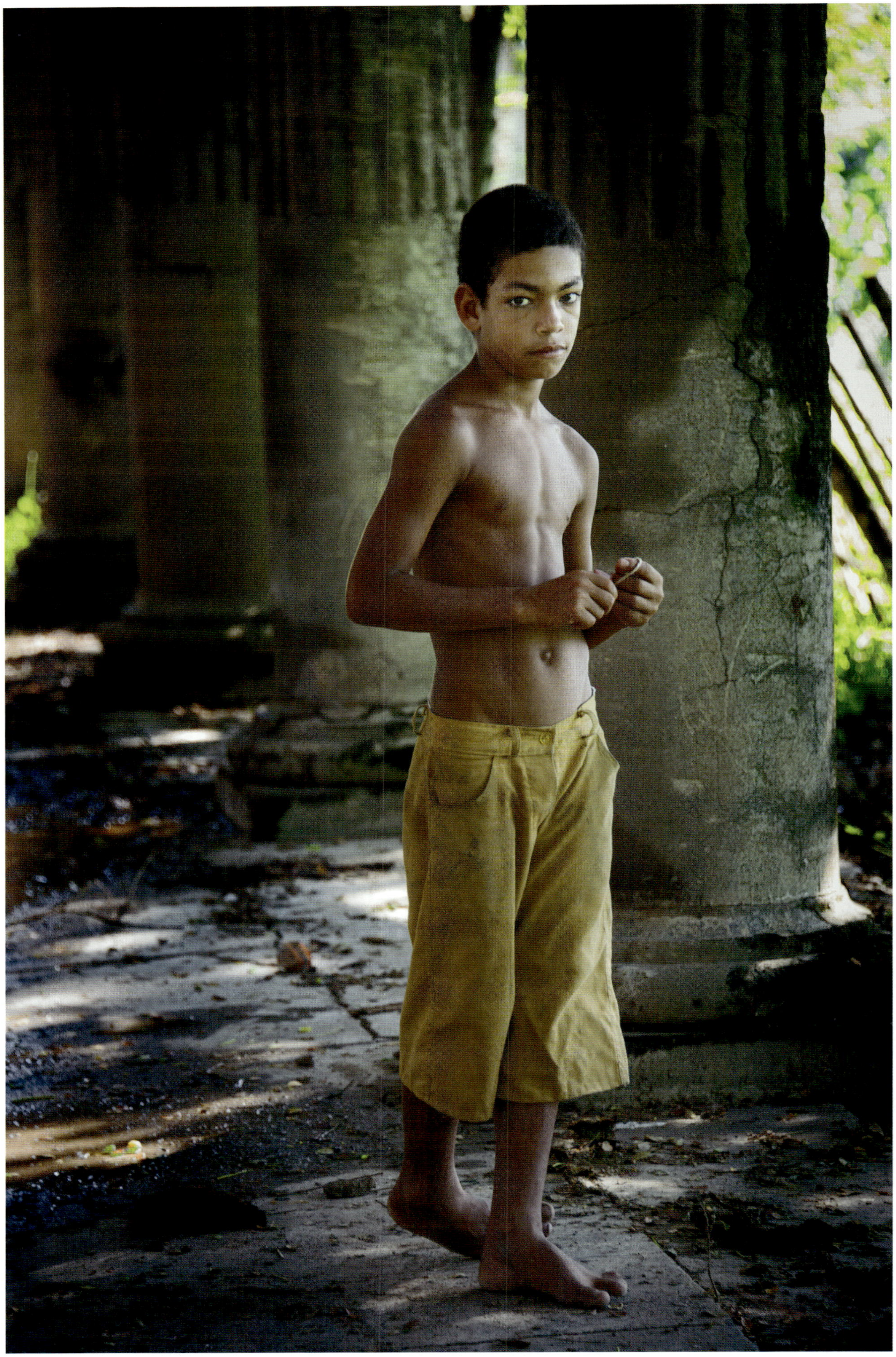

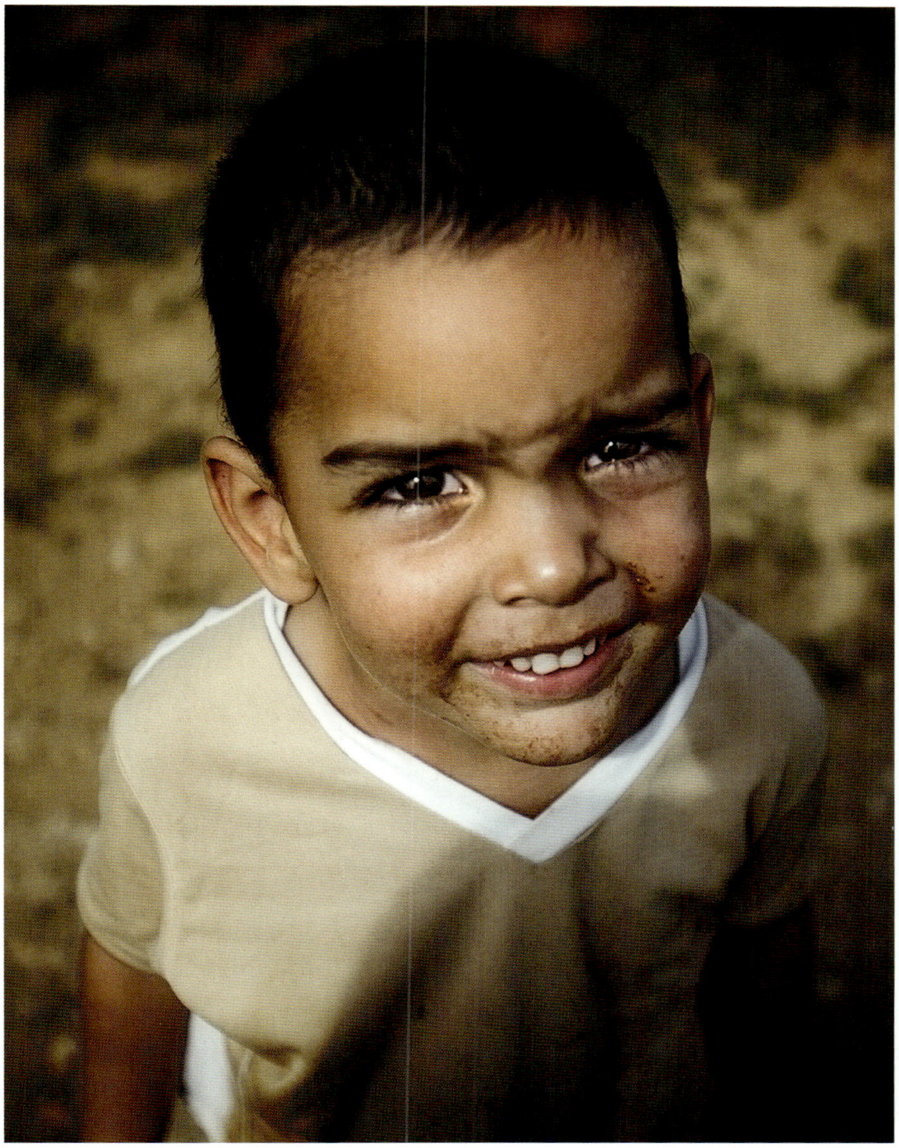 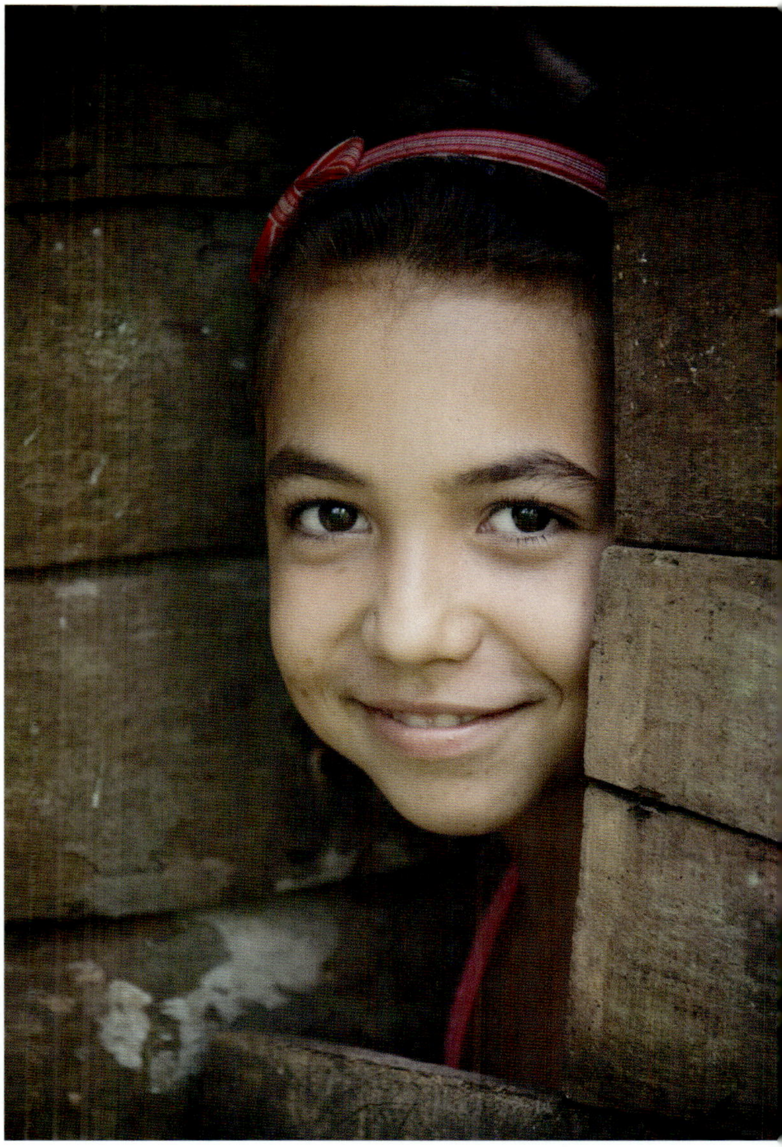

LEFT | IZQUIERDA Los Hondones, Matanzas {CC}

RIGHT | DERECHA Topes de Collantes, Sancti Spiritus {JL}

OPPOSITE | PÁGINA OPUESTA Guantánamo {CC}

OVERLEAF | PÁGINA SIGUIENTE Matanzas {CC}

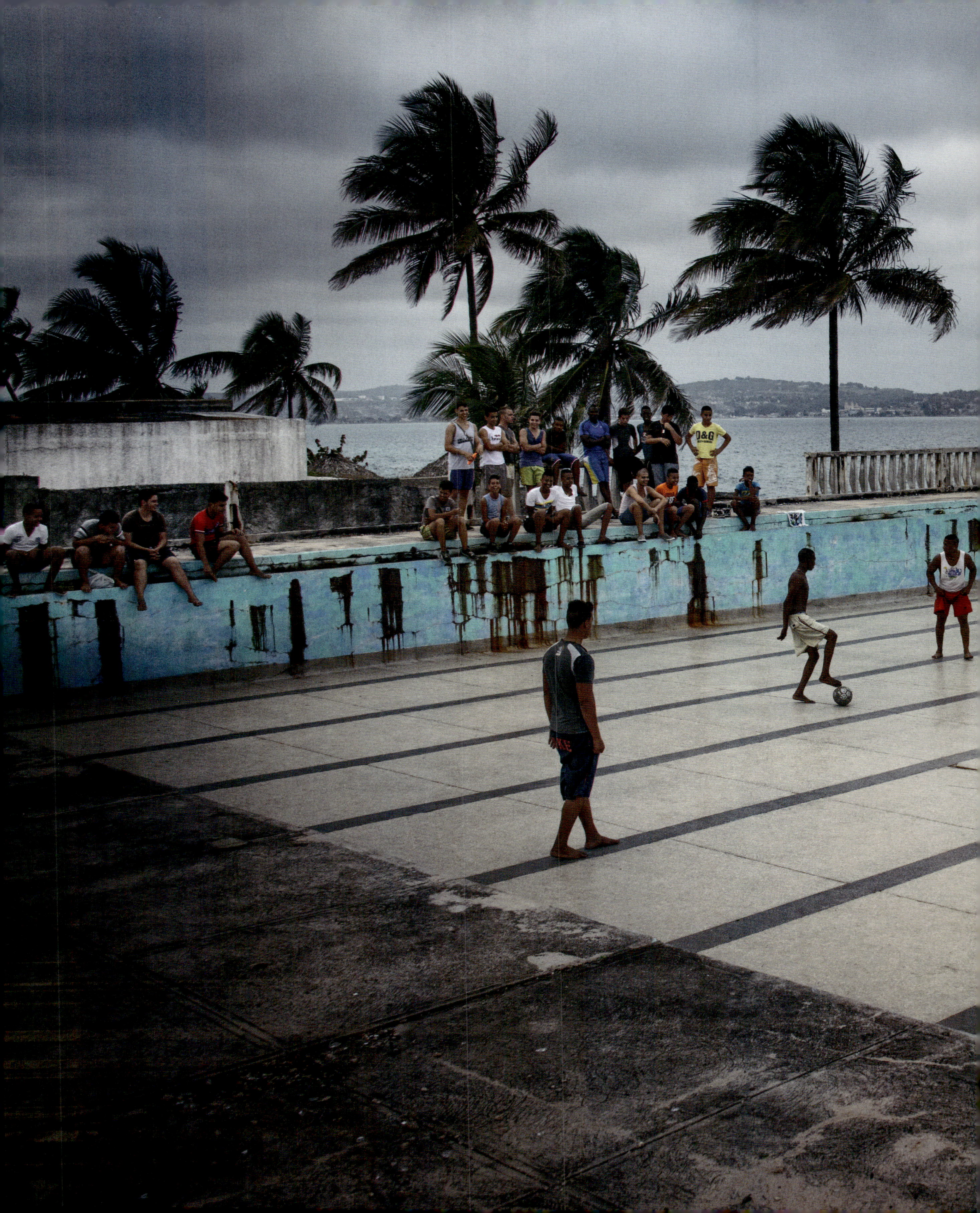
D&G

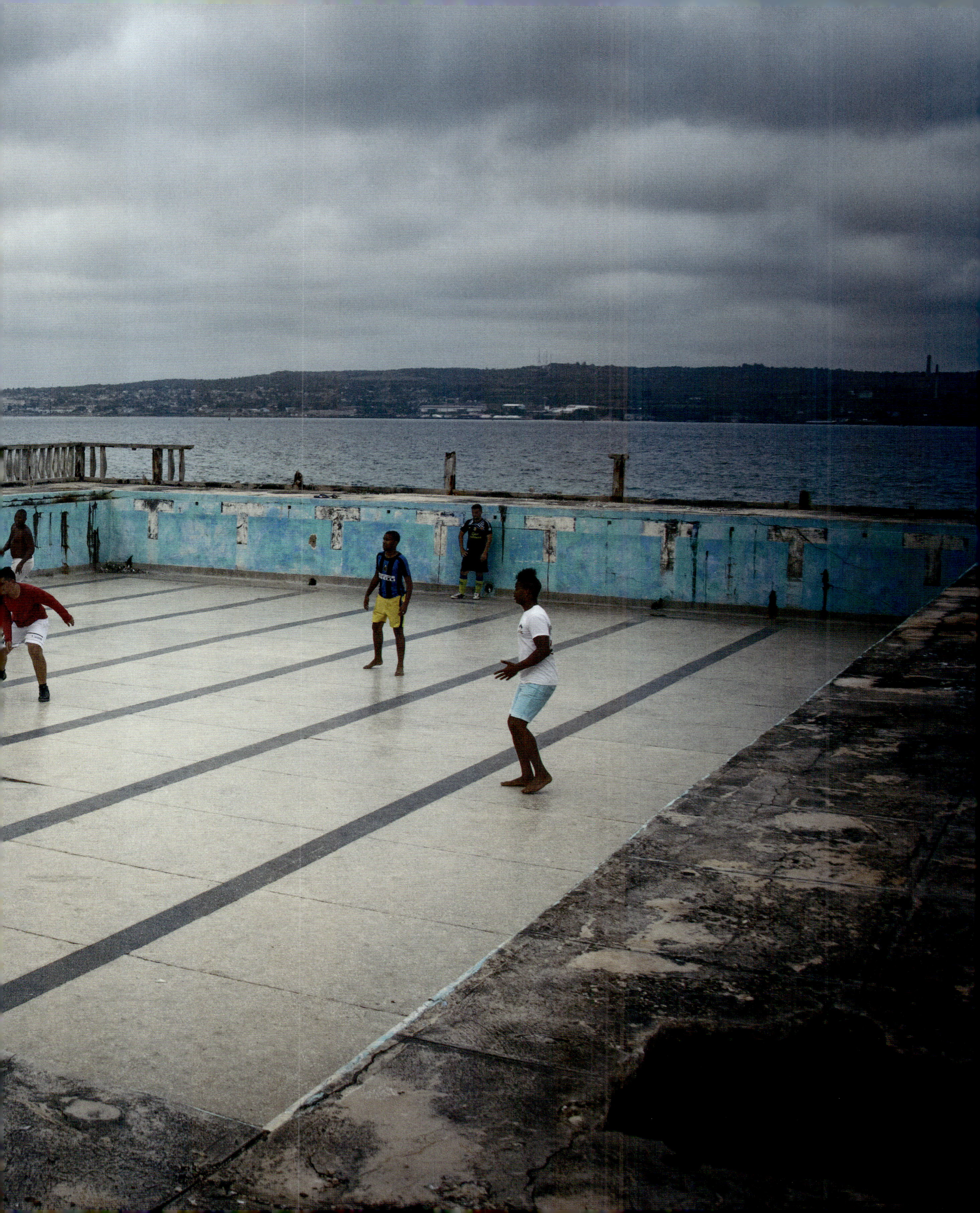

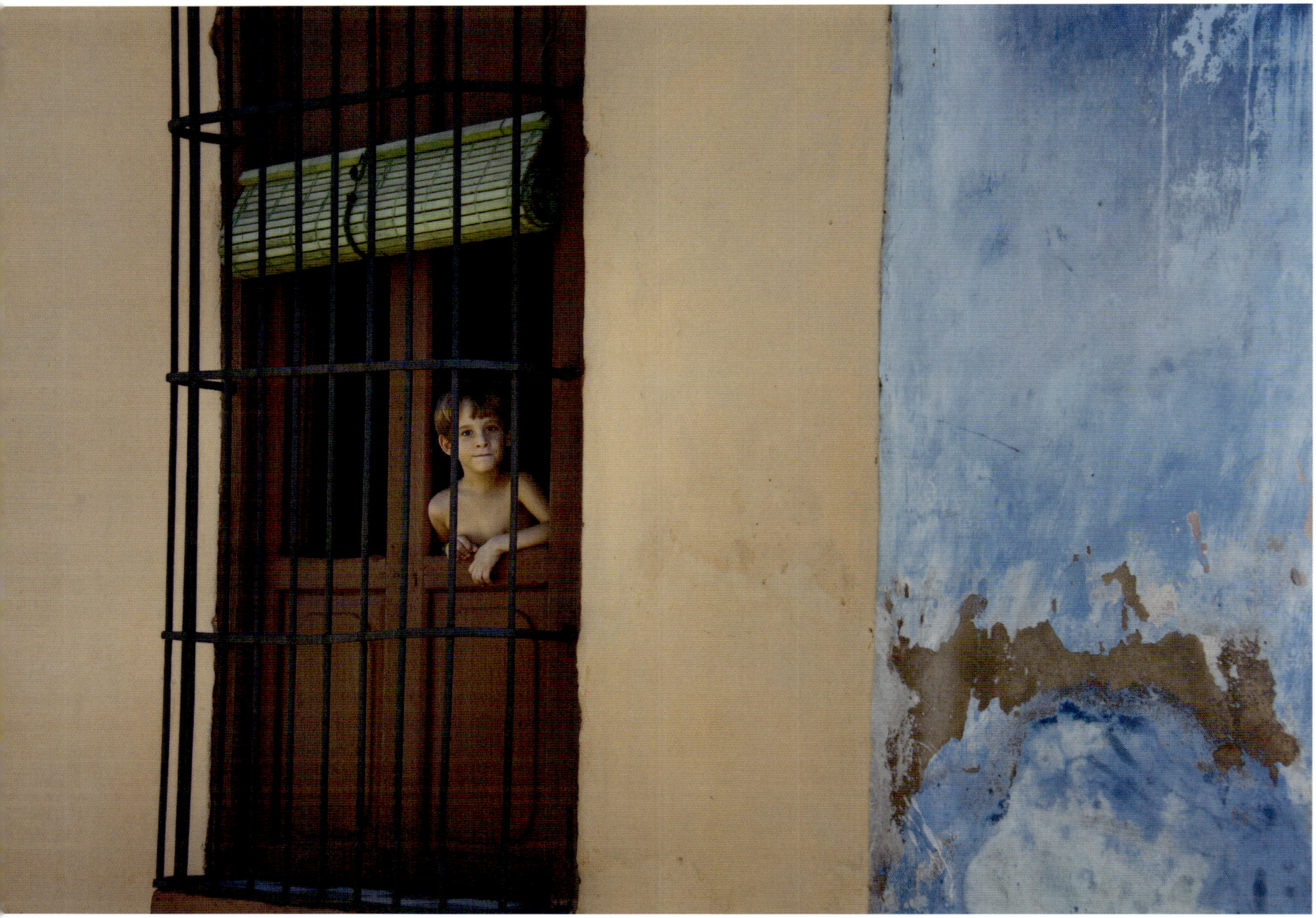

Trinidad, Sancti Spiritus {CC}

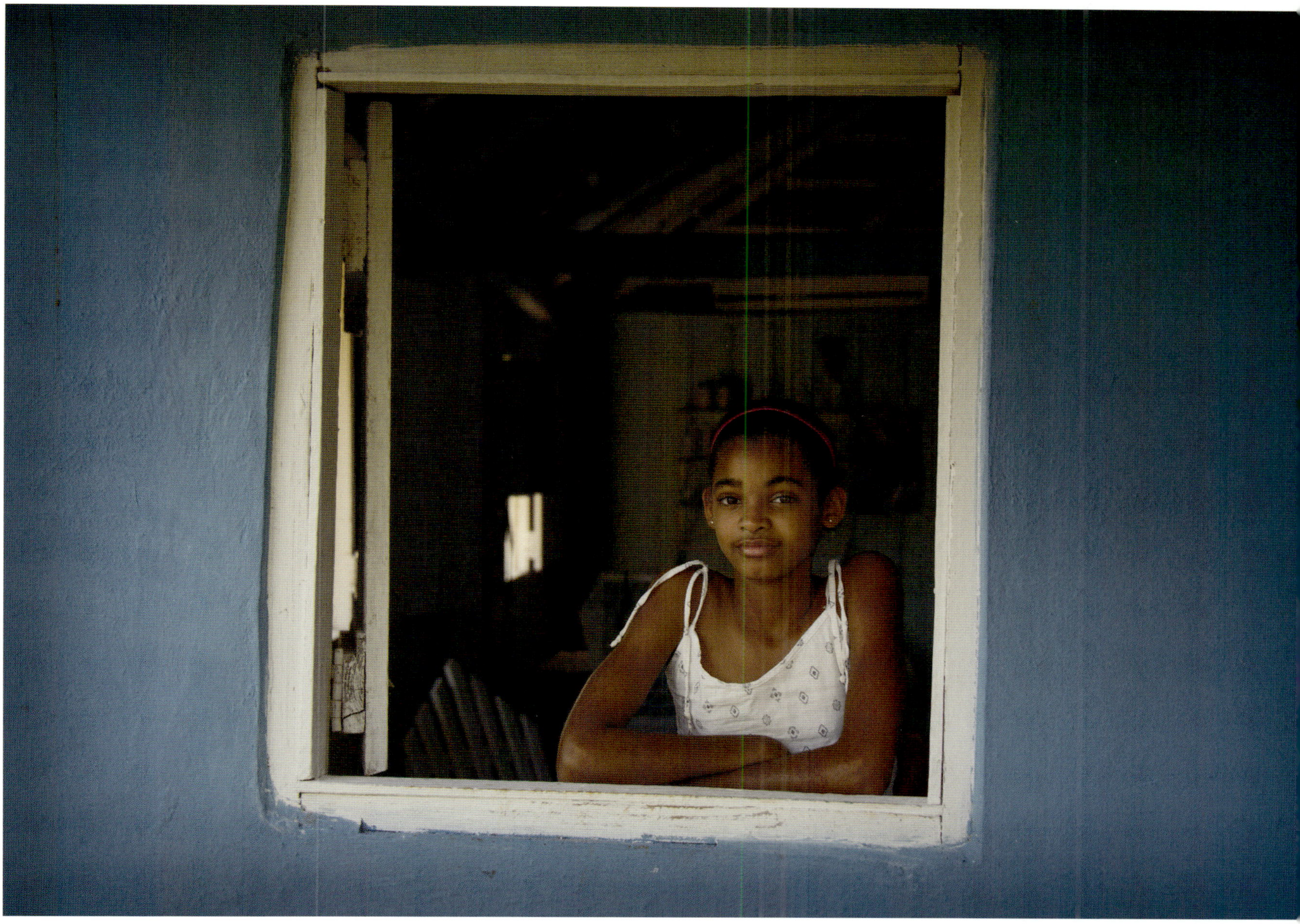

Viñales, Pinar del Río {CC}

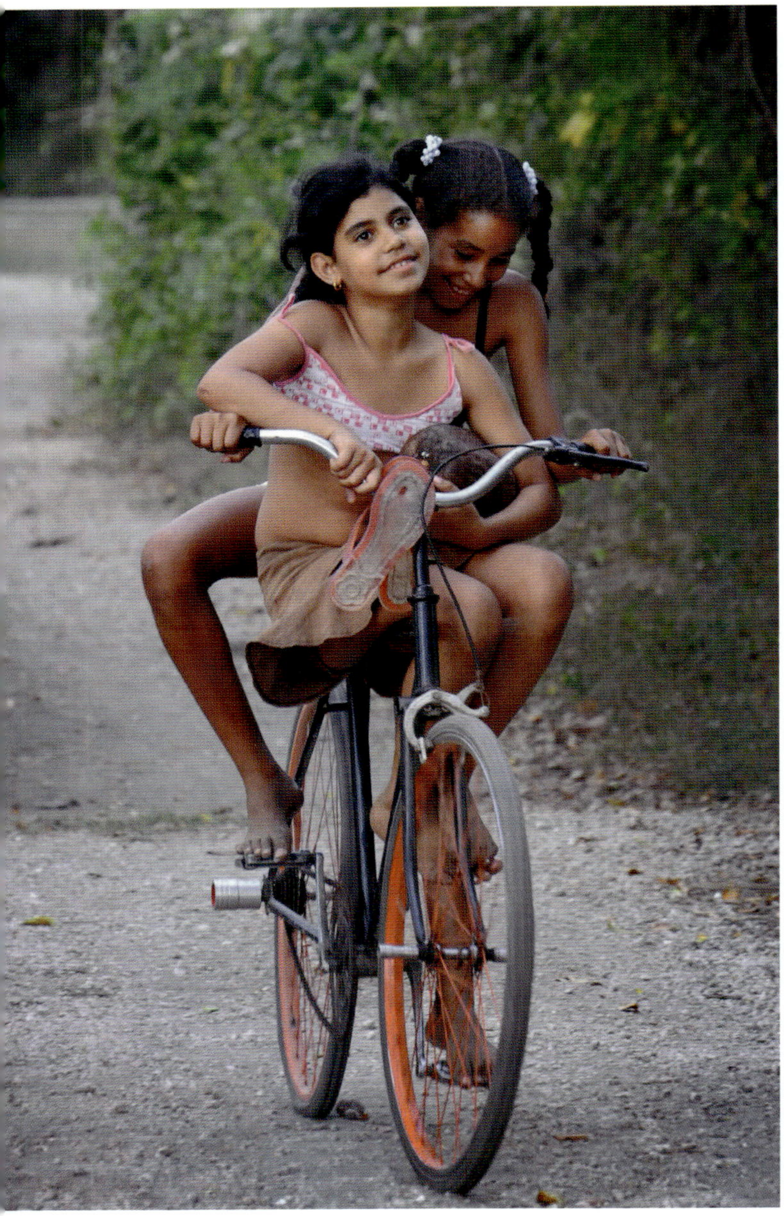

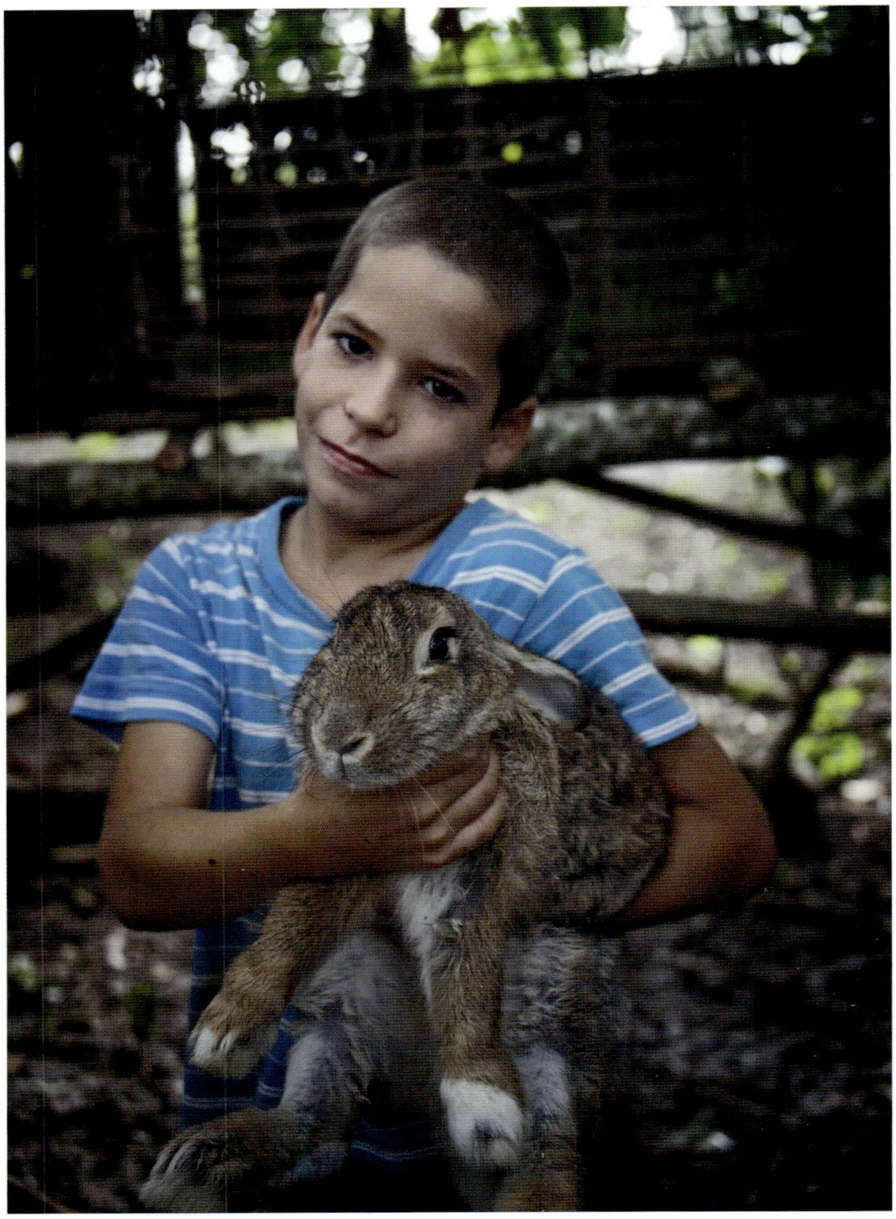

LEFT | IZQUIERDA Pilón, Granma {JL}

RIGHT | DERECHA Mayajigua, Sancti Spiritus {CC}

OPPOSITE | PÁGINA OPUESTA Trinidad, Sancti Spiritus {JL}

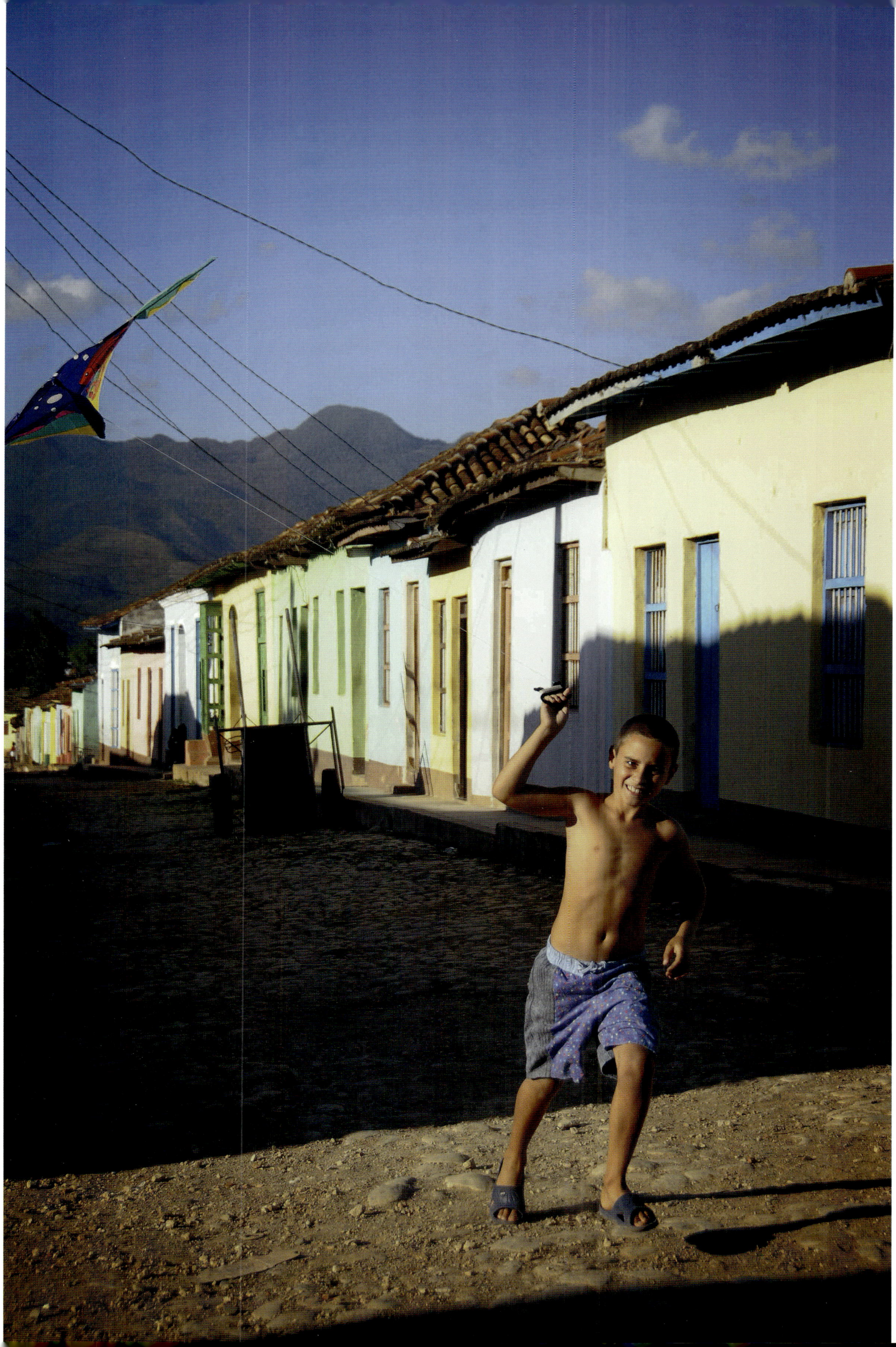

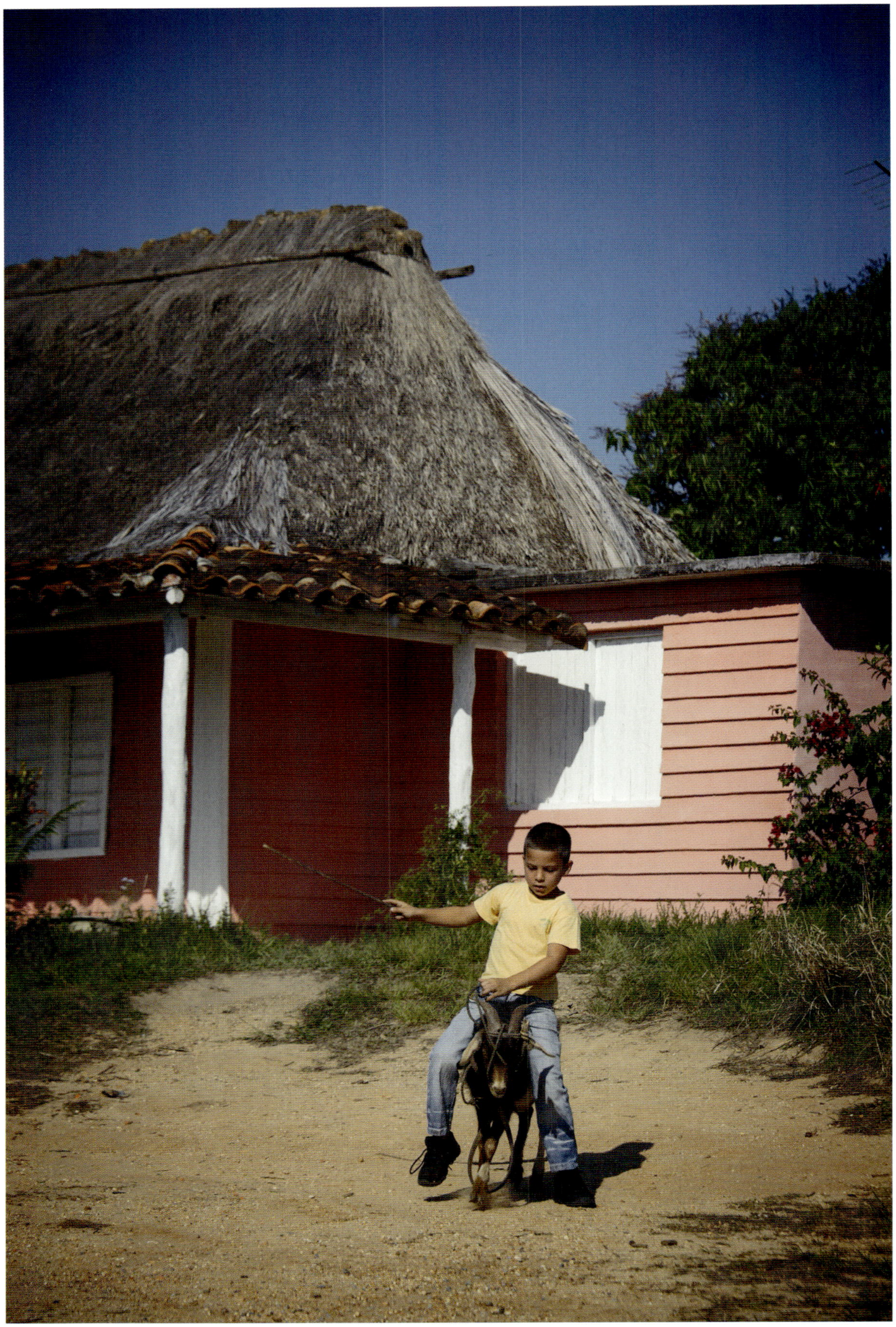

Viñales, Pinar del Río {JL}

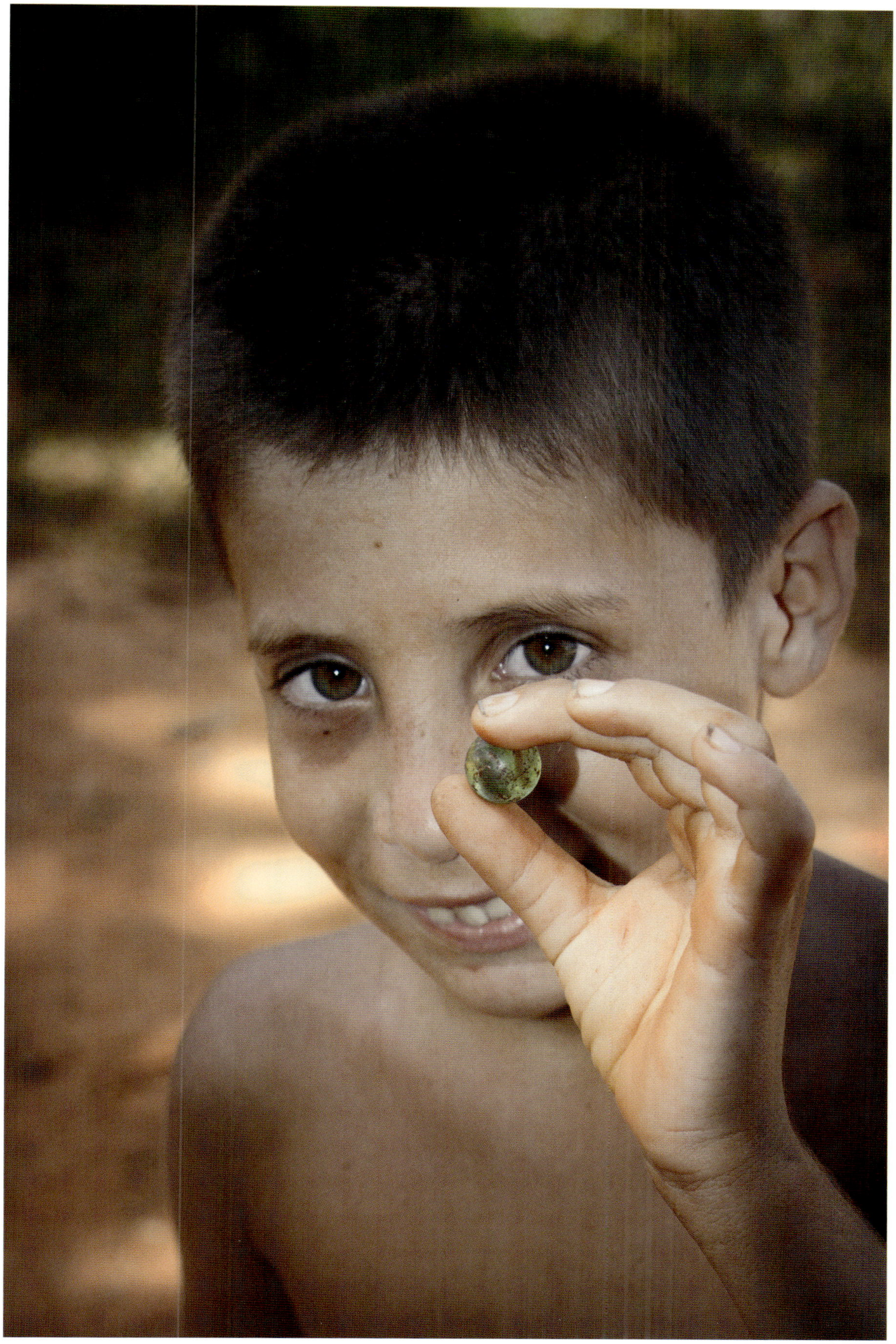

ABOVE | ARRIBA   Mandinga, Guantánamo {JL}

OVERLEAF | PÁGINA SIGUIENTE   Baracoa, Guantánamo {JL}

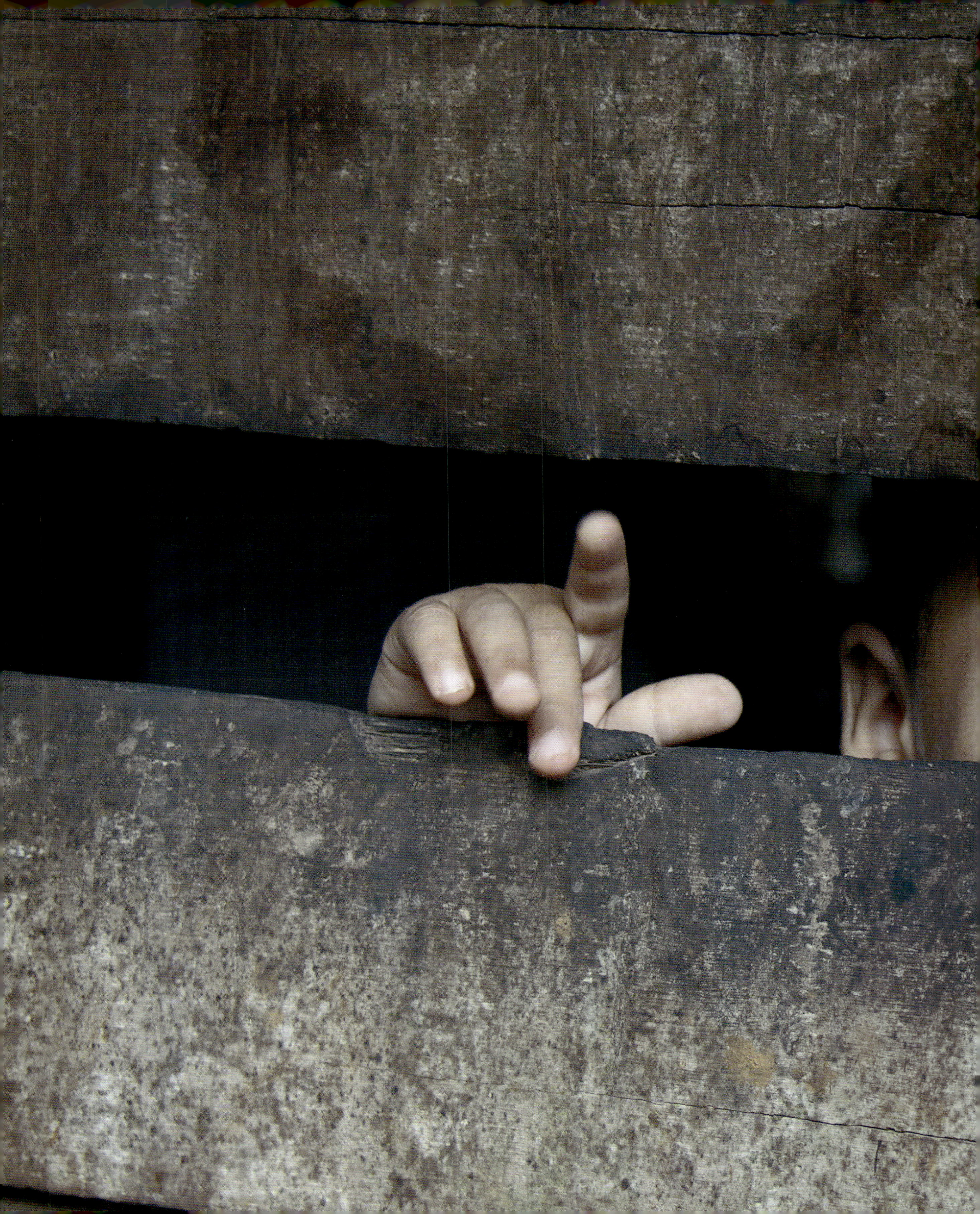

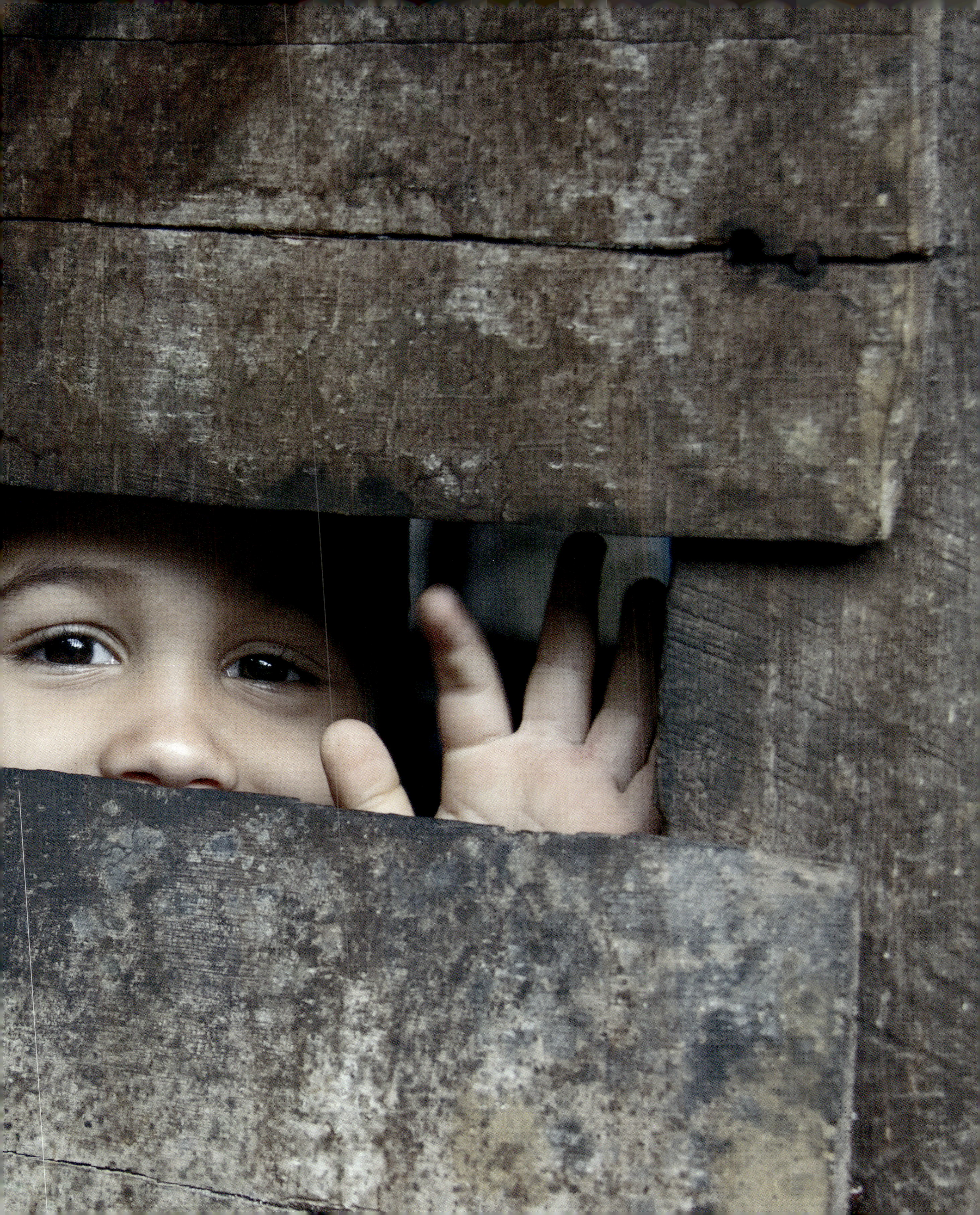

ARTISTS STATEMENTS
PALABRAS DE LOS ARTISTAS

CHIP COOPER

In October 2013, Julio Larramendi, Jorge Foyo, Pepe Vazquez, and I started our journey to photograph Cuba's *campesinos*. Over many years while working in Cuba, I had heard that the real Cuba was represented in the life of the country's farmers. They are the heart and soul of Cuba, I was told. After traveling over ten thousand miles all over the island during nine different trips in two years time, I found this statement to be so very true.

I have so many individual stories that show the spirit of the *campesinos*. One in particular sums up this experience. We spent two days with a farmer in Sancti Spiritus named Titi. He is married, has five children, and specializes in brickmaking. We visited his farm, as well as his friends' farms, and we saw the daily hard work required to produce many crops, the time it took to care for their family and livestock, the hours they devoted to improving their homes, and the long distances they traveled between towns. I was treated like family and shown love and respect just being with them. They were always generous and never asked for anything in return but respect. Titi once said to me, "Life over the years has been extremely hard, but today, with the many changes going on, life will be better for us all. I have much hope that my life will improve as I continue to work for myself." It is this approach to life that has made him a community leader who has inspired many, myself included. He

En octubre de 2013, Julio Larramendi, Jorge Foyo, Pepe Vázquez y yo emprendimos un viaje para fotografiar a los campesinos de Cuba. Durante muchos años, estando yo trabajando en Cuba, había oído decir que la verdadera Cuba estaba representada en la vida de sus campesinos. Ellos son el corazón y el alma de Cuba, me decían. Después de recorrer más de diez mil millas por toda la Isla durante nueve viajes diferentes en el transcurso de dos años, descubrí cuán ciertas eran esas palabras.

Atesoro innumerables testimonios que muestran el espíritu de los campesinos. Entre todos ellos, hay uno en especial que resume esta experiencia. Estuvimos dos días en Sancti Spíritus con un agricultor a quien le dicen Titi. Está casado, tiene cinco hijos y se especializa en la fabricación de ladrillos. Visitamos su granja y las granjas de sus amigos. Fuimos testigos del duro trabajo diario que necesita para producir muchos cultivos, el tiempo que debe sacar para atender a la familia y al ganado, las horas que los agricultores dedican a mejorar sus hogares, y las largas distancias que deben viajar para trasladarse a uno u otro pueblo. Me trataron como parte de la familia y me brindaron amor y respeto por el simple hecho de estar junto a ellos. Siempre recibí de ellos y a cambio solo pidieron respeto. En una ocasión, Titi me dijo: "La vida ha sido muy dura durante muchos años, pero hoy en día, con todos los cambios que están ocurriendo, la vida será mejor para

represents the thousands of people we met and photographed along our journey to capture the heart and soul of Cuba, the *campesinos.*

todos nosotros. Tengo muchas esperanzas de que mi vida mejore a medida que siga trabajando de manera independiente". Esta actitud suya lo ha convertido en un líder en su comunidad y ha inspirado a muchas personas, entre ellas a mí. Él representa a los miles de personas que conocimos y fotografiamos a lo largo de nuestro viaje para capturar la imagen de quienes representan el corazón y el alma de Cuba: los campesinos.

JULIO LARRAMENDI

A blend of Spanish and African, a soupçon of the indigenous with a dash of French surnames and Chinese ancestry, the Cuban nation rises from a fertile land with exuberant nature—a melting pot of imported and local traditions creating new customs mixed with syncretic religions. Cuban Creoles incorporated the best of their origins with a mixture of new experiences, dreams, and aspirations, forging an identity driven by the abolition of slavery and the fight for freedom.

Hospitality, generosity, sensuality. The lively wit of men and women, their love for music, dance, humor, and enjoying life. A capacity for resiliency and adaptation. An explosive and rebellious nature. These are characteristics that have consolidated over the years to create a very special way of being, the *cubania.* The *campesinos* are the people who best incarnate these characteristics because when the work is the hardest— from sunrise to sunset, from Monday through Sunday—these men and women give their all. They are the most fundamental, the most completely Cuban. It is part of their upbringing and culture to serve others, sharing everything they have.

The image of the Cuban countryside and its inhabitants has been recreated for many years, first by nineteenth-century painters, printmakers and illustrators, of whom Mialhe and Landaluze are notable examples. Practically from the very

Mezcla de españoles y africanos, con influencias aborígenes y salpicada de apellidos franceses y ojos achinados, la nación cubana surge sobre una tierra fértil, de exuberante naturaleza, en un crisol de tradiciones importadas y recreadas, nuevas costumbres y religiones mixturadas en cultos sincréticos. El criollo incorporó lo mejor de sus orígenes en amalgama con experiencias inéditas, sueños y aspiraciones, en una identidad catalizada por las luchas libertarias y la abolición de la esclavitud.

La hospitalidad, el talante generoso y sensual, la picardía de hombres y mujeres, el amor hacia la música y el baile, el choteo y la alegría de vivir, la capacidad de resistencia y adaptación, la explosividad y la rebeldía, son rasgos afianzados con el transcurso de los años, que propician una forma muy peculiar de actuación: la cubanía. Y son los campesinos quienes mejor reflejan esas características, pues allí donde más duro es el trabajo, de sol a sol, de lunes a domingo, los hombres y mujeres dan lo mejor de sí, lo más autóctono, lo más cubano. La capacidad de servir a otros, de compartir lo que tienen, es parte de su educación, de su cultura.

La imagen de nuestros campos y sus habitantes ha sido recreada desde hace mucho tiempo., primero por los pintores, grabadores e ilustradores del siglo xix, entre quienes sobresalen Mialhe y Landaluze, y casi desde la llegada de la fotografía a la Isla en 1840, por renombrados artistas del lente como Charles

incursion of photography in Cuba in 1840, the country has been recorded by such renowned photographers as Charles DeForest Fredericks in the 1850s and José Gómez de la Carrera in the late-nineteenth and early twentieth centuries. Master Raúl Corrales came on the scene in the 1950s with his work, accompanying journalist Oscar Pino Santos on the subject of the poverty of the Cuban *campesinos*. This work continued after the triumph of the Cuban Revolution on the pages of *Instituto Nacional de la Reforma Agraria* magazine illustrating the social transformations that were underway, as did the work of such significant photographers as Alberto Korda and Ernesto Fernández.

By the end of the 1960s, when students went out to work in the fields, and especially in 1970 with the "ten million ton sugar harvest," many images were published on life in the areas inhabited by *campesinos*. In the twenty-first century, the Cuban countryside has returned to the foreground of photographic activity, mainly as a subject matter for the landscape photography required by magazines promoting tourism and for international competitions, but also due to renewed interest in the lives of the country folk.

Campesinos: Inside the Soul of Cuba draws us closer to that world, which is diverse and not too well known. It seeks to show this essential part of Cuban society without aiming to exhaust the subject or set parameters: a body of sketches for a more extensive painting.

The challenge has been to avoid falling into the anecdotal or casuistic, of succumbing to some folkloric or touristy vision, of being either extremely acerbic or saccharine. Behind each face there lies a personal story that has been told or ignored, which, in many instances, is common to all.

The images within were taken with my friend Chip Cooper over the last two years, going up and down the countryside, partaking with our people on the roads and in their homes, in fields and barns, in towns and communities, in the hills and on the plains, wherever soil, sun, and water become the center of life.

DeForest Frederikcs en los años 50 de ese mismo siglo, y José Gómez de la Carrera entre los finales de la centuria y principios del xx. Más cercanos en el tiempo, el Maestro Raúl Corrales hizo época en los años 50 con sus trabajos con el periodista Oscar Pino-Santos sobre la pobreza de nuestros campesinos, trabajo que continuó después del triunfo de la Revolución ilustrando desde las paginas de la revista *INRA* los cambios sociales que se iban sucediendo, junto a otros importantes colegas como Alberto Korda y Ernesto Fernández.

Ya a finales de los 60, con la salida de los estudiantes a trabajar en el campo, y sobre todo en 1970 con la zafra de 10 millones de toneladas de azúcar que se soñaba realizar, muchas fueron las imágenes publicadas sobre la vida en las zonas campesinas. En lo que va de este nuevo milenio, el campo ha retomado presencia en la actividad fotográfica, primero por el paisajismo, incentivado por las publicaciones para el turismo y concursos internacionales, pero también por un interés renovado en la vida de sus pobladores.

Campesinos: En el alma de Cuba es un acercamiento a ese mundo, diverso y poco conocido; un intento de mostrar parte tan esencial de la sociedad cubana, sin pretender agotar el tema ni sentar pautas: son solo pinceladas de un cuadro mayor.

Ha sido un reto evitar lo anecdótico y lo casuístico, la visión folklorizante y turística, el extremo ácido, y el edulcorado. Detrás de cada rostro hay una historia personal, contada o ignorada y, en muchos casos, común a todos.

Las imágenes fueron tomadas con mi amigo Chip Cooper a lo largo de los últimos dos años, cuando hemos recorrido todo el país compartiendo con nuestra gente en los caminos y las casas, en los surcos y las granjas, en los pueblos y comunidades, en la loma y en el llano, allí donde la tierra, el sol y el agua son el centro de la vida.

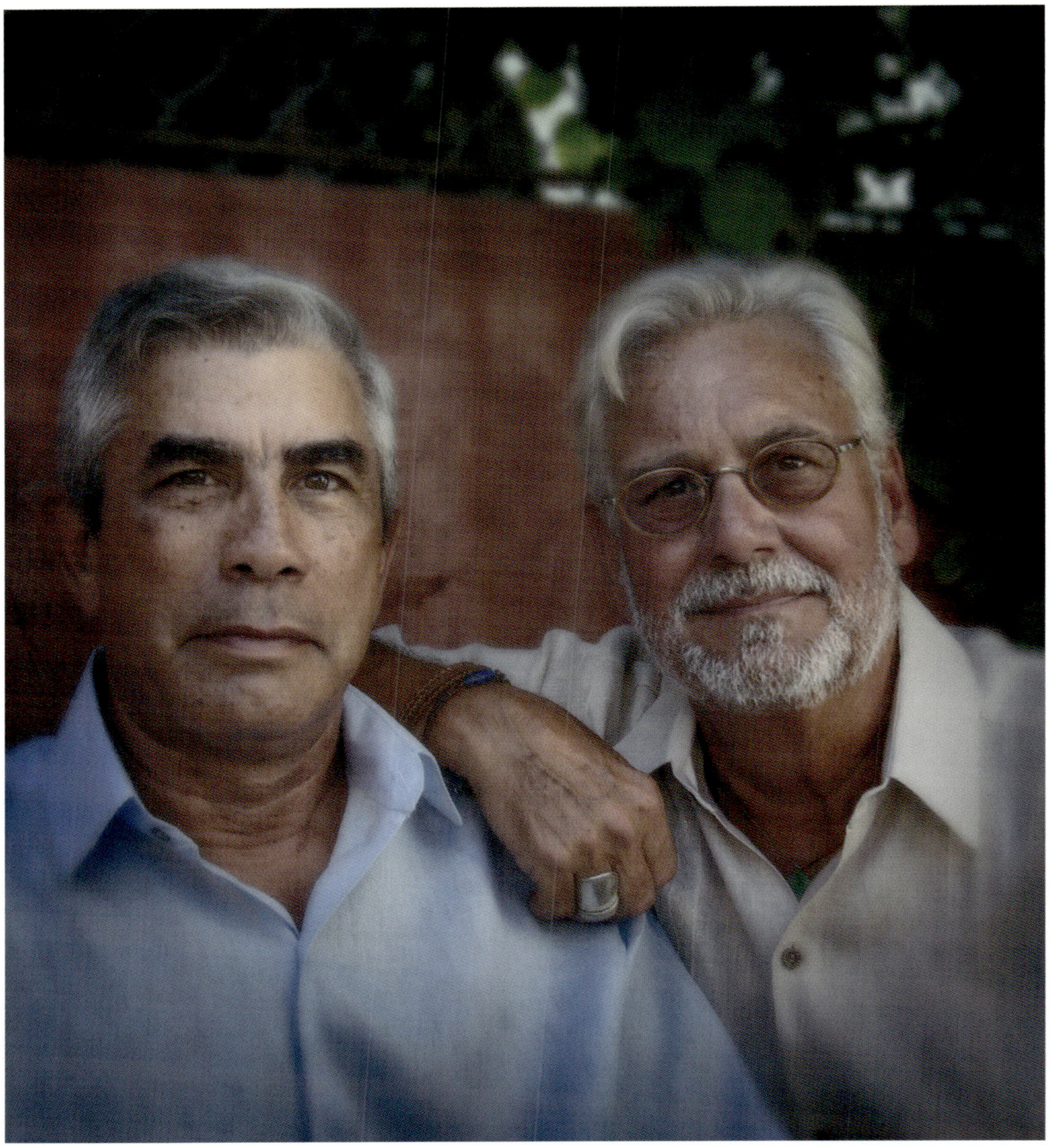
Courtesy Jorge Foyo

ABOUT THE ARTISTS
BIOGRAFÍAS

CHIP COOPER began his career in photography after earning his bachelor's degree from the University of Alabama in 1972. Due to his unique talent, he was awarded an artist fellowship from the Alabama State Council on the Arts and went on to serve as the director of photography at UA for thirty-three years. He is a current artist in residence from the Fototeca de Cuba for the City of Havana and an artist in residence at UA's Honors College.

Cooper's photography has been recognized nationally and internationally. His work has exhibited in many museums as well as in private and corporate collections. He has been featured in a number of national publications, such as *The New York Times*, *Newsweek*, *The Village Voice*, and *USA Today*. And his most well-known photography books include *Common Threads: Photographs and Stories from the South*, *Tin Man: Charlie Lucas*, and *Old Havana: Spirit of the Living City/La Habana Vieja: El espíritu de la ciudad viva*.

JULIO LARRAMENDI began working with photography in 1969, held his first exhibit in 1985, and has devoted himself entirely to photography since 1997. He is a research associate for the National Museum of Natural History of Cuba, a professor and visiting artist in residence at the University of Alabama's Honors College, and the editorial director of Ediciones Polymita.

Larramendi has worked as a photographer and executive director for various publications and numerous commercial productions. His photographs have appeared in national and

CHIP COOPER comenzó su carrera en la fotografía luego de graduarse con una licenciatura en la Universidad de Alabama en 1972. Su destacado talento lo hizo merecedor de la beca para artistas otorgada por el Consejo Estatal de las Artes de Alabama. Durante treinta y tres años se desempeñó como Director de Fotografía de la UA. Actualmente es artista en residencia de la Fototeca de Cuba — ciudad de La Habana, y en el Colegio de Honores de la Universidad de Alabama.

La obra fotográfica de Cooper ha sido reconocida nacional e internacionalmente. Sus trabajos han sido exhibidos en numerosos museos, así como también en colecciones privadas y del ámbito corporativo. Sus fotografías han aparecido en varias publicaciones nacionales de relevancia, tales como *The New York Times*, *Newsweek*, *The Village Voice*, y *USA Today*. Entre sus libros más conocidos pueden citarse *Common Threads: Photographs and Stories from the South*, *Tin Man: Charlie Lucas*, y *Old Havana: Spirit of the Living City/La Habana Vieja: El espíritu de la ciudad viva*.

JULIO LARRAMENDI comenzó en la fotografía en 1969. Presentó su primera exposición en 1985 y desde 1997 se ha dedicado por entero a la fotografía. Es Investigador Asociado del Museo Nacional de Historia Natural de Cuba, profesor y artista residente en el Honors College de la Universidad de Alabama, y director editorial de Ediciones Polymita.

Larramendi ha trabajado como fotógrafo y director ejecutivo de diversas publicaciones y numerosas producciones comerciales. Sus fotografías han aparecido en revistas nacionales e internacionales,

international publications, and his work has been featured in more than fifty books. He was founder and first president of the Department of Latin American Photography at the José Martí International Institute of Journalism.

Often invited to speak and instruct on photographic topics in Cuba and abroad, Larramendi is an organizer and jury member for international photography and advertising events. He has had more than one hundred solo exhibitions and sixty group exhibits across thirty countries and various Cuban cities, and he is the recipient of more than a dozen international awards, including the 2016 National "Espacio" Award for life achievements.

así como en más de cincuenta libros. Fue fundador y primer presidente de la Cátedra de Fotografía Latinoamericana del Instituto Internacional de Periodismo José Martí.

Larramendi es conferencista e instructor frecuente sobre temas fotográficos tanto en Cuba como en el extranjero. Ha participado como organizador y jurado en eventos y concursos internacionales de fotografía y publicidad. Ha presentado más de un centenar de exposiciones individuales y participado en sesenta exposiciones colectivas en treinta países y varias ciudades de Cuba. Ha sido distinguido con más de una docena de premios internacionales, incluyendo el Premio Nacional "Espacio" 2016 por la obra de toda la vida.